普通高等教育电子通信类特色专业系列教材

无线通信基础

张 炜 王世练 高 凯 朱 江 编著

科 学 出 版 社

北 京

内 容 简 介

本书重点论述了无线通信的基本原理和基本分析方法，阐述了无线通信系统中具有普遍性和代表性的基本知识。全书共分 8 章，内容包括无线信道的特性、无线通信中的调制技术、正交频分复用技术、扩频通信技术、无线通信中的组网技术、无线信道的抗衰落技术及典型无线网络等。本书内容讲述清晰扼要，配有丰富的图示、例题和习题。

本书适合作为通信工程和电子信息类相关专业本科生和研究生的教材，也可作为有一定通信知识基础的工程技术人员的参考书。

图书在版编目(CIP)数据

无线通信基础/张炜等编著. —北京：科学出版社，2014.6

（普通高等教育电子通信类特色专业系列教材）

ISBN 978-7-03-040768-9

Ⅰ. ① 无…　Ⅱ. ① 张…　Ⅲ. ①无线电通信－高等学校－教材

Ⅳ. ①TN92

中国版本图书馆 CIP 数据核字（2014）第 111938 号

责任编辑：潘斯斯　张丽花 / 责任校对：彭立军

责任印制：赵　博 / 封面设计：迷底书装

科学出版社出版

北京东黄城根北街 16 号

邮政编码：100717

http://www.sciencep.com

中煤（北京）印务有限公司印刷

科学出版社发行　各地新华书店经销

*

2014 年 6 月第　一　版　开本：787×1092　1/16

2024 年 8 月第九次印刷　印张：17 1/2

字数：459 000

定价：79.00 元

（如有印装质量问题，我社负责调换）

前　言

无线通信是当今世界发展最快的工程领域之一，移动通信的发展尤其令人瞩目，在过去的几十年里涌现了大量突破性的技术成果。相对于前沿的研究成果和成功的无线通信系统，本书更侧重于无线通信的基本原理、无线通信的特性、具体的分析方法等基础知识。

本书的内容和章节的顺序安排源自编者多年的无线通信基础课程教学内容。课程遵循学生的认知规律，体现在教学上不仅是知识的传授，更是思维方法和认知过程的学习。本书内容着眼未来长远发展，强化基本理论、基本知识和基本技能的论述，体现了“由简入繁，逐步求精”以及“由个体发现规律，由规律指导个体”的学术思想。

本书面向已经掌握了通信原理、信号与系统原理、信号处理、电磁学基础等基础知识的学生和工程技术人员。本书包含了无线通信的基础理论和基本分析方法，为了着重强调概念，本书提供了较多的例题和课后习题，适合短期培训课程，移动通信初学者或相关领域人员使用。

本书共分 8 章。第 1 章对无线通信进行了综述，包括无线通信的定义、工作频段、发展历程、分类与展望等。第 2 章讲述了无线信道的特性，包括多径传播环境的特性、大尺度路径损耗与阴影衰落模型、多径信道的参数、小尺度多径衰落分类、多径衰落信道的统计特性等。第 3 章介绍了无线通信中几种典型的数字调制技术，同时简述了无线信道中数字调制的性能。第 4 章介绍了正交频分复用技术，对于 OFDM 原理、峰均功率比抑制、OFDM 传输信道估计、同步技术等问题进行了讨论。第 5 章讲述了扩频通信技术，包括直接序列扩频与跳频扩频通信的基本原理。第 6 章讲述了无线通信中的组网技术，对于多址接入技术、大区制设计、蜂窝系统设计等问题进行了讨论。第 7 章分析了无线衰落信道的容量及达到传输极限的传输方式，同时分析了减轻信道衰落对信号影响的主要技术，包括分集技术与均衡技术等。第 8 章介绍了典型的无线网络，包括蜂窝系统 GSM、IS-95、LTE 及新兴的宽带无线接入 WiMAX 技术。

根据课程长短可以灵活选择本书的章节内容，建议针对本科生课程可集中讲解第 1～6 章内容，若为低年级研究生课程则着重讲解第 2、5、6、7 章，学生可自学其他章节内容，并辅之以课程设计与实验，加强对于实际系统的了解。

本书由张炜负责全书的统稿。具体编写分工如下：朱江编写第 1 章，张炜编写第 2 章、第 3 章、第 6 章和附录，王世练编写第 4 章和第 5 章，高凯编写第 7 章和第 8 章。

由于编者水平有限，书中难免存在疏漏和不妥之处，欢迎读者指正。

编　者

2014 年 3 月

目　　录

第 1 章 绪　论

人类社会建立在信息交流的基础上，通信是推动人类社会文明、进步与发展的巨大动力。在当今信息化社会中，通信技术已成为生产力中最为活跃的技术因素，渗透到社会生活的方方面面，极大地改变了人类社会的运行模式及人们的日常生活方式。特别是在近 20 年，通信技术和通信产业取得了突飞猛进的发展，其中无线通信技术的发展尤其令人瞩目。21 世纪通信产业发展的趋势之一就是“移动超过固定”。据统计，2013 年我国移动电话用户比 2012 年净增 11 695.8 万户，移动电话用户普及率为 90.8%；而固定电话用户总数则比 2012 年减少了 1116.8 万户，普及率为 19.7%。随着信息技术的快速发展和互联网的进一步普及应用，信息对人类社会的影响将越来越大，“任何时间、任何地点、任何方式”通信的需求也将更加迫切，以移动通信为代表的无线通信仍将是信息产业中最为耀眼的“亮点”，成为推动社会经济发展的强劲动力。

1.1 无线通信的定义与发展简史

无线电通信就是利用无线电波在开放的空间传播来传递信息的通信方式。人类最早使用的通信方式就是无线通信，如我国古代为了抵御外敌入侵而建设的烽火狼烟报警系统、用来指挥战斗的金鼓旌旗等，而利用无线电来传送信息(消息)的历史只有 100 多年。由于无线电通信具有迅速、准确、可靠的特点，同时几乎不受时间、地点及距离的限制，所以从诞生后就获得了飞速的发展和广泛的应用。纵观无线电通信的发展历史，主要划分为以下几个阶段。

1. 无线电通信诞生前夕(1864～1895 年)

从 1837 年美国人莫尔斯发明有线电报以后，有线电通信得到了广泛应用，但在相当长的一段时间里，人们认为电只能沿导线传输，线路架设到哪里，信息就只能传到哪里，这大大限制了信息的传播范围。直到 1864 年，麦克斯韦在英国皇家学院发表了著名论文——《电磁场力学的理论》，在这篇论文中，麦克斯韦严格推导出电磁波方程(麦克斯韦方程)，并得出电磁波的传播速度等于光速(30 万千米/秒)的重要结论，成为人类历史上预言电磁波存在的第一人。1887 年，德国物理学家赫兹用实验证实了电磁波的存在，证明了麦克斯韦预见的正确性。1895 年，意大利的马可尼和俄罗斯的波波夫分别独立研制出了无线电接收机，标志着无线电通信成为可能。1895 年 5 月 7 日，波波夫在彼得堡的俄国物理化学会的物理分会上，宣读了关于“金属屑与电振荡的关系”的论文，并当众展示了他发明的无线电接收机。当他的助手在大厅的另一端接通火花式电波发生器时，波波夫的无线电接收机便响起了铃声；断开电波发生器，铃声立即中止。几十年后，为了纪念波波夫在这一天的划时代创举，当时的苏联政府便把 5 月 7 日定为“无线电发明日”。

2. 无线电通信产生阶段(1896～1913 年)

从人们认识到可以利用无线电进行通信，到真正实现实用的无线电通信，意大利人马可尼功不可没。1896 年，马可尼成功地发明了无线电报，并于次年获得专利。1897 年，马可尼在英格兰海峡完成了陆地和一艘拖船之间的莫尔斯电码无线通信实验。1899 年，他首次实现了英法间的无线电通信。1901 年 12 月 12 日是具有历史意义的一天，马可尼决定用他的发报系统证明无线电波不受地球表面弯曲的影响，进行了横跨大西洋(从英格兰的康沃尔到加拿大纽芬兰之间)的无线电波传输实验。这项发明的重要性在一次事故中戏剧性地显现出来了——1909 年，“共和国”号汽船由于碰撞遭到毁坏而沉入海底，这时无线电信息起了作用，除六人外的其他人员全部得救。同年，马可尼因其发明而获得诺贝尔物理学奖。由于电磁波在空间传输过程中，信号强度将随传输距离的增加急剧减弱，使得无线通信的距离有限，且通信的可靠性较差。1906 年，美国青年德福雷斯特发明了具有信号放大功能的真空晶体管，能在不失真情况下放大微弱信号，从而可以把电磁波信号传送到更远的地方，使收音机等多种多样的无线通信设备成为现实，极大地促进了无线通信技术的发展。

3. 无线电话音通信诞生及发展阶段(1914～1945 年)

话音通信是人类传递信息最方便、最快捷的方式。无线电通信诞生以后，科学家一直努力实现无线电话音通信。早在 1906 年，美国发明家费辛敦成功地进行了人类历史上第一次不用导线而用电磁波传送语言和音乐的试验，但声音作用于送话器所转换成的音频电信号十分微弱，不能有效地对需要发送出去的高频无线电波进行调制，影响了通话的距离和声音传输的质量。当电子管进入实用阶段后，人们才可以借助电子管对送话器输出的微弱音频电信号进行放大，然后对强高频无线电波进行调制，无线电话才真正具有生命力。1914 年，这一努力获得成功，实现了首次无线电话音通信。此时，第一次世界大战爆发，刚刚登上通信舞台的无线电话就应用到作战指挥中，在前线首次出现了应用无线电话——报话机指挥部队的新场面。美国无线电工程师阿姆斯特朗分别于 1918 年和 1935 年发明了超外差式接收机和调频无线通信，提高了无线话音传输的质量。1924 年，贝尔(Bell)实验室宣布首次实现了双向话音无线移动通信。1928 年，美国底特律警察局率先使用装备能适应移动车辆振动影响的单向无线电收发信机——超外差 AM 接收机，标志着移动话音通信开始应用。

4. 无线电通信全面普及、快速发展阶段(1946～1998 年)

第二次世界大战加速了制造业及小型化技术的发展，特别是随着 1948 年晶体管的发明，半导体技术得到迅猛发展，出现了大规模集成电路和超大规模集成电路，并很快与通信技术结合。这些器件的应用使通信设备的功耗和体积不断下降，而功能日益强大，设备和维护费用同时降低，使各种通信设备开始大量普及并广泛应用。在此期间，各种类型的现代无线通信系统开始涌现。20 世纪 40 年代产生了传输频带较宽、性能较稳定的微波通信。1958 年，伴随着 SCORE 通信卫星的升空，成功揭开了卫星通信的序幕。此外，随着对无线数据传输需求的日益增长，产生了无线局域网(Wi-Fi)、蓝牙(Bluetooth)等无线通信系统，无线通信技术呈现出百花齐放、蓬勃发展的局面。其中，蜂窝移动通信无疑是这个阶段无线通信技术发展的最大亮点。1946 年，第一个公共移动电话系统在美国的 5 个城市建立，并首次实现了移动用户和公共电话网(PSTN)的互通。1978 年，贝尔实验室成功研制模拟蜂窝移动通信系统(AMPS)。同期，1979 年日本的 HAMTS、1980 年北欧的 NMT 及 1985 英国伦敦的 TACS 等第一代模拟蜂窝通信系统相继投入实际运行。此后，以 1988

年欧洲开发的全球移动通信系统（GSM）及 1993 年美国开发的 IS-95 为代表的第二代窄带数字蜂窝通信系统迅速取代了第一代模拟蜂窝系统，并在全球得到了广泛应用。蜂窝移动通信系统使移动通信真正进入个人领域，标志着移动无线通信开始向大众普及。

5. 以新一代移动通信为代表的现代无线通信加速发展阶段（1999 年至今）

在互联网技术和通信技术的推动作用下，通信技术和电信产业向着数字化、大容量、网络化与多业务综合的方向发展，传统的电信网和数据网开始走向融合。随着数据通信与多媒体业务需求的发展，适应移动数据、移动计算及移动多媒体运作需求的第三代移动通信（3G）开始兴起。经多次融合努力，国际电信联盟（ITU）在 1999 年确定了 3G 标准，包括中国的 TD-SCDMA 方案在内的 5 类 RTT 技术标准共 6 种方案成为最终结果。在人们期待 3G 所带来的优质服务的同时，第四代移动通信（4G）系统的研究也在实验室当中悄然进行。在 3G 还没有完全普及的时候，2013 年 4G 系统已开始实现商用，而在 2014 年世界移动通信大会上，聚光灯又打在 5G 上。目前，欧盟、日本、韩国、中国等都已成立 5G 相关研究组织，成为全球移动通信领域新一轮技术竞争焦点。在蜂窝移动通信系统飞速发展的同时，毫米波通信、大气激光通信、太赫兹通信等新型传输手段，以及无线传感器网络、移动自组织网络、认知协同网络等新型无线通信网络不断涌现，无线通信开始进入全面快速发展的阶段。

回顾无线通信的发展历程，人类需求和技术进步是推动无线通信不断发展的永恒动力。近几年，移动通信和互联网成为当今世界发展最快、市场潜力最大的两大业务。这一前所未有的高速增长现象反映了随着时代与技术的进步，人类对移动性和信息的需求急剧上升，移动通信和互联网相融合构建移动互联网，已成为信息产业一个重要的发展趋势，无线通信产业必将迎来新的飞跃，带动人类真正进入信息化社会和数字化经济生活时代。

1.2　无线通信的频段与传播方式

无线通信是通过电磁波传递信息的，而电磁波的一个重要特征就是频率。在马可尼发明无线电报后的几年中，人们普遍认为只有无线电频谱较低的部分适合无线电通信且用途有限。1938 年召开的开罗会议上，30MHz 以上的频率甚至都划分给了业余业务和实验无线电业务。第二次世界大战的紧急需要，几乎一夜之间就改变了这种观点，1943 年美国军队制订了一个频率高达 300MHz 的划分规划。此后，随着技术的发展及市场需求的日益增长，各个频段无线电频谱资源都得到了广泛的应用，将频谱资源进行划分并有序使用已是必然趋势。

目前，国际频率划分是由 ITU 无线电行政大会确定的，是国际无线电规则的重要组成部分，表 1.1 列出了 ITU 颁布的无线电波频谱分布情况。

表 1.1　ITU 频段划分

频段名称	波段名称	频率范围	波长范围
甚低频	超长波	3～30kHz	100～1000km
低频	长波	30～300kHz	1～10km
中频	中波	0.3～3MHz	100～1000m
高频	短波	3～30MHz	10～100m

续表

频段名称	波段名称	频率范围	波长范围
甚高频	米波	30～300MHz	1～10m
特高频	分米波	0.3～3GHz	0.1～1m
超高频	厘米波	3～30GHz	1～10cm
极高频	毫米波	30～300GHz	1～10mm

按表 1.1 所示的方法对无线电频谱进行划分，对于某些频段的划分不够细致。因此，对于常用的频段人们又将其进行了更细致的划分，并在工程实践中更多采用如表 1.2 所示的频段划分及表示方法。

表 1.2　常用频段划分标准

频段名称	频率范围/GHz	波长范围/cm	频段名称	频率范围/GHz	波长范围/cm
P	0.23～1	30～130	X	8～12.5	2.4～3.75
L	1～2	15～30	Ku	12.5～18	1.67～2.4
S	2～4	7.5～15	K	18～26.5	1.13～1.67
C	4～8	3.75～7.5	Ka	26.5～40	0.75～1.13

由表 1.1 可知，无线电波的频率分布范围很宽，从甚低频一直到极高频，各个频段的无线电波在通信中都有重要的应用。一般来说，电波频率越高，其承载信息的潜在能力越强，其穿透能力和绕射能力越弱。此外，不同频段的无线电波的传播方式不同，主要有地波传播、天波传播、散射传播、视距传播 4 种传播方式，如图 1.1 所示。不同频段的无线电波由于传播方式不同、承载信息的能力不同，导致其通信应用场合各不相同。

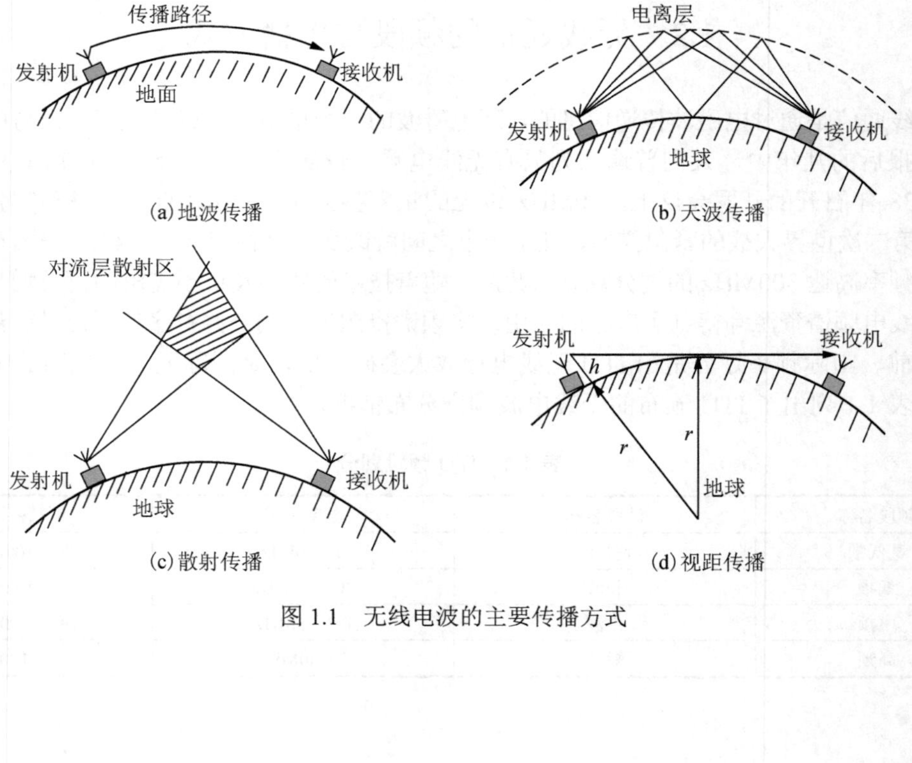

(a) 地波传播　(b) 天波传播　(c) 散射传播　(d) 视距传播

图 1.1　无线电波的主要传播方式

1. 地波传播

地波传播是中波以下的较低频段无线电波由于其较强的绕射性能而呈现出的沿地球表面传播的一种方式。地面上有高低不平的山坡和房屋等各种障碍物，根据波的衍射特性，当波长大于或相当于障碍物的尺寸时，波才能明显地绕到障碍物的后面。地面上的障碍物尺寸一般不太大，长波可以很好地绕过它们，中波和中短波也能较好地绕过，短波和微波由于波长过短，绕过障碍物的能力就很差了。此外，由于地球是个良导体，地球表面会因地波的传播引起感应电流，因而地波在传播过程中有能量损失，频率越高损失的能量也越多。所以无论从衍射的角度看还是从能量损失的角度看，长波、中波和中短波沿地球表面可以传播较远的距离，而短波和微波则不能。根据频段和发射功率等条件的不同，地波传播的距离可达数百、上千甚至上万千米。

地波的传播比较稳定，不受昼夜变化的影响，而且能够沿着弯曲的地球表面到达地平线以外的地方，所以中波和中短波用来进行无线电广播、远距离导航等。由于长波和超长波无线电波沿地面传播的距离要远得多，同时有较好的绕射和穿透性能，可用于地下通信和对潜通信。但是长波、超长波无线通信设备比较庞大，造价高，同时信息传递的能力很弱。例如，超长波对潜通信系统可穿透100m深的海水，但其信息传送速率仅约为0.01bit/s。所以长波、超长波一般只用于构建应急通信系统。

2. 天波传播

天波传播是短波频段的无线电波利用空中电离层对电波反射的特性而呈现的一种远距离传播方式。电离层是地球大气层上部空气分子由于受太阳紫外线及宇宙射线的辐射而电离，并且电离过程与复合过程达到动态平衡而形成的等离子体，可对短波频段电波产生折射和反射。其他频段的电波要么被电离层吸收，要么穿透出去。电离层分为D层、E层、F1层和F2层等。其中，D层高度为60～90km，白天可反射2～9MHz的频率。E层高度为90～130km，这一层对短波的反射作用较小。F层对短波的反射作用最大，分为F1和F2两层。F1层高度为130～210km，只在日间起作用，F2层高度大于210km，是F层的主体，日间夜间都支持短波传播。利用电离层反射，短波天波传播距离可达数百至数千千米。电离层最高可反射40MHz的频率，最低可反射1.5MHz的频率。根据这一特性，短波工作频段被确定为1.6～30MHz。

电离层的高度和浓度一方面随地区、季节、时间、太阳黑子活动等自然因素的变化而变化，另一方面也受到核试验及大功率雷达等人为因素影响而变化，这决定了天波传播很不稳定。在天波传播过程中，路径衰耗、时间延迟、大气噪声、多径效应、电离层衰落等因素都会造成信号的弱化和畸变，影响短波通信的效果。此外，实际电离层也不像上面所叙述的那样由规则的、平滑的层组成，而是由块状的、云一般的、不规则的电离的团或者层组成。因此，电离层反射到地面的区域可能是不连续的。

短波通信的缺点是信道不稳定、信息传递能力较弱，但具有发射功率小、作用距离远、设备简单、机动灵活性高等优点。目前，短波通信在授时、导航、通信、广播等方面都有广泛的用途。由于短波通信是唯一不受网络枢纽和有源中继体制约的远程通信手段，在军事通信中的地位非常重要。

3. 散射传播

散射传播是微波频段无线电波利用空中介质对电磁波的散射作用，在两地间进行的一种超视距传播方式。对流层、电离层、流星余迹、人造散射物体等都具有散射电磁波的性质，但通常所说的散射通信大多是指对流层散射通信。对流层是大气层中距地面 8～18km 的部分，其中分布着大量直径微小的空气分子湍流，由于大气的湍流运动产生了具有不同介电常数的湍流团，当无线电波照射到这些不均匀的湍流团时，就在每一个不均匀体上感应电流，成为二次辐射体，从而向各个方向散射发出该频率的二次辐射波，实现超视距的无线电通信。由于对流层散射现象在 200～8000MHz 频段比较显著，所以对流层散射通信主要工作在这个频段内。

对流层散射通信的优点：通信距离远，单跳距离一般为 300km，多跳转接可达数千千米；不受核爆炸和太阳耀斑的影响，传输可靠度高，一般可达 99%～99.9%；通频带较宽，可达 10MHz 以上，能实现多路通信，可以传送电话、电报和数据等。散射通信的主要缺点：传输损耗大，且随着通信距离的增加而剧增；散射信号有较深的快衰落，其电平还受散射体内温度、湿度和气压等的影响，且有明显的季节和昼夜的变化。由于散射通信中电磁波传输损耗很大，到达接收端的信号很微弱，为了实现可靠的通信，一般要采用大功率发射机，高灵敏度接收机和高增益、窄波束的天线。为了克服或减小快衰落的影响，常采用分集接收等技术。散射通信由于具有良好的抗干扰、低截获及抗摧毁特性，在军事通信中得到了广泛应用，是建立战略、战役通信无线干线传输链路的重要手段。

4. 视距传播

视距传播是指在发射天线和接收天线间能相互“看见”的距离内，电波直接从发射点传播到接收点(地面传播一般还包括地面的反射波)的一种传播方式。任何频段的无线电波都可以实现视距传播。

视距传播的优点是传输容量大、传播稳定，但由于受地球曲率及地表环境的影响，其传输距离较短，一般为 20～50km。视距传播方式要想实现远距离通信，必须人为设置中继通信平台，如卫星、飞机、气球或地面中继站等。

第二次世界大战前，视距传播仅用于超短波以下频率。战时，地面微波中继通信得到发展，战后发展尤为迅速。目前，利用视距传播的微波中继通信和卫星通信系统已遍布世界各地，成为远距离大容量无线通信的主要方式。

不同频段的无线电波除承载信息的能力、传播模式不同外，通信系统的特性也有较大差异。电波频率越高，收发设备的天线波束可以做得越窄，即天线的方向性越强，功率利用率也越高；电波频率越高，在同等尺度条件下天线的收发效率越高，可使通信天线尺寸显著减小，便于设备小型化，非常适合携带和机动使用。因此，在定点通信场合，使用较高频段的高增益定向天线可大大节省功率；在机动性要求较高的场合则正好相反，应使用较低频段的电波进行通信(或者以降低功率利用率为代价，使用宽波束天线或全向天线通信)。

目前，随着无线通信的迅速发展，适合无线通信所用的频谱资源日趋紧张。频谱资源已经成为一种重要的战略资源，必须合理分配，严格管理，才能保证有效利用。无线电频谱管理及高效频谱利用技术已经成为无线通信研究领域的一项重要课题。

1.3　无线通信的特点与关键技术

1.3.1　无线通信的特点

无线通信与有线通信的基本原理和技术途径具有同一性，但由于无线信道的特殊性，无线通信系统与有线通信系统在关键技术、系统构成等方面也有较大差别。

(1) 无线信道的传输特性相比有线信道更为恶劣。无线电磁波信号在空间传递过程中，不仅能量会随距离的增加而快速衰减，复杂传播环境会造成无线电波能量的衰减更加严重。此外，传播环境中的墙壁、地面、建筑物和其他物体会对无线电磁波形成反射、散射和绕射，从而导致信号通过多条路径到达接收机，造成多径效应。多径效应会导致信号的衰落，不仅会引起接收信号能量的剧烈起伏，甚至会导致接收信号的波形发生失真，严重影响接收机的性能。如果发射机、接收机或周围的物体发生相对运动，多径反射和衰减的变化将使接收信号经历随机波动和频率偏移，进一步增加了无线通信接收机的复杂度。因此，无线信道的多径效应和时变特性限制了无线信道的传输性能。

(2) 无线通信是在开放的空间通过辐射和接收电磁波进行通信的，一方面受自然界中各种干扰和噪声的影响相比有线通信更为严重；另一方面一定区域范围内的无线通信信号也会相互干扰。为了克服无线通信信号之间的干扰，必须把可用的无线信道分成若干互不干扰的子信道，再分别分给各个用户。无线信道的开发特性增加了无线组网的复杂性，并限制了无线通信系统的容量。

虽然相比有线通信，无线通信在传输质量、传输速率等方面存在着较大不足，但是无线通信具有不受连线束缚、组网迅速灵活等优点，特别是能够提供移动通信，使得无线通信技术始终受到广泛关注，成为研究最为活跃的通信技术领域。无线通信技术的发展历程就是不断寻求新的技术途径，以克服无线传输、组网等方面的不利因素，实现更佳的无线通信性能。

1.3.2　无线通信的关键技术

相比有线通信，无线通信存在信道复杂、误码率高及频谱资源受限等问题，使得无线通信领域的技术进步相比有线通信领域更具有挑战性。无线通信的关键技术涉及传输、组网等多个层次。随着无线通信的普及应用，无线频谱资源日趋紧张，无线通信技术已从最初的解决点对点可靠传输，发展到如何通过高效传输、灵活组网以实现频谱的最佳利用，并能在无线传播环境下实现对综合业务的有效支撑。

由于通信网是一个极其复杂的实体，为了减少通信网设计的复杂性，大都采用层次化结构来组织和设计通信网络。目前，大都采用基于计算机网络发展起来的开放系统互连(OSI)参考模型，来描述通信网的相关技术和功能层次。OSI 参考模型是为实现开放系统互连，描述网络系统功能和概念，协调网络通信而建立的功能分层模型，由国际标准化组织(ISO)和国际电报电话咨询委员会(CCITT)联合制定。OSI 参考模型是一种异构系统互连的分层结构，提供了控制互连系统交互规则的标准骨架，从低到高分别是物理层、数据链路层、网络层、传输层、会话层、表示层和应用层，如图 1.2 所示。

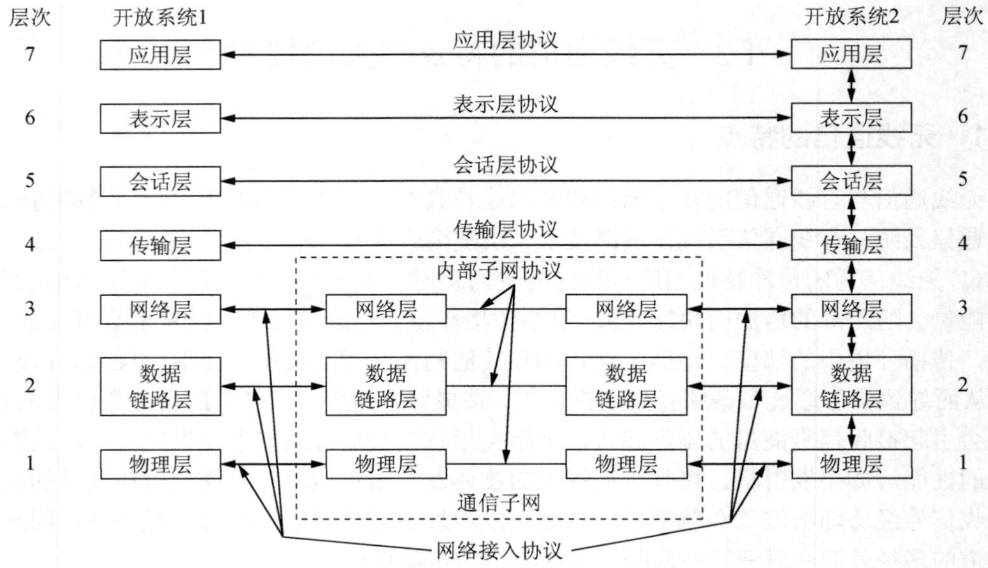

图 1.2　OSI 七层模型

OSI 参考模型只是定义了一种抽象结构，而并非具体实现的描述；不同系统中相同层的实体为同等层实体；同等层实体之间通信由该层的协议管理；相邻层间的接口定义了原语操作和低层向上层提供的服务；每层完成所定义的功能，修改本层的功能并不影响其他层。一般情况下这七层或其子集称为协议栈。两个协议栈中不同层之间唯一的物理连接发生在物理层。在剩余的每一层中，对等层之间都有一个虚拟连接。

传统的通信子网设计主要涉及 OSI 七层模型中的物理层、数据链路层和网络层的功能，无线通信网络中上述各层的功能和关键技术如下。

1. 物理层的主要功能及关键技术

物理层的主要功能是利用物理传输介质为数据链路层提供物理连接，以便透明地传送比特流，这一层数据的单位称为比特(bit)。对于无线通信系统来说，其物理介质就是不同频率的电磁波，物理层的技术就是要克服电波传播过程中的各种不利因素，实现可靠、高效的信息传递。

无线通信中的物理层技术包括调制、编码及天线技术等。考虑到无线传播环境的特殊性，无线通信对调制、编码等有着特殊的要求，如为提高无线通信系统的功率利用率和适应复杂的无线信道所发展的恒包络调制技术；为提高无线通信的可靠性，广泛采用的各种新型纠错编码技术，如 LDPC 码、Turbo 码及将调制和编码联合优化的调制编码(TCM)技术等；为了满足多径传播环境下无线高速数据传输的需求，先后发展的直接扩频传输体制、正交频分复用(OFDM)技术及多输入多输出(MIMO)天线技术等。此外，无线通信系统中还广泛采用了交织、均衡、分集等技术，以应对复杂无线传播环境对通信信号的影响，提高无线传输系统的性能。物理层技术是无线通信的核心技术，是构建各种无线通信系统的基础。

2. 数据链路层的主要功能及关键技术

数据链路可以粗略地理解为数据通道。物理层要为终端设备间的数据通信提供传输介质及其连接。介质是长期的，连接是有生存期的。在连接生存期内，收发两端可以进行不等的一次或多次数据通信。每次通信都要经过建立通信联络和拆除通信联络两个过程。这种建立起来的数据收发关系称为数据链路。在物理介质上传输的数据难免受到各种不可靠因素的影响而产生差错，为了弥补物理层上的不足，为上层提供无差错的数据传输，就要对数据进行检错和纠错。数据链路层的数据单位为帧(frame)，数据链路的建立、拆除，对数据的检错、纠错是数据链路层的基本任务。数据链路层包含逻辑链路控制(LLC)子层和介质访问控制(MAC)子层两个子层。其中，无线通信系统MAC子层的一个重要的功能是实现物理链路的共享传输，即多址接入技术。对于无线通信系统来说，多址技术对于提高频谱利用率非常关键。

无线通信中的数据链路层技术包括成帧、数据的检错和纠错、多址技术等。其中，数据链路层的纠错功能往往和物理层结合起来实现，如目前发展的自适应编码调制(ACM)技术、混合ARQ体制等技术可以更好地适应无线信道特性，在时变的信道环境下提供更可靠的链路层链接。无线通信系统中的多址技术可以分为固定分配多址技术和基于竞争机制的多址技术。一般来说，固定分配方式可以确保各种业务所需的带宽，提供质量较好的服务，广泛用于支持电信业务的各种通信系统网络中。固定分配多址技术除传统的频分多址(FDMA)、时分多址(TDMA)及码分多址(CDMA)外，现在结合多波束天线发展了空分多址(SDMA)技术，以及将上述多址技术组合实现的混合多址技术。基于竞争机制的多址接入技术是采用竞争的方式来共享无线传输信道，系统所支持的用户数目及每个用户所占用的实际可用资源并不是固定的。此时，评价系统性能的指标主要是系统的吞吐率和信息传输的平均时延。典型的基于竞争机制的多址接入技术包括ALOHA、载波侦听多址接入(CSMA)等方式。相比固定分配方式，基于竞争机制的多址方式一般在提供通信业务的服务质量保障方面存在不足，但其实现及资源分配更为灵活，因此也得到了广泛应用。此外，基于固定分配的多址方式一般也需要采用竞争机制来实现初始的信道接入。

3. 网络层的主要功能及关键技术

网络层是在数据链路层提供的两个相邻端点之间的数据帧的传送功能上，进一步管理网络中的数据通信，将数据设法从源端经过若干个中间结点传送到目的端，从而向传输层提供最基本的端到端的数据传送服务。网络层的作用是实现两个端系统之间的数据透明传送，具体功能包括寻址和路由选择、连接的建立、保持和终止等。它提供的服务使传输层不需要了解网络中的数据传输和交换技术。简单地说，网络层的功能就是“路径选择、路由及逻辑寻址”，并具有一定的拥塞控制和流量控制的能力。网络层的数据单位称为数据包(packet)。互联网TCP/IP体系中的网络层功能由IP规定和实现，故又称IP层。无线通信，特别是移动通信系统中的网络层技术相比固定通信系统要复杂得多。目前，各类通信网的体制逐步趋于基于IP技术进行融合，现在发展的移动IP技术、IPv6技术成为未来移动通信网络互联的基础。

针对不同的应用环境和通信业务，无线通信网络的拓扑结构、物理层技术、链路层技术及网络层技术差异较大，从而形成了多种类型的无线通信系统，以满足日益丰富的无线通信需求。

1.4 无线通信的类型与发展趋势

1.4.1 无线通信系统的类型

对无线通信系统进行分类，按照不同的标准有多种划分方法。例如，按照工作方式可以划分为单工、半双工、双工系统；按照多址方式可以划分为 FDMA、TDMA、CDMA 等类型；按照业务类型可以划分为电信网和数据网；按照传输手段可以划分为卫星通信系统、短波通信系统、散射通信系统等；按照覆盖范围可以划分为局域网、城域网、广域网等。从无线通信用户来说，更关心不同通信系统所能提供的业务和应用，而不关心其采用的具体技术。如果按照不同的应用进行划分，可以将无线通信系统划分为蜂窝移动通信网、无线数据网、卫星通信网、自组织网络、无线传感器网络、寻呼系统、集群通信系统及无绳电话等。

1. 蜂窝移动通信系统

蜂窝移动通信系统也称“小区制”系统，是将所有要覆盖的地区划分为若干个小区，在每个小区设立一个基站(BS)为本小区范围内的用户服务，多个小区通过移动交换中心(MSC)互联，完成网络的控制等功能，如图 1.3 所示。蜂窝系统通过频率复用、切换和位置管理等技术，能为广大区域内的大量用户提供方便、快捷、高性能的移动通信服务。移动通信是当今最受人瞩目的通信技术，近年来无线通信技术得以迅猛发展，在很大程度上是由于蜂窝移动通信的巨大市场推动力。

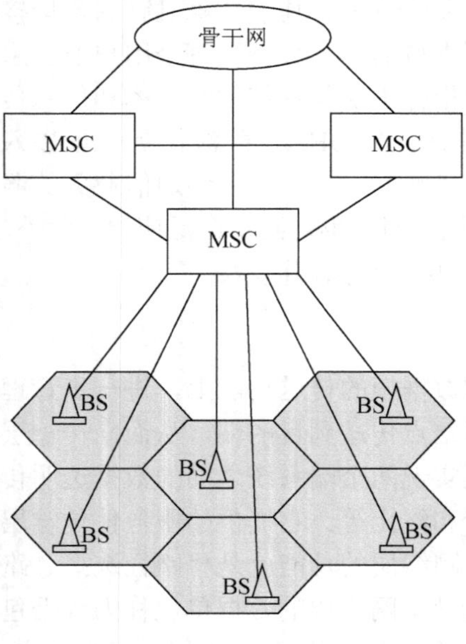

图 1.3　蜂窝通信网组成示意图

第一代移动通信系统是模拟频分多址系统，主要采用 FDMA 体制，支持话音通信及与公共电话网(PSTN)的互联。我国于 1987 年在广州引入了英国的 TACS 第一代模拟移动通信系统。第二代移动通信系统是窄带数字通信系统，可提供话音和低速数据服务，主要代表有欧洲的基于 TDMA 体制的 GSM 系统，和北美洲的基于 CDMA 体制的 IS-95 系统，GSM 系统是目前世界上市场占有率最大的移动通信系统。其他第二代移动通信标准还包括北美洲使用的 IS-54、日本的 PDC 等系统。我国于 1993 年引入 GSM 系统，2000 年又引入了 IS-95 CDMA 移动通信系统。第三代移动通信系统(3G)的三个主要标准分别是欧洲 Nokia 公司、Ericsson 公司和日本 DoCoMo 公司推出的 W-CDMA，美国 QualComm 公司(IS-95 CDMA 标准的持有者)的 CDMA 2000(向下兼容 IS-95 CDMA)及中国大唐电信和 Siemens 共同推出的 TD-SCDMA。由于商业、技术和市场等诸多原因，3G 移动通信系统的实际部署一再地被推迟。虽然 3G 已经开始在全球范围内部署应用，但其技术指标已不能满足现在信息化社会对无线传输的能力要求。在 3G 部署一再被延迟的同时，第四代蜂窝移动通信(4G)系统已经紧锣密鼓地开始研制，目前已成为各国政府和全球通信设备供应商的一个新的竞争焦点。2013 年 12 月，我国 4G 牌照发放，4G 技术正式走向商用。与此同时，面向下一代移动通信需求的第五代移动通信(5G)的研发也已在世界范围内如火如荼地展开。

2. 无线数据网

无线数据网(wireless data networking)技术正变得越来越常用，可用于接入有线局域网和骨干网络，同时也可接入电信网络中。无线数据网络按照覆盖范围可划分为无线个人网(wireless personal area network，WPAN)、无线局域网(wireless local area network，WLAN)、无线城域网(wireless metropolitan area network，WMAN)及无线广域网(wireless wide area network，WWAN)等，不同的标准化组织针对不同类型的无线数据网推出了多个无线数据网标准。其中，IEEE 802 协议中定义的一系列无线网络标准应用最为广泛，其主要标准和技术特点如图 1.4 所示。

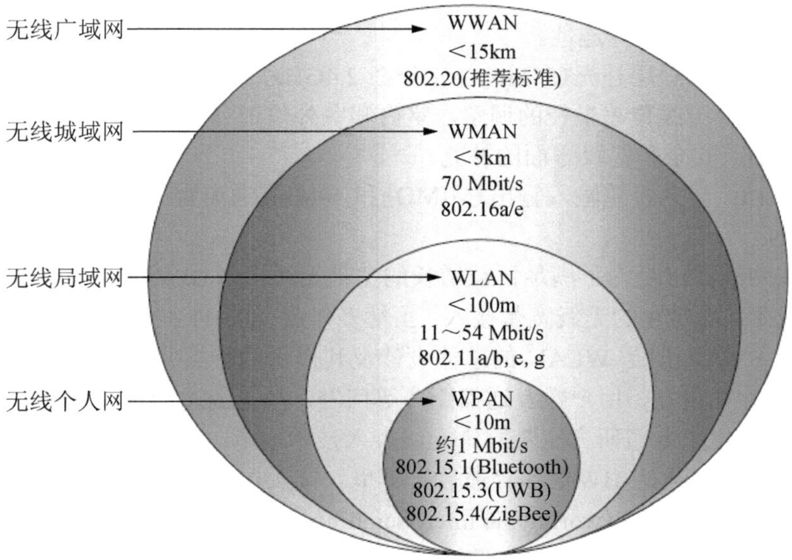

图 1.4　无线数据网分类示意图

1) WPAN

WPAN 提供了一种小范围内无线通信的手段，主要用于个人用户工作空间，实现诸如电话、计算机、附属设备及小范围(一般在 10m 以内)内的数字助理设备之间的通信。支持 WPAN 的技术包括蓝牙(Bluetooth)、ZigBee、IrDA、HomeRF 等，其中蓝牙技术在 WPAN 中使用得最广泛。IEEE 802 协议系列中 WPAN 标准主要有两个：无线个人网络(WPAN，IEEE 802.15.1)覆盖了蓝牙协议栈的物理层/介质访问接入控制层(PHY/MAC)；低速无线个人网络(LR-WPAN，IEEE 802.15.4)覆盖了 ZigBee 协议栈的物理层/介质访问接入控制层。

2) WLAN

WLAN 是计算机网络与无线通信技术相结合的产物，主要用于解决办公室局域网和校园网中，用户终端无线接入因特网。WLAN 第一个版本发表于 1997 年，其中定义了物理层和介质访问接入控制层。物理层定义了工作在 2.4GHz 的 ISM 频段上的两种无线调频方式和一种红外传输方式，总数据传输速率设计为 2Mbit/s。1999 年加上了两个补充版本：IEEE 802.11a 定义了一个在 5GHz 的 ISM 频段上数据传输速率可达 54Mbit/s 的物理层，IEEE 802.11b 定义了一个在 2.4GHz 的 ISM 频段上数据传输速率高达 11Mbit/s 的物理层。2.4GHz 的 ISM 频段为世界上绝大多数国家通用，因此 IEEE 802.11b 得到了最为广泛的应用。1999 年工业界成立了 Wi-Fi 联盟，致力于解决符合 802.11 标准的产品的生产和设备兼容性问题。目前，802.11 已发布了多个标准，具体如下。

- 802.11：1997 年，原始标准（2Mbit/s 工作在 2.4GHz）。
- 802.11a：1999 年，物理层补充（54Mbit/s 工作在 5GHz）。
- 802.11b：1999 年，物理层补充（11Mbit/s 工作在 2.4GHz）。
- 802.11c：符合 802.1D 的 MAC 桥接。
- 802.11d：根据各国无线电规定做的调整。
- 802.11e：对服务等级（quality of service，QoS）的支持。
- 802.11f：基站的互连性。
- 802.11g：物理层补充（54Mbit/s 工作在 2.4GHz）。
- 802.11h：无线覆盖半径的调整，室内和室外信道（5GHz 频段）。
- 802.11i：安全和鉴权方面的补充。
- 802.11n：导入多重输入输出（MIMO）和 40Mbit 通道宽度（HT40）技术。

3）WMAN

无线城域网的推出是为了满足日益增长的宽带无线接入（BWA）市场需求，旨在为广大用户实现低成本、高带宽的无线宽带接入。虽然多年来 802.11 技术一直与许多其他专有技术一起被用于 BWA，但是 WLAN 的总体设计及其提供的特点并不能很好地适用于室外的 BWA 应用，如存在带宽、用户数及通信距离等问题。基于上述情况，1999 年 IEEE 成立了 IEEE 802.16 工作组来专门研究宽带固定无线接入技术规范，目标是建立一个全球统一的宽带无线接入标准，以满足 BWA 和“最后一英里”接入市场的需求。同时，业界也成立了类似 Wi-Fi 联盟的 WiMAX（worldwide interoperability for microwave access）论坛。

WiMAX 能提供面向互联网的高速连接，数据传输距离最远可达 50km，还具有 QoS 保障、传输速率高、业务丰富多样等优点。WiMAX 的技术起点较高，采用了代表未来通信技术发展方向的 OFDM/OFDMA、MIMO 等先进技术，随着技术标准的发展，WiMAX 逐步实现宽带业务的移动化，而 3G 则实现移动业务的宽带化，两种网络的融合程度越来越高。目前，WiMAX 已被列为 4G 的标准之一。

4）WWAN

WWAN 是采用无线网络把物理距离极为分散的局域网（LAN）连接起来的通信方式，其目的是使分布较远的各局域网互联。它的结构分为末端系统（两端的用户集合）和通信系统（中间链路）两部分。IEEE 802.20 是 WWAN 的重要标准。IEEE 802.20 是由 IEEE 802.16 工作组于 2002 年 3 月提出的，并为此成立了专门的工作小组。其目的是实现高速移动环境下的高速率数据传输，以弥补 IEEE 802.1x 协议族在移动性上的劣势。IEEE 802.20 技术可以有效解决移动性与传输速率相互矛盾的问题，它是一种适用于高速移动环境下的宽带无线接入系统空中接口规范。IEEE 802.20 标准在物理层技术上以 OFDM 和 MIMO 为核心，以充分挖掘时域、频域和空间域的资源，大大提高系统的频谱效率。IEEE 802.20 能够满足无线通信市场高移动性和高吞吐量的需求，具有性能好、效率高、成本低和部署灵活等特点。目前，IEEE 802.20 系统技术标准仍有待完善。

3. 卫星通信

卫星通信是地球站之间或航天器与地球站之间利用通信卫星进行转发的无线电通信。卫星通信系统由通信卫星、地球站、测控和监控系统等组成，如图 1.5 所示。其中，通信卫星起到中继作用，把一个地球站或移动终端的信号经过变频和放大后再传送给另一端的地球站或移动终端。测控站对通信卫星的轨道位置和姿态进行测量和控制。监测中心对所有通信卫星有效载荷(转发器)的通信业务进行监测管理，以保持整个系统的安全、稳定运行，并与用户信息管理系统相连接，实现对用户业务的监控管理。由于将中继站放到空中，相比地面中继传输，卫星通信系统具有覆盖面宽、容量大、业务多样、机动性强、稳定可靠、不受地理条件限制及成本与通信距离无关等优点，在现代信息社会中发挥着越来越重要的作用，在军事通信领域的作用尤为突出。

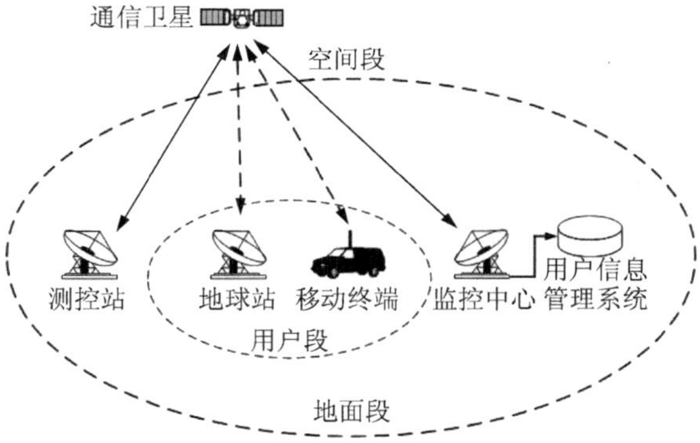

图 1.5　卫星通信系统的基本组成

卫星通信提供的业务总体上可以分为卫星固定业务、卫星广播业务及卫星移动业务等。20 世纪 90 年代中后期卫星电视直播、卫星声音广播、卫星移动通信及卫星宽带多媒体通信成为新的四大发展潮流。随着通信卫星天线技术、星上处理技术及卫星组网技术的进步，卫星通信所能提供的传输能力、多业务支持能力显著提升。以卫星移动通信为例，早期的卫星移动通信系统多采用静止轨道卫星，由于链路传播损耗大，移动终端的小型化受到一定的限制，因此该阶段的系统通常为各种舰载、机载或车载终端提供服务。随着静止轨道卫星功率的增加和天线特性的改善，以及终端接收技术的进步，静止轨道卫星移动通信系统能够支持各种手持终端，实现与地面蜂窝系统类似的移动通信业务。此外，基于星座组网技术，目前还建设了多个中低轨卫星移动通信系统，可为全球地面用户提供商业卫星移动电话服务。

4. 自组织网络

自组织网络即 Ad Hoc 网络，是由若干带有无线收、发信机的结点构成的一个无中心的、多跳的、自组织的对等式无线通信网络。它的前身是美国国防高级计划研究署(DARPA)于1972年所启动的分组无线网项目，用于研究战场环境下利用无线通信手段进行多个独立结点间的数据分组传输，这些独立结点形成了一个分布式的无线通信网络。与传统无线网络不同的是，自组织网络既不需要固定的网络结构，也没有专用的固定的基站或路由器作为网络管理中心。自组织网络能够利用移动终端的路由转发功能，在无基础设施的情况下进行通信。典型的自组织网络如图1.6所示，处于直接通信范围之外的网络结点A和B，可以通过其他网络结点的多跳路由转发实现通信。中间的两个网络结点既是通信结点，又起到了路由器的作用。

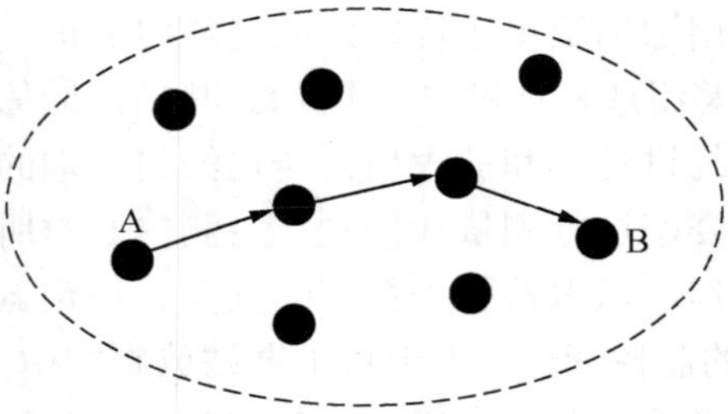

图1.6　自组织网络示意图

自组织网络不同于传统通信网络的最大特点在于自组织特性，其优点是网络的抗毁顽存能力、支持网络拓扑结构动态变化的能力较强，适合于一些紧急场合的通信组网需要，如战术电台通信网。自组织网络的缺点是网络的实现及维护非常复杂，由于多跳通信、结点的处理能力和能源受限等因素，其通信能力较弱，存在网络带宽受限、对实时性业务支持较差、安全性不高等弊端，特别是难以支撑大规模组网应用。在军事通信系统中应用自组织网络技术，还面临安全性挑战等问题。

传统的自组织网络体系结构采用如图1.6所示的平面结构，存在网络规模较大时组网困难等问题。为解决平面结构自组织网络的问题，目前发展了基于层次结构的分层自组织网络技术，如图1.7所示。采用层次结构的分层自组织网络将整个网络划分为多个簇(cluster)，每个簇由簇首结点(中心结点)和簇成员结点(普通结点)构成，簇首结点可形成更高一级的网络。平面结构自组织网络与层次结构自组织网络的性能比较如表1.3所示。

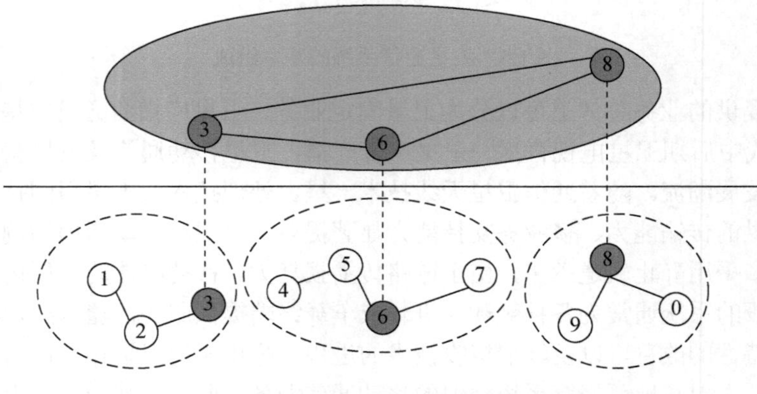

图1.7　分层立体化移动自组织网络示意图

● 中心结点；○ 普通结点

表 1.3 平面结构与层次结构自组织网络性能比较

性能	平面结构	层次结构
拓扑结构	完全分布式的网络	多个簇组成的网络
节点关系	所有结点的地位是平等的	结点被分为簇首和簇成员，簇首预先指定或者由选择算法产生
传输链路	不存在网络瓶颈，可存在多条路径，网络健壮性好	簇首结点可能成为网络瓶颈，所有到簇外的通信必须通过簇首结点进行
可扩展性	可扩展性差，适用于中小规模的网络	可扩展性好，适用于大规模网络

5. 无线传感器网络

无线传感器网络(wireless sensor network，WSN)是由大量的静止或移动的传感器以自组织和多跳的方式构成的无线网络，其目的是协作地感知、采集、处理和传输网络覆盖地理区域内感知对象的监测信息，并报告给用户。相比 Ad Hoc 网络，WSN 除了具有自组织特性外，还具有节点数目众多、覆盖范围大、无人值守、结点低功耗、可靠性要求高等特点。WSN 可以应用于由震动、地磁、热量、视觉、红外、声音、雷达等多种不同类型传感器构成的网络结点，用于监控湿度、温度、压力、应力、流量、成分、像素等多种环境条件，可以完成连续监测、目标发现、位置识别和执行器的本地控制等任务。无线传感器网络在国际上被认为是继互联网之后的第二大网络，2003 年美国《技术评论》杂志评出对人类未来生活产生深远影响的十大新兴技术，传感器网络被位列第一。

6. 集群通信系统

集群通信系统是指由多个用户共用一组无线信道，并动态地使用这些信道的移动通信系统，主要用于调度通信。集群通信系统由基站、移动台、调度台和控制中心四部分组成。其中，基站负责无线信号的转发，移动台用于在运行中或停留在某个不确定的地点进行通信，调度台负责对移动台进行指挥、调度和管理，控制中心主要负责控制和管理整个集群通信系统的运行、交换和接续。集群通信系统可以把所具有的可用信道为系统的全体用户共用，能够自动选择信道，具有共用频率、共用设施、共享覆盖区、共享通信业务、共同分担费用、兼容有线通信等特点，同时还具有调度指挥、控制、交换、中继等功能，既节约频谱，又能为用户提供快速、方便、无干扰的通信，是一种多用途、高效能而又廉价的先进无线调度通信系统。

7. 无线寻呼系统

无线寻呼系统是一种不用语音的单向选择呼叫系统。其接收端是多个可以由用户携带的高灵敏度收信机(俗称 BB 机、Call 机)。在收信机收到呼叫时，就会自动振铃、显示数码或汉字，向用户传递特定的信息。寻呼系统可粗分为专用寻呼系统和公用寻呼系统两类。专用寻呼系统主要为一个或几个单位使用，其规模多为中小型系统，一般为单基站的单区制，主要由寻呼控制中心、电话接续机、发射机及收信机组成。公用寻呼系统一般由电信行业经营，特点是用户较大，系统组成与专用网类似。随着蜂窝移动电话的普及和资费降低，寻呼行业已逐渐面临淘汰。

8. 无绳电话机

无绳电话机实质上是全双工无线电台与有线市话系统及逻辑控制电路的有机组合，它能在有效的场强空间内通过无线电波介质，实现副机与座机之间的“无绳”联系。简单地说，无绳电话机就是将电话机的机身与手柄分离成为主机(母机)与副机(子机)两部分，主机与市话网用户电话线连接，副机通过无线电信道与主机保持通信，不受传统电话机手柄话绳的限制。

1.4.2　无线通信的发展趋势

目前，无线通信网络正朝着多元化、宽带化、综合化、智能化的方向演进，更高的传输速率、更灵活的组网能力及综合业务支持能力成为当前无线通信网络发展的重点，其中的关键技术主要有以下几种。

1. 拓展工作频段

移动通信传统工作频段主要集中在 3GHz 以下，这使得频谱资源十分拥挤，而在高频段(如毫米波频段、太赫兹频段、大气激光通信等)可用频谱资源丰富，能够有效缓解无线频谱资源紧张的现状。毫米波通信可以实现极高速短距离通信，支持未来无线通信系统容量和传输速率等方面的需求。大气激光通信和太赫兹通信可以实现星间超高速数据传输，解决天基信息网海量数据传输的问题。

2. 协同通信技术

协同通信技术是通过无线通信结点的部分资源共享实现系统容量或通信结点容量最大化的一类技术方法。协同通信技术源于中继通信，其基本思想是在多用户通信环境中，使用单副天线的各临近移动用户可按照一定方式共享彼此的天线并协同发送，从而产生一种类似多天线发送的虚拟环境，获得空间分集增益，提高系统传输性能。这种传输方式融合了分集技术与中继传输的技术优势，形成了分布式的虚拟 MIMO 系统，克服了相干距离等限制，在不增加天线数目的基础上，在传统通信网络中可获得与多天线及多跳传输情况下相近的传输增益。协同通信是新一代移动通信系统中最重要的增强型传输技术，是满足小区边缘用户和平均吞吐率需求的有效方法。

3. 多天线技术

多天线技术经历了从无源到有源，从二维到三维，从高阶 MIMO 到大规模阵列的发展，将有望实现频谱效率提升数十倍甚至更高，是 5G 技术重要的研究方向之一。目前研究的重点包括大规模天线信道测量与建模、阵列设计与校准、导频信道、码本及反馈机制等问题。未来基于多天线技术可以显著降低终端设备的发射功率，实现绿色节能，提升覆盖能力。

4. 基于光/射频混合链路的接入网技术

毫米波通信可实现高速数据传输，但覆盖范围有限，现在发展的光载射频(RoF)技术将毫米波无线传输与光纤传输相结合，可充分利用低成本高速光传输网络，直接在远端天线和集中化的中心结点间传送无线信号，以构建覆盖数百个基站服务区域，甚至数百平方千米的无线接入系统。可以将大气激光链路与微波链路相结合，构建光/射频混合链路，充分利用两种传输方式的优点，实现高速、可靠的无线传输，并构建新型的无线移动网络。

在新技术和市场需求的共同作用下，未来的无线通信网络将和有线通信网络更加紧密地融合。在下一代通信网(NGN)中，固定网络将形成一个高带宽、IP 化、具有强 QoS 保证的核心网络。围绕这一核心网络，各种接入手段将成为网络的触手，向各个应用领域延伸。蜂窝移动通信系统、宽带固定无线接入、无线局域网等都将成为 NGN 核心网的延伸部分——接入网，从而形成集固定、无线手段于一体，各种接入方式综合发挥效用，各种业务形成全网络配置的一体化综合网络。

可以预计，随着无线通信技术的发展，个人化、宽带化、多样化将是未来无线通信系统的主要特点，无线通信技术结构的变革则主要体现在高效频谱的接入上，通过拓展新的工作频段、发展新的网络架构，促进无线通信系统频谱的增加、效率的提高及容量的提升，以满足信息化社会发展对无线通信的需求。

第 2 章　无线信道的特性

无线通信系统的性能主要受到无线信道的制约。无线信道是一个开放式的传输系统，它带来通信便捷的同时，也易受干扰和环境噪声的影响。信号从发射机到接收机的无线传播过程中，复杂的地形地物(如山脉、建筑物、树木等)会带来明显的损伤。这些损伤表现多样，有加性的，乘性的；时间上的，频率上的；快变化的，慢变化的；等等。同时，无线信道不像有线信道那样固定并可预见，具有非常大的随机性，难以分析。因而，如何实现无线信道上的高质量通信，是一个非常具有挑战性的课题。本章主要介绍无线信道的特性，分析由于无线信道的特性所引起的接收信号的变化规律。

2.1　无线电波传播

2.1.1　无线电波的传播方式

在无线通信系统中，无线电波的四种基本传播方式为直射、反射、绕射和散射。

直射是指发射机信号无阻挡到达接收机。反射发生在电波遇到比波长大得多的物体时，通常发生在地球表面、建筑物和墙壁表面。

当接收机和发射机之间的无线路径被尖锐的边缘阻挡时将发生绕射。由阻挡表面产生的二次波散布于空间甚至阻挡体的背面。当发射机和接收机之间不存在视距路径，围绕阻挡体也产生波的弯曲。在高频波段，绕射与反射一样，依赖于物体的形状，以及绕射点入射波的振幅、相位和极化情况。

当波穿行的介质中存在尺寸小于波长的物体并且单位体积内阻挡体的个数非常巨大时，将发生散射。散射发生于粗糙表面、小物体或其他不规则物体。在实际的通信系统中，树叶、街道标志和灯柱等会引发散射。

在无线电波的四种传播方式中，一般经直射波传播的信号最强。

电波传播的基本细节可通过求解带边界条件的麦克斯韦方程获得，其中边界条件表征了这些障碍物的物理特性。求解这样的麦克斯韦方程相关的计算非常复杂，而且计算中必要的参数往往难以得到，因而人们采用了一些近似方法来描述信号的传播特性，避免求解复杂的麦克斯韦方程。

最常见的一种近似方法是射线跟踪法。射线跟踪法把波前近似为粒子，用一些简单的几何方程取代复杂的麦克斯韦方程，以此来近似描述直射、反射、绕射和散射对波前的影响。当接收机和最近的反射体的距离有数个波长，所有反射体的大小相对于波长都足够大并且相当平滑时，射线跟踪法的近似误差最小。但也还有许多传播环境不能由射线跟踪模型准确描述，此时通常的做法是以实际测量结果为基础建立经验模型。

2.1.2　无线电波的四种效应

基于无线电波的四种基本传播方式，无线通信大体上体现出四种传播效应：阴影效应、远近效应、多普勒效应和多径效应。

1. 阴影效应

阴影效应是指由于大型建筑物和其他物体的阻挡，在电波传播的接收区域中产生传播半盲区。阴影效应类似于太阳光受阻挡后产生的阴影，光的波长较短，阴影可见，电磁波波长较长，阴影不可见，但可以由仪器测量得到。

2. 远近效应

远近效应是指由于用户的随机移动性，发射机与接收机之间的距离也在随机变化，若发射机发射信号功率一样，那么到达接收机时信号的强弱将不同，离发射机近者信号强，离发射机远者信号弱。通信系统中的非线性将进一步加重信号强弱的不平衡性，甚至出现“以强压弱”的现象，严重时使弱者发生通信中断。

3. 多普勒效应

多普勒效应是指由于用户处于高速移动(如车载通信)中，信号频率随之发生的频移现象。移动引起的接收机信号频移称为多普勒频移，它与移动台的运动速度、运动方向及接收机多径波的入射角度有关。

当移动台以恒定速率 v 在长度为 d 、端点为 X 和 Y 的路径上运动时，收到来自远端源 S 发出的信号，如图 2.1 所示。无线电波从源 S 出发，在 X 点与 Y 点分别被移动台接收时所走的路径差近似为 $\Delta l = d\cos\theta = v\Delta t\cos\theta$ 。这里 Δt 是移动台从 X 点运动到 Y 点所需的时间，θ 是 X 点和 Y 点的水平线与入射波的夹角。

假设发射源距离很远，可以近似认为 X、Y 处的 θ 是相同的。所以，由路程差造成的接收信号相位变化值为

$$\Delta\phi = \frac{2\pi\Delta l}{\lambda} = \frac{2\pi v\Delta t}{\lambda}\cos\theta \tag{2.1}$$

由此可得出频率变化值，即多普勒频移 f_d 为

$$f_d = \frac{1}{2\pi}\frac{\Delta\phi}{\Delta t} = \frac{v}{\lambda}\cos\theta \tag{2.2}$$

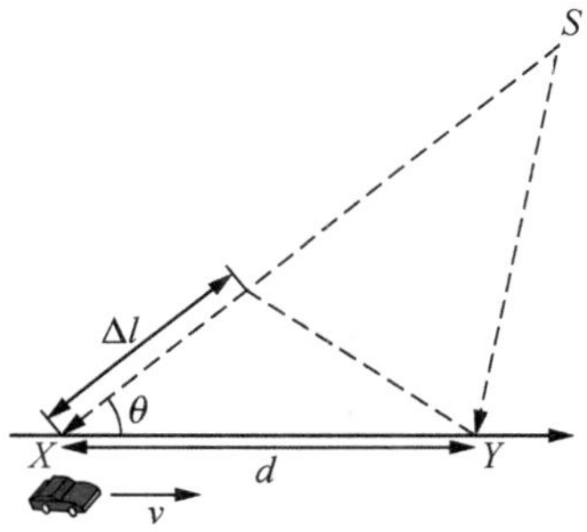

图 2.1　多普勒效应示意图

由式(2.2)可以看出，多普勒频移与移动台运动速度、移动台运动方向及无线电波入射方向之间的夹角有关。若移动台朝向入射波方向运动，则多普勒频移为正(即接收频率上升)；若移动台背向入射波方向运动，则多普勒频移为负(即接收频率下降)。

4. 多径效应

由于信道中障碍物及反射物等的存在，构成了一个复杂的电波传播环境，导致信号幅度、相位及时间发生变化，这些因素使发射波到达接收机时形成在时间、空间上相互区别的多个无线电波。它们经过的路径不同，导致到达时的信号强度、信号相位、信号频率、信号方向都是不一样的，接收机所接收到的信号是上述各路径信号的矢量和，我们称这种自干扰现象为多径干扰或多径效应，如图 2.2 所示。

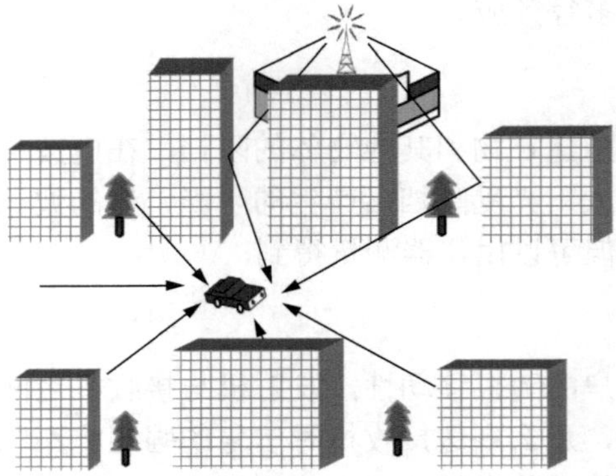

图 2.2　多径效应示意图

2.1.3　无线电波的信号特点

信号通过无线信道传输后的信号特点可以分为三类，即大尺度路径损耗、阴影衰落和小尺度多径衰落。

大尺度路径损耗(path loss)是由发射功率的辐射扩散及信道的传播特性造成的。在大尺度路径损耗模型中一般认为对于相同的收发距离，路径损耗也相同。它反映出无线传播在宏观大范围(千米量级)的空间距离上的接收信号电平平均值的变化趋势，所以被称为大尺度传播模型。对大尺度传播模型的研究，传统上集中于给定范围内平均接收场强的预测和特定位置附近场强的变化。

阴影衰落(shadowing)是指电波在传播路径上受到地物的阻挡产生阴影效应而带来的损耗。这些发射机和接收机之间的障碍物通过吸收、反射、散射和绕射等方式衰减信号功率，严重时甚至会阻断信号。它反映了在中等范围内(数百波长量级)的接收信号电平平均值起伏变化的趋势。

小尺度多径衰落(fading)简称衰落，是指同一传输信号沿两个或多个路径传播，以微小的时间差到达接收机，各径上相位的快速变化将造成剧烈的信号相互干涉现象。这种变化发生在短距离上(数十波长以下量级)，所以称小尺度衰落。小尺度衰落的原因是多径效应。接收信号为不同路径信号的合成，由于相位变化的随机性，其合成信号变化范围很大。例如，在小尺度多径衰落中，当接收机移动距离与波长相当时，其接收场强可以发生三四个数量级(30～40dB)的变化。

信号通过无线信道后的传播失真是以上三种因素共同作用的结果。就信号的影响形式而言，主要表现为传播损耗、时间色散和频率色散。

1. 传播损耗

在无线通信传输系统中，传播损耗是指经过无线信道传输的信号功率随距离或时间发生变化。实际上发射机和接收机之间的传输信道是非常复杂的，传播损耗产生的原因是多样的，简而言之，传播损耗是大尺度路径损耗、阴影衰落和小尺度多径衰落综合作用的结果。

大尺度路径损耗指出了随着发射机和接收机之间距离的不断增加而引起电磁波强度的

衰减，它反映了电磁波在空间传播所产生的损耗。在大尺度传播模型中，一般认为对于相同的收发距离衰减值相同。

阴影衰落反映了发射机和接收机之间的障碍物通过吸收、反射、散射和绕射等方式衰减信号功率，它反映了由传播阻挡的阴影效应所产生的损耗。

小尺度多径衰落指出当移动台在极小范围内移动时，经过不同长度路径的电磁波相互作用，可能引起瞬时接收场强的快速波动，它反映了小范围接收电平平均值的起伏变化趋势。

在三者的综合影响下，接收功率与发射接收之间距离(TR 距离)的关系如图 2.3 所示。

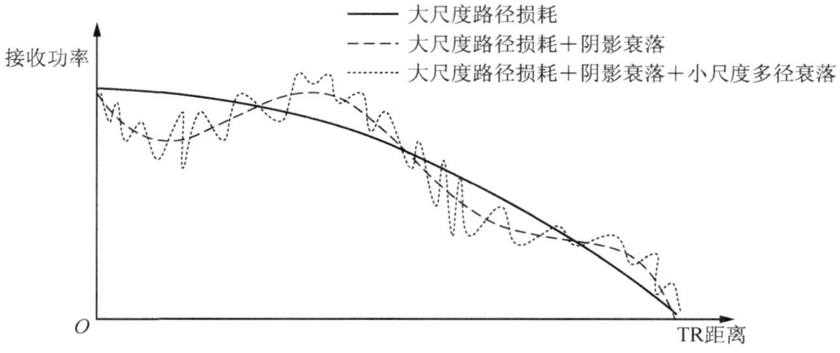

图 2.3　接收功率与 TR 距离的关系示意图

2. 时间色散

同一发射信号通过不同路径到达接收端，它们到达的时间和强度会有不同，这种现象称为时间色散。

当发射台发送一个脉冲信号时，收到的是多个脉冲的综合结果，如图 2.4 所示。不同路径传来的脉冲到达接收端时，相对于路径最短的那个脉冲(往往也是最强的)有着不同的时间差，这个差值称为多径时延。多个不同的多径时延构成了多径时延的扩展，多径时延随着环境地形地物的状况不同而不同，一般与频率无关，对数字移动通信有极其重要的影响。

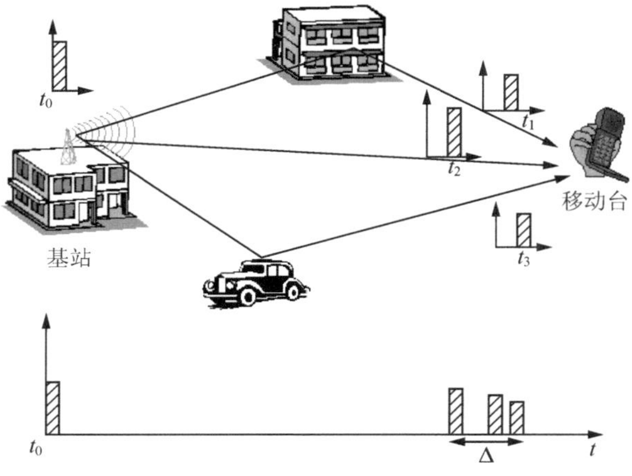

图 2.4　时间色散示意图

时间色散现象在连续符号传输中表现为接收信号发生混叠，引起符号间干扰(inter symbol interference，ISI)。ISI 是一种取决于信号的失真，ISI 的严重性随着时延扩展的宽度而增加，时域中的 ISI 失真同样可以在频域中检测到。

3. 频率色散

当发射机与接收机之间有相对运动时，收到的电波将发生频率的变化，此变化称为多普勒频移。当相对速度不高时，多普勒频移值不大，一般小于设备的频率稳定度，影响可以忽略，但对于高速移动的情况(一般大于 70km/h)则不能忽略。事实上，由于无线信道通常引入包括零多普勒频移在内的属于某一变化范围内的连续多普勒频移，因此，在频域中信道对信号的影响是频谱的扩展，而不仅仅是频谱的简单搬移。

本章对无线信道的讨论主要针对以上信号特点进行，包括两部分内容：一是针对大尺度路径损耗与阴影衰落，以及无线通信系统中预测接收场强的通用方法；二是针对小尺度多径衰落，描述在无线环境中信号分析和多径建模方法。

2.2　大尺度路径损耗与阴影衰落

对大尺度路径损耗与阴影衰落的研究，集中于给定范围内平均接收功率的预测，特定位置附近场强的变化，预测平均接收功率，估计无线覆盖范围等问题，采用的方法是建立传播模型。由于信号传播环境非常复杂，实际应用的大多数传播模型通过理论分析和实际测量相结合来获得。

理论分析方法是针对应用环境，找出主要的影响因素，建立模型，通过仿真或计算得出传播模型(如自由空间传播模型等的方法)。

实际测量方法是根据大量实验所得测量数据，绘出传播损耗的曲线或拟合成解析式，再抽象出传播模型的方法。实验方法依赖于测试数据的曲线或解析式拟合，优点在于通过场强测试考虑了所有的传播因素，包括已知的和未知的。然而在一定频率和环境下获得的模型，在其他条件应用时是否正确，只能建立在新的测试数据的基础上。随着时间的迁移，实际测量方法也出现了一些经典的用于预测大尺度损耗的传播模型，将在本章后面论述。

2.2.1　自由空间传播模型

假设信号经过自由空间到达距离 d 处的接收机，发射机和接收机之间没有任何障碍物，信号沿直线传播，这样的信道称为视距(line-of-sight，LOS)信道，相应的接收信号称为视距信号或直射信号。

无线电波在自由空间传播时，其单位面积中的能量会因为扩散而减少。这种减少称为自由空间的传播损耗。自由空间传播模型用于预测接收机和发射机之间是完全无阻挡的视距路径时的接收信号场强。卫星通信系统和微波视距无线链路是典型的自由空间传播。

自由空间中距发射机 d 处天线的接收功率由 Friis 公式给出：

$$P_{\mathrm{r}} = P_{\mathrm{t}} G_{\mathrm{r}} G_{\mathrm{t}} \left(\frac{\lambda}{4\pi d} \right)^2 \tag{2.3}$$

式中，P_t 为发射功率；P_r 为 TR 距离为 d 处的接收功率；G_t 是发射天线增益；G_r 是接收天线增益；d 是 TR 距离，单位为 m；λ 为波长，单位为 m。

由式(2.3)的 Friis 公式可见接收功率与 TR 距离的平方成反比，与波长的平方成正比。因此，载波频率越高则接收功率越小。

无线通信中，接收功率常表示为 dBW 或 dBmW(dBm)的形式，dBW 表示功率大于或小于 1W 的分贝数，dBm 表示功率大于或小于 1mW 的分贝数。Friis 公式采用 dB 的形式可写为

$$P_{r(dBm)} = P_{t(dBm)} + 10\lg G_r + 10\lg G_t + 20\lg\lambda - 20\lg(4\pi) - 20\lg d \tag{2.4}$$

无线通信中常用路径损耗表示信号衰减，定义为有效发射功率和接收功率之间的差值(不包括天线增益)，单位为 dB。自由空间路径损耗(free-space path loss)定义为自由空间模型下的路径损耗：

$$L_p(d) = -10\lg\left(\frac{\lambda}{4\pi d}\right)^2 \tag{2.5}$$

定义 f_c 为发射频率，代入上式变换为

$$L_p(d) = 20\lg f_c + 20\lg d - 147.56(\text{dB}) \tag{2.6}$$

可见，距离每增加一倍或发射频率每增加一倍，自由空间路径损耗就增加 6dB，如图 2.5 所示。

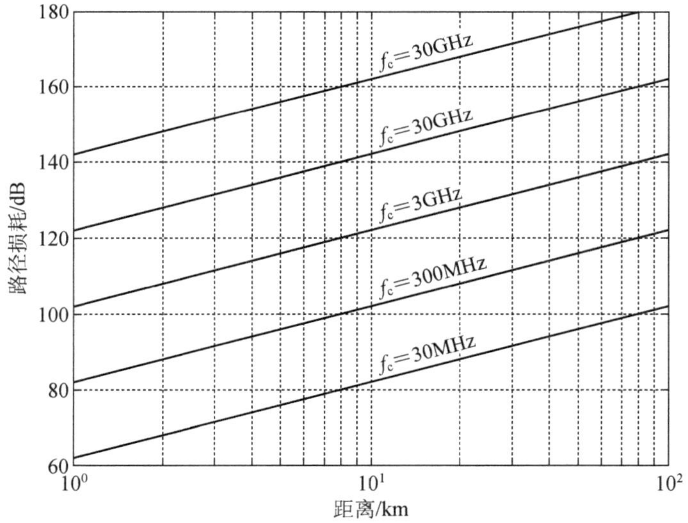

图 2.5　自由空间路径损耗

Friis 自由空间传播模型仅适用于天线远场区。天线的远场或 Fraunhofer 区定义为超过远场距离 d_f 的地区，与发射天线截面的最大线性尺寸和载波波长有关。Fraunhofer 距离为

$$d_f = \frac{2D^2}{\lambda} \tag{2.7}$$

式中，D 为天线的最大物理线性尺寸。此外，对于远场地区，d_f 必须满足

$$d_{\mathrm{f}} \gg D \text{ 和 } d_{\mathrm{f}} \gg \lambda \tag{2.8}$$

实际上，大尺度传播模型常使用近地距离 d_0（$d_0 \geqslant d_{\mathrm{f}}$）作为接收功率的参考点，如图 2.6 所示。当 $d > d_0$ 时，距离 d 处的接收功率 $P_{\mathrm{r}}(d)$ 与 d_0 处的 $P_{\mathrm{r}}(d_0)$ 相关。$P_{\mathrm{r}}(d_0)$ 可由公式(2.3)预测或由测量的平均值得到。因而，使用公式(2.3)，当距离大于 d_0 时，自由空间中的接收功率为

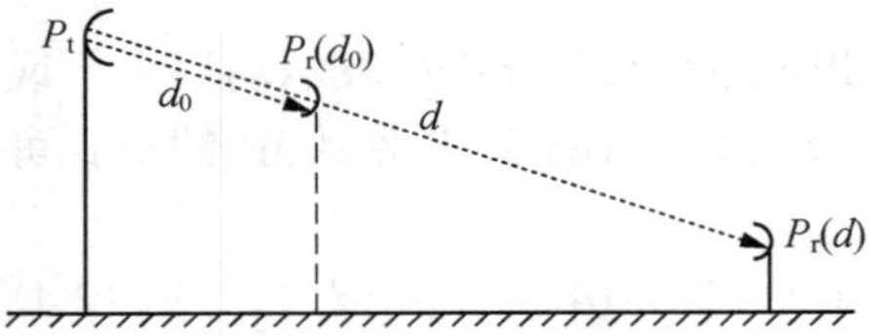

图 2.6　大尺度传播模型参考点示意图

$$P_{\mathrm{r}}(d) = P_{\mathrm{r}}(d_0)\left(\frac{d_0}{d}\right)^2,\ d \geqslant d_0 \geqslant d_{\mathrm{f}} \tag{2.9}$$

例 2.1　发射机和接收机均为单位增益天线，发射机的功率为 50W，载频则 900MHz。问发射功率换算成 dBm 是多少？自由空间中距离天线 100m 和 10km 处的接收功率为多少 dBm？

解：单位换算有

$$P_{\mathrm{t(dBm)}} = 10\lg\left(\frac{P_{\mathrm{t(mW)}}}{1\mathrm{mW}}\right) \approx 46.99(\mathrm{dBm})$$

应用自由空间传播模型，使用公式(2.4)，有距离天线 100m 处的接收功率为

$$\begin{aligned} P_{\mathrm{r(100m)}} &= P_{t(\mathrm{dBm})} + 10\lg G_{\mathrm{r}} + 10\lg G_{\mathrm{t}} + 20\lg\lambda - 20\lg(4\pi) - 20\lg d \\ &\approx -24.5(\mathrm{dBm}) \end{aligned}$$

应用公式(2.9)，计算距离天线 10km 处的接收功率，即 $d_0 = 100\mathrm{m}$，$d = 10\mathrm{km}$，则

$$P_{\mathrm{r(10km)}} = P_{\mathrm{r(100m)}} + 20\lg\left(\frac{100}{10000}\right) = -64.5(\mathrm{dBm})$$

例 2.2　有一室内无线局域网，载波频率 900MHz，覆盖区域半径为 10m，使用单位增益天线。在自由空间路径损耗模型下，若要求覆盖区域内所有终端的最小接收功率为 10μW，则发射功率应该是多大？若载波频率换为 5GHz，相应的所需发射功率又为多少？

解：依据自由空间传播模型，覆盖区域中边界上有最小接收功率，使用公式(2.4)计算可得所需发射功率。

$$P_{\mathrm{r(10m)}} = P_{\mathrm{t(dBm)}} + 10\lg G_{\mathrm{r}} + 10\lg G_{\mathrm{t}} + 20\lg\lambda - 20\lg(4\pi) - 20\lg d$$

代入参数：

$$\begin{aligned} P_{\mathrm{t(dBm)}} &= 10\lg(10\times10^{-3}) - 20\lg\left(\frac{3\times10^8}{900\times10^6}\right) + 20\lg(4\pi) + 20\lg(10) \\ &\approx 31.5(\mathrm{dBm}) \end{aligned}$$

载波频率换为 5GHz，代入参数：

$$\begin{aligned} P_{\mathrm{t(dBm)}} &= 10\lg(10\times10^{-3}) - 20\lg\left(\frac{3\times10^8}{5\times10^9}\right) + 20\lg(4\pi) + 20\lg(10) \\ &\approx 46.4(\mathrm{dBm}) \end{aligned}$$

一般当要传播的信号频率在 30MHz 以上时，信号不会被电离层反射，只能沿直线传播。对于基于地面的通信，转发和接收天线必须在一个有效的直线范围内。这里有效的是指电波会在大气层传输中发生折射，弯曲的量与弯曲的方向和大气条件有关，但大多数电波的

弯曲程度与地球曲率相同，因此可以比直线光波传播得更远。

由于地球是球形，凸起的地球表面会挡住视线。两个天线之间直线传播的最大距离称为视距的极限传播距离，如图 2.7 所示。

考虑大气折射的影响，在标准大气折射情况下，等效地球半径 $R_e \approx 8500\text{km}$，可得视距的极限传播距离为

$$d_R = 4.12(\sqrt{h_r} + \sqrt{h_t})(\text{km}) \tag{2.10}$$

式中，h_t、h_r 分别是发射天线和接收天线高度，单位为 m；d_R 为视距的极限传播距离，单位为 km。

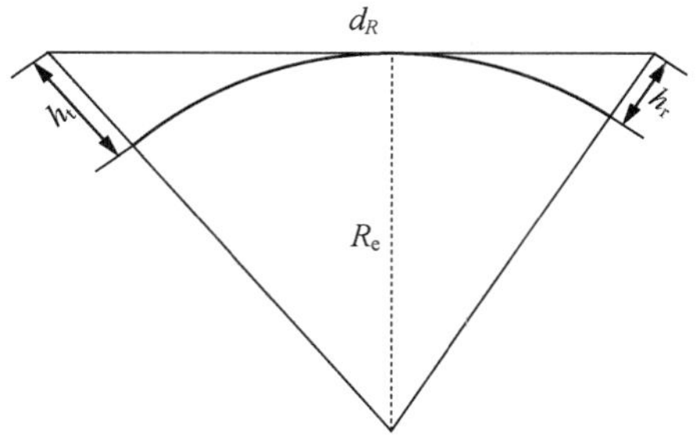

图 2.7　视距的极限传播距离

在发射天线和接收天线之间存在着大气吸收损耗，水蒸气和氧气是产生这种衰减的主要因素。水蒸气的最大吸收峰在 23GHz 附近，氧气的最大吸收峰在 60GHz 附近，对于 12GHz 以下的频率，大气吸收衰减小于 0.015dB/km。雨和雾会引起无线电波的散射，从而导致衰减，这有可能是引起信号损耗的主要原因。在 10GHz 以下频段，雨雾衰减并不严重，一般只有几分贝；在 10GHz 以上频段，雨雾衰减大大增加，达到每千米几分贝。下雨衰减是限制高频段微波传播距离的主要因素。

2.2.2　地面反射模型

通常理论模型为了简化分析，对区域地形常作简单的假设予以理想化。当天线架高(相对于波长)的情况下，若地面是平面，则无线电波主要传播方式为直射波和反射波。地面反射模型(又称双线模型、两径模型)就是这一情况的简化传播模型，如图 2.8 所示。地面反射模型中接收信号由两部分组成：经自由空间到达接收端的直射分量和经过地面反射到达接收端的反射分量。

如图 2.8 所示的直线传播距离为

$$d_1 = \sqrt{d^2 + (h_t - h_r)^2} \tag{2.11}$$

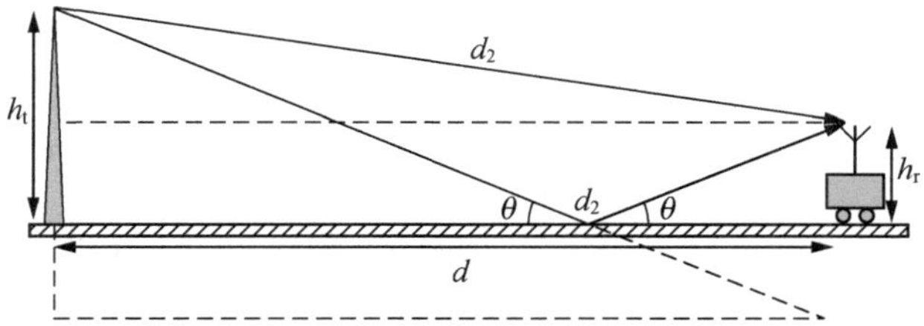

图 2.8　地面反射模型

反射路径传播距离为

$$d_2 = \sqrt{d^2 + (h_t + h_r)^2} \tag{2.12}$$

两条传播路径的距离差为

$$\begin{aligned}\Delta d &= d_2 - d_1 \\ &= d\left[\sqrt{1+\left(\frac{h_t+h_r}{d}\right)^2} - \sqrt{1+\left(\frac{h_t-h_r}{d}\right)^2}\right]\end{aligned} \tag{2.13}$$

当 TR 距离 $d \gg h_t + h_r$ 时，一般取 $d \geqslant 10(h_t + h_r)$，应用泰勒级数近似式 $\sqrt{1+x} \approx 1 + 1/2x$，$(x \ll 1)$，对式(2.13)进行化简，可得

$$\Delta d \approx \frac{2h_t h_r}{d} \tag{2.14}$$

载波信号的相位差与两条传播路径的距离差有关，可表示为

$$\Delta\varphi = \frac{2\pi\Delta d}{\lambda} \tag{2.15}$$

即有

$$\Delta\varphi \approx \frac{4\pi h_t h_r}{\lambda d} \tag{2.16}$$

地面反射系数由下式给出[2][50][51]

$$R = \frac{\sin\theta - Z}{\sin\theta + Z} \tag{2.17}$$

式中

$$Z = \begin{cases} \sqrt{\varepsilon_r - \cos^2\theta / \varepsilon_r} & (\text{垂直极化}) \\ \sqrt{\varepsilon_r - \cos^2\theta} & (\text{水平极化}) \end{cases} \tag{2.18}$$

ε_r 是大地的介电常数，近似取 15。当 TR 距离 d 足够大时，$\theta \approx 0$，因而 $R \approx -1$，考虑到相位差，接收信号功率[1][2][5]为

$$\begin{aligned} P_r(d) &= P_t G_t G_r \left(\frac{\lambda}{4\pi d}\right)^2 \left|1 - \exp(j\Delta\varphi)\right|^2 \\ &\approx 4P_t G_t G_r \left(\frac{\lambda}{4\pi d}\right)^2 \sin^2\left(\frac{2\pi h_t h_r}{\lambda d}\right) \end{aligned} \tag{2.19}$$

相应的路径损耗为

$$L_p(d) \approx -10\lg\left[4\left(\frac{\lambda}{4\pi d}\right)^2 \sin^2\left(\frac{2\pi h_t h_r}{\lambda \mathrm{d}}\right)\right] (\mathrm{dB}),\quad d \geqslant 10(h_t + h_r) \tag{2.20}$$

由式(2.20)可见，路径损耗随着距离 d 的增大而增大，同时随着发射机与接收机之间距离变化，路径损耗会出现波动。取 $(2\pi h_t h_r)/(\lambda d) = \pi/2$，定义此时的 d 为发射机和接收机间的第一菲涅尔区距离，记为 d_c，有

$$d_c = \frac{4h_t h_r}{\lambda} \tag{2.21}$$

由式(2.20)可知，随着距离 d 的增大，路径损耗随之发生波动。当距离 $d \geqslant d_c$ 后，路径损耗随着距离的增大而单调增大，有

$$\sin\left(\frac{2\pi h_t h_r}{\lambda d}\right) \approx \frac{2\pi h_t h_r}{\lambda d} \tag{2.22}$$

则路径损耗为

$$L_p(d) \approx -20\lg h_t - 20\lg h_r + 40\lg d(\text{dB}), \quad d \geqslant d_c \tag{2.23}$$

接收功率为

$$P_r(d) \approx P_t G_t G_r \frac{h_t^2 h_r^2}{d^4}, \quad d \geqslant d_c \tag{2.24}$$

根据式(2.24)，工程上一般认为地面反射模型中，大于第一菲涅尔区距离时，路径损耗 4 次幂衰减，对于小于第一菲涅尔区距离的范围，Goldsmith[2]指出路径损耗按 2 次幂衰减估值。图 2.9 为式(2.20)与式(2.23)指出的地面反射模型的路径损耗随距离变化的曲线。图中仿真参数为 $f_c = 900\text{MHz}$，$h_t = 35\text{m}$，$h_r = 3\text{m}$，图示有效范围 $d \geqslant 380\text{m}$，第一菲涅尔区距离 $d_c = 1260\text{m}$。

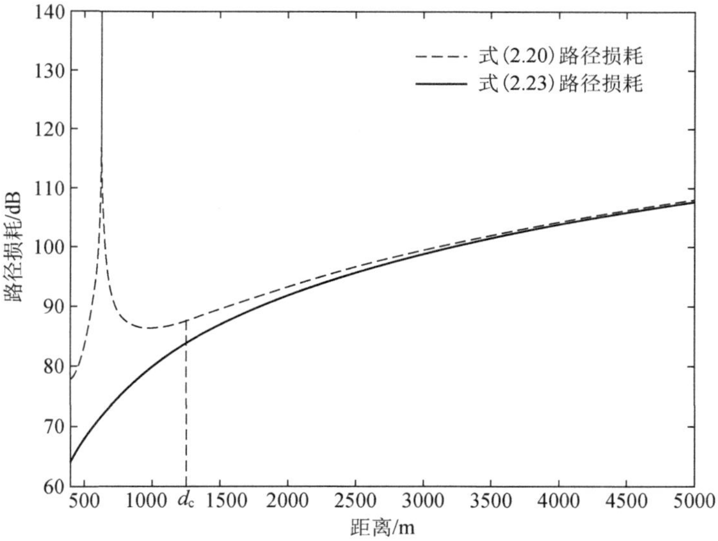

图 2.9 地面反射模型的路径损耗随距离的变化曲线

式(2.24)称为地面传播方程，它反映出地面反射模型与自由空间传播模型的明显差异，主要表现在以下三个方面。

一是对于大于 d_c 的距离，由于地面传播方程中不再含有波长 λ，因而地面反射模型中较远距离时接收功率与频率无关。

二是对于大于 d_c 的距离，接收功率呈现 4 次幂衰减，即每 10 倍距离，功率下降 40dB。这表明其接收功率衰减比自由空间传播(2 次幂衰减)要快得多。

三是地面传播方程显示了发射天线和接收天线的高度对路径损耗的明显影响，天线越高，对传播越有利。

地面反射模型是应用射线跟踪法的一个简单且非常有用的模型，对于由直射波和强地面反射波为主导的无线信道的预测是很有效的。该模型在预测几千米范围(使用较高天线塔)

时的大尺度信号强度是较为准确的，同时对于室内外视距内的微蜂窝环境的预测也是非常有用的。

例 2.3　应用双线模型分析一个郊区的蜂窝系统，载波频率 f_c=2GHz，单位天线增益。已知室外参数 h_t=10m，h_r=3m，求第一菲涅尔区距离 d_c 和此处的功率损耗。已知室内参数 h_t=3m，h_r=2m，求第一菲涅尔区距离 d_c 和此处的功率损耗。

解：由第一菲涅尔区距离定义可得

$$d_{c室外}=\frac{4h_t h_r}{\lambda}=\frac{4\times10\times3}{3\times10^8\div2\times10^9}=800(\text{m})$$

$$d_{c室内}=\frac{4h_t h_r}{\lambda}=\frac{4\times3\times2}{3\times10^8\div2\times10^9}=160(\text{m})$$

采用路径损耗的近似公式，有

$$L_{p室外}(d_c)\approx-20\lg10-20\lg3+40\lg800\approx86.5(\text{dB})$$

$$L_{p室内}(d_c)\approx-20\lg3-20\lg2+40\lg160\approx72.6(\text{dB})$$

2.2.3　绕射模型

从前面的模型中，我们看到直射和反射对电磁波传播的显著影响，本节我们考虑另外一个影响电波地面传输的因素，即绕射问题。

在物理概念中，绕射指的是电磁波通过一个小缝隙时在裂缝远端发生扩散的现象，如图 2.10 所示[5]。绕射原理常用惠更斯(Huygens)原理来解释，即波阵面的每个点可视为进一步传播的一个点源，该点源在波阵面的所有方向上不是等强度辐射的，在波阵面的向前方向辐射更强。惠更斯原理可从麦克斯韦方程得出。更为重要的是，这个原理可用来解释为什么电磁波能够在阴影区域进行通信。直接碰到障碍物的波阵面的一部分将会被阻塞(吸收或全反射)，而剩下的部分往往被弯曲并射向阴影区域。

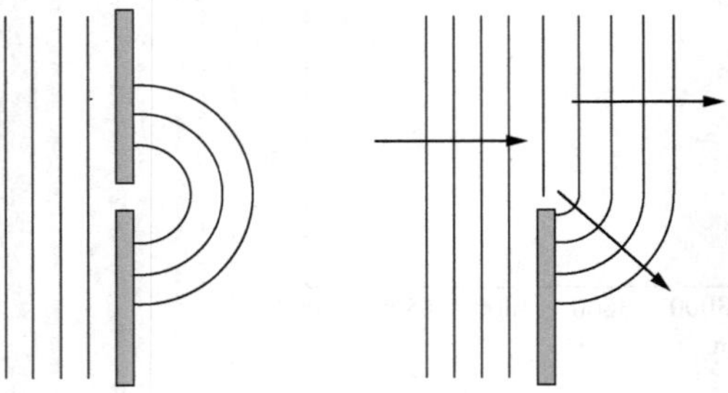

图 2.10　绕射示意图

为了建立绕射的几何特征，我们考虑自由空间中一个发射机 T 和一个接收机 R 的情况，如图 2.11 所示。在 TR 之间放置一个有无限宽度和高度的阻挡平面，平面垂直于直线 TOR，距离发射机 d_1，距离接收机 d_2。在平面上构造任意半径为 h 的圆，我们知道通过同一圆上任意点传播的距离 TQR 都相同，且所经过的路径比路径 TOR 长。

根据图 2.11 所示，TOR 与 TQR 之间的路径差为

$$\begin{aligned}\Delta R&=|TQR|-|TOR|\\&=\sqrt{d_1^2+h^2}+\sqrt{d_2^2+h^2}-(d_1+d_2)\qquad(2.25)\\&=d_1\sqrt{1+\left(\frac{h}{d_1}\right)^2}+d_2\sqrt{1+\left(\frac{h}{d_2}\right)^2}-(d_1+d_2)\end{aligned}$$

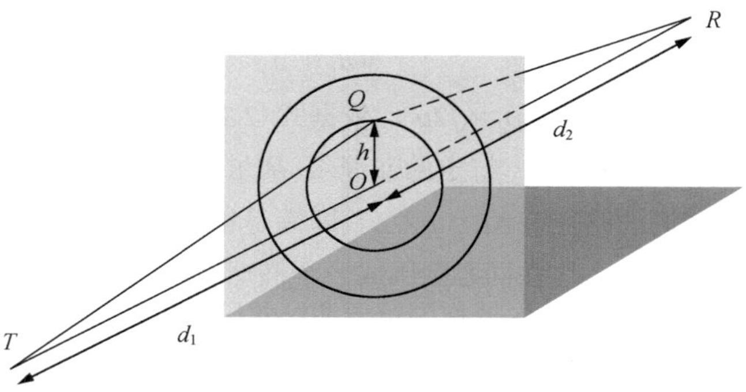

图 2.11　绕射几何特征示意图

假设 $h \ll d_1$，$h \ll d_2$，利用 $\sqrt{1+x} \approx 1+x/2(x \ll 1)$，式(2.25)可简化为

$$\Delta R \approx \frac{h^2}{2}\left(\frac{d_1+d_2}{d_1 d_2}\right) \tag{2.26}$$

在传播模型中，两条路径之间的相位差是我们所关注的重要参数，对应于上式路径差的相位差为

$$\Delta\varphi = \frac{2\pi\Delta R}{\lambda} = \pi h^2\left(\frac{d_1+d_2}{\lambda d_1 d_2}\right) \tag{2.27}$$

定义菲涅尔-基尔霍夫绕射参数 υ：

$$\upsilon = h\sqrt{\frac{2(d_1+d_2)}{\lambda d_1 d_2}} \tag{2.28}$$

则式(2.27)的相位差可改写为

$$\Delta\varphi = \frac{\pi}{2}\upsilon^2 \tag{2.29}$$

菲涅尔-基尔霍夫绕射参数是一个无量纲的量，它表示两条传播路径之间的相位差，这个参数常用来讨论如何表征一般情况下的绕射损耗。

有了以上的几何模型，我们来讨论绕射模型，核心是菲涅尔区的几何模型。如图 2.12 所示，构造一族假设的圆，这些圆中每个圆从 T 到 R 的附加路径差均为 $\Delta R = q\lambda/2$（q 为整数)，这些圆定义了一族椭球体，旋转轴为 TR，圆的半径取决于沿 TR 轴的想象平面的位置，如图 2.12 所示。

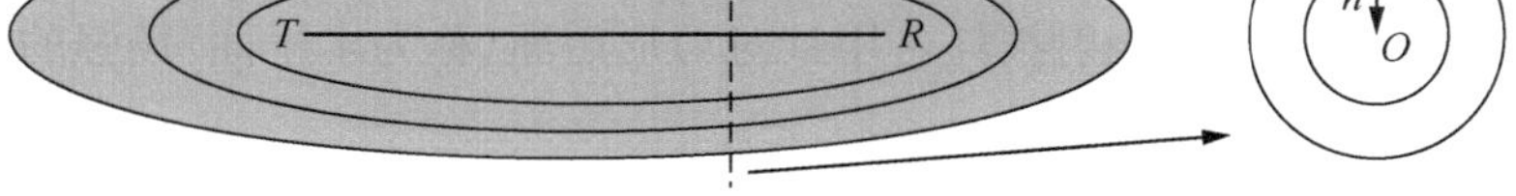

图 2.12　菲涅尔区几何模型示意图

假设我们沿 TR 的垂直方向切下去，得到很多同心圆，如图 2.13 所示，将 $\Delta R = q\lambda/2$ 代入式(2.26)可得这些同心圆的半径

$$h = r_q = \sqrt{\frac{q\lambda d_1 d_2}{d_1 + d_2}} \tag{2.30}$$

此时菲涅尔-基尔霍夫绕射参数为$\upsilon_q = \sqrt{2q}$，依据式(2.26)近似条件，当$r_q \ll d_1$，$r_q \ll d_2$时式(2.30)近似成立。式(2.30)表明，特定的菲涅尔-基尔霍夫绕射参数为υ_q定义了一个额外路径不变的圆。对于相同的路径差$\Delta R = q\lambda/2$，即满足相同的q值时，不同的d_1，d_2值决定了一族不同截面上的同心圆，这些同心圆围成一个椭球。

由第一个椭球($q=1$)围成的区域称为第一菲涅尔区；介于第一个和第二个椭球($q=2$)之间的区域称为第二菲涅尔区，依次类推。第q菲涅尔区同心半径即为式(2.30)。图 2.13 显示了椭球截面的示意图。截面上同心圆半径依赖于TR之间的位置，位于TR正中间时有最大半径。这说明绕射不仅对频率敏感，而且对阻挡物在接收机和发射机之间的位置敏感。

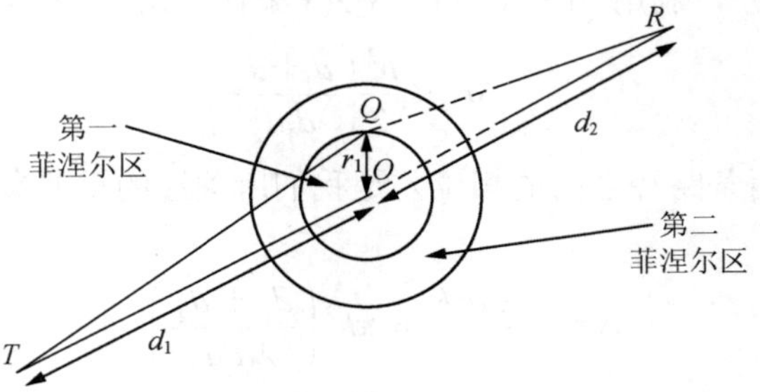

图 2.13　菲涅尔区椭球截面示意图

无线通信系统中，传播路径上的障碍物对次级波的阻挡产生了绕射损耗，仅有一部分能量能绕过阻挡体。也就是说，障碍物使得一些菲涅尔区发出的次级波被阻挡，而接收到的能量是非阻挡菲涅尔区所贡献能量之和。

一般来说，当阻挡体不阻挡第一菲涅尔区时，绕射损失最小，阻挡影响可以忽略不计。作为一般原则，若保持第一菲涅尔区无阻挡，我们便认为达到了自由空间传播条件，可看成视距传输。实际工程上设计视距微波链路的一个简明准则是，只要绝大部分第一菲涅尔区保持无阻挡，其他菲涅尔区的情况基本不影响绕射损耗。

在已知服务区内，估计由电波经过山或建筑物绕射引起的信号衰减是非常有用的。一般来说，精确估计绕射损耗是不可能的，实际预测为理论近似加上必要的经验修正。尽管计算复杂、不规则地形的绕射损耗是数学上的难题，但很多简单情况的绕射损耗模型问题已被解决。

当阻挡是由单个物体(如山脉、高大楼宇)引起时，通常把阻挡体看成绕射刃形边缘的情况来估计。这种情况下的绕射损耗可用针对刃形后面(称为半平面)场强的经典菲涅尔方法来估计。

考虑接收机R位于刃形后面的阴影区，如图 2.14 所示[1]，R点场强为刃形上所有二次惠更斯源的场强的矢量和。

刃形绕射波场强E_d[1]为

$$\frac{E_d}{E_0}=F(\upsilon)=\frac{1+j}{2}\int_{\upsilon}^{\infty}\exp\left(\frac{-j\pi t^2}{2}\right)dt \tag{2.31}$$

式中，E_0 为没有地面和刃形的自由空间场强；$F(\upsilon)$ 为菲涅尔积分；υ 为菲涅尔-基尔霍夫绕射参数。上述积分可用数值方法求解。由刃形引起的绕射增益为 $G_d=20\log_{10}|F(\upsilon)|$，式(2.31)的近似解由 Lee[11]给出：

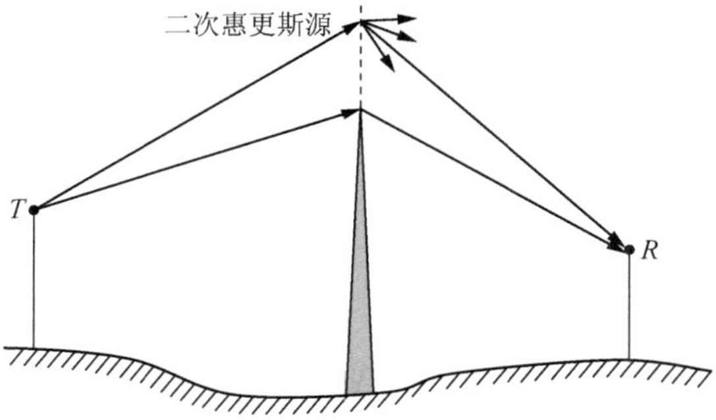

图 2.14　刃形绕射示意图

$$\begin{cases} G_d=0 & \upsilon\leqslant -1 \\ G_d=20\lg(0.5-0.62\upsilon) & -1\leqslant \upsilon\leqslant 0 \\ G_d=20\lg[0.5\exp(-0.95\upsilon)] & 0\leqslant \upsilon\leqslant 1 \\ G_d=20\lg\left[0.4-\sqrt{0.1184-(0.38-0.1\upsilon)^2}\right] & 1\leqslant \upsilon\leqslant 2.4 \\ G_d=20\lg(0.225/\upsilon) & \upsilon>2.4 \end{cases} \tag{2.32}$$

依据近似解，图 2.15 给出了刃形绕射损耗与菲涅尔-基尔霍夫绕射参数 υ 之间的函数关系曲线，纵轴为对比自由空间场强。可见，当刃形与视距路径持平时，绕射功率损耗为 6dB，当刃形低于第一菲涅尔区时，绕射损耗基本忽略不计，一旦刃形挡住第一菲涅尔区或者超过它，场强将会稳定下降。

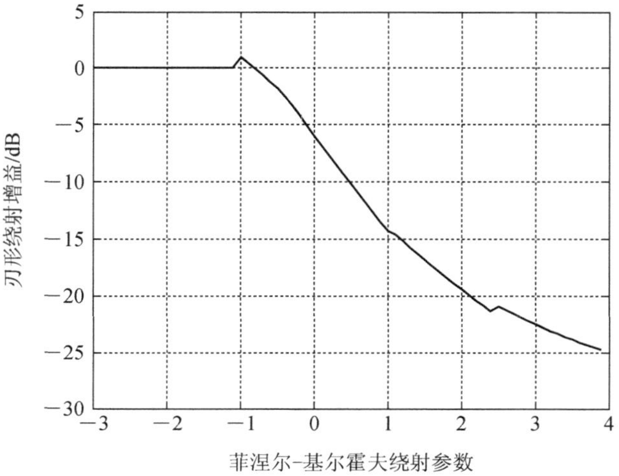

图 2.15　刃形绕射损耗与菲涅尔-基尔霍夫绕射参数 υ 之间的函数关系曲线

例 2.4　计算如图 2.16 所示的绕射损耗。给定 $\lambda = 1/3\text{m}$，$d_1 = 1\text{km}$，$d_2 = 2\text{km}$，且有 (a)$h = 15\text{m}$，(b)$h = 0\text{m}$。对于每种情况，求解阻挡体顶部所在的菲涅尔区。

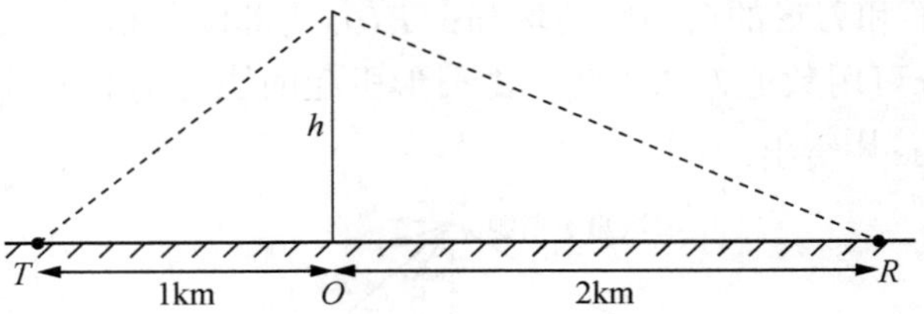

图 2.16　例 2.4 图示

解：(a) $h = 15\text{m}$。

菲涅尔-基尔霍夫绕射参数：

$$\upsilon = h\sqrt{\frac{2(d_1 + d_2)}{\lambda d_1 d_2}} = 15 \times \sqrt{\frac{2 \times (1000 + 2000)}{(1/3) \times 1000 \times 2000}} \approx 1.42$$

代入式(2.32)得到绕射增益－16.39dB。由式(2.30)计算阻挡体所在位置菲涅尔区半径：

$$r_1 = \sqrt{\frac{\lambda d_1 d_2}{d_1 + d_2}} = \sqrt{\frac{(1/3) \times 1000 \times 2000}{1000 + 2000}} = 14.9(\text{m})$$

$$r_2 = \sqrt{\frac{2\lambda d_1 d_2}{d_1 + d_2}} = \sqrt{\frac{2 \times (1/3) \times 1000 \times 2000}{1000 + 2000}} = 21.1(\text{m})$$

显见，阻挡体顶部处于第二菲涅尔区，完全阻挡了第一菲涅尔区。

(b) $h = 0(\text{m})$。

菲涅尔-基尔霍夫绕射参数 $\upsilon = 0$，代入式(2.32)得到绕射增益－6dB。阻挡体顶部处于第一菲涅尔区中间。

例 2.5　某公司在一个城市中拥有两栋办公楼，该公司想在这两栋楼之间建一个 4GHz 的微波链路。两栋楼高分别为 100m 和 50m，相距 3km，在视距内，两栋楼的正中间有一栋高 70m 的楼房。试问能否在两栋楼间实现视距传输？若不能，试给出一种能获得视距传输的工程解决方案。

解：一般认为，当阻挡体不阻挡第一菲涅尔区时，能实现视距传输。由题意，由几何知识可得如图 2.17 所示数据。由于楼间距离值相对于楼高较大，我们近似以楼间距离代替 *TOR* 距离值。第一菲涅尔区半径为

$$r_1 = \sqrt{\frac{\lambda d_1 d_2}{d_1 + d_2}} = 7.5(\text{m})$$

显见 $r_1 > 75 - 70 = 5(\text{m})$，因此中间的楼房阻挡了第一菲涅尔区的一部分，信号能量损失较多，达不到视距传输的要求。

一种工程解决方案是在楼顶架高天线。分别将楼顶的发射天线和接收天线架高 5m，O 点的高度随之达到 80m，则有 $r_1 < 80 - 70 = 10(\text{m})$，中间的楼房不阻挡第一菲涅尔区，达到视距传输的要求。

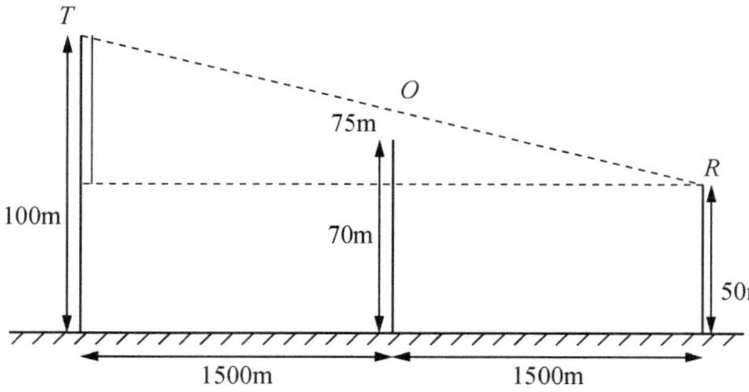

图 2.17　例 2.5 图示

2.2.4　路径损耗和阴影衰落的混合模型

信号传播的复杂性使我们很难用单一模型来精确反映各种传播环境下的路径损耗。对于比较严格的要求，我们可以采用复杂的解析模型或通过实测来建立精确模型。但如果只是为了对不同的系统设计进行一般性的优劣分析，则可以不用复杂模型，用一个能反映信号传播主要特性的简单模型即可，对实际信道来说，这样做当然只是一种近似。

路径损耗和阴影衰落的混合模型就是这种简化路径损耗模型，模型中将实际路径损耗估计分为两部分：一部分是代表均值变化的对数距离路径损耗，现场实验研究的经验证明，接收平均功率服从指数衰减的规律，另一部分是代表局部变化的对数正态阴影。

1. 对数距离路径损耗模型

基于理论分析传播模型和测试数据指出，无论室内或室外信道，平均接收信号功率近似随距离呈对数衰减。对 TR 距离 d ，平均路径损耗表示为

$$\overline{L}_{\mathrm{P}}(d) \propto d^{\kappa},\quad d \geqslant d_0 \tag{2.33}$$

或

$$\overline{L}_{\mathrm{P}}(d) = \overline{L}_{\mathrm{P}}(d_0) + 10\kappa \log_{10}\left(\frac{d}{d_0}\right)(\mathrm{dB}),\quad d \geqslant d_0 \tag{2.34}$$

式中，κ 为路径损耗指数，表明路径损耗随距离增长的速率；d_0 为近地参考距离，由测试决定；d 为 TR 距离。式(2.34)的上划线表示给定值 d 的所有可能路径损耗的综合平均。坐标为对数-对数时，路径损耗可表示为斜率是 10 κ dB/十倍程的直线。κ 值依赖于特定的传播环境。例如，在自由空间中路径损耗指数为 2。

选择参考距离 d_0 是非常重要的，d_0 应永远在天线的远场区。在宏小区中，d_0 的典型值为1km；在室外微小区中，d_0 的典型值为 100m；在室内微微小区中，d_0 的典型值为 1m。参考路径损耗 $\overline{L}_{\mathrm{P}}(d_0)$ 通过测试给出，其值取决于载波频率、天线高度、天线增益及其他一些因素，没有测试结果的情况下，参考路径损耗也可由理论模型公式得到。表 2.1 列出了不同无线环境下的路径损耗指数的典型数值。

表 2.1　不同环境下的路径损耗指数的典型数值

环境	路径损耗指数
自由空间	2
市区蜂窝无线环境	2.7～3.5
存在阴影衰落的市区蜂窝无线环境	3～5
建筑物内的视距传播环境	1.6～1.8
建筑物阻挡	4～6

2. 对数正态阴影

当移动台在不平坦的地理环境中移动时，它会经常进入建筑物、小山或其他比发射信号波长大得多的障碍物后的传播阴影区，此时相应的接收信号电平就会产生衰减，这种现象称为阴影效应。正是由于阴影效应的存在，在相同的 TR 距离时，不同位置的测试信号与对数距离路径损耗模型预测的平均结果有很大的差异。

对数正态分布是描述阴影效应的一种广泛采用的模型。设 $\varepsilon_{(\text{dB})}$ 为零均值高斯分布随机变量(单位为 dB)，其标准方差为 σ_ε (单位为 dB)， $\varepsilon_{(\text{dB})}$ 的概率密度函数为

$$f_{\varepsilon_{(\text{dB})}}(x)=\frac{1}{\sqrt{2\pi}\sigma_\varepsilon}\exp\left(-\frac{x^2}{2{\sigma_\varepsilon}^2}\right) \tag{2.35}$$

测试表明，对任意的 TR 距离 d 的路径损耗是对数距离路径损耗和对数正态阴影的叠加，该混合模型可以同时反映出功率随距离的减小和阴影造成的路径损耗随机衰减。对任意 TR 距离 d ，大尺度路径损耗表示为(单位为 dB)

$$\begin{aligned} L_{\text{p}}(d) &= \overline{L}_{\text{p}}(d)+\varepsilon_{(\text{dB})} \\ &= \overline{L}_{\text{p}}(d_0)+10\kappa\lg\left(\frac{d}{d_0}\right)+\varepsilon_{(\text{dB})},\ d\geqslant d_0 \end{aligned} \tag{2.36}$$

相应地，对任意 TR 距离 d 处的接收功率为(单位为 dB)

$$P_{\text{r}}(d)=P_{\text{t}}-L_{\text{p}}(d) \tag{2.37}$$

近地参考距离 d_0 、路径损耗指数 κ 和标准偏差 σ_ε ，从统计学的角度描述了具有特定 TR 距离的路径损耗模型。该模型可用于无线系统设计和分析过程，对任意位置接收功率进行计算机仿真。

实际上路径损耗指数 κ 和标准偏差 σ_ε 是根据测试数据，使用线性递归使路径损耗的测试值和估计值的均方差达到最小而计算得出的，参见例 2.6。

3. 中断率

路径损耗和阴影衰落对无线通信系统的设计有重要意义。无线通信系统一般有一个目标最小接收功率 $P_{\min}$ ，当实际接收功率低于该目标值时，系统性能就会急剧下降甚至中断。受阴影效应的影响，对于任意给定的发射机到接收机距离，接收功率是服从对数正态分布的随机值，存在接收功率低于目标值的可能性。

对于路径损耗和阴影衰落的混合模型，TR 距离 d 处的接收功率可变换为

$$P_{\rm r}(d)=P_{\rm t}-\bar{L}_{\rm p}(d_0)-10\kappa\lg\left(\frac{d}{d_0}\right)-\varepsilon_{\rm (dB)} \tag{2.38}$$

式中，TR 距离 d 处的平均接收功率为

$$\bar{P}_{\rm r}(d)=P_{\rm t}-\bar{L}_{\rm p}(d_0)-10\kappa\lg\left(\frac{d}{d_0}\right) \tag{2.39}$$

式(2.38)可改写为

$$P_{\rm r}(d)=\bar{P}_{\rm r}(d)-\varepsilon_{\rm (dB)} \tag{2.40}$$

由于 $P_{\rm r}(d)$ 为正态分布的随机变量，接收信号功率超过某一特定值 γ 的概率(图 2.18)，可由累积密度函数计算：

$$\mathrm{P}[P_{\rm r}(d)>\gamma]=Q\left(\frac{\gamma-\bar{P}_{\rm r}(d)}{\sigma_\varepsilon}\right) \tag{2.41}$$

式中，Q 函数或误差函数(erf)可用于确定接收功率超出(或低于)特定值的概率，参见附录 A。定义路径损耗和阴影衰落造成的中断率为，距离 d 处的接收功率 $P_{\rm r}(d)$ 低于目标值 $P_{\min}$ 的概率，则

$$\mathrm{P}[P_{\rm r}(d)\leqslant P_{\min}]=1-Q\left(\frac{P_{\min}-\bar{P}_{\rm r}(d)}{\sigma_\varepsilon}\right) \tag{2.42}$$

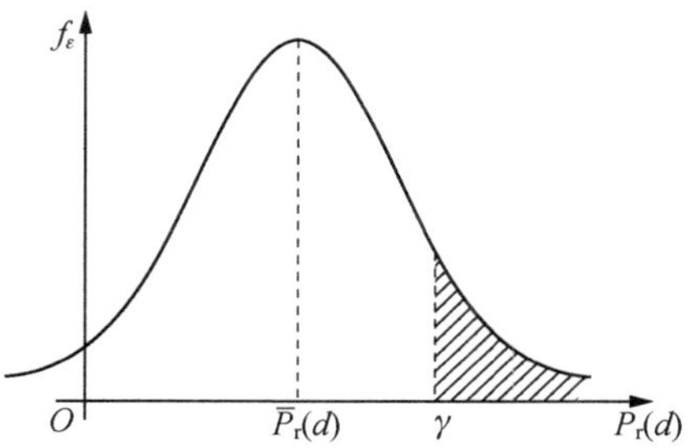

图 2.18　接收信号功率超过某一特定值γ的概率

4. 小区覆盖范围

小区覆盖范围定义为小区内接收功率超过最小规定值的位置所占的百分比。假设在一个半径为 R 的圆形小区中有一个基站，为了达到可接受的性能，小区中所有移动台的接收信噪比都必须达到某个最小规定值。当噪声模型已经确定时，最小接收信噪比要求转换为最小接收功率。

设小区半径为 R，基站发射功率可通过小区边界上的平均接收功率 $\bar{P}_{\rm r}(R)$ 来确定(此处的平均是对阴影衰落平均)。在基站发射功率固定的条件下，阴影效应将会使小区中某些位置的接收功率低于 $\bar{P}_{\rm r}(R)$，另一些位置的接收功率高于 $\bar{P}_{\rm r}(R)$。图 2.19[2]画出了在基站发射功率固定的条件下的等接收功率线。只考虑对数距离路径损耗模型时，对于相同的距离，等功率线是以基站为圆心的一个圆。加入阴影效应后，阴影衰落围绕平均值的随机变化使等功率线变得不规则且随机变化，即不可能实现让小区边界上的所有用户有相同的接收功率或一定超过某一门限。因此，计算小区覆盖范围与边界处信号超过门限之间的关系是非常有意义的。

对于一个半径为 R 的覆盖区，假设接收信号门限为 γ，我们想要计算有效服务区域的百分比 $U(\gamma)$(即接收信号高于 γ 的区域百分比)。令 $d=r$ 表示距发射机的距离，如果 $P[P_{\rm r}(r)>\gamma]$ 是在范围 dA 内随机接收信号在 $d=r$ 处超过门限 γ 的概率，则

$$U(\gamma)=\frac{1}{\pi R^2}\int P[P_{\rm r}(r)>\gamma]\,\mathrm{d}A=\frac{1}{\pi R^2}\int_0^{2\pi}\int_0^R P[P_{\rm r}(r)>\gamma]\,r\,\mathrm{d}r\,\mathrm{d}\theta \tag{2.43}$$

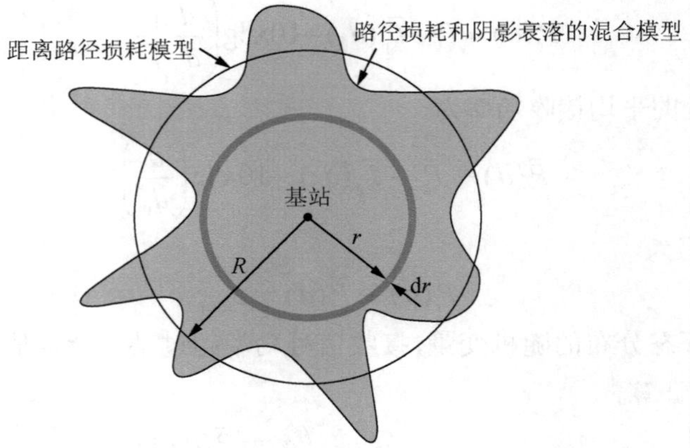

图 2.19　基站发射功率固定的条件下的等接收功率线

应用式(2.41)，有

$$P[P_r(r)>\gamma]=\frac{1}{2}-\frac{1}{2}Q\left(\frac{\gamma-\overline{P}_r(r)}{\sigma_\varepsilon\sqrt{2}}\right) \tag{2.44}$$

距发射机的距离 r 处的平均路径损耗：

$$\begin{aligned}\overline{L}_p(r)&=\overline{L}_p(d_0)+10\kappa\lg\frac{r}{d_0}\\&=\overline{L}_p(d_0)+10\kappa\lg\frac{R}{d_0}+10\kappa\lg\frac{r}{R}\end{aligned} \tag{2.45}$$

代入式(2.44)，有

$$P[P_r(r)>\gamma]=\frac{1}{2}-\frac{1}{2}Q\left(\frac{\gamma-\left\{P_t-\left[\overline{L}_p(d_0)+10\kappa\lg(R/d_0)+10\kappa\lg(r/R)\right]\right\}}{\sigma_\varepsilon\sqrt{2}}\right) \tag{2.46}$$

如果设 $a=\dfrac{\gamma-P_t+\overline{L}_p(d_0)+10\kappa\lg(R/d_0)}{\sigma_\varepsilon\sqrt{2}}=\dfrac{\gamma-\overline{P}_r(R)}{\sigma_\varepsilon\sqrt{2}}$，$b=\dfrac{10\kappa\lg e}{\sigma_\varepsilon\sqrt{2}}$，则

$$U(\gamma)=\frac{1}{2}-\frac{1}{R^2}\int_0^R Q\left(a+b\ln\frac{r}{R}\right)r\mathrm{d}r \tag{2.47}$$

积分可得

$$U(\gamma)=\frac{1}{2}\left\{1-Q(a)+\exp\left(\frac{1-2ab}{b^2}\right)\left[1-Q\left(\frac{1-ab}{b}\right)\right]\right\} \tag{2.48}$$

若选择小区边界平均接收功率为门限，即 $\overline{P}_r(R)=\gamma$，则有 $a=0$，式(2.48)可表示为

$$U(\gamma)=\frac{1}{2}\left\{1+\exp\left(\frac{1}{b^2}\right)\left[1-Q\left(\frac{1}{b}\right)\right]\right\} \tag{2.49}$$

由式(2.48)可以得到图 2.20，图中一族曲线可以直观地反映出边界内覆盖区的百分率与边界处信号超过门限之间的关系。例如，如图 2.20 所示，若 $\kappa=3$，$\sigma_\varepsilon=6\text{dB}$，且边界 R 处有 55%概率的信号超出门限，则边界内信号超过门限的覆盖百分比约为 80%。

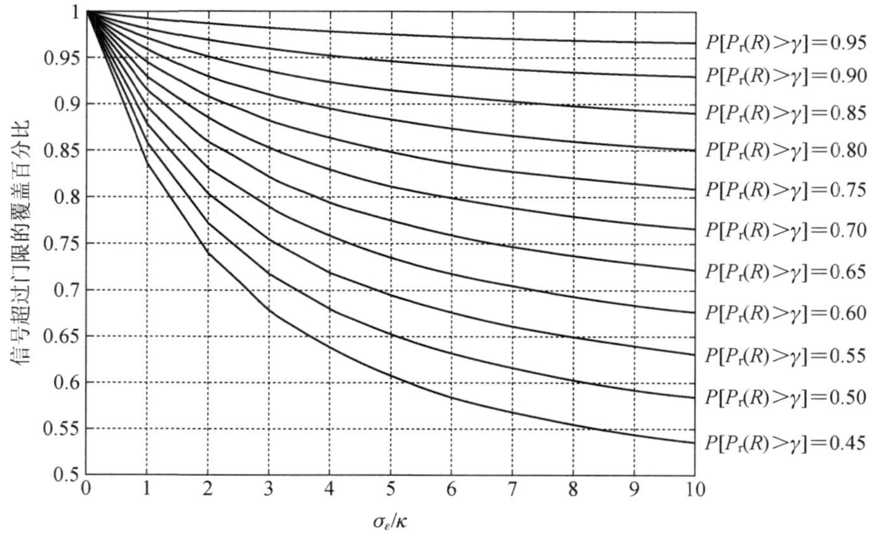

图 2.20　信号超过门限的覆盖百分比的一族曲线

例 2.6　距发射机 100m、200m、800m、1000m 处分别得到接收功率的测量值如表 2.2 所示，采用路径损耗和阴影衰落的混合模型，且设 $d_0=100\text{m}$。

(1) 求路径损耗指数。

(2) 计算方差。

(3) 运用结果预测 $d=2\text{km}$ 处的接收信号功率。

(4) 预测 2km 处接收功率大于 -110dBm 的概率。

(5) 预测半径为 2km 的小区内，接收功率大于 -110dBm 的覆盖面积百分比。

表 2.2　例 2.6 表

d/m	接收功率/dBm
100	−70
200	−80
800	−90
1000	−105

解：距离 d 处的接收信号功率

$$P_r(d)=P_t-L_p(d)$$

$$=P_t-\bar{L}_p(d_0)-10\kappa\lg\left(\frac{d}{d_0}\right)-\varepsilon_{(\text{dB})}$$

将 $d_0=100\text{m}$ 及表中 100m 的接收功率测量值代入上式，注意一般将参考点的接收功率视为定值，则有 $-70=P_t-\bar{L}_p(d_0)$，因而距离 d 处的接收信号功率可写为

$$P_r(d)=-70-10\kappa\lg\left(\frac{d}{100}\right)-\varepsilon_{(\text{dB})}$$

距离 d 处的平均接收信号功率

$$\overline{P}_{\mathrm{r}}(d)=-70-10\kappa\lg\left(\frac{d}{100}\right)$$

(1) 对接收功率采用最小均方误差(MMSE)估计，以求出路径损耗指数。设 P_i 为 d_i 处的接收功率测量值，$\overline{P}_{\mathrm{r}}(d_i)$ 为模型对接收功率的估计值，测量与估计值均方误差为

$$J(\kappa)=\frac{1}{M}\sum_{i=1}^{M}\left[P_i-\overline{P}_{\mathrm{r}}(d_i)\right]^2$$

代入已知参数，有

$$J(\kappa)=\frac{1}{4}[(70-70)^2+(70+10\kappa\lg 2-80)^2+(70+10\kappa\lg 8-90)^2 +(70+10\kappa\lg 10-105)^2]$$

令 $\dfrac{\mathrm{d}J(\kappa)}{\mathrm{d}\kappa}=0$，得 $\kappa\approx 2.95$ 。

(2) 由方差的定义，可得

$$\sigma_{\varepsilon}^2=E\left[(\varepsilon-\overline{\varepsilon})^2\right]=\frac{1}{M}\sum_{i=1}^{M}(\varepsilon_i)^2$$

将 $\kappa\approx 2.95$ 代入距离 d 处的接收信号功率表达式，对比测量值，可得四个 ε 样值 $\{0, -1.12, 6.64, -5.5\}$ 。计算方差为

$$\sigma_{\varepsilon}^2=\frac{1}{4}(0^2+1.12^2+6.64^2+5.5^2)\approx 18.9(\mathrm{dB}^2)$$

有 $\sigma_{\varepsilon}\approx 4.35\mathrm{dB}$。

(3) $d=2\mathrm{km}$ 处的接收信号功率

$$P_{\mathrm{r(2km)}}=-70-10\times 2.95\times\lg\left(\frac{2000}{100}\right)-\varepsilon_{(\mathrm{dB})}=-108.4-\varepsilon_{(\mathrm{dB})}(\mathrm{dBm})$$

(4) 2km 处接收功率大于 −110dBm 的概率

$$P[P_{\mathrm{r(2km)}}>-110]=Q\left(\frac{-110+108.4}{4.35}\right)\approx 64.43\%$$

(5) 可代入式(2.47)计算，或依据图 2.21，$\mathrm{P}[P_{\mathrm{r(2km)}}>-110]\approx 64.43\%$ 曲线接近 0.65 曲线，$\sigma_{\varepsilon}/\kappa$=1.47，在图上作曲线，覆盖面积百分比约为 88%。

2.2.5 经验路径传播模型

无线通信系统通常运行在复杂的传播环境中。无线电波经常在不规则地形地貌中传播，在估计路径损耗时，应考虑特定地区的地形地貌，同时也要考虑树木、建筑物和其他阻挡物的影响，这些传播环境难以用射线跟踪法精确建模。

多年来，人们针对不同的环境又提出了许多基于实测数据的经验模型，包括城市宏小区、城市微小区、开阔地域，以及针对室内环境的等多种地域的模型。建立这些经验模型的方法是，先针对特定的环境按不同的距离和频率取得测量数据，再用这些数据建模，所建立的模型并不局限于取得数据的那个环境，而是要广泛用到其他类似的传播环境中。这样做虽然有准确性的问题，但许多无线系统都用这样的经验模型作为系统性能分析的基础。

下面就几种应用广泛的经验路径传播模型进行介绍。

1. 奥村模型

1968 年提出的奥村(Okumura)模型是预测城区信号时使用最广泛的模型。奥村模型也称电波传播损耗的图表预测法，是根据奥村在东京地区进行大量实测的基础上提出来的。它是通过大量的传播实验，利用统计的办法找出各种地形地物条件下的传播损耗和距离、频率、天线高度间的关系，绘制出电波传播特性的计算图表，可以方便地对接收功率进行预测。

奥村模型应用环境：频率在 150～1920MHz(可扩展到 3GHz)，距离为 1～100km，基站天线高度为 30～1000m，移动台天线高度为 1～10m。

奥村提出了一系列在准平滑城区，基站有效天线高度(h_b)为 200m，移动天线高度(h_m)为 3m 的相对于自由空间的中值损耗[$A_m(f,d)$]曲线。奥村模型使用方法是首先确定自由空间路径损耗，然后从曲线中读出 $A_m(f,d)$ 值，并加入代表地物类型的修正因子。模型可表示为

$$L_T = L_{fs} + A_m(f,d) - H_b(h_b,d) - H_m(h_m,f) - K_T \tag{2.50}$$

式中，L_{fs} 为自由空间路径损耗；$A_m(f,d)$ 为准平滑城区基本损耗中值；$H_b(h_b,d)$ 为基台天线高度因子；$H_m(h_m,f)$ 为移动台天线高度因子；K_T 为地形地物修正因子。

典型中等起伏地型上市区的基本损耗中值 $A_m(f,d)$ 与频率、距离的关系曲线如图 2.21 所示，其中基站天线高度为 200m，移动台天线高度为 3m。曲线上读出的是基本损耗中值大于自由空间传播损耗的数值。

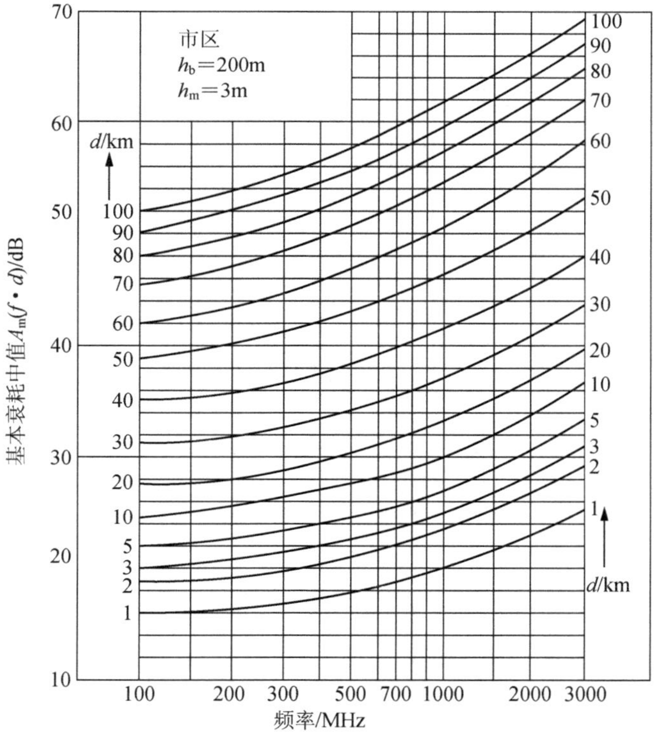

图 2.21　典型中等起伏地型上市区的基本损耗中值与频率、距离的关系曲线

当基站天线高度不是 200m 时，损耗中值的差异用基站天线高度增益因子来修正，如图 2.22(a)所示。当移动台天线高度不是 3m 时，损耗中值的差异用移动台天线高度增益因子来修正，如图 2.22(b)所示。为了提高模型的准确度，奥村还给出了不同地形地物修正因子。奥村模型所预测的路径损耗和用实测数据建模所得的路径损耗相比，误差的标准差为 10～14dB。

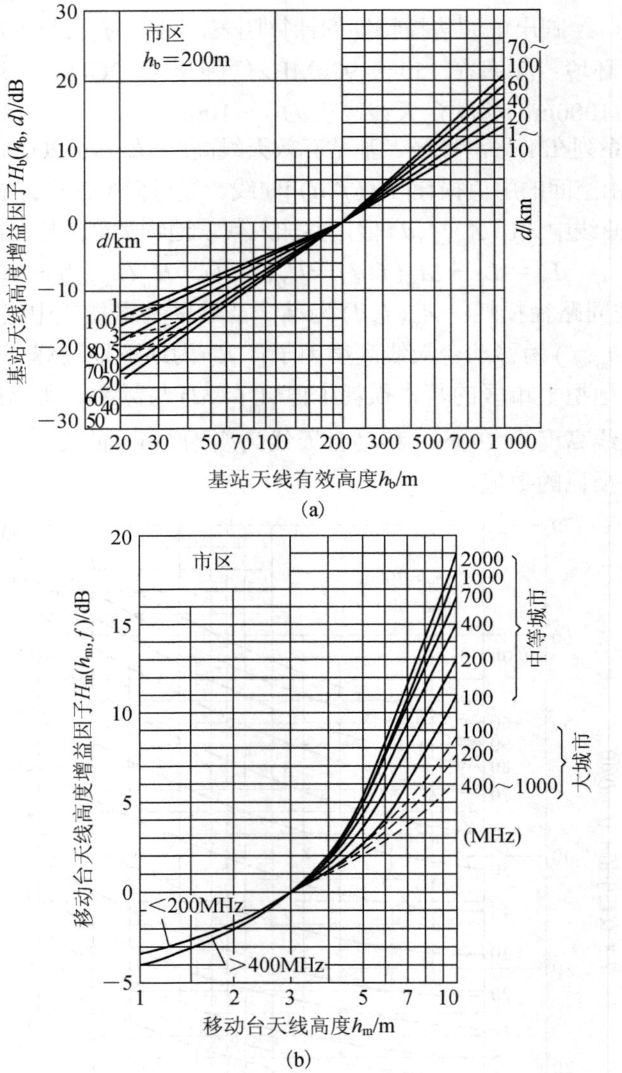

图 2.22　基站天线与移动台天线高度不是标准值时的损耗中值的差异

奥村模型为成熟的蜂窝和陆地移动无线系统路径损耗预测提供了最简单和较精确的解决方案。由于其实用性，在日本已成为现代陆地移动无线系统规划的标准。该种模型的主要缺点是完全基于测试数据，不提供任何分析解释，对城区和郊区快速变化的反应较慢。

2. 哈塔模型

哈塔(Hata)模型是 1990 年哈塔根据奥村模型所作的曲线拟合经验公式模型。它适用于室外宏蜂窝环境，路径损耗可以表示为如下几个参数的函数：载波频率为 150～1000MHz，基站天线高度为 30～200m，移动台天线高度为 1～10m，基站与移动台之间的距离为 1～20km。以 dB 为单位的路径损耗可以表示为

$$L_p(d)=\begin{cases}A+B\lg(d) & (\text{市区})\\ A+B\lg(d)-C & (\text{市郊})\\ A+B\lg(d)-D & (\text{开阔地区})\end{cases} \tag{2.51}$$

式中

$$\begin{aligned}A&=69.55+26.16\lg(f_c)-13.82\lg(h_t)-a(h_r)\\ B&=44.9-6.55\lg(h_t)\\ C&=5.4+2[\lg(f_c/28)]^2\\ D&=40.94+4.78[\lg(f_c)]^2-18.33\lg(f_c)\end{aligned} \tag{2.52}$$

式中，$a(h_r)$ 为移动台天线高度的校正因子，对于中小城市由式(2.53)给出：

$$a(h_r)=[1.1\lg(f_c)-0.7]\ h_r-[1.56\lg(f_c)-0.8] \tag{2.53}$$

对于大城市而言：

$$a(h_r)=\begin{cases}8.29[\lg(1.54h_r)]^2-1.1, & f_c\leqslant 300\text{MHz}\\ 3.2[\lg(11.75h_r)]^2-4.97, & f_c\geqslant 300\text{MHz}\end{cases} \tag{2.54}$$

尽管哈塔模型不像奥村模型那样有特定路径的修正因子，但上述几个公式还是非常有实用价值的。在距离超过 1km 的情况下，哈塔模型的预测结果与奥村模型非常接近。

欧洲科技合作组织(European Cooperation for Scientific and Technical Research，EURO-COST)将哈塔模型扩展到 2GHz，成为

$$\begin{aligned}L_p(d)=&46.3+33.9\lg(f_c)-13.82\lg(h_t)-a(h_r)\\ &+[44.9-6.55\lg(h_t)]\lg(d)+C_M\end{aligned} \tag{2.55}$$

式中，$a(h_r)$ 定义同哈塔模型，对于中等城市和郊区 C_M 取 0dB，对于大型城市取 3dB。这个模型被称为哈塔模型的 COST 231 扩展，适用范围：$1.5\text{GHz}<f_c<2\text{GHz}$，$30\text{m}<h_t<200\text{m}$，$1\text{m}<h_r<10\text{m}$，$1\text{km}<d<20\text{km}$。

3. 室内传播模型

随着 PCS(process control system，过程控制系统)的采用，人们越来越关注室内无线电波传播情况。室内无线信道有两个方面不同于传统的移动无线信道：一是覆盖距离更小，二是环境的变动更大。室内无线传播同室外无线传播具有同样的机理，但是条件大不相同。例如，天线安装于桌面高度与安装在天花板高度会有极为不同的接收信号。一般来说，室内信道分为视距和阻挡(OBS)两种，并随着环境杂乱程度而变化。

室内传播因具体环境的不同有很大的差异，有许多因素对室内路径损耗有显著影响，包括墙壁和地板层的材质、室内布局，走廊、窗户、开阔区域、阻挡物的位置和材料、每个房间的大小和地板层数等。因此，很难建立出能准确计算特定室内环境中的路径损耗的

通用模型。

室内路径损耗模型必须能够很好地反映来自地板层和隔墙的信号衰减。对大量不同特性的建筑物和大范围的信号频率进行的测量表明，信号第一次穿过地板时衰减最大，以后穿过时衰减量递减。隔墙损耗因材质和介电性质的不同而有很大差别。不同频率、不同隔墙类型的损耗的测量数据如表 2.3 所示。

表 2.3　典型隔墙损耗(频率 900～1300MHz)

隔墙类型	隔墙损耗/dB	隔墙类型	隔墙损耗/dB
布料	1.4	混凝土墙	13.0
双层石膏墙板	3.4	铝墙板	20.4
绝缘箔型	3.9	全金属型	26.0

衰减因子模型是一种应用较广泛的室内传播模型，它将地板层损耗和隔墙损耗的经验数据加到对数距离路径损耗模型中。衰减因子模型为

$$\overline{L}_{\mathrm{P}}(d)=\overline{L}_{\mathrm{P}}(d_0)+10n_{\mathrm{SF}}\lg\left(\frac{d}{d_0}\right)+\sum_{i=1}^{N_{\mathrm{f}}}FAF_i+\sum_{i=1}^{N_{\mathrm{p}}}PAF_i \tag{2.56}$$

式中，n_{SF} 表示同层测试的路径损耗指数值；FAF_i，PAF_i 分别代表信号所穿过第 i 个地板层或隔墙的衰减因子；N_{f}，N_{p} 分别是地板层数和隔墙数。

当发射机在建筑物外时，对于室内系统还有一个重要参数，即建筑物穿透损耗。仅靠有限的经验很难确定精确的透射模型。测量表明，建筑物穿透损耗与频率、高度和建筑物材料有关。测试报告显示，随高度的增加，建筑物内接收信号场强增加。对于 900MHz～2GHz 的频率，一层的建筑物穿透损耗的典型值为 8～20dB。穿透损耗随频率的增加略有下降。此外，每增高一层，穿透损耗下降 1.4dB。这是由于楼层增高，建筑物密集程度降低，出现直射径的可能性增大。另外，建筑物材料、涂层、窗户的类型和数量等也对穿透损耗有重要的影响。

至此，本节讲述了多个路径损耗模型，运用这些模型可以对接收信号电平进行估计，使预测无线通信系统中的信噪比(SNR)成为可能，这对于系统容量设计、接收机设计、无线组网等具有重要作用。运用路径损耗模型进行链路预算设计是路径损耗模型的重要应用。

例 2.7　载频为 1800MHz，发射机的发射功率为 15W，发射天线增益为 12dB。接收机的天线增益为 3dB，接收机灵敏度为－100dBm。求保证通信中断率小于 5%的 TR 最大距离。假定 $\kappa=4$，$\sigma_\varepsilon=8\mathrm{dB}$，$d_0=1\mathrm{km}$。

解：接收机灵敏度是接收机能够进行正常通信的最小接收功率，即保证通信的接收信号功率门限为－100dBm，则有 $\gamma=-100\mathrm{dBm}$。

保证通信中断率小于 5%，即有

$$\mathrm{P}[P_{\mathrm{r}}(d_{\max})>\gamma]=Q\left(\frac{\gamma-\overline{P}_{\mathrm{r}}(d_{\max})}{\sigma_\varepsilon}\right)=95\%$$

可得

$$\frac{\gamma-\overline{P}_{\mathrm{r}}(d_{\max})}{\sigma_\varepsilon}=-1.645$$

$$\overline{P}_r(d_{max}) = -100 + 1.645 \times 8 = -86.84(\text{dBm})$$

参考点处的接收功率依据自由空间传播模型，则有

$$\begin{aligned} P_r(d_0) &= 10\lg(15\times1000) + 12 + 3 + 20\lg(3\div18) - 20\lg(4\pi\times1000) \\ &\approx -40.78(\text{dBm}) \end{aligned}$$

因为

$$\overline{P}_r(d_{max}) = P_r(d_0) - 10\kappa\lg\left(\frac{d_{max}}{d_0}\right)$$

代入已知量，计算可得中断率小于 5%的 TR 最大距离 $d_{max} \approx 14.13\text{km}$。

例 2.8　发射机与接收机条件同例 2.7，另附加条件：发射机与发射天线之间有较长电缆连接，电缆损耗约 7dB。求此时保证通信中断率小于 5%的 TR 最大距离。

解：电缆损耗属于链路损耗的一部分，加入自由空间传播模型，则有

$$\begin{aligned} P_r(d_0) &= 10\lg P_t - 7 + 10\lg G_t + 10\lg G_r + 20\lg\lambda - 20\lg(4\pi d_0) \\ &= -47.78(\text{dBm}) \end{aligned}$$

代入

$$\overline{P}_r(d_{max}) = P_r(d_0) - 10\kappa\lg\left(\frac{d_{max}}{d_0}\right)$$

计算可得中断率小于 5%的 TR 最大距离 $d_{max} \approx 9.47\text{km}$。

例 2.9　发射机与接收机条件同例 2.7，若已知发射天线高 10m，接收天线高 2m，且为开阔地形。求此时保证通信中断率小于 5%的 TR 最大距离。

解：开阔地形下，且估计远距离情况，宜采用双线模型。即运用双线模型估计平均功率，对数正态阴影为随机变量。由第一菲涅尔区距离定义可得

$$d_c = \frac{4h_t h_r}{\lambda} = 480\text{m}$$

由题意知 $d_0 = 1\text{km} > d_c$，因而可采用简化模型

$$\overline{P}_r(d_{max}) = 10\lg P_t + 10\lg G_t + 10\lg G_r + 20\lg h_t + 20\lg h_r - 40\lg(d_{max})$$

由例 2.7 知保证通信中断率小于 5%，有 $\overline{P}_r(d_{max}) = -86.84\text{dBm}$。代入已知参数，计算可得中断率小于 5%的 TR 最大距离 $d_{max} \approx 17.38\text{km}$。

例 2.10　发射机与接收机条件同例 2.7，若发射机与发射天线之间电缆损耗约 5dB，已知发射天线高 40m，接收天线高 2m，且为大型城市，应用哈塔模型的 COST 231 扩展，求此时保证通信中断率小于 5%的 TR 最大距离。

解：运用哈塔模型的 COST 231 扩展估计平均功率，对数正态阴影为随机变量。由链路传输损耗有

$$\overline{P}_r(d_{max}) + 10\lg P_t - 5 + 10\lg G_t + 10\lg G_r - L_p(d_{max})$$

由例 2.7 知保证通信中断率小于 5%，有 $\overline{P}_r(d_{max}) = -86.84\text{dBm}$。在上式中代入已知参数有 $L_p(d_{max}) = 138.6\text{dB}$。

由哈塔模型，且载频大于 300MHz，对于大城市而言可得

$$a(h_r) = 3.2[\lg(11.75h_r)]^2 - 4.97 \approx 1.045$$

由哈塔模型的 COST 231 扩展，对于大城市而言有

$$\begin{aligned} L_{\mathrm{p}}(d_{\max}) &= 46.3 + 33.9\lg(f_{\mathrm{c}}) - 13.82\lg(h_{\mathrm{t}}) - a(h_{\mathrm{r}}) \\ &\quad + [44.9 - 6.55\lg(h_{\mathrm{t}})]\lg(d_{\max}) + 3 \\ &= 136.46 + 34.41\lg(d_{\max}) \end{aligned}$$

代入 $L_{\mathrm{p}}(d_{\max})$ 值，计算可得中断率小于 5%的 TR 最大距离 $d_{\max} \approx 1.15\mathrm{km}$。

2.3　小尺度多径衰落

无线信道的多径效应是导致小尺度多径衰落产生的原因。同一传输信号沿两个或多个路径传播，以微小的时间差到达接收机，各径上相位的快速变化将造成剧烈的信号相互干涉现象，从而使接收信号强度发生快速的变化，这种现象称为小尺度多径衰落，简称衰落。小尺度多径衰落对信号的影响是多方面的，下面我们用一个简化的两径传输的例子来说明衰落中接收信号强度变化问题。

在无线信道中传输一个频率为 f_{c} 的单音正弦信号的两条路径，如图 2.23 所示。

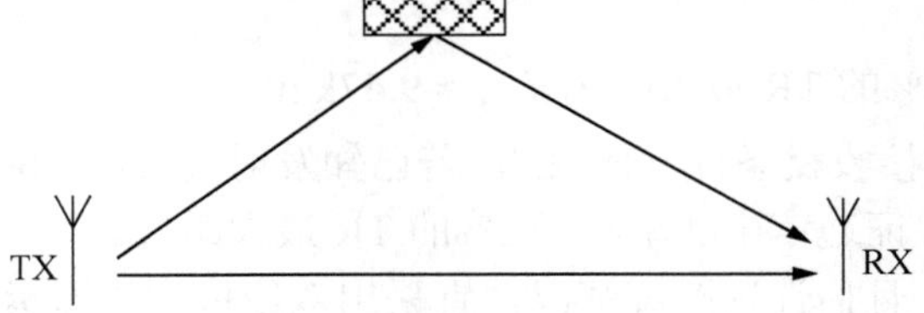

图 2.23　两径传输示意图

为简化分析，设视距路径的时延为零，非视距路径的时延为 τ，在无噪声的情况下，若两条路径的信号分量幅度分别为 α_1，α_2，则接收信号可以表示为

$$r(t) = \alpha_1\cos(2\pi f_{\mathrm{c}}t) + \alpha_2\cos[2\pi f_{\mathrm{c}}(t-\tau)] \tag{2.57}$$

显见，接收信号幅度为 α_1，α_2，τ 的函数。随着发射机和接收机之间的相对移动，α_1，α_2，τ 不断变化，尤其两径之间的时延差 τ 的变化将导致两径信号之间的相位不断变化。极限情况下，若 $\tau = n/f_{\mathrm{c}}$（n 为整数），则接收到的两径信号相互增强到最大值 $\alpha_1+\alpha_2$；若 $\tau=(2n-1)/2f_{\mathrm{c}}$（$n$ 为整数），则接收到的两径信号相互抵消到最小值 $\alpha_1-\alpha_2$。当两径信号相互抵消严重时，信号就经历了深度衰落，接收信号功率非常低，传输质量差。

小尺度多径衰落除了导致接收信号强度的剧烈变化外，还会对接收信号造成时间色散效应。如果发射一个单脉冲，那么通过多径信道后我们接收到的信号将是一个叠加的脉冲序列，接收序列中的每个脉冲对应于直射分量由一个或一簇散射体造成的可分辨多径分量。多径信道的时延扩展将导致接收端信号的明显失真。如果这种时延扩展的大小和信号带宽的倒数值相比很小，那么接收信号在时间上的展宽也比较小。然而当它相对于信号带宽的倒数值相比较大时，接收信号的时域波形就会被明显扩宽，这有可能造成信号的严重失真。在本节后面我们将详细论述这一问题。

多径信道的另一个显著特征是其时变性。时变性来源于发射机或接收机的运动，这种运动使传送路径中形成多径传播的那些反射点的位置随时间变化。因此如果我们在一个运动中的发射机上不断发射脉冲，就会看到来自各径的脉冲的幅度、时延乃至各脉冲的多径数目都在不断变化。在不同的多径信号上，存在着时变的多普勒频移所引起的随机频率调制。

对于小尺度多径衰落的研究，采用确定性模型不足以反映信道的真实特性，必须采用统计方法来描述多径信道。在本节中，我们用随机时变冲激响应为多径信道建模，以统计方法来描述信道，并讨论其性质。

2.3.1　信道的传播模型

1. 信道冲激响应

首先我们先回顾一下线性时不变(LTI)系统的冲激响应，如图 2.24 所示，若输入为迪拉克函数 $\delta(t)$，信道输出为冲激响应 $h(t)$。因为信道是时不变的，所以如果输入信号延迟 t_1，则输出信号相应地也延迟 t_1，即有输出 $h(t-t_1)$。

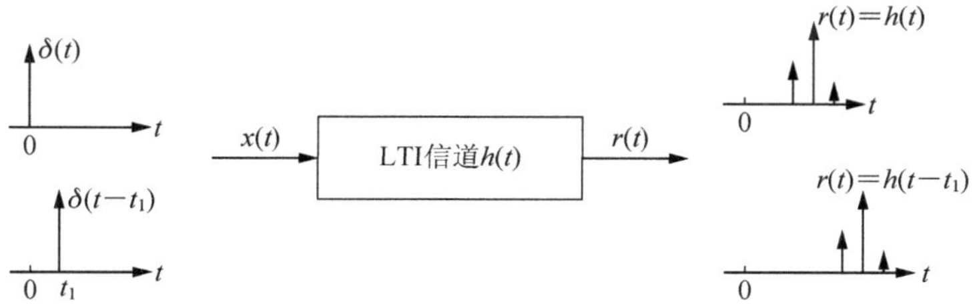

图 2.24　线性时不变系统的冲激响应

多径传播信道是典型的线性时变(LTV)信道，如图 2.25 所示，$h_1(t)$ 和 $h_2(t)$ 分别表示信道对输入 $\delta(t)$ 和 $\delta(t-t_1)$ 的响应，由于信道传播环境在时间间隔 $[0,t_1]$ 内是不断变化的，所以信道输出 $h_2(t)$ 并不仅仅是 $h_1(t)$ 简单延迟 t_1 后的结果，即 $h_2(t)\neq h_1(t-t_1)$。

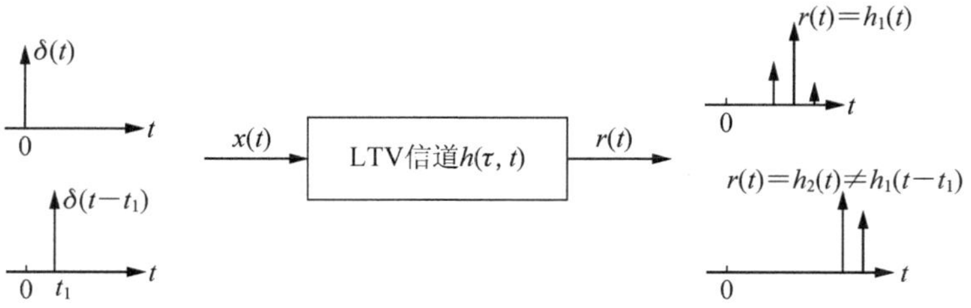

图 2.25　线性时变系统的冲激响应

无线信道可建模为一个具有时变冲激响应特性的线性滤波器，其中的时变是由于发射机和接收机之间的相对运动所引起的。信道的滤波特性以任一时刻到达的多径波为基础，其幅度与时延影响信道滤波。冲激响应是信道的一个有用特性，可用于预测和比较不同无线通信系统的性能，以及某一特定无线信道条件下的传播带宽。无线信道的小尺度多径衰落与无线信道的冲激响应直接相关。

通信系统中接收与发射的信号均是实信号，但是为了简化分析，常把实的发射和接收信号表示成一个复信号的实部，即采用复数信道建模。

发射信号表示式为

$$\tilde{x}(t) = \Re\left\{x(t)\mathrm{e}^{\mathrm{j}2\pi f_c t}\right\} \tag{2.58}$$

式中，$\tilde{x}(t)$ 为发射的调制信号；$\Re$ 表示实部；f_c 为载波频率；$x(t)$ 称为 $\tilde{x}(t)$ 的复包络(complex envelope)或等效基带信号(equivalent lowpass signal)，复包络得名于 $x(t)$ 的振幅就是 $\tilde{x}(t)$ 的振幅。

设多径传播信道中有 N 条不同的传播路径，若考虑每条路径的多普勒频移，与第 n 条路径有关的特征可用一个三元组 $[\alpha_n(t),\tau_n(t),\phi_{Dn}(t)]$ 表示，其中 $\alpha_n(t)$ 表示第 n 条路径在 t 时刻的幅度波动，$\tau_n(t)$ 表示第 n 条路径在 t 时刻的传播时延，$\phi_{Dn}(t)$ 表示第 n 条路径在 t 时刻的多普勒相移，$n=1, 2, \cdots, N$。

发射信号经第 n 条路径到达接收端的信号 $\tilde{r}_n(t)$ 为

$$\tilde{r}_n(t) = \Re\left\{\alpha_n(t)x[t-\tau_n(t)]\ \mathrm{e}^{\mathrm{j}\{2\pi f_c[t-\tau_n(t)]+\phi_{Dn}(t)\}}\right\} \tag{2.59}$$

在无噪声和干扰的情况下，接收信号 $\tilde{r}(t)$ 为 N 条多径接收信号之和，即

$$\tilde{r}(t) = \sum_{n=1}^{N}\tilde{r}_n(t) = \Re\left\{\sum_{n=1}^{N}\alpha_n(t)x[t-\tau_n(t)]\ \mathrm{e}^{\mathrm{j}\{2\pi f_c[t-\tau_n(t)]+\phi_{Dn}(t)\}}\right\} \tag{2.60}$$

令

$$\phi_n(t) = 2\pi f_c\tau_n(t) - \phi_{Dn}(t) \tag{2.61}$$

接收信号简化为

$$\tilde{r}(t) = \Re\left\{\sum_{n=1}^{N}\alpha_n(t)\mathrm{e}^{-\mathrm{j}\phi_n(t)}x[t-\tau_n(t)]\,\mathrm{e}^{\mathrm{j}2\pi f_c t}\right\} \tag{2.62}$$

接收信号表示式为

$$\tilde{r}(t) = \Re\left\{r(t)\mathrm{e}^{\mathrm{j}2\pi f_c t}\right\} \tag{2.63}$$

式中，$r(t)$ 是接收信号的复包络。对比式(2.62)，可得

$$r(t) = \sum_{n=1}^{N}\alpha_n(t)\mathrm{e}^{-\mathrm{j}\phi_n(t)}x[t-\tau_n(t)] \tag{2.64}$$

式中，$x(t)$ 和 $r(t)$ 分别是发射和接收信号的基带等效表示。由于 $\alpha_n(t)$ 取决于大尺度路径损耗和阴影衰落，而 $\phi_n(t)$ 取决于多径时延和多普勒频移，所以一般可假设这两个随机过程是相互独立的。

通信系统中的许多信号是带通信号，其频率响应是以载波频率 f_c 为中心，覆盖一定带宽 B 的信号。在考虑信道冲激响应时，我们主要关心的也是以载波频率 f_c 为中心，覆盖一定带宽 B 的信道频率响应，因为只有这一部分才会影响接收信号，即带通信道。

由信号处理理论，我们知道接收信号 $\tilde{r}(t)$ 可表示为发射信号 $\tilde{x}(t)$ 与信道冲激响应的卷积，实际上进行无线信道分析时，我们常采用基带等效信道冲激响应模型，即发射和接收信号均采用等效基带信号，如图 2.26 所示。

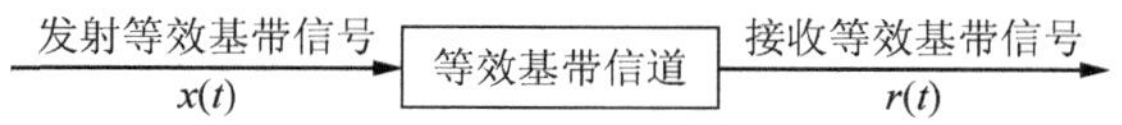

图 2.26　基带等效信道冲激响应模型

由信号处理理论可知，接收等效基带信号 $r(t)$ 为发射基带等效信号 $x(t)$ 与等效基带信道冲激响应 $h(\tau,t)$ 的卷积：

$$r(t)=\int_{-\infty}^{\infty} h(\tau,t)x(t-\tau)\mathrm{d}\tau \tag{2.65}$$

由式(2.64)和式(2.65)，考虑输入信号为冲激脉冲，则有在 $t-\tau$ 时刻发射的冲激脉冲在 t 时刻的等效基带冲激响应为[2]

$$h(\tau,t)=\sum_{n=1}^{N}\alpha_n(t)\mathrm{e}^{-\mathrm{j}\phi_n(t)}\delta[\tau-\tau_n(t)] \tag{2.66}$$

将式(2.66)代入式(2.65)可得式(2.64)，以验证结论的正确性。注意时变信道的等效基带冲激响应 $h(\tau,t)$ 有两个时间参数，t 是接收端观察到脉冲响应的时刻，$t-\tau$ 是向信道发射冲激脉冲的时刻。

例 2.11　分析以下无线信道的基带冲激响应。设 $t=0$ 时测试出信道主要有两条路径，第一条路径的延迟 $\tau_0=0$，接收功率为－70dBm，第二条路径的延迟 $\tau_1=1\mu s$，接收功率比前者低 3dBm，载频 900MHz，试分析 $h(\tau,t)$。

解：显见 $N=2$，$t=0$ 时的 $h(\tau,0)$ 如图 2.27 所示。

$$-70\text{dBm}\Rightarrow 100\text{pW},\quad -67\text{dBm}\Rightarrow 50\text{pW}$$

可得 $\alpha_0(0)=\sqrt{100\text{pW}}$，$\alpha_1(0)=\sqrt{50\text{pW}}$。

设多普勒相移为 0，则有

$$\phi_0(0)=0,\quad \phi_1(0)=2\pi f_c\tau_1=1800\pi$$

即

$$h(\tau,0)=10^{-5}\delta(\tau)+7.07\times10^{-6}\delta(\tau-1\times10^{-6})$$

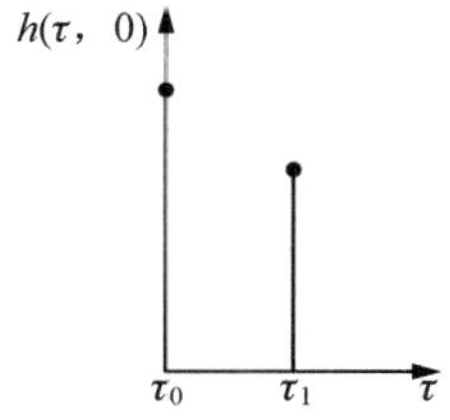

图 2.27　例 2.11 图示

例 2.12　分析以下无线信道的基带冲激响应。设 $t=0$ 时测试出信道主要有两条路径，第一条路径的延迟 $\tau_0=0$，接收功率为－70dBm，第二条路径的延迟 $\tau_1=1\mu s$，接收功率比前者低 3dBm，载频 900MHz。接收机以 $v=2\text{m/s}$ 的速度发生移动，设第一条路径为相对移动，另一条路径为远离移动。若接收功率不变，且不考虑多普勒相移，试分析时刻 $t=0.1\text{s}$ 时的 $h(\tau,t)$。

解：显见有 $N=2$，同例 2.11 可得

$$\alpha_0(0)=\sqrt{100\text{pW}},\quad \alpha_1(0)=\sqrt{50\text{pW}}$$

经过 0.1s 后，延迟变化量为

$$\Delta\tau=\frac{2\times0.1}{3\times10^8}\approx0.667(\text{ns})$$

第一条路径相对移动，延迟变小 $\Delta\tau$，另一条路径远离移动，延迟变大 $\Delta\tau$。设两条路径 $t=0.1\text{s}$ 时的延迟为 τ_0'，τ_1'，且 τ_0' 归一化为 0，则有 $\tau_1'=1.00133\mu s$，如图 2.28 所示。

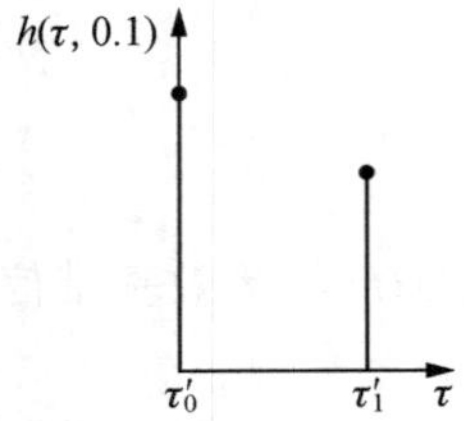

图 2.28　例 2.12 图示

相位：

$$\phi_0(0.1)=0$$

$$\phi_1(0.1)=2\pi f_c\left(10^{-6}+2\times\frac{2\times 0.1}{3\times 10^8}\right)=1802\pi+0.4\pi$$

即

$$h(\tau,0.1)=10^{-5}\delta(\tau)+7.07\times 10^{-6}\times \mathrm{e}^{-\mathrm{j}0.4\pi}\delta(\tau-1.00133\times 10^{-6})$$

很多情况下时变冲激响应这样的信道模型往往显得过于复杂，此时可考虑使用离散时间近似。将冲激响应的多径时延 τ 离散化为一些相同的时延段，每段时延宽度均相等，即有

$$\tau_{i+1}-\tau_i=\Delta\tau,\ i=0,\ 1,\ \cdots,\ L-1 \tag{2.67}$$

式中，τ_i 表示离散化的多径时延；τ_0 表示接收机收到的第一个多径信号。一般忽略发射与接收之间的传输时延，定义 $\tau_0=0$，$\tau_1=\Delta\tau$，…，$\tau_i=i\Delta\tau$，L 表示相等间隔的多径分量的最大数目。

离散模型中一些多径分量在同一时延段内，具有近似相同的时延 τ_i 时，它们合为一径。因而可见，这种量化为时延段的做法，其精度取决于信道模型的精度 $\Delta\tau$。模型中的频率间隔为 $2/\Delta\tau$，即这种离散化模型只能用于分析带宽小于 $2/\Delta\tau$ 的传输信号。等效基带冲激响应 $h(\tau,t)$ 可离散化为

$$h(\tau,t)=\sum_{i=0}^{L-1}\alpha_i(t)\mathrm{e}^{-\mathrm{j}\phi_i(t)}\delta[\tau-\tau_i(t)] \tag{2.68}$$

如图 2.29 所示为多径无线信道的时变离散冲激响应模型。当调制数据与信道冲激响应模型卷积时，离散模型在仿真中具有重要的作用。

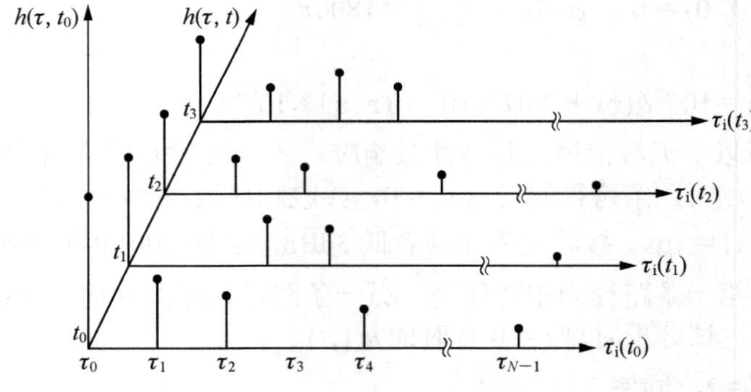

图 2.29　多径无线信道的时变离散冲激响应模型

2. 信道函数

无线信道建模为一个线性滤波器，其信道特性也可以通过傅里叶变换在频域中进行考察，即信道传输函数。定义信道的传输函数 $H(f,t)$ 是冲激响应 $h(\tau,t)$ 关于时延变量 τ 的傅里叶变换[3]，表示为

$$\begin{cases} H(f,t)=F_{\tau}[h(\tau,t)]=\int_{-\infty}^{+\infty}h(\tau,t)\mathrm{e}^{-\mathrm{j}2\pi f\tau}\mathrm{d}\tau \\ h(\tau,t)=F_{\tau}^{-1}[H(f,t)]=\int_{-\infty}^{+\infty}H(f,t)\mathrm{e}^{\mathrm{j}2\pi f\tau}\mathrm{d}f \end{cases} \tag{2.69}$$

式中，时间变量 t 可认为是一个参数。传输函数 $H(f,t)$ 表示信道在频域中的特性，由于信道特性随时间 t 变化，因而传输函数 $H(f,t)$ 是时变的。

对于无线信道而言，由于相对运动或信号传输中的散射路径变化，导致了信道的时变特性。这种时变的信道，从时域上讲，信道的传输函数 $H(f,t)$ 和冲激响应 $h(\tau,t)$ 随时间变量 t 而变化。从频域上讲，时变信道的输出信号会含有输入信号中所没有的频率成分，包括零多普勒频移在内的属于某一变化范围内的连续多普勒频移。这种连续多普勒频移对发射信号的影响主要表现在频谱的扩展上，称为多普勒扩展。下面简单推导一下这一结论[3]。

假定多径时延与发射信号的符号间隔相比很小，多个多径时延值均近似为平均值。接收信号的基带等效表示 $r(t)$ 简化为

$$r(t)\approx\left\{\sum_{n=1}^{N}\alpha_n(t)\mathrm{e}^{-\mathrm{j}\phi_n(t)}\right\}x(t-\bar{\tau})\triangleq z(t)x(t-\bar{\tau}) \tag{2.70}$$

式(2.70)两边进行傅里叶变换，有

$$\begin{aligned} R(f)&=F[z(t)x(t-\bar{\tau})] \\ &=\frac{1}{2\pi}F[z(t)]\cdot F[x(t-\bar{\tau})] \\ &=\frac{1}{2\pi}F[z(t)]*\left[X(f)\mathrm{e}^{-\mathrm{j}2\pi f\bar{\tau}}\right] \end{aligned} \tag{2.71}$$

显见 $z(t)$ 非常数且随时间而变化，那么其傅里叶变换 $F[z(t)]$ 在频域中存在一个有限且非零的脉冲宽度，因此，卷积后接收信号的频谱 $R(f)$ 的频带宽度比发射信号的频谱 $X(f)$ 的频带宽度更宽。无线信道引入新的频率成分，扩展了发射信号频谱，这种现象又称为频率色散。文献[3]引入了时延多普勒扩展函数 $H(\tau,\nu)$ 和多普勒扩展函数 $H(f,\nu)$ 来更好地描述信道的频率色散。

时延多普勒扩展函数 $H(\tau,\nu)$ 定义为信道冲激响应 $h(\tau,t)$ 关于时间变量 t 的傅里叶变换，表示为

$$\begin{cases} H(\tau,\nu)=F_{t}[h(\tau,t)]=\int_{-\infty}^{+\infty}h(\tau,t)\mathrm{e}^{-\mathrm{j}2\pi\nu t}\mathrm{d}t \\ h(\tau,t)=F_{t}^{-1}[H(\tau,\nu)]=\int_{-\infty}^{+\infty}H(\tau,\nu)\mathrm{e}^{\mathrm{j}2\pi\nu t}\mathrm{d}\nu \end{cases} \tag{2.72}$$

多普勒扩展函数 $H(f,\nu)$ 定义为信道传输函数 $H(f,t)$ 关于时间变量 t 的傅里叶变换，表示为

$$\begin{cases} H(f,\nu)=F_{t}[H(f,t)]=\int_{-\infty}^{+\infty}H(f,t)\mathrm{e}^{-\mathrm{j}2\pi\nu t}\mathrm{d}t \\ H(f,t)=F_{t}^{-1}[H(f,\nu)]=\int_{-\infty}^{+\infty}H(f,\nu)\mathrm{e}^{\mathrm{j}2\pi\nu t}\mathrm{d}\nu \end{cases} \tag{2.73}$$

其中，频率 f 可认为是一个参数。式(2.73)反映的是当输入信号频率为 f 时的多普勒频移 ν 相关的信道增益。

由于信道的时域表示与频域表示是等价的，因而$h(\tau,t)$、$H(f,t)$、$H(\tau,\nu)$和$H(f,\nu)$都可以用来描述发射信号与接收信号之间的关系。图 2.30 总结了四个信道函数之间的关系。

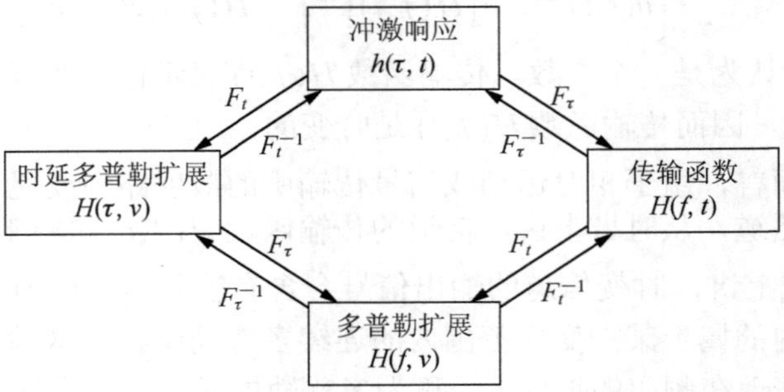

图 2.30 信道函数关系图

2.3.2 多径信道的参数

1. 信道相关函数

一般来说，多径分量的幅度、相位、径数都是随机的，因而信道的冲激响应也是随机的，很难对其进行精确描述，这就需要采用统计或结合测量的方法来进行研究。我们感兴趣的是相关函数与功率谱密度。为分析简便，我们假定信道为广义平稳非相关散射(WSSUS)信道，即满足以下两个条件。

(1) 等效基带冲激响应$h(\tau,t)$是广义平稳(WSS)随机过程。则信道冲激响应的自相关函数为

$$E\left[h^*(\tau_1,t_1)h(\tau_2,t_2)\right]=E\left[h^*(\tau_1,t)h(\tau_2,t+\Delta t)\right] \tag{2.74}$$

即信道响应的自相关函数只与时间差$\Delta t=t_1-t_2$有关。

(2) 在多径信道中一条路径的增益和相位差与另一条路径的增益和相位差无关。该特性称为非相关散射(US)，即

$$E\left[h^*(\tau_1,t)h(\tau_2,t+\Delta t)\right]=E\left[h^*(\tau_1,t)h(\tau_2,t+\Delta t)\right]\delta(\tau_1-\tau_2) \tag{2.75}$$

显见，仅当$\tau_1=\tau_2$时，自相关函数是非零的。

等效基带冲激响应$h(\tau,t)$的自相关函数定义为

$$\phi_h(\tau_1,\tau_2,t,\Delta t)=E\left[h^*(\tau_1,t)h(\tau_2,t+\Delta t)\right] \tag{2.76}$$

由广义平稳信道的条件(1)，在t和$t+\Delta t$时刻的联合统计特性只与时间差Δt有关，与t无关，则有

$$\phi_h(\tau_1,\tau_2,\Delta t)=E\left[h^*(\tau_1,t)h(\tau_2,t+\Delta t)\right] \tag{2.77}$$

由条件(2)，自相关函数可以等效地表示为

$$\phi_h(\tau_1,\tau_2,\Delta t)=\phi_h(\tau,\tau+\Delta\tau,\Delta t)\delta(\Delta\tau) \tag{2.78}$$

对于广义平稳非相关随机过程而言，其频域中的功率谱密度是时域中自相关函数的傅里叶变换，即

$$\boldsymbol{F}_{\Delta\tau}[\phi_h(\tau,\tau+\Delta\tau,\Delta t)\delta(\Delta\tau)]=\phi_h(\tau,\Delta t) \tag{2.79}$$

由式(2.79)可知 $\phi_h(\tau,\Delta t)$ 表示信道输出的平均功率谱密度，显见它是多径时延 τ 和观察间隔 Δt 的函数。

为了比较不同多径信道以及总结出一些比较通用的无线系统设计原则，下面我们将对一些多径信道的重要特征及一些量化的多径信道参数进行讨论。这些多径信道参数可分为两大类：时间色散参数和频率色散参数。下面我们分别加以论述，并由此得到不同的信道衰落类型。

2. 时间色散参数

1) 平均时延扩展 $\bar{\tau}$ 和均方根时延扩展 σ_τ

令式(2.79)中 $\Delta t=0$ 得到时延功率谱(power delay profile) $\phi_h(\tau)$，即 $\phi_h(\tau)=\phi_h(\tau,0)$，也称功率延迟分布、多径强度谱、功率时延谱等。时延功率谱表示给定多径时延处的平均功率，可以测量得到。通过大量信道平均，时延功率谱随着多径时延近似呈指数下降[1][3]。图 2.31 给出了一个近似的图示。

应用时延功率谱，我们可以得到描述多径信道时间色散的两个重要参数：平均时延扩展 $\bar{\tau}$ 和均方根时延扩展 σ_τ，定义式为

$$\bar{\tau}=\frac{\int_0^\infty \tau\phi_h(\tau)\mathrm{d}\tau}{\int_0^\infty \phi_h(\tau)\mathrm{d}\tau} \tag{2.80}$$

$$\sigma_\tau=\sqrt{\frac{\int_0^\infty (\tau-\bar{\tau})^2\phi_h(\tau)\mathrm{d}\tau}{\int_0^\infty \phi_h(\tau)\mathrm{d}\tau}} \tag{2.81}$$

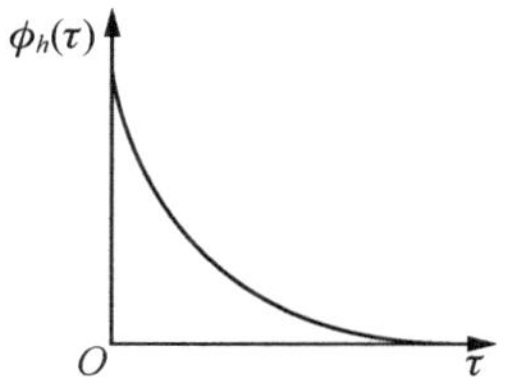

图 2.31　时延功率谱随着多径时延近似呈指数下降

可见 $\bar{\tau}$ 和 σ_τ 是 τ 在此分布下的均值和均方根值。它们都是把各径的时延按其功率进行了加权，因此弱功率路径对时延扩展的贡献比强功率路径小，低于背景噪声的路径不会对时延扩展产生明显的影响。表 2.4 给出了均方根时延扩展的一些典型值。

表 2.4　均方根时延扩展的典型值

环境	频率/MHz	均方根时延扩展	数据来源
城市	910	1300～3500ns	纽约[12]
城市	892	10～25μs	旧金山[13]
小城市	910	200～310ns	典型情况[14]
小城市	910	1960～2100ns	极限情况[14]
室内	850	270ns (max)	办公室建筑[15]
室内	1900	70～94ns，1470ns (max)	三座旧金山建筑[16]

实际上可以测量得到可分辨多径时延处的接收功率，式(2.80)和式(2.81)可离散化为

$$\bar{\tau}=\frac{\sum_k \tau_k\phi_h(\tau_k)}{\sum_k \phi_h(\tau_k)} \tag{2.82}$$

$$\sigma_\tau=\sqrt{\frac{\sum_k \tau_k{}^2\phi_h(\tau_k)}{\sum_k \phi_h(\tau_k)}-\overline{\tau}^2} \tag{2.83}$$

如果超过某个时延值后 $\phi_h(\tau)$ 近似为零，则可用这个值来粗略反映信道的非零多径时延扩展范围，称为最大附加时延 $\tau_{\max}$，一般 $\tau_{\max}$ 的取值为均方根时延扩展的整数倍。当然，这里所说的非零是指高出一个规定门限值的情况，它将多径本底噪声与接收信号的功率分离开来。

2) 相干带宽 B_c

等效基带冲激响应 $h(\tau,t)$ 的傅里叶变换为传输函数 $H(f,t)$，$h(\tau,t)$ 是广义平稳随机过程，其傅里叶变换 $H(f,t)$ 亦是关于 t 的广义平稳随机过程，$H(f,t)$ 的自相关函数可以表示为

$$\phi_H(f_1,f_2,\Delta t)=E\left[H^*(f_1,t)H(f_2,t+\Delta t)\right] \tag{2.84}$$

令 $f_1\triangleq f$，$f_2\triangleq f+\Delta f$，考虑非相关散射特性，式(2.84)简化为

$$\begin{aligned}\phi_H(f,f+\Delta f,\Delta t)&=E\left[H^*(f,t)H(f+\Delta f,t+\Delta t)\right]\\&=\int_{-\infty}^{+\infty}\phi_h(\tau,\Delta t)\mathrm{e}^{-\mathrm{j}2\pi\Delta f\tau}\mathrm{d}\tau\\&\triangleq\phi_H(\Delta f,\Delta t)\end{aligned} \tag{2.85}$$

令 $\Delta t=0$，记 $\phi_H(\Delta f,0)\triangleq\phi_H(\Delta f)$，式(2.85)简化得

$$\begin{aligned}\phi_H(\Delta f)&=E\left[H^*(f,t)H(f+\Delta f,t)\right]\\&=\int_{-\infty}^{+\infty}\phi_h(\tau)\mathrm{e}^{-\mathrm{j}2\pi\Delta f\tau}\mathrm{d}\tau\end{aligned} \tag{2.86}$$

由式(2.86)可知 $\phi_H(\Delta f)$ 是时延功率谱的傅里叶变换。由 $\phi_H(\Delta f)$ 的定义可知它表示 t 时刻 $H(f,t)$ 关于频率的自相关函数，因此，若 $\phi_H(\Delta f)$ 趋近于 0，则有频率间隔 Δf 处的信道响应近似独立，或称频率间隔 Δf 处的两个频率分量相关性很小。

若存在某个带宽值 B_c，使得对于所有的 $\Delta f>B_c$ 有 $\phi_H(\Delta f)$ 取值很小，则称 B_c 为信道的相干带宽。相干带宽是一定范围内的频率分量的统计测量值，换句话说，相干带宽是指一个特定频率范围，在该范围内(即 $\Delta f\leqslant B_c$)，两个频率分量有较强的相关性，受信道的影响较相近；在该范围外(即 $\Delta f>B_c$)，两个频率分量相关性很弱，受信道的影响大不相同。

图 2.32 为时延功率谱 $\phi_h(\tau)$ 及其傅里叶变换 $\phi_H(\Delta f)$ 的近似图解。由傅里叶变换关系可知 $B_c\propto 1/\sigma_\tau$，也就是说，均方根时延扩展越大，相干带宽越窄。

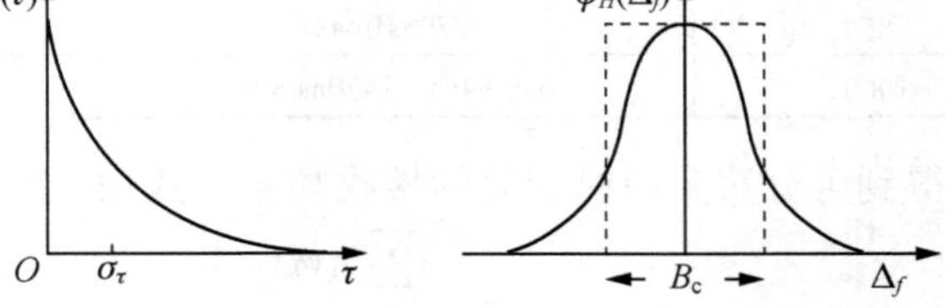

图 2.32　$\phi_h(\tau)$ 与 $\phi_H(\Delta f)$ 示意图

相干带宽 B_c 与均方根时延扩展 σ_τ 之间的精确关系是具体信道冲激响应及信号的函数。一般情况下取 $B_c = 1/k\sigma_\tau$，k 取决于 $\phi_H(\Delta f)$ 的形状以及具体怎样定义相干带宽。一般性估计有[52]

$$B_c \approx \frac{1}{5\sigma_\tau} \tag{2.87}$$

例 2.13　分析以下无线信道的时间色散参数。设 $t=0$ 时测试出信道主要有两条路径，第一条路径的延迟 $\tau_0 = 0$，接收功率为 -70dBm，第二条路径的延迟 $\tau_1 = 1\mu s$，接收功率比前者低 3dBm。

解：由例 2.11 的结果，有

$$-70\text{dBm} \Rightarrow 100\text{pW},\quad -67\text{dBm} \Rightarrow 50\text{pW}$$

即

$$h(\tau,0) = 10^{-5}\delta(\tau) + 7.07\times10^{-6}\delta(\tau - 1\times10^{-6})$$

$$\overline{\tau} = \frac{\sum_k \tau_k \phi_h(\tau_k)}{\sum_k \phi_h(\tau_k)} = \frac{0 + 1\times10^{-6}\times50\times10^{-12}}{150\times10^{-12}} \approx 0.33(\mu s)$$

$$\sigma_\tau = \sqrt{\frac{\sum_k {\tau_k}^2 \phi_h(\tau_k)}{\sum_k \phi_h(\tau_k)} - \overline{\tau}^2} = 0.47(\mu s)$$

采用式(2.87)估计相干带宽，则有

$$B_c \approx \frac{1}{5\sigma_\tau} = 426(\text{kHz})$$

3. 频率色散参数

时延扩展和相干带宽是用于描述信道时间色散特性的两个参数。然而，它们并未提供描述信道时变特性的信息。这种时变特性或是由移动台与基站间的相对运动引起的，或是由信道路径中物体的运动引起的，其特性可由 $\phi_H(\Delta f, \Delta t)$ 的讨论得出。令 $\Delta f = 0$，记 $\phi_H(0,\Delta t) \triangleq \phi_H(\Delta t)$，式(2.85)简化得

$$\phi_H(\Delta t) = E\left[H^*(f,t)H(f,t+\Delta t)\right] \tag{2.88}$$

由式(2.88)可见，$\phi_H(\Delta t)$ 表示信道传输函数 $H(f,t)$ 在频率为 f 时关于时间的自相关函数，随着时间间隔 Δt 的变化情况。若 $\phi_H(\Delta t)$ 趋近于 0，则有时间间隔 Δt 处的信道响应近似独立，或称时间间隔 Δt 处的信道相关性很小。

定义信道相干时间 T_c 为这样一个时间间隔，此间隔内的 $\phi_H(\Delta t)$ 近似不为零，即时变信道在这个时间间隔内相关性强，经过时间 T_c 后近似不相关。相干时间是时变信道冲激响应维持不变的时间间隔的统计平均值。也就是说，相干时间是指一段时间间隔，在此间隔内，两个到达信号有很强的相关性，或称受信道频率色散的影响相近；时间间隔大于相干时间的两个到达信号相关性很小，或称受信道频率色散的影响不同。

我们还可以从频域考虑这一问题，$\phi_H(\Delta t)$ 关于 Δt 的傅里叶变换为

$$\Phi_H(\gamma)=\int_{-\infty}^{+\infty}\phi_H(\Delta t)\mathrm{e}^{-\mathrm{j}2\pi\gamma\Delta t}\mathrm{d}\Delta t \tag{2.89}$$

定义使 $\Phi_H(\gamma)$ 近似不为零的最大 γ 值称为多普勒扩展 B_{d}。多普勒扩展是移动无线信道的时变特性引起的频谱展宽程度的度量值，一般取

$$B_{\mathrm{d}}=f_{\mathrm{m}} \tag{2.90}$$

式中，f_{m} 是最大多普勒频移，$f_{\mathrm{m}}=v/\lambda$。图 2.33 为 $\phi_H(\Delta t)$ 及其傅里叶变换 $\Phi_H(\gamma)$ 的近似示意图。由傅里叶变换关系可知 T_{c} 与 B_{d} 成反比，一般情况下取相干时间 $T_{\mathrm{c}}=1/B_{\mathrm{d}}$。

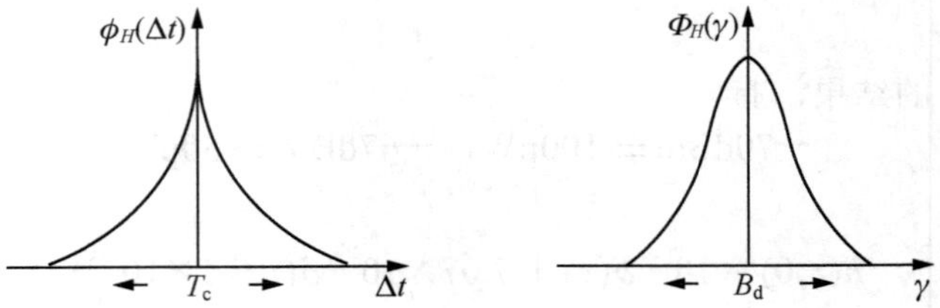

图 2.33　$\phi_H(\Delta t)$ 与 $\Phi_H(\gamma)$ 示意图

例 2.14　若发射信号的载波频率为 1850MHz，接收移动台的移动速率为 60km/h，计算最大多普勒频移与多普勒扩展。

解：波长

$$\lambda=\frac{c}{f_{\mathrm{c}}}=\frac{3\times10^8}{1850\times10^6}\approx0.162(\mathrm{m})$$

速度

$$v=60\mathrm{km/h}\approx16.67\mathrm{m/s}$$

最大多普勒频移

$$f_{\mathrm{m}}=\frac{v}{\lambda}\approx103\mathrm{Hz}$$

多普勒扩展

$$B_{\mathrm{d}}=f_{\mathrm{m}}=103\mathrm{Hz}$$

2.3.3　小尺度衰落的类型

无线信道的小尺度衰落特征可以分为两大类：一类是由于多径的时延扩展引起时间色散导致的信道衰落，另一类是由于多普勒扩展引起频率色散导致的信道衰落。当发射信号通过无线信道传播时，信号参数和信道时间色散与频率色散参数之间的关系决定了发射信号所经历的小尺度衰落类型。

1. 时间色散小尺度衰落类型

信号通过无线信道传输后，由时间色散引起的衰落变化取决于发送信号的参数与信道的时间色散参数之间的关系。具体地说，取决于均方根时延扩展 σ_τ 相对于信号带宽倒数 T_{s} 的大小。如图 2.34 所示[2]，脉宽为 T_{s} 的脉冲信号经过多径信道发送，接收到的多径分量在时间上大致重叠在一起，这些重叠的信号相互干涉能造成了脉冲的扩展，引入了 ISI。如果

有 $T_s \ll \sigma_\tau$，那么这种重叠带来的脉冲扩展与脉宽相比很小，多径分量不可辨，码间干扰很小；而当 σ_τ 相对于 T_s 不可忽略时，多径分量可分辨，这些多径分量将对相邻脉冲造成干扰，形成较严重的码间干扰。

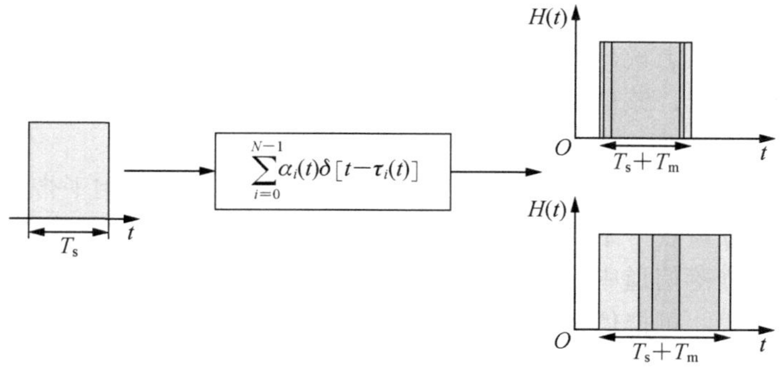

图 2.34　多径的分辨性

因此，我们依据多径效应对信号的影响将小尺度衰落分为两种时间色散类型：平坦衰落和频率选择性衰落。

1) 平坦衰落

如果信道均方根时延扩展相对于发送信号带宽的倒数(如信号符号周期)很小，那么多径信道引入的 ISI 很小，这种信道称为平坦衰落信道。从频域上说，平坦衰落信道的相干带宽远大于发射信号的带宽，发射信号在信道带宽范围内有近似恒定增益及线性相位，则接收信号经历了平坦衰落过程。平坦衰落信道的特性示意图如图 2.35 所示[1]。

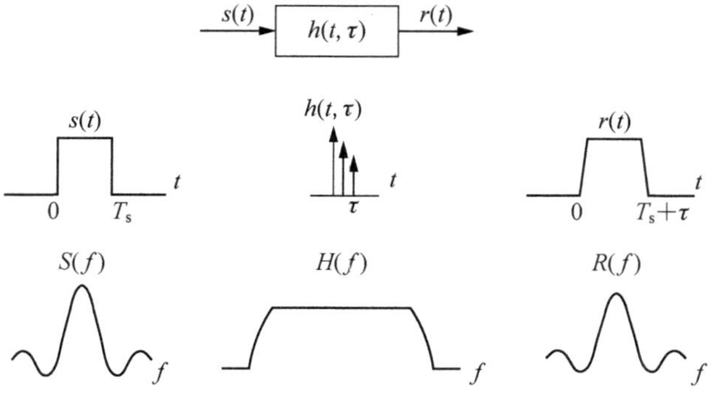

图 2.35　平坦衰落信道的特性示意图

平坦衰落信道又称窄带信道，发送信号的频谱特性经过多径信道后仍能保持近似不变。如果信道增益随时间变化，则接收端信号会发生幅度变化，同时其发送时的频谱特性仍保持近似不变。

在平坦衰落信道中，发送信号带宽的倒数远大于信道的多径时延扩展，信道冲激响应可近似认为是单一时延 τ 的函数，平坦衰落信道即幅度变化信道。典型的平坦衰落信道会引起深度衰落，可达 20～40dB 。平坦衰落信道增益分布对设计无线链路非常重要，在后面我们还要详细论述。

通常平坦衰落信道的判定条件为$T_s \gg \sigma_\tau$，近似估计时取$T_s \geqslant 10\sigma_\tau$。

2) 频率选择性衰落

如果信道不能判定为平坦衰落信道，那么一般都称为频率选择性信道，即当信道的均方根时延扩展接近或超过发送信号带宽的倒数时，多径信道引入的 ISI 明显，信道产生频率选择性衰落。从频域上说，发送信号带宽内信道不具有恒定增益和线性相位，不同频率分量经历了不同的响应，该信道特性会使接收信号产生选择性衰落。频率选择性衰落信道的特性示意图如图 2.36 所示[1]。

频率选择性衰落信道也称宽带信道，发送信号带宽与信道的相干带宽可比拟，由频域可看出，不同频率分量获得不同增益时，信道就会产生频率选择性衰落。

在频率选择性衰落信道中，信道冲激响应具有多个可辨的多径分量，信号分析中必须对每个多径信号建模，可把信道视作一个线性滤波器。

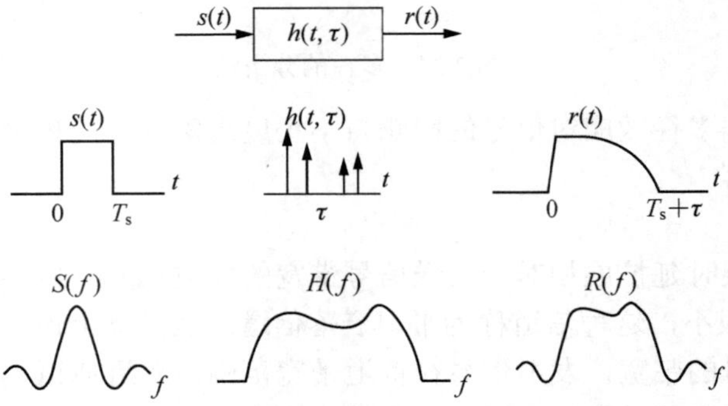

图 2.36　频率选择性衰落信道的特性示意图

通常频率选择性衰落信道的判定条件为T_s接近或小于σ_τ，近似估计时取$T_s < 10\sigma_\tau$。

例 2.15　针对例 2.13 所述信道，若发射信号采用二进制调制，分析其不需要均衡器的最大码速率。

解：由例 2.13 的结果有$\bar{\tau} = 0.33\mu s$，$\sigma_\tau = 0.47\mu s$。平坦衰落信道中，由于码间干扰的影响很小可忽略，因而不需要均衡器。平坦衰落信道的条件：

$$T_s \geqslant 10\sigma_\tau = 4.7\mu s$$

最大码速率

$$R_b = \frac{1}{T_s} \approx 213 \text{Kbit/s}$$

例 2.16　测量得到无线信道有四条路径，试估计信道的时间色散参数。已知 GSM 系统中信号带宽为 200kHz，是否需要均衡器？

(1) $\tau_0 = 0\mu s$，$P_r(\tau_0) = 0\text{dBm}$。

(2) $\tau_1 = 1\mu s$，$P_r(\tau_1) = -10\text{dBm}$。

(3) $\tau_2 = 2\mu s$，$P_r(\tau_2) = -20\text{dBm}$。

(4) $\tau_3 = 5\mu s$，$P_r(\tau_3) = -15\text{dBm}$。

解：由题意有

0dBm ⇒ 1mW，−10dBm ⇒ 0.1mW，−20dBm ⇒ 0.01mW，−15dBm ⇒ 0.0316mW

平均时延扩展

$$\bar{\tau}=\frac{\sum_k \tau_k \phi_h(\tau_k)}{\sum_k \phi_h(\tau_k)}\approx 0.24\mu s$$

均方根时延扩展

$$\sigma_\tau=\sqrt{\frac{\sum_k {\tau_k}^2 \phi_h(\tau_k)}{\sum_k \phi_h(\tau_k)}-\bar{\tau}^2}\approx 0.87\mu s$$

GSM 系统中信号带宽为 200kHz，信号带宽倒数 $T_s=5\mu s<10\sigma_\tau\approx 8.7\mu s$，因此信道为频率选择性信道，要加均衡器。

例 2.17 实测得到无线信道冲激响应如下式所示(其中 τ 的单位为μs)，已知发送信号带宽为 5kHz，分析时间色散小尺度衰落类型。

$$h(\tau,0)=0.6\delta(\tau)+0.3\delta(\tau-0.2)+0.1\delta(\tau-0.4)$$

解： $\bar{\tau}=\dfrac{0+0.3^2\times 0.2+0.1^2\times 0.4}{0.6^2+0.3^2+0.1^2}\approx 0.048(\mu s)$

$$\sigma_\tau=\sqrt{\overline{\tau^2}-(\bar{\tau})^2}\approx 0.095\mu s$$

信号带宽倒数 $T_s=200\mu s>10\sigma_\tau\approx 0.95\mu s$，因此信道为平坦衰落信道。

2. 频率色散小尺度衰落类型

无线信道引入新的频率成分，扩展了发射信号频谱，这种现象称为频率色散，主要反映的是信道变化的快慢程度。根据发送信号速率与信道变化快慢程度的比较，信道可分为慢衰落信道和快衰落信道。我们常用相干时间和多普勒扩展来描述小尺度信道的时变快慢特性。

1) 慢衰落

在慢衰落信道中，信道变化速率相对于发送信号速率要慢得多，多普勒扩展引起的频率色散不明显。慢衰落信道中，信道冲激响应在符号周期内变化很小，频域上信道的多普勒扩展比基带信号带宽小得多，信号失真很小。

在慢衰落信道中，信道冲激响应变化率比发送的基带信号变化率低得多，因此可假设在一个或若干个信号带宽倒数间隔内，信道均为静态信道。

就频率色散参数而言，慢衰落信道中，发送信号带宽的倒数远小于信道的相干时间，因此有信号经历慢衰落的条件是

$$T_s \ll T_c \tag{2.91}$$

$$B_s \gg B_d \tag{2.92}$$

式中，T_s 是发送信号带宽的倒数；B_s 是发送信号带宽。

2) 快衰落

在快衰落信道中，信道冲激响应在符号周期内变化明显，多普勒扩展引起的频率色散

明显，频域上发送信号带宽的多普勒扩展明显，从而导致信号失真加剧。

就频率色散参数而言，快衰落信道中，信道的相干时间与发送信号的信号周期可比拟。实际上，快衰落仅发生在数据率非常低的情况下。

显然，移动台的速度(或信道路径中物体的速度)及基带信号发送速率，决定了信号是经历快衰落还是慢衰落。应该强调的是，快慢衰落涉及的是信道的时间变化率与发送信号时间变化率之间的关系，而不是传播路径损耗模型。

综上所述，当信号通过无线信道传播时，其衰落类型决定于发送信号特性及信道特性。信号参数(如带宽、符号间隔等)与信道参数(如均方根时延扩展、多普勒扩展)决定了不同的发送信号将经历不同类型的衰落。无线信道中的时间色散与频率色散可能产生四种衰落类型，图 2.37 为四种衰落的相互关系示意图。

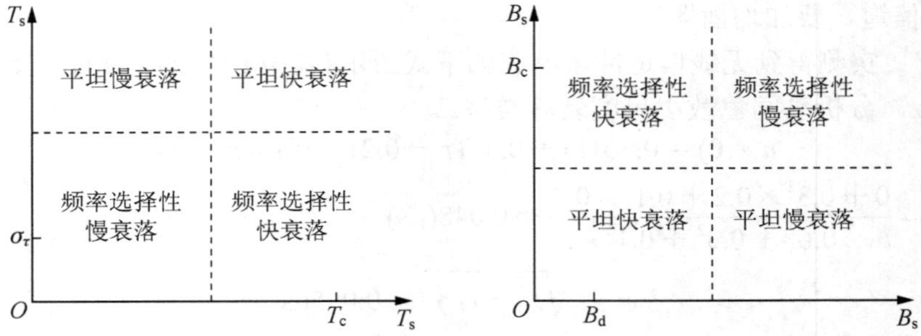

图 2.37　四种衰落的相互关系示意图

例 2.18　若移动台速率为 60km/h，载频为 900MHz，计算信道相干时间与多普勒扩展。基带码速率至少为多少才可以不考虑运动引起的失真？

解：波长

$$\lambda=\frac{c}{f_c}=\frac{3\times10^8}{900\times10^6}\approx0.33(\text{m})$$

速度

$$v=60\text{km/h}\approx16.67\text{m/s}$$

多普勒扩展

$$B_d=\frac{v}{\lambda}\approx50.5\text{Hz}$$

信道相干时间

$$T_c=\frac{1}{B_d}\approx0.0198\text{s}$$

不需要考虑运动失真即信道为慢衰落信道，发送信号带宽应远大于多普勒扩展，也就是说基带码速率应远大于多普勒扩展($R_b\gg50.5\text{bit/s}$)。

2.3.4　多径衰落信道的统计特性

多径传播对接收信号的影响取决于多径的时延扩展相对于信号带宽倒数的大小，本节我们着重讨论信号经过平坦衰落信道后的统计特性。

接收信号的基带等效表示为

$$r(t)=\sum_{n=1}^{N}\alpha_n(t)x[t-\tau_n(t)]\ \mathrm{e}^{-\mathrm{j}\phi_n(t)} \tag{2.93}$$

就平坦衰落信道而言，多径时延扩展相对于信号带宽倒数很小，一般多径分量相对信号而言是不可分辨的，近似有 $x[t-\tau_n(t)]\approx x(t-\overline{\tau})$，接收信号表达式简化为

$$r(t)=\left\{\sum_{n=1}^{N}\alpha_n(t)\mathrm{e}^{-\mathrm{j}\phi_n(t)}\right\}x(t-\overline{\tau}) \tag{2.94}$$

由式(2.94)可见，接收信号受信道的影响主要体现在括号中的复系数，定义 $z(t)$：

$$z(t)=\sum_{n=1}^{N}\alpha_n(t)\mathrm{e}^{-\mathrm{j}\phi_n(t)}=z_I(t)-\mathrm{j}z_Q(t) \tag{2.95}$$

则接收信号表达式简化为

$$r(t)=z(t)x(t-\overline{\tau}) \tag{2.96}$$

对于 $z(t)$，对比式(2.95)，同相分量和正交分量的表达式为

$$z_I(t)=\sum_{n=1}^{N}\alpha_n(t)\cos\phi_n(t) \tag{2.97}$$

$$z_Q(t)=\sum_{n=1}^{N}\alpha_n(t)\sin\phi_n(t) \tag{2.98}$$

式中，$\phi_n(t)$ 受多径时延、多普勒效应及发送初始相位 ϕ_0 共同影响：

$$\phi_n(t)=2\pi f_c\tau_n(t)-\phi_{Dn}(t)-\phi_0 \tag{2.99}$$

对于 $z(t)$ 还可以进一步分析其包络 $\alpha(t)$ 和相位 $\theta(t)$，即

$$\alpha(t)=\sqrt{z_I^2(t)+z_Q^2(t)} \tag{2.100}$$

$$\theta(t)=\arctan\left[z_Q(t)/z_I(t)\right] \tag{2.101}$$

多径信道对信号的影响是多径分量叠加的结果，这些多径分量之间的相互关系对接收信号的统计特性有直接的影响。

1. 包络和相位分布

1) 瑞利衰落

假设多径传播信道中没有直射路径，所有路径能量相对而言是近似的，且在我们关注的时间范围内变化足够慢。由于各条路径相互独立，我们假设各路径的 $\alpha_n(t)$ 是服从同一分布的随机变量，且彼此相互独立。接收机接收到的信号可能来自任何方向，我们假设各路径的相位 $\phi_n(t)$ 相互独立，且均匀分布在 $[-\pi,\pi]$ 上。当 N 足够大时，根据中心极限定理，独立同分布随机变量之和近似高斯分布，因此接收信号是一个高斯过程。

由于 $\alpha_n(t)$ 取决于大尺度路径损耗和阴影衰落，而 $\phi_n(t)$ 取决于多径时延和多普勒频移，所以一般可假设这两个随机过程是相互独立的。因此有

$$E[z_I(t)]=E\left[\sum_{n=1}^{N}\alpha_n(t)\cos\phi_n(t)\right]=\sum_{n=1}^{N}E[\alpha_n(t)]\ E[\cos\phi_n(t)]=0 \tag{2.102}$$

$$E\left[z_Q(t)\right]=E\left[\sum_{n=1}^{N}\alpha_n(t)\sin\phi_n(t)\right]=\sum_{n=1}^{N}E[\alpha_n(t)]\ E[\sin\phi_n(t)]=0 \tag{2.103}$$

进而，对于接收信号复系数同样有$E[z(t)]=0$，因此，$z(t)$，$z_I(t)$，$z_Q(t)$是零均值高斯过程。

由随机过程相关理论可知，设X，Y是任意两个独立同分布的零均值方差为σ^2的高斯随机变量，则$r=\sqrt{X^2+Y^2}$服从瑞利分布，r^2服从指数分布。前面已经指出，$z_I(t)$和$z_Q(t)$是独立同分布的零均值高斯随机变量，假定同相分量和正交分量的方差均为σ^2，则$z(t)$的包络$\alpha(t)$服从瑞利分布，其概率密度函数为

$$p_\alpha(\alpha)=\begin{cases}\dfrac{\alpha}{\sigma^2}\exp\left[-\dfrac{\alpha^2}{2\sigma^2}\right], & \alpha\geqslant 0\\ 0, & \alpha<0\end{cases} \tag{2.104}$$

容易证明，包络的均值$E[\alpha]=\sigma\sqrt{\pi/2}$，均方值$E\left[\alpha^2\right]=2\sigma^2$。瑞利分布概率密度函数如图 2.38 所示。

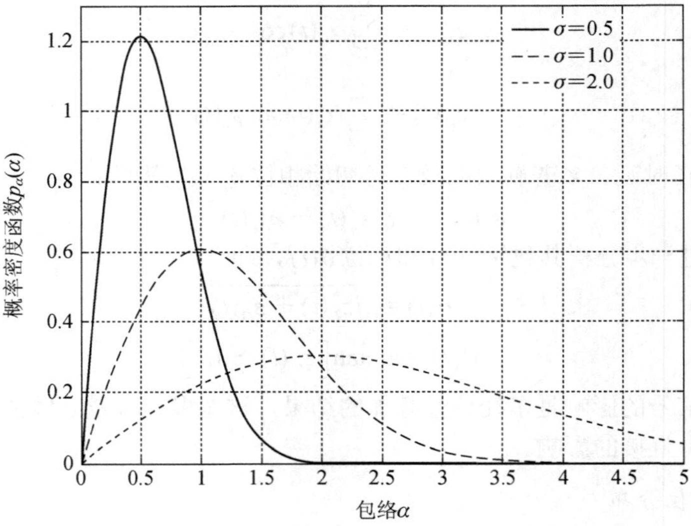

图 2.38　瑞利分布概率密度函数

不超过某特定值R的接收信号包络的概率由相应的累积分布函数给出

$$P(\alpha\leqslant R)=\int_0^R p_\alpha(\alpha)\mathrm{d}\alpha=1-\exp\left(-\frac{R^2}{2\sigma^2}\right) \tag{2.105}$$

考虑$z(t)$的相位$\theta(t)$，当$z_I(t)$和$z_Q(t)$是不相关的高斯随机变量时，可证明$\theta(t)$为均匀分布，且与包络$\alpha(t)$独立。

$$f(\theta)=\begin{cases}\dfrac{1}{2\pi}, & 0\leqslant\theta\leqslant 2\pi\\ 0, & 其他\end{cases} \tag{2.106}$$

因此，在瑞利衰落信道中，接收信号的包络为瑞利分布，相位变化为均匀分布，且包络与相位相互独立。图 2.39 显示了载频为 900MHz 时的典型瑞利衰落包络的例子[1]。

例 2.19　在平坦瑞利衰落信道下接收机的平均接收功率为 20dBm，求接收信号功率不大于 10dBm 的概率。

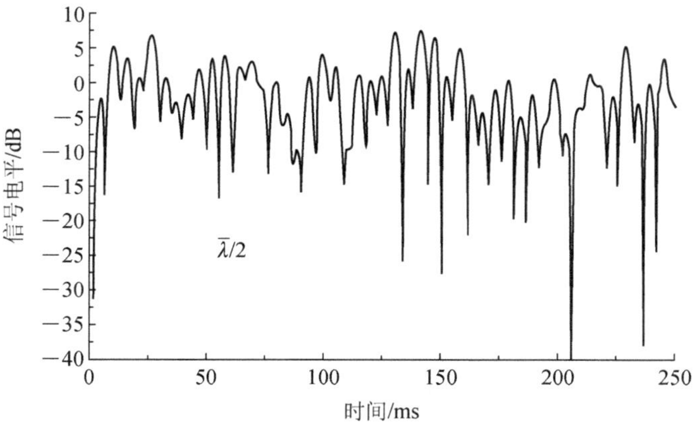

图 2.39　载频为 900MHz 时的典型瑞利衰落包络的例子

解：在没有特别声明的情况下，一般考虑小尺度多径衰落时，我们暂时忽略大尺度路径损耗的影响。设发射信号为独立随机过程，与信道不相关。

接收信号

$$r(t)=z(t)x(t-\bar{\tau})=\alpha(t)\mathrm{e}^{-\mathrm{j}\theta(t)}x(t-\bar{\tau})$$

平均接收信号功率

$$P_{\mathrm{r}}=E\left[\left|r(t)\right|^2\right]=E\left[\left|\alpha(t)\mathrm{e}^{-\mathrm{j}\theta(t)}x(t-\bar{\tau})\right|^2\right]$$

瑞利衰落信道中 $\theta(t)$、$\alpha(t)$、发射信号之间相互独立，因而有

$$\begin{aligned}P_{\mathrm{r}}&=E\left[\left|\alpha(t)\right|^2\left|\mathrm{e}^{-\mathrm{j}\theta(t)}\right|^2\left|x(t-\bar{\tau})\right|^2\right]\\&=E\left[\alpha(t)^2\right]E\left[\left|x(t-\bar{\tau})\right|^2\right]\\&=2\sigma_z^2P_{\mathrm{t}}\end{aligned}$$

已知平均接收功率为 20dBm，代入上式，可得

$$P_{\mathrm{t}}=\frac{50}{\sigma_z^2}\ \mathrm{mW}$$

瞬时接收信号功率

$$P_{\mathrm{r}}(t)=\left|r(t)\right|^2=\left|\alpha(t)\right|^2P_{\mathrm{t}}$$

接收信号功率不大于 10dBm 的概率，即 $P\left[P_{\mathrm{r}}(t)\leqslant 10^{\frac{10}{10}}\right]$，代入已得参数：

$$P[P_{\mathrm{r}}(t)<10]=P\left[\alpha(t)^2P_{\mathrm{t}}<10\right]=P[\alpha(t)<0.447\sigma_z]$$

不超过某特定值的概率由相应的累积分布函数给出，由式(2.108)有

$$P[P_r(t)<10]=P[\alpha(t)<0.447\sigma_z]=1-\exp\left[-\frac{(0.447\sigma_z)^2}{2\sigma_z^2}\right]\approx 0.095$$

即接收信号功率不大于 10dBm 的概率约为 9.5%。

2) 莱斯衰落

当存在一个主要的稳定信号分量时，如视距传播情况下，从不同角度随机到达的多径分量叠加在稳定的主要信号上，即主要信号到达时附有许多弱多径信号。如果存在一条视距路径，则接收信号可以表示为

$$\begin{aligned} r(t)&=\left\{\sum_{n=1}^{N}\alpha_n(t)\mathrm{e}^{-\mathrm{j}\phi_n(t)}+\Gamma(t)\right\}x(t-\overline{\tau}) \\ &=z(t)x(t-\overline{\tau}) \end{aligned} \tag{2.107}$$

式中，$\Gamma(t)$ 为视距分量。显见，$z_I(t)$ 和 $z_Q(t)$ 的均值不再是零，此时的接收信号是直射分量和高斯分量的叠加，其包络服从式(2.108)给出的莱斯分布

$$p_\alpha(\alpha)=\frac{\alpha}{\sigma_z^2}\exp\left(-\frac{\alpha^2+\alpha_0^2}{2\sigma_z^2}\right)I_0\left(\frac{\alpha\alpha_0}{\sigma_z^2}\right),\quad \alpha\geqslant 0 \tag{2.108}$$

式中，$I_0(x)=\frac{1}{2\pi}\int_0^{2\pi}\exp(x\cos\theta)\,\mathrm{d}\theta$，是修正的零阶贝塞尔函数。参数 α_0 指主信号幅度的峰值。莱斯分布常用参数莱斯因子 K 来描述，K 定义为稳定信号的功率与多径分量方差之比，表示为

$$K\triangleq\frac{\text{稳定分量的功率}}{\text{所有其他散射分量的总功率}}=\frac{\alpha_0^2}{2\sigma^2} \tag{2.109}$$

由莱斯分布的定义显见，当主要分量减弱后，莱斯分布就转变为瑞利分布，即 $K\to 0$ 时信道趋近于瑞利衰落，$K\to\infty$ 时只有主导分量起作用，信道不存在多径分量，无线信道趋于 AWGN 信道。因此，莱斯因子反映了信道衰落的严重程度，K 越小表示衰落越严重，K 越大表示衰落越轻。图 2.40 显示了随着 K 值变化莱斯分布概率密度函数的变化。

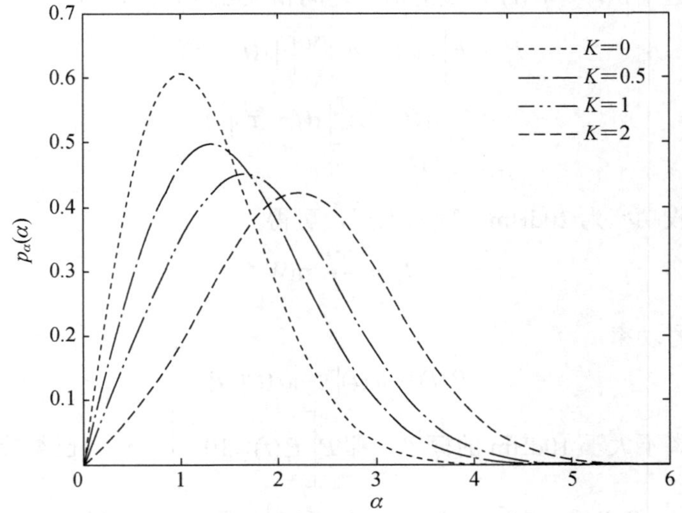

图 2.40　随着 K 值变化莱斯分布概率密度函数的变化

2. 电平通过率与平均衰落持续时间

衰落信道的包络和相位的分布函数告诉我们幅度和相位在各个时刻的特性，但是没有说明它们随时间是如何变化的。在设计高效的调制和信道编码方法以克服信道衰落时，我们不仅需要知道包络和相位的概率分布函数，同时了解信道衰落随时间的变化快慢也是很重要的。电平通过率(LCR)与平均衰落持续时间(AFD)是描述衰落频率的两个统计量，与多普勒频移密切相关。接下来主要讨论平坦瑞利衰落信道的 LCR 和 AFD。

1) LCR

LCR 是指信号包络在单位时间内以正斜率通过某规定电平 R 的次数的均值。

作为一个例子，图 2.41 说明了信道的包络电平的变化情况。R 为选定的门限值，如果观察的时间间隔为$[0,T]$，以正斜率穿过该门限值的总次数为 5，那么在该观察区间内每秒钟正斜率通过门限值的均值为$5/T$。

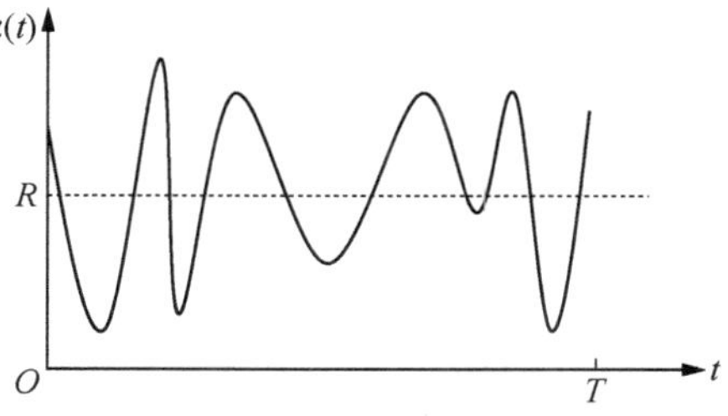

图 2.41　衰落信道的包络电平的变化示例

对于一个各态历经随机过程而言，当时间间隔趋于无穷时，统计平均与时间平均是相同的。数学上，在电平 R 处的 LCR 表示为N_R，为包络电平在给定门限 R 处变化的正时间速率的数学期望。莱斯衰落的 LCR[2][10]为

$$N_R = \sqrt{2\pi(K+1)} f_m \rho \exp\left[-K-(K+1)\rho^2\right] I_0\left[2\rho\sqrt{K(K+1)}\right] \tag{2.110}$$

式中，$\rho = R/\sqrt{\bar{P}_r}$，$\bar{P}_r$ 为平均接收功率。对于瑞利衰落（$K=0$），LCR 简化为

$$N_R = \sqrt{2\pi} f_m \rho e^{-\rho^2} \tag{2.111}$$

式(2.111)可看成两项的乘积。第一项$\sqrt{2\pi} f_m$与最大多普勒频移成正比。$f_m = v/\lambda = v f_c/c$，因此可见 LCR 正比于用户的移动速率 v 和载波频率 f_c。第二项$\rho e^{-\rho^2}$中，$\rho = R/\sqrt{2}\sigma$，为规定电平与幅度衰落均方根值之比，即归一化门限值。图 2.42 画出了该项随归一化门限值 ρ 的变化情况。可以观察到，LCR 存在最大值，由式(2.111)对 ρ 求导并令其为 0，可得最大值出现在$\rho^2 = 0.5$处。

2) AFD

AFD 是指信号包络值低于给定的目标电平 R 的平均时间。

瑞利衰落环境下的 AFD[2][3]为

$$\bar{t}_R = \frac{\exp(\rho^2)-1}{\sqrt{2\pi} f_m \rho} \tag{2.112}$$

式(2.112)可看成两项的乘积：第一项$1/\sqrt{2\pi} f_m$，表明 AFD 与移动速率和载波频率成反比；第二项$\left[\exp(\rho^2)-1\right]/\rho$取决于归一化门限值，图 2.43 为该项随归一化门限值 ρ 的变化情况，单位为 dB。随着门限值 ρ 远大于均方根值，包络电平上穿门限的几率将大大下降，AFD 的值会急剧增大。

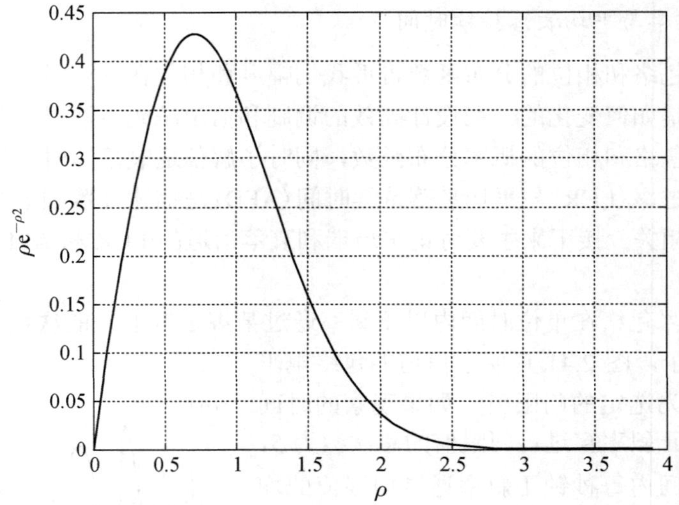

图 2.42　$\rho e^{-\rho^2}$ 随归一化门限值 ρ 的变化情况

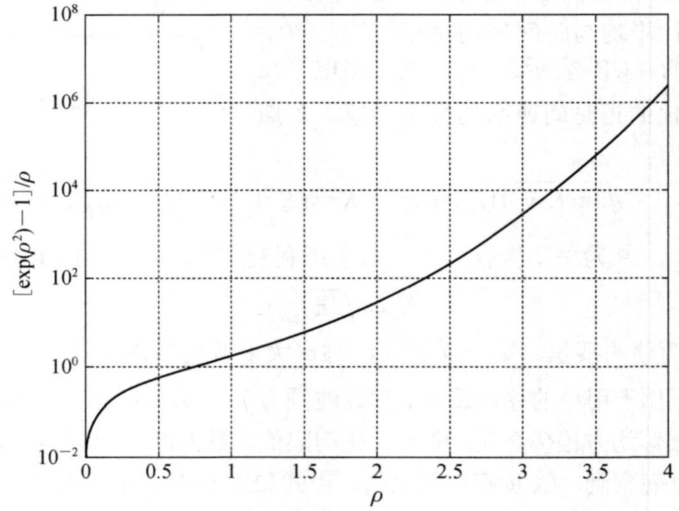

图 2.43　$\left[\exp(\rho^2)-1\right]/\rho$ 随归一化门限值 ρ 的变化情况

一般根据特定的性能指标(如误比特率)所需要的接收功率或幅度来确定门限电平值，如果信号幅度或功率低于门限值，就称系统处于中断状态。因而平均衰落持续时间对于通信的中断率有较大的影响，同时还可以反映出受深衰落影响的比特或符号个数。

将 LCR、AFD 与衰落期间的接收信噪比、瞬时误比特率(BER)联系起来，可以对移动通信系统中接收机性能进行粗略评价，这对于设计信道的差错控制方案具有重要的指导意义。

例 2.20　在一个移动蜂窝系统中，载波频率 $f_c = 900\text{MHz}$，移动台的运动速度为 20km/h，计算归一化门限电平 $\rho = 0.3$ 时的 LCR 和 AFD。

解：波长

$$\lambda=\frac{c}{f_c}=\frac{3\times10^8}{900\times10^6}\approx0.33(\text{m})$$

速度

$$v=20\text{km/h}\approx5.56\text{m/s}$$

最大多普勒频移

$$f_m=\frac{v}{\lambda}\approx16.67\text{Hz}$$

因而，LCR 为

$$N_R=\sqrt{2\pi}f_m\rho e^{-\rho^2}\approx11.46\text{ 次/s}$$

AFD 为

$$\overline{t_R}=\frac{\exp(\rho^2)-1}{\sqrt{2\pi}f_m\rho}\approx7.5\text{ms}$$

例 2.21　最大多普勒频移为 20Hz，瑞利衰落信道。

(1) 求 $\rho=0.1$、0.5、1 时的 LCR 和 AFD。

(2) 对于速率为 100bit/s 的二进制调制比特流，瑞利衰落为快衰落还是慢衰落？

(3) 在给定 100bit/s 的二进制调制比特流情况下，假设在 $\rho<0.1$ 衰落的任意部分产生 1 个误比特，求误码率。

解：(1) $\rho=0.1$ 时：

$$N_R=\sqrt{2\pi}\times20\times0.1\times e^{-0.01}\approx4.96\text{ (次/s)}$$

$\rho=0.5$ 时：

$$N_R=\sqrt{2\pi}\times20\times0.5\times e^{-0.25}\approx19.52\text{ (次/s)}$$

$\rho=1$ 时：

$$N_R=\sqrt{2\pi}\times20\times e^{-1}\approx18.44\text{ (次/s)}$$

$\rho=0.1$ 时：

$$\overline{t_R}=\frac{\exp(\rho^2)-1}{\sqrt{2\pi}f_m\rho}\approx2.0\text{ms}$$

$\rho=0.5$ 时：

$$\overline{t_R}=\frac{\exp(\rho^2)-1}{\sqrt{2\pi}f_m\rho}\approx11.3\text{ms}$$

$\rho=1$ 时：

$$\overline{t_R}=\frac{\exp(\rho^2)-1}{\sqrt{2\pi}f_m\rho}\approx34.2\text{ms}$$

(2) 多普勒扩展

$$B_d=\frac{v}{\lambda}\approx20\text{Hz}$$

相干时间

$$T_c = \frac{1}{B_d} \approx 50\text{ms}$$

符号周期

$$T_s = 1/100 = 10(\text{ms}) \ll T_c$$

则信道为慢衰落。

(3) 由前面的结果知 $\rho = 0.1$ 时 AFD 为 2.0ms，符号周期为 10ms，如图 2.44 可见 2ms 的衰落间隔内最多可能引发两个误码，至少引发一个误码。

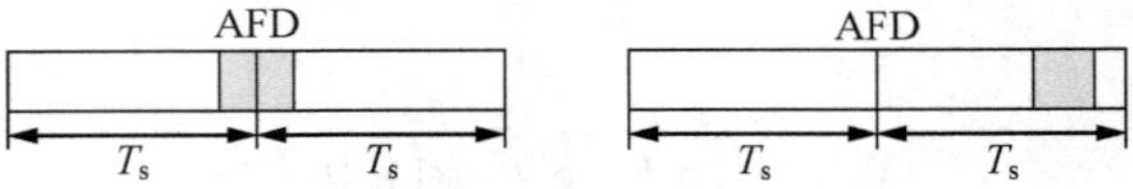

图 2.44　例 2.21 图

$\rho = 0.1$ 时 LCR 为 4.96 次/s，即 1s 内发生 4.96 次衰落。因此，1s 内总的误码数最小为 4.96，最大为 9.92。由于误码率为单位时间内误码数与总码元数之比，已知码元传输速率为 100bit/s，最终得到误码率的估计范围：$4.96 \times 10^{-2} < P_e < 9.92 \times 10^{-2}$。

习　题

2.1　无线通信信号的四种基本传播方式是什么？什么是阴影效应？什么是多普勒效应？多普勒频移与用户运动速度之间的关系是什么？

2.2　什么是大尺度路径损耗？什么是阴影衰落？什么是小尺度多径衰落？

2.3　已知 $P_t = 10\text{W}$，$f_c = 900\text{MHz}$，单位天线增益，求自由空间传播模型中距离为 1km 处的接收功率。

2.4　在自由空间传播模型中，若频率增加 1 倍，路径增加为 10 倍，则路径损耗增加多少？

2.5　在自由空间模型的假定下，如果要求小区边界处的路径损耗不大于 αdB，求小区半径的表达式。

2.6　发射天线高 9m，接收天线高 4m，视距极限传播距离为多少？

2.7　发射天线高 30m，接收天线高 2m，一般情况下，能够应用双线模型的最小距离为多少？

2.8　对于自由空间路径损耗模型，假设载波为 5GHz，单位天线增益，距离分别为 10m 及 100m，求使接收功率达到 0dBm 所需的发射功率。

2.9　分析双线模型在路径损耗估算中的优缺点。下列情况下，双线模型是否可以应用？解释原因。

(1) $h_t = 35\text{m}$，$h_r = 3\text{m}$，$d = 250\text{m}$。

(2) $h_t = 30\text{m}$，$h_r = 1.5\text{m}$，$d = 450\text{m}$。

2.10　比较地面反射模型中公式(2.20)与公式(2.23)的路径损耗差异。假定发射机高度为 40m，接收机高度为 3m，频率为 1800MHz，依据这两个公式分别求距离为 1km、3km、5km 时的路径损耗，并计算第一菲涅尔区距离。

2.11　设两径模型中发射天线高 10m，接收天线高 2m，收发间距离为 1km，求两径信号的时间差。

2.12　请导出两径模型在第一菲涅尔区距离之内，接收信号为零的最大 TR 距离。

2.13　研究刃形模型中绕射增益与频率的关系。参见例 2.4，$d_1 = 1\text{km}$，$d_2 = 2\text{km}$，$h = 15\text{m}$，当频率分别为 900MHz 和 1800MHz 时刃形引起的绕射增益。

2.14　载频为 900MHz，发射机的发射功率为 10W，发射天线增益为 15dB。接收机的天线增益为 3dB，信号范围内的接收机噪声功率为-140dBm，$\kappa=4$，$\sigma_\varepsilon=8$dB，$d_0=1$km，参考点处的接收功率依据自由空间传播模型估计。求信噪比为 20dB 时的 TR 最大距离。

2.15　假设载频为 900MHz，发射天线高 40m，接收天线高 2m，收发间距离 10km，请分别计算大城市、小城市、郊区和开阔地下哈塔模型的路径损耗中值，并定性说明这些路径损耗的差别。

2.16　在室内衰减模型下，假设载频为 900MHz，发送信号传播了 100m，途中经过了衰减分别为 15dB、10dB 和 6dB 的三个地板层，还经过了两个双层石膏墙板(表 2.3)。此外假设参考距离为 1m，路径损耗指数为 4，若接收功率是-110dBm，求所需的发射功率。

2.17　某 900MHz 的蜂窝系统可接受话音质量要求的信噪比是 15dB，基站的发射功率是 5W，基站发射天线增益是 3dB，移动台天线无增益，移动台在感兴趣的带宽范围内接收到的噪声功率是-140dBm，$\kappa=3.5$，$\sigma_\varepsilon=6$dB，$d_0=100$m。若要求小区边界上话音质量可接受的概率高于 90%，求最大的小区半径。

2.18　某微蜂窝系统的路径损耗参数为$\kappa=3$，$\sigma_\varepsilon=8.2$dB，$d_0=1$m，若小区半径为 100m，发射功率为 20mW，载频为 900MHz，要求的最小接收功率为-90dBm，求小区的覆盖率。

2.19　在离发射机 100m、200m、1km、2km 处分别测量接收功率，得到的值分别为 0dBm、-25dBm、-35dBm、-48dBm，$d_0=100$m。

(1) 求路径损耗指数的最小均方估计。

(2) 计算阴影造成的标准方差。

(3) 预测 2km 处接收功率大于-45dBm 的概率，用 Q 函数表示。

2.20　路径损耗符合对数正态分布模型，路径损耗因子为 4，阴影衰落的标准方差为 4。经测量，近场区参考距离 $d_0=1$km 处的接收信号功率为-40dBm。载频为 1800MHz，数据传输率 R_b 为 30kbit/s，系统噪声系数 $NF=3$dB。求保证 95%的时间 E_b/N_0 为 20dB 的 TR 最大距离。接收机灵敏度计算公式为

$$P_{r(\text{dBm})}=-174\text{dBm}+10\log_{10}(R_b)(\text{dB})+E_b/N_0(\text{dB})+NF(\text{dB})$$

2.21　由于无线信道的输出信号是输入信号经多条路径到达接收机的信号总和，因此可被看作线性滤波器。这种说法是否正确？

2.22　接收机位置不同，多径信号的情况不同，因此其冲激响应模型是位置的函数。同时位置又是时间的函数，因此，冲激响应模型是时变的。这种说法是否正确？

2.23　一个无线信道的均方根时延扩展为 1s，多普勒扩展为 0.02Hz，可用于信号传输的信道宽度为 5Hz，为减少符号间干扰的影响，信号设计者选择符号持续时间为 10s。

(1) 确定相干带宽和相干时间。

(2) 该信道是否具有频率选择性衰落？解释原因。

(3) 该信道是否表现为慢衰落？解释原因。

2.24　在载波频率为 2000MHz 的蜂窝系统中，假定用户在一辆以 60km/h 的速度运动的汽车内，且信道表现为平坦瑞利衰落，求归一化电平为-3dB 时的 LCR 和 AFD。

2.25　多普勒频移为 50Hz。

(1) 求$\rho=0.1$ 时平坦瑞利衰落的电平通过率和平均衰落时间。

(2) 对于速率为 20bit/s 的二进制调制比特流，瑞利衰落为快衰落还是慢衰落？

(3) 在给定 400bit/s 速率的情况下，假设在 $\rho<0.1$ 衰落的任意部分产生 1 个误比特，求每秒误比特的平均数目。

第 3 章　无线通信中的数字调制

在无线通信中，调制的最终目的是在无线信道中以尽可能好的质量占用尽可能少的带宽来传输信号。数字调制比模拟调制有许多优点，如更强的抗干扰和抗噪声能力，便于进行差错控制，易于复用各种不同形式的信息，更好的安全保密性能，支持复杂的信号条件和处理技术等。因此，现代无线通信系统多使用数字调制技术。

本章主要介绍适合无线通信的调制解调技术，将着重于描述几种典型的无线通信调制方案，以及调制信号在存在衰落和高斯白噪声的信道下的性能。

3.1　数字调制概述

数字通信系统主要包括信源编码、信道编码、基带调制、载波调制、信道、解调、信道译码、信源译码等几个部分，如图 3.1 所示。数字调制与解调的目的是通过信道传送比特形式的信息。信息比特可能直接来自数字信源，也可能是模拟信源通过 A/D 转换器的输出，完成编码、压缩等功能后进行调制。数字调制将信息比特映射为模拟波形后通过信道传输，而解调则是根据信道输出的信号还原发送的比特序列。

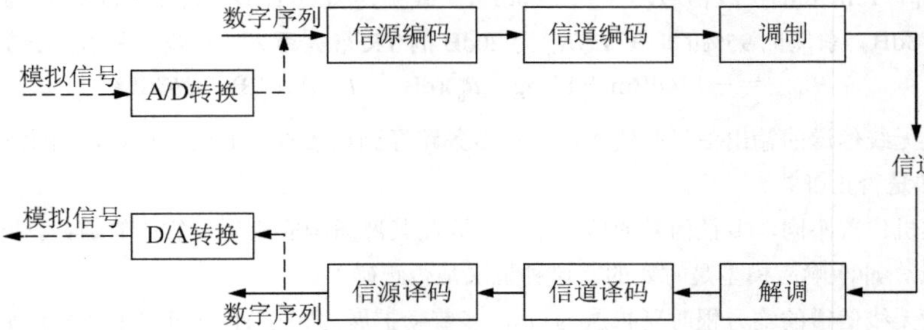

图 3.1　数字通信系统组成

无线通信中合理地进行信号设计与接收机优化有助于克服信道损伤的影响。调制是信号设计的主要部分，解调是最优接收机中前端处理的主要部分。因此，我们将注意力集中在用于无线通信系统中的调制和解调技术。

对于无线通信而言，由于信道中衰落、多径效应等信号损伤因素的存在，设计一个适合无线信道传输的调制方案是一项具有挑战性的工作。无线通信中评价一种调制方案适用性的常用标准主要有以下几种。

(1) 误比特率低。在给定发射功率和信道条件下，具有较低的传输误码率，这是由信道衰落、多普勒频移、干扰、噪声等因素共同决定的。

(2) 调制信号占用带宽小。信号获得高的无线频谱利用率和低的邻信道干扰。一般是具有较窄主瓣，又具有很好的滚降特性的调制技术。

(3) 调制信号功率波动小。便携用户和移动用户一般使用非线性功率放大器来减少电池的损耗。信号是恒包络调制或包络波动小，利用高效非线性放大器时不会将太多的非线性失真引入信号中。

(4) 对抗多径和衰落性能良好。实际中的调制方案往往不能同时满足以上所有的要求，有的误比特率性能好，有的带宽利用率高。对于不同应用的要求，需要在选择数字调制方案时进行折中。调制方案的性能常用它的功率效率和带宽效率来衡量。

功率效率描述了在给定功率情况下一种调制技术保持数字信息信号正确传送的能力。在数字通信系统中，为提供抗噪声性能，有必要提高信号的功率。然而，为得到可接受的误比特率所需要提高信号功率的数值，取决于使用的调制方法。一种数字调制方案的功率效率通常表示为在接收机输出端特定误码率下，每比特信号能量与噪声功率谱密度的比值，即

$$\eta_{\mathrm{p}}=\frac{E_{\mathrm{b}}}{N_0} \tag{3.1}$$

带宽效率描述了调制方案在有限的带宽内容纳数据的能力。一般说来，提高数据率意味着减少每个数字符号的脉冲宽度。这样，数据率和占用带宽之间就有不可避免的联系。带宽效率反映了对分配的带宽是如何有效利用的，它定义为单位频带内在单位时间内所传送的信息量，单位为(bit/s)/Hz，即

$$\eta_B=\frac{R}{B} \tag{3.2}$$

3.2　带通调制信号表示

数字调制的基本原理是用载波信号携带信息比特流在信道中传输，在接收端解调器从接收到的信号中提取出这些信息比特流。信道对发送信号的损伤可能会导致解调出现比特错误。调制的目标就是以最小的数据损伤概率实现高速传输数据。

3.2.1　时间域表示

数字调制信号有振幅键控(ASK)、频移键控(FSK)和相移键控(PSK)三种基本信号形式。一般来说带通调制信号可以表示为

$$s(t)=\alpha(t)\cos[2\pi f_c t+\phi(t)+\phi_0] \tag{3.3}$$

式中，$\alpha(t)$是调制信号幅度；f_{c} 为载频；ϕ_0 是载波初相，相位和频率调制统一体现为角度调制 $\phi(t)$。将式(3.3)改写为同相分量和正交分量的形式，有

$$\begin{aligned} s(t)&=\alpha(t)\cos[\phi(t)+\phi_0]\cos(2\pi f_c t)-\alpha(t)\sin[\phi(t)+\phi_0]\sin(2\pi f_c t)\\ &=s_I(t)\cos(2\pi f_c t)-s_Q(t)\sin(2\pi f_c t)\end{aligned} \tag{3.4}$$

式中，$s_I(t)$ 为 $s(t)$ 的同相分量；$s_Q(t)$ 为 $s(t)$ 的正交分量，有

$$s_I(t)=\alpha(t)\cos[\phi(t)+\phi_0] \tag{3.5}$$

$$s_Q(t)=\alpha(t)\sin[\phi(t)+\phi_0] \tag{3.6}$$

令 $u(t)=s_I(t)+\mathrm{j}s_Q(t)$，$s(t)$ 的等效基带信号表示为

$$s(t)=\Re\left\{u(t)\mathrm{e}^{\mathrm{j}2\pi f_c t}\right\} \tag{3.7}$$

3.2.2 信号空间表示

对于数字调制信号而言，除了上述信号的时间域表示式外，还可以采用信号空间的表示式。

信号空间表示的基础是基的概念。在数字调制方案中，每个波特所传输的带通信号属于有限能量的波形集，记为$\{s_0(t),s_1(t),s_2(t),\cdots,s_{M-1}(t)\}$，$M$为集合的长度。

我们可以把这 M 个定义在$[0,T)$上的有限能量实信号表示为N个实正交基函数$\{\phi_1(t),\ \phi_2(t),\cdots,\ \phi_{N-1}(t)\}$的线性组合，其中$N$不大于$M$。这些基函数应满足正交性，即

$$\int_0^T \phi_i(t)\phi_j(t)\mathrm{d}t=\begin{cases}1, & i=j\\ 0, & i\neq j\end{cases} \tag{3.8}$$

每个$s_i(t)$都可以用这组基函数表示为

$$s_i(t)=\sum_{j=1}^{N}s_{ij}\phi_j(t),\ 0\leqslant t<T \tag{3.9}$$

式中

$$s_{ij}=\int_0^T s_i(t)\phi_j(t)\mathrm{d}t \tag{3.10}$$

数字调制信号的基函数由正弦函数和余弦函数组成，定义为

$$\phi_1(t)=\sqrt{\frac{2}{T}}\cos(2\pi f_c t) \tag{3.11}$$

$$\phi_2(t)=\sqrt{\frac{2}{T}}\sin(2\pi f_c t) \tag{3.12}$$

式中，T是波特信号持续时间，系数$\sqrt{2/T}$用于归一化。根据这一定义，很容易看出其具有如下两个性质：

(1) $\int_0^T \phi_1(t)\phi_2(t)\mathrm{d}t=0$，即在区间$0\leqslant t\leqslant T$内$\phi_1(t)$与$\phi_2(t)$正交。

(2) $\int_0^T \phi_1^2(t)\mathrm{d}t=\int_0^T \phi_2^2(t)\mathrm{d}t=1$，即$\phi_1(t)$与$\phi_2(t)$具有单位能量。

显见对比式(3.8)，满足基函数的正交性。应用这两个基函数，则数字调制信号的基函数表示式为

$$\begin{aligned}s_i(t)&=s_{i1}\phi_1(t)+s_{i2}\phi_2(t)\\ &=s_{i1}\sqrt{\frac{2}{T}}\cos(2\pi f_c t)+s_{i2}\sqrt{\frac{2}{T}}\sin(2\pi f_c t)\end{aligned} \tag{3.13}$$

需要注意的是，基函数一般会包含一个用以改善发送信号频谱特性的脉冲成形滤波器$g(t)$，详见3.3节所述，式(3.13)可修改为

$$s_i(t)=s_{i1}g(t)\phi_1(t)+s_{i2}g(t)\phi_2(t) \tag{3.14}$$

此时$g(t)$需要满足正交性，即

$$\int_0^T g^2(t)\phi_1(t)a\phi_2(t)\mathrm{d}t = 0 \tag{3.15}$$

$$\int_0^T g^2(t)\phi_1^2(t)\mathrm{d}t = \int_0^T g^2(t)\phi_2^2(t)\mathrm{d}t = 1 \tag{3.16}$$

将表示 $s_i(t)$ 的系数 s_{ij} 写成向量 $\boldsymbol{s}_i = [s_{i1}, s_{i2}, \cdots, s_{iN}]^T$，称其为信号 $s_i(t)$ 的星座点(signal constellation point)，所有星座点 $\{\boldsymbol{s}_1, \boldsymbol{s}_2, \cdots, \boldsymbol{s}_M\}$ 构成信号星座图(signal constellation)。对于给定的基函数 $\{\phi_1(t), \phi_2(t), \cdots, \phi_{N-1}(t)\}$，信号 $s_i(t)$ 与其星座点 $\boldsymbol{s}_i$ 是一一对应的。我们把信号 $s_i(t)$ 用其星座点 $\boldsymbol{s}_i$ 表示，称为信号空间表示，包含星座图的向量空间称为信号空间。

由数字调制信号的基函数定义可知信号空间是二维的，其横纵坐标轴分别对应于 $\phi_1(t)$ 和 $\phi_2(t)$，如图 3.2 所示。其结构清晰地反映了特定的调制形式。星座图上信号间的距离与信号调制波形的差异，和当有随机噪声时接收机区分符号的能力有关。

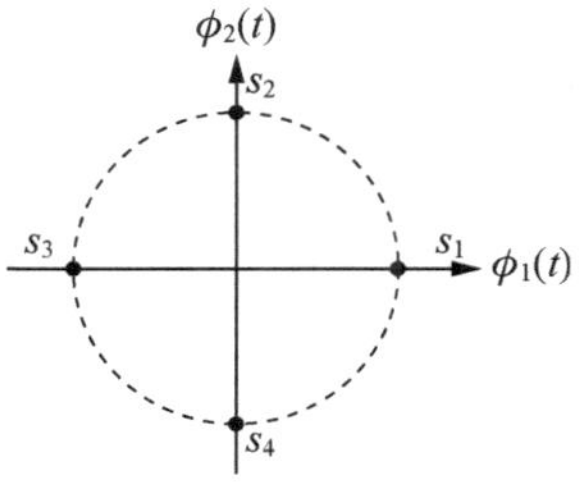

图 3.2　信号空间表示示意图

调制方案的某些性质可以在它的星座图中得到。例如，随着信号点数/维数目的增加，调制信号占用的带宽下降。所以，如果一种调制方案的星座很密集，它的带宽效率就比星座疏散的调制方案要高。然而，需要注意的是，已调信号占用的带宽随星座维数 N 的增大而增加。

比特错误的概率与星座中最靠近的点之间的距离成正比。这意味着星座密集的调制方案比星座疏散的调制方案能量效率要低。

3.3　脉冲成形

从数字基带信号的波形及频谱来看，数字信号的频谱具有无限带宽，而实际传输系统中，任何传输信道的带宽都不可能是无限的。对于无线通信而言，频率资源是非常有限的，传输信号往往被限制在规定的频带宽度内传输。因此适用于无线通信的调制信号往往需要既能够减少调制带宽以抑制带外辐射，又拥有尽可能少的失真的技术。脉冲成形是一种传输函数频谱采用均滑幅度特性的函数，来降低信号旁瓣的技术，这种均滑习惯上称为滚降。

3.3.1　奈奎斯特准则

采用脉冲成形技术时一个需要注意的问题是 ISI。ISI 一般是由于数字基带系统传输频带受限，导致码元波形展宽、畸变，出现拖尾，蔓延到其他码元的抽样时刻上，从而造成干扰，严重时会造成错误判决。例如，数字基带传输系统如图 3.3 所示。

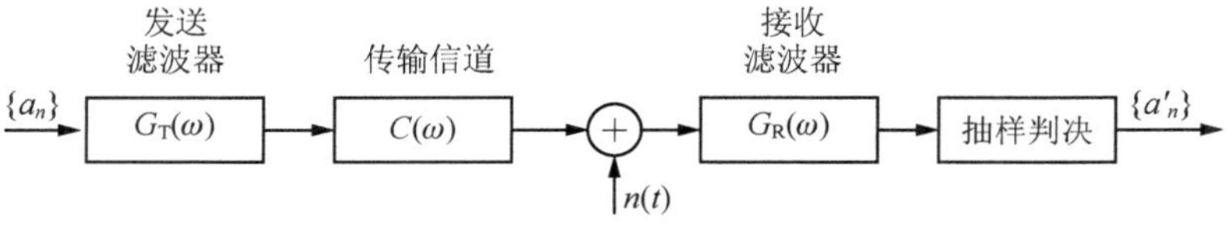

图 3.3　数字基带信号传输系统模型

设 $\{a_n\}$ 为发送滤波器的输入符号序列，对应的基带信号可表示为

$$d(t)=\sum_{n=-\infty}^{\infty} a_n\delta(t-nT_s) \tag{3.17}$$

式中，T_s 为符号周期，当 $d(t)$ 激励发送滤波器(即脉冲成形)时，发送滤波器产生的输出信号为

$$x(t)=d(t)\cdot g(t)=\sum_{n=-\infty}^{+\infty} a_n g(t-nT_s) \tag{3.18}$$

式中，$g(t)$ 是符号的脉冲成形，是发送滤波器的冲激响应，即有

$$g(t)=\frac{1}{2\pi}\int_{-\infty}^{+\infty} G_T(\omega)e^{j\omega t}d\omega \tag{3.19}$$

如图 3.3 基带传输系统的总传输特性为

$$H(\omega)=G_T(\omega)C(\omega)G_R(\omega) \tag{3.20}$$

相应的冲激响应为

$$h(t)=\frac{1}{2\pi}\int_{-\infty}^{\infty} G_T(\omega)C(\omega)G_R(\omega)e^{j\omega t}d\omega \tag{3.21}$$

考虑噪声的影响，接收滤波器输出信号 $y(t)$ 可表示为

$$y(t)=d(t)\cdot h(t)+n_R(t) \tag{3.22}$$

式中，$n_R(t)$ 是加性噪声 $n(t)$ 经过接收滤波器后输出地噪声，将 $d(t)$ 代入，可得

$$y(t)=\sum_{n=-\infty}^{+\infty} a_n h(t-nT_s)+n_R(t) \tag{3.23}$$

$y(t)$ 送入抽样判决电路，在 $t=kT_s+t_0$ 时刻进行抽样判决，其中 t_0 为延时。由于信号经过传输，接收端产生的判决时钟与发送端的码定时钟会有偏差，记其偏差为 t_0。则在 $t=kT_s+t_0$ 时刻

$$\begin{aligned} y(kT_s+t_0)&=\sum_{n=-\infty}^{\infty} a_n h(kT_s+t_0-nT_s)+n_R(kT_s+t_0) \\ &=a_k h(t_0)+\sum_{n\neq k} a_n h[(k-n)T_s+t_0]+n_R(kT_s+t_0) \end{aligned} \tag{3.24}$$

式中，$a_k h(t_0)$ 是第 k 个接收码元波形的抽样值；$\sum_{n\neq k} a_n h[(k-n)T_s+t_0]$ 是除第 k 个码元以外的其他码元波形在第 k 个抽样时刻上的总和，它对当前码元 a_k 的判决起着干扰作用，所以称为码间干扰值，$n_R(kT_s+t_0)$ 是输出噪声在抽样瞬间的值，它是一种随机干扰。显见，实际抽样值 $y(kT_s+t_0)$ 不仅有本码元的值，还有码间干扰值及噪声，因此抽样判决时有可能出现误判。当码间干扰和信道噪声较小时，判决的正确性高，而当码间干扰和信道噪声较大时，误判的概率增加。

若想减小码间干扰，以减小系统传输的误码率，需要对 $h(t)$ 的波形提出要求。若基带传输系统的冲激响应波形 $h(t)$ 仅在本码元的抽样时刻上有最大值，并在其他码元的抽样时刻上均为 0，则可消除码间干扰。即有

$$h(kT_s)=\begin{cases}1, & k=0\\ 0, & k\neq 0\end{cases} \tag{3.25}$$

式(3.25)称为无码间干扰的时域条件。由 $h(t)$ 和 $H(\omega)$ 的傅里叶变换关系，可以得到无

码间干扰的频域条件，即系统传递函数应满足

$$\sum_n H\left(\omega+\frac{2\pi n}{T_s}\right)=T_s,|\omega|\leqslant\frac{\pi}{T_s} \tag{3.26}$$

上述条件称为奈奎斯特第一准则[18]。奈奎斯特第一准则可以理解为把一个基带传输系统的传输特性 $H(\omega)$ 分割成 $2\pi/T_s$ 宽度，各段在 $[-\pi/T_s, \pi/T_s]$ 区间内能叠加成一个矩形频率特性，那么它以 $1/T_s$ 速率传输基带信号时无码间串扰。

满足奈奎斯特第一准则的 $H(\omega)$ 中，最简单的是矩形频谱的脉冲成形方法，即理想低通传输系统特性，其传输函数为

$$H(\omega)=\begin{cases}T_s, & |\omega|\leqslant\pi/T_s\\ 0, & |\omega|>\pi/T_s\end{cases} \tag{3.27}$$

它的冲激响应为

$$h(t)=\frac{\sin(\pi t/T_s)}{\pi t/T_s} \tag{3.28}$$

如图 3.4 所示。由图中可见 $h(t)$ 在 $t=\pm kT_s(k\neq 0)$ 时有周期零点，只要接收端在 $t=kT_s$ 时间点上抽样，就能实现无码间干扰。

理想低通传输系统满足奈奎斯特第一准则，抑制频谱泄漏近乎理想，但其冲激响应具有 $\sin x/x$ 信号的形式。例如，对于 MPSK 调制信号而言，其调制信号的恒包络特性不再满足。相应地，$g(t)$ 取为常数的矩形脉冲是最简单的脉冲成形方法，采用矩形脉冲的 MPSK 信号调制是恒包络的，但显见不满足奈奎斯特第一准则，因此调制信号频谱有较高的旁瓣，能量泄漏严重，会造成对邻近信道的干扰。所以摆在无线通信设计者们面前的是一个需要折中的问题：能减少带宽的满足奈奎斯特准则的脉冲，势必不宜使用高效非线性放大器。

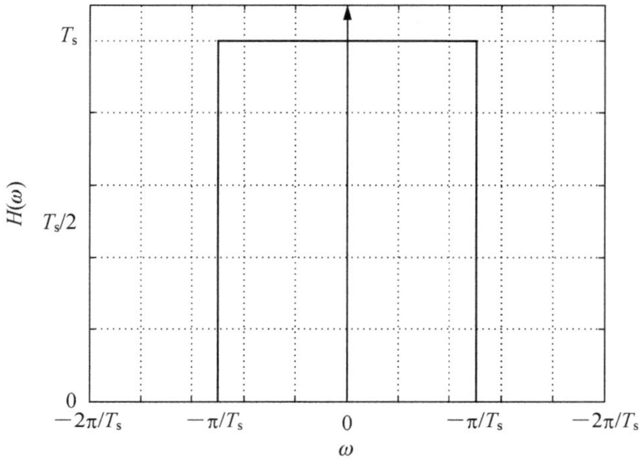

(a)

图 3.4　理想低通传输系统特性

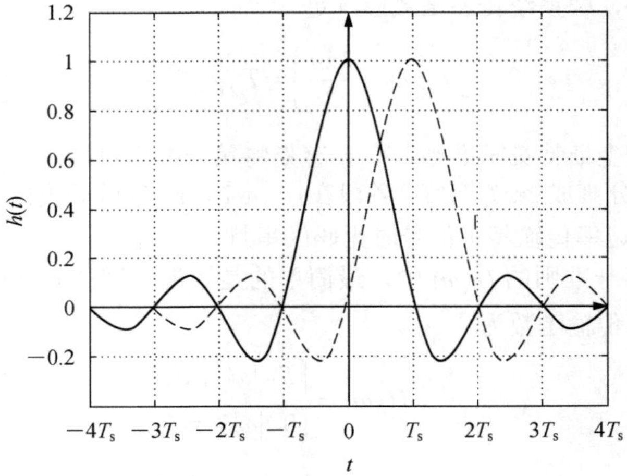

(b)

图 3.4 理想低通传输系统特性(续)

理想低通传输系统在抑制频谱泄漏和无码间干扰方面优势是明显的，但遗憾的是，它的冲激响应 $h(t)$ 衰减震荡幅度较大，如果抽样时刻稍有偏差，就会出现严重的码间干扰，作为传输波形仍然是不适宜的。考虑到实际的传输系统总是可能存在定时误差的，所以对理想低通传输特性的研究只有理论上的指导意义，还需寻找物理可实现的等效理想低通特性。

3.3.2 升余弦滚降滤波器

在无线通信中最普遍的脉冲成形滤波器是升余弦滚降滤波器，它满足奈奎斯特第一准则，其传输函数 $H(\omega)$ 在滚降段中心频率处呈奇对称的振幅特性，按余弦函数对理想低通频谱函数的幅度进行滚降处理，因此称为升余弦滚降频谱。传输函数 $H(\omega)$ 可以表示为

$$H(\omega)=\begin{cases} T_s,\ 0\leqslant|\omega|\leqslant\dfrac{(1-\alpha)\pi}{T_s} \\ \dfrac{T_s}{2}\left\{1-\sin\left[\dfrac{T_s}{2\alpha}\left(\omega-\dfrac{\pi}{T_s}\right)\right]\right\},\ \dfrac{(1-\alpha)\pi}{T_s}\leqslant|\omega|\leqslant\dfrac{(1+\alpha)\pi}{T_s} \\ 0,\ |\omega|\geqslant\dfrac{(1+\alpha)\pi}{T_s} \end{cases} \tag{3.29}$$

进行傅里叶变换，可得时域脉冲

$$h(t)=\frac{\sin(\pi t/T_s)}{\pi t/T_s}\cdot\frac{\cos(\alpha\pi t/T_s)}{1-4\alpha^2t^2/T_s^2} \tag{3.30}$$

式中，α 为滚降系数，用于描述滚降程度，取值 0～1。升余弦脉冲的频域和时域特性如图 3.5 所示。当 $\alpha=0$ 时，对应于理想低通传输系统。

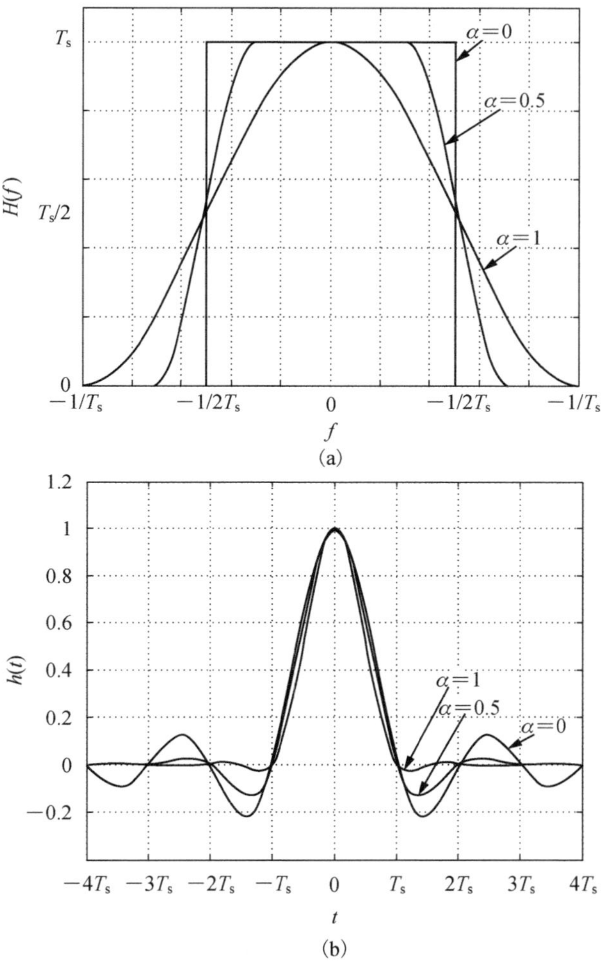

图 3.5　升余弦脉冲的频域和时域特性

由图 3.5 可见，升余弦滚降信号在前后抽样值处的干扰始终为 0，因而满足抽样值无干扰的传输条件。滚降系数α越小，系统占用的带宽越窄，但波形前后拖尾的震荡幅度却越大；反之，滚降系数α越大，系统占用的带宽越宽，但波形前后拖尾的震荡幅度却越小。

升余弦滚降传输函数可以通过在发射端和接收端采用相同的$\sqrt{H(\omega)}$来实现。一般来说，脉冲成形滤波器通常是数字实现的，由于$h(t)$是非因果的，必须截短，依据具体情况取整数倍符号周期的数据。

3.3.3　高斯脉冲成形滤波器

脉冲成形滤波器并不是都满足奈奎斯特第一准则的，高斯脉冲成形滤波器就是这一类的典型代表。连续相位频率键控(CPFSK)信号常用高斯脉冲成形来改善频谱效率，高斯滤波器的冲激响应为

$$h(t)=\frac{\sqrt{\pi}}{\alpha}\exp\left\{\frac{-\pi^2t^2}{\alpha^2}\right\} \tag{3.31}$$

其频率响应为

$$H(f)=\exp\left\{-\alpha^2f^2\right\} \tag{3.32}$$

式中，α 与 $h(t)$ 的 3dB 带宽 B 有关，即 $\alpha=\sqrt{\ln 2}/\sqrt{2}B\approx 0.5887/B$ 。高斯脉冲成形滤波器的传输函数与冲激响应如图 3.6 所示。

高斯脉冲滤波器不像奈奎斯特滤波器在相邻符号的峰值为零值，并有截短的传递函数，高斯脉冲成形滤波器的传输函数平滑，且没有过零点，功率效率高。

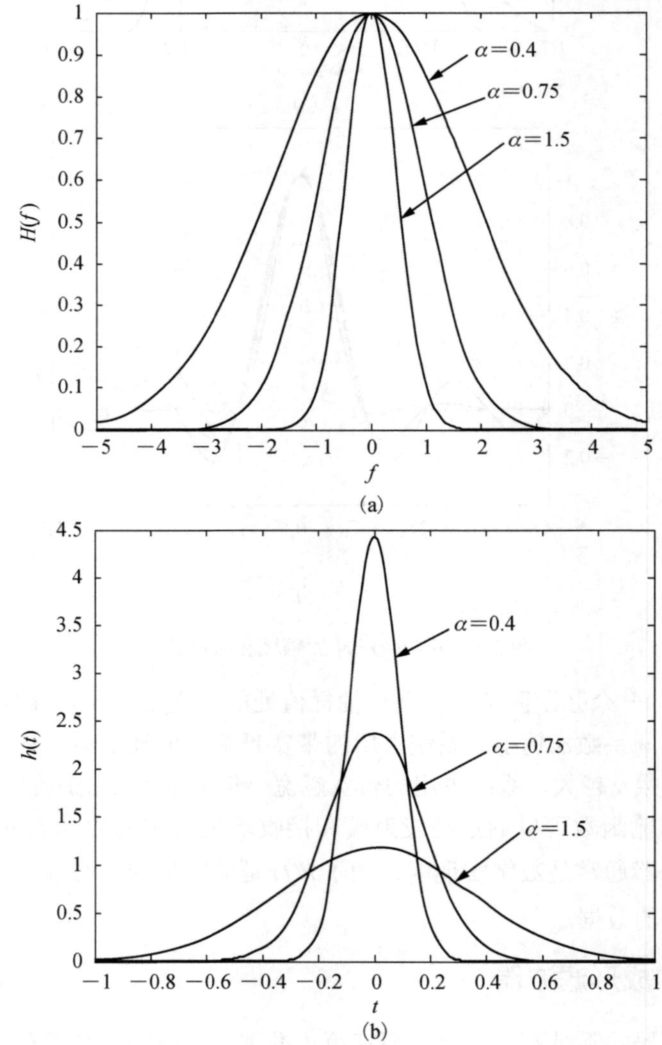

图 3.6　高斯脉冲成形滤波器的传输函数与冲激响应

高斯脉冲不满足奈奎斯特准则，因此会引入码间干扰，α 越大码间干扰也越大。因此通过增加 α 来改善频谱效率会引入比较大的码间干扰，这种自干扰会导致较高的背景误码。当然可以考虑用均衡来减少码间干扰从而在不影响频谱利用率的前提下达到可接受的 BER。

把高斯成形滤波器应用于 MSK 就得到 GMSK。GMSK 信号是恒包络信号，所以有很高的功率效率。同时，高斯脉冲成形对于较大 α 有较好的频谱特性，所以具有较高的频谱利用率。正是由于这些原因，GSM 蜂窝系统采用了 GMSK 调制。GMSK 对话音传输很理想，但对数据业务它不是最好的。

3.4　典型数字调制

数字调制主要有幅度调制、相位调制和频率调制。其中信号包络恒定的调制，称为恒包络调制。恒包络调制具有许多优点，如可以用价格便宜、功率效率高的非线性放大器；带外辐射低；可用限幅器和鉴频器检测，从而简化接收机设计；具有较好的抵抗随机噪声和幅度波动的能力，等等。因而无线通信中应用广泛，不足之处是恒包络调制往往占用较宽的带宽。

适合无线传输的调制方式就是在频谱效率、功率效率及抗信道影响能力之间进行选择。选定调制方式后，还必须要确定星座的大小。对于相同的带宽，大的星座对应高的传输速率，但大星座的调制易受噪声、衰落、硬件缺陷等的影响。另外，有些解调器需要建立一个与发送端一致的相干载波，做到这一点有一定难度，通常会大大增加接收机的复杂性。因此，不要求接收端有相干载波的调制技术更受欢迎。

无线通信中常用的数字调制技术是相移键控和频移键控。例如，M 元相移键控(MPSK)、差分正交相移键控(DQPSK)及最小相移键控(MSK)等。典型的例子如在第二代蜂窝系统中，北美的 IS-54 及日本的 PDC 系统采用 π/4 相移 DQPSK，（π/4-DQPSK），欧洲的全球移动通信系统(GSM)采用高斯预滤波 MSK(GMSK)，摩托罗拉集成无线系统(MIRS)采用正交频分复用(OFDM)。

M 元相移键控是利用载波的 M 种不同相位(或相位差)来表征数字信息的调制方式。于是，在 M 元信号中，就有 M 个可能出现的波形。在每个信号间隔 T_s 内，其中一个波形被传输，第 m 个波形表示为

$$s_m(t)=\sqrt{\frac{2E_s}{T_s}}\cos\left(2\pi f_c t+\frac{2\pi(m-1)}{M}+\zeta_0\right),\ 0\leqslant t\leqslant T_s,\ m=1,2,\cdots,M \tag{3.33}$$

式中，$\zeta_0=0$ 或 π/M；E_s 为符号能量

$$E_s=\int_{-\infty}^{\infty}s_m^2(t)\mathrm{d}t \tag{3.34}$$

T_s 为符号持续时间。由于每个波形表示 l 位二进制比特，因此可得 $E_s=lE_b$ 及 $T_s=lT_b$，其中 E_b

与 T_b 分别为比特能量和比特持续时间。最常用的是 $M=2$，$\zeta_0=0$ (即 BPSK)的情况，以及 $M=4$，$\zeta_0=0$ 或 $\pi/4$ (即 QPSK)的情况。

3.4.1 BPSK

在 BPSK 信号中，符号可以取两个可能值，每个值对应一个比特。$\zeta_0=0$ 时的已调信号可以表示为

$$s_{\mathrm{BPSK}}(t)=\sqrt{\frac{2E_b}{T_b}}\cos(m\pi)\cos(2\pi f_c t),\ 0\leqslant t\leqslant T_b,\ m=1,\ 2 \tag{3.35}$$

式中，E_b 为每比特能量；T_b 是比特周期。基函数为

$$\phi_1(t)=\sqrt{\frac{2}{T_b}}\cos(2\pi f_c t),\ 0\leqslant t\leqslant T_b \tag{3.36}$$

在由正交基函数 $\phi_1(t)$ 定义的信号空间中，BPSK 信号可以用信号空间中的点表示为

$$\vec{s}_{\mathrm{BPSK}}=(\sqrt{E_b},\ -\sqrt{E_b}) \tag{3.37}$$

$\zeta_0=0$ 的 BPSK 信号星座图如图 3.7 所示。

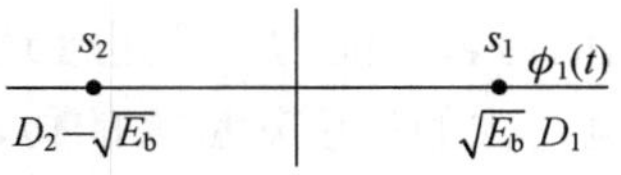

图 3.7　BPSK 的信号星座图及判决域

BPSK 调制器可以采用乘法器，也可以用相位选择器来实现，两种产生方法及其波形示例如图 3.8、图 3.9 所示。

BPSK 解调需要采用相干解调法，相干解调原理框图如图 3.10 所示。正确解调的前提是假设相干载波的基准相位与 BPSK 信号的调制载波一致。但是由于在 BPSK 信号的载波恢复过程中存在着π的相位模糊，所以实际中调制器输入的数字基带信号中采用差分编码，即采用差分相移键控(DPSK)方式。差分码可取传号差分或空号差分码，其中，传号差分码的规则为 $b_n=a_n\oplus b_{n-1}$，其中 $\oplus$ 为模 2 加，b_{n-1} 为 b_n 的前一个码元，最初的 b_{n-1} 可以任意设定。

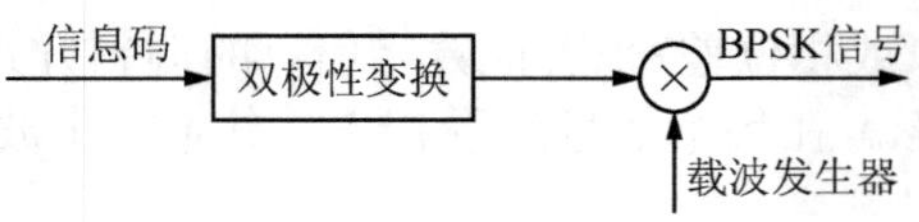

图 3.8　采用乘法器的 BPSK 调制器

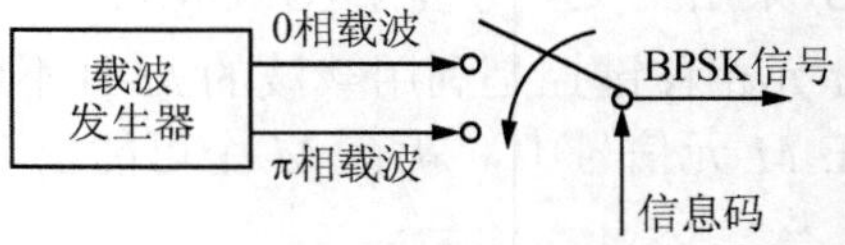

图 3.9　采用相位选择器的 BPSK 调制器

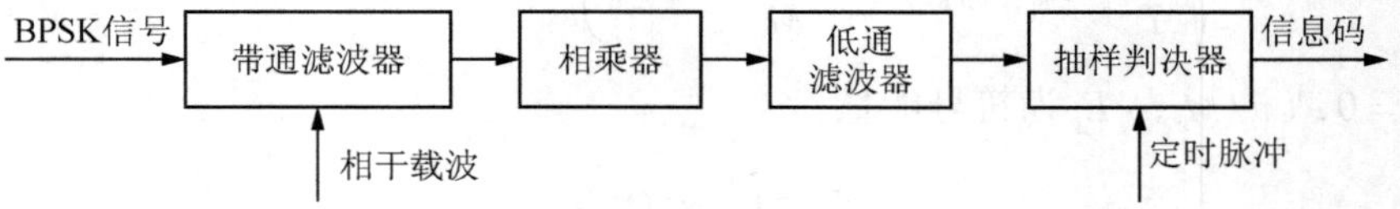

图 3.10　BPSK 相干解调器

3.4.2 QPSK

在 QPSK 信号中，符号可以取四个可能值，每个值对应两个比特。$\zeta_0=\pi/4$ 时的已调信号可以表示为

$$s_{\mathrm{QPSK}}(t)=\sqrt{\frac{2E_{\mathrm{s}}}{T_{\mathrm{s}}}}\cos\left[(2m-1)\frac{\pi}{4}\right]\cos(2\pi f_{\mathrm{c}}t)-\sqrt{\frac{2E_{\mathrm{s}}}{T_{\mathrm{s}}}}\sin\left[(2m-1)\frac{\pi}{4}\right]\sin(2\pi f_{\mathrm{c}}t) \tag{3.38}$$

$$0\leqslant t\leqslant T_s，\ m=1，2，3，4$$

设基函数

$$\begin{cases}\phi_1(t)=\sqrt{\dfrac{2}{T_{\mathrm{s}}}}\cos(2\pi f_{\mathrm{c}}t)，\ 0\leqslant t\leqslant T_{\mathrm{s}}\\ \phi_1(t)=\sqrt{\dfrac{2}{T_{\mathrm{s}}}}\sin(2\pi f_{\mathrm{c}}t)，\ 0\leqslant t\leqslant T_{\mathrm{s}}\end{cases} \tag{3.39}$$

则有

$$s_{\mathrm{QPSK}}(t)=\sqrt{E_{\mathrm{s}}}\cos\left[(2m-1)\frac{\pi}{4}\right]\phi_1(t)-\sin\left[(2m-1)\frac{\pi}{4}\right]\phi_2(t) \tag{3.40}$$

在由正交基函数 $\{\phi_1(t),\phi_2(t)\}$ 定义的二维信号空间中，QPSK 信号可以用信号空间中的点表示

$$\vec{s}_{\mathrm{QPSK}}=\left\{\sqrt{E_{\mathrm{s}}}\cos\left[(2m-1)\frac{\pi}{4}\right],\ -\sqrt{E_{\mathrm{s}}}\sin\left[(2m-1)\frac{\pi}{4}\right]\right\} \tag{3.41}$$

$\zeta_0=\pi/4$ 的 QPSK 信号星座图如图 3.11 (a) 所示，图中 $E_{\mathrm{b}}=E_{\mathrm{s}}/2$，判决域的边界为 $\phi_1(t)$ 轴和 $\phi_2(t)$ 轴，即等可能符号的最优判决域就是四个象限。判决准则为

$$\begin{cases}\hat{s}=\text{“00”},\ \hat{r}\in D_1\\ \hat{s}=\text{“01”},\ \hat{r}\in D_2\\ \hat{s}=\text{“11”},\ \hat{r}\in D_3\\ \hat{s}=\text{“10”},\ \hat{r}\in D_4\end{cases} \tag{3.42}$$

例如，如果与发射信号 s_1 对应的接收信号矢量 $\hat{r}_1$ 落在 D_4 中，由于接收信号被解码为 s_4，于是出现检测错误。在 QPSK 中，每个符号代表两个比特，符号检测错误可能是一比特错，也可能是两比特错。在 AWGN 信道中，小噪声分量比大噪声分量更容易出现，因此，当发生检测错误时，检测为信号星座图中相邻的两个符号的可能性更大。为了使传输误比特率最小化，可以采用如下方式为每个符号分配二进制比特，即相邻符号所分配的二进制比特只有一个二进制位不同，我们称这种将二进制位映射作为符号的方式为格雷编码。图 3.11 (a) 给出了 QPSK 信号的格雷编码的例子，图 3.11 (b) 为 $\zeta_0=0$ 时 QPSK 的信号星座图、判决域及格雷映射。

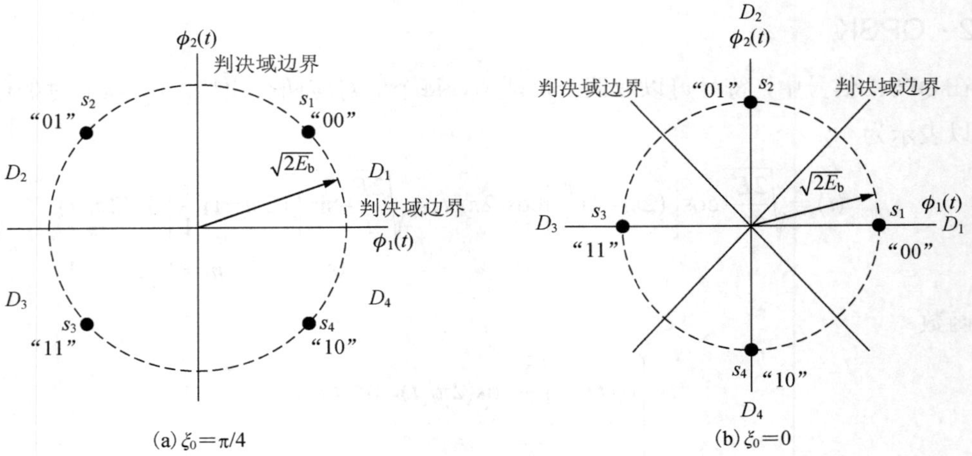

图 3.11　QPSK 的信号星座图、判决域及格雷映射

QPSK 发射机与接收机方框图如图 3.12 所示。在发射机中，QPSK 发射机的输入是比特率为 R_b 的非归零(NRZ)二进制数据流 $\{a_n\}$，该输入数据流被转换为一个同相波形 $I(t)$和一个正交波形 $Q(t)$，它们的符号速率均为 $R_s=R_b/2$。根据在各符号间隔采用的 QPSK 信号星座图，如图 3.11 所示。函数 $I(t)$和 $Q(t)$分别取信号点映射在 $\phi_1(t)$ 轴和 $\phi_2(t)$ 轴上的值，同相和正交分量与它们各自的载波相乘，合并后产生 QPSK 输出信号。

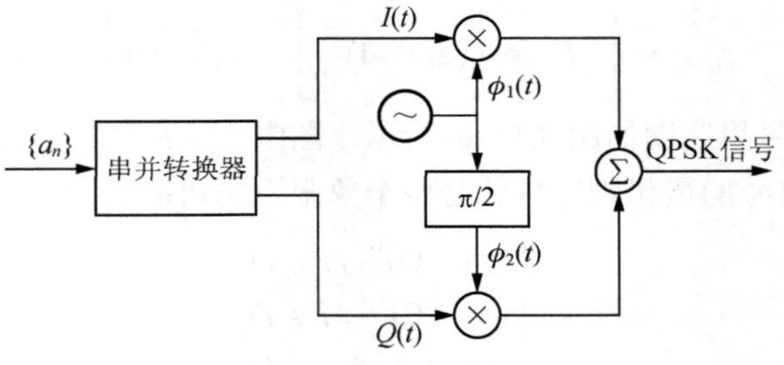

图 3.12　QPSK 发射机

在接收机处，对 AWGN 信道而言，接收信号为所发射的 QPSK 信号加高斯白噪声。采用相干检测方法时，需要用载波恢复电路从接收信号中恢复出同相载波与正交载波。同相支路与反相支路的乘法调制器(即乘法器)和匹配滤波器(与基带波形相匹配)分别提取含噪同相信号分量和正交基带信号分量。根据基带分量所落入的判决域不同，判决器确定所发送的两比特符号。

对于 $\zeta_0=\pi/4$ 的 QPSK 信号而言，若给定同相分量和正交分量，则由判决域的特点可知，偶数编号二进制位的检测与奇数编号二进制位的检测是不相关的。因此，在图 3.13 中，同相支路与正交支路有其各自的判决器检测 QPSK 符号中的比特。并串转换器将检测到的奇数编号与偶数编号二进制位按顺序排列，并输出所估计的二进制序列 $\{\hat{a}_n\}$。

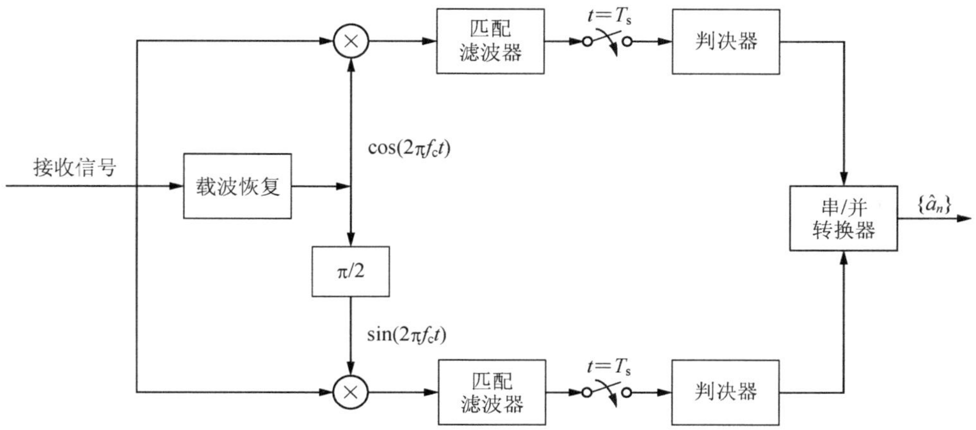

图 3.13 QPSK 接收机（$\zeta_0=\pi/4$）

3.4.3 偏移四相相移键控

偏移四相相移键控(OQPSK)也称交错正交相移键控或参差 QPSK，是一种在 QPSK 信号的基础上发展起来的恒包络数字调制技术。

QPSK 信号星座图为正方形，星座点之间都存在跳变的可能，如图 3.14(a)所示。QPSK 星座图中对角过渡时将产生 180° 的相移，信号的包络在瞬时间通过零点。经带宽受限的信道时将造成明显的包络起伏。任何一种在过零点的硬限幅或非线性放大器都造成信号失真，在传输过程中带来已被滤除的旁瓣。为了防止旁瓣再生和频谱扩展，必须使用效率较低的线性放大器放大 QPSK 信号。

在 OQPSK 调制中避免了星座图中对角过渡时将产生 180° 的相移，如图 3.14(b)所示，因而 OQPSK 对这些有害的影响，则不是十分敏感，这样有利于消除放大器输出端的频谱再生，且能支持更高效的非线性放大器。

OQPSK 采用的改进 QPSK 调制信号的方法是，正交和同相两路数据流在时间上错开了半个码元周期(一个比特)，OQPSK 表达式为

$$s_{\mathrm{OQPSK}}(t)=I(t)\cos(2\pi f_c t)-Q(t)\sin(2\pi f_c t) \tag{3.43}$$

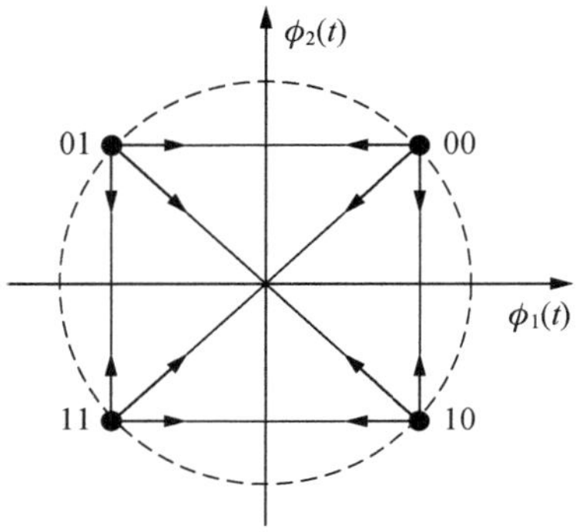

(a) QPSK

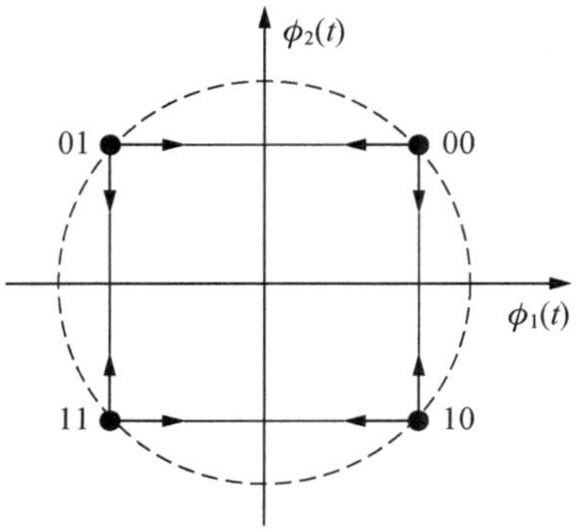

(b) OQPSK

图 3.14 相位状态图

式中

$$\begin{cases} I(t)=\sum_{n} a_n g[t-(2n-1)T_b] \\ Q(t)=\sum_{n} b_n g[t-2nT_b] \end{cases} \tag{3.44}$$

a_n， b_n 的取值为±1。如式 3.28 所示，除了正交和同相两路数据流的时间上错开了一个比特，OQPSK 信号和 QPSK 信号类似。这两个比特流的波形如图 3.15 所示。

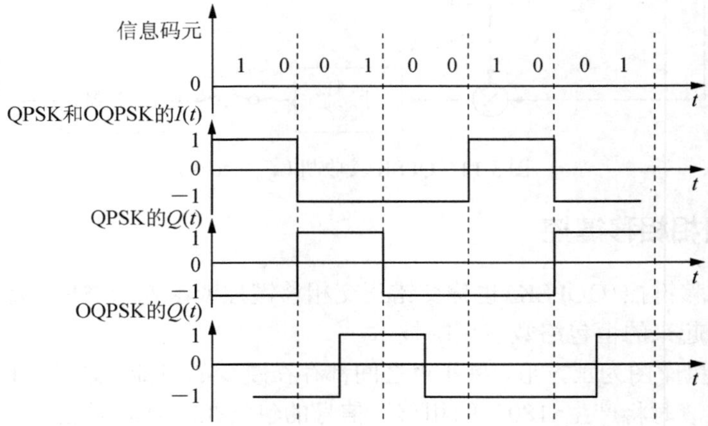

图 3.15　OQPSK 调制器中同相和正交支路时间交错的波形图

在标准 QPSK 中，$I(t)$ 和 $Q(t)$ 的时间对齐，相位跳变仅在每个 $T_s=2T_b$ 时刻发生，而且 $I(t)$ 和 $Q(t)$ 的值都改变将可能发生 180° 的最大相移。在 OQPSK 信号中，每 T_b 发生一次比特跳变(因此相位跳变)。因此 $I(t)$ 和 $Q(t)$ 的跳变瞬时被错开了，所以在任意给定时刻只有两个比特流中的一个改变它的值。这意味着，在任意时刻发送信号的最大相移都限制在±90°。因此通过更频繁地转换相位(也就是，每 T_b 代替每 T_s)，OQPSK 信号消除了 180° 相位跳变。

由于消除了 180° 相位跳变，OQPSK 信号通过带限信道不会导致信号包络经过零点。当然，带限处理会造成一定程度的 ISI，特别是在 90° 跳变相位点。但是，包络的变化小多了，因此对于 OQPSK 的硬限幅或非线性放大不会再生出像在 OPSK 中那么多的高频旁瓣。

正交和同相两路数据流的参差对齐不会改变频谱的基本性质，因此 OQPSK 信号的频谱和 QPSK 信号完全相同，两种信号占用相同的带宽。OOPSK 即使在非线性放大后仍能保持其带限的性质，这就非常适合移动通信系统，因为在低功率应用情况下，带宽效率和高效非线性放大器是起决定性作用的。

OQPSK 发射机与接收机方框图如图 3.16、图 3.17 所示。

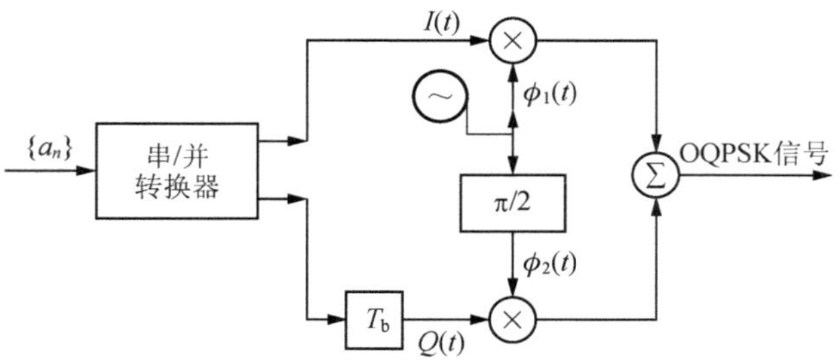

图 3.16　OQPSK 发射机方框图

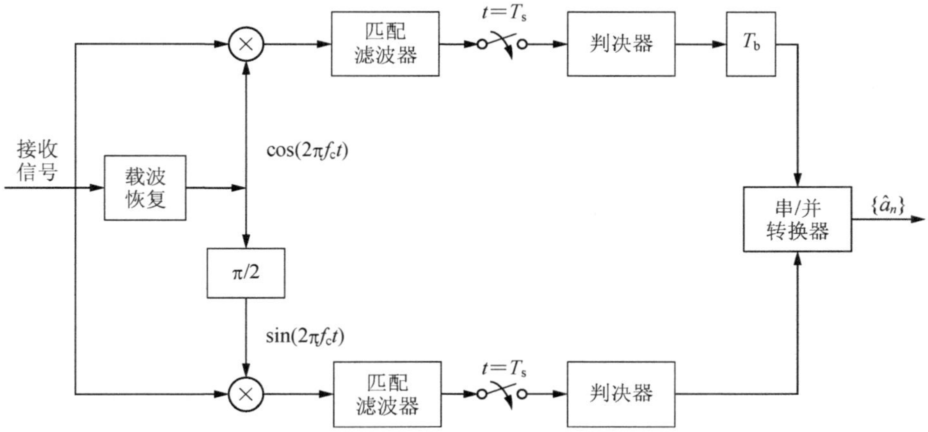

图 3.17　OQPSK 接收机方框图

3.4.4　π/4-差分正交相移键控

π/4-差分正交相移键控（π/4-DQPSK）调制是北美第二代 IS-54 数字蜂窝系统中所采用的调制方法，它比 MSK 的频谱利用率更高，并且在相同带通滤波的情况下比 QPSK 调制的包络波动小。

为简化分析，在介绍π/4-DQPSK 调制原理之前，我们首先忽略差分编码，先考虑π/4-QPSK，其基本调制原理如下。

(1) π/4-QPSK 的星座图是两个彼此相差 π/4 的 QPSK 信号星座图的叠加。

(2) $\zeta_0=0$ 的 QPSK 信号表示奇数位符号；$\zeta_0=\pi/4$ 的 QPSK 信号表示偶数位符号。

(3) 交替使用两个星座图。

(4) 一个信号点表示两个信息比特，共有八种可能的信号点。

(5) 相邻的 QPSK 符号之间的相位变化局限在集合 $\{\pi/4, 3\pi/4, 5\pi/4, 7\pi/4\}$ 中。

π/4-QPSK 信号的星座图如图 3.18 所示。

这种调制方法具有如下优点。

(1) 与 QPSK 调制不同，相邻符号之间没有π相位变化，这就是带通滤波后π/4 相移 QPSK 比 QPSK 包络波动更小的原因。

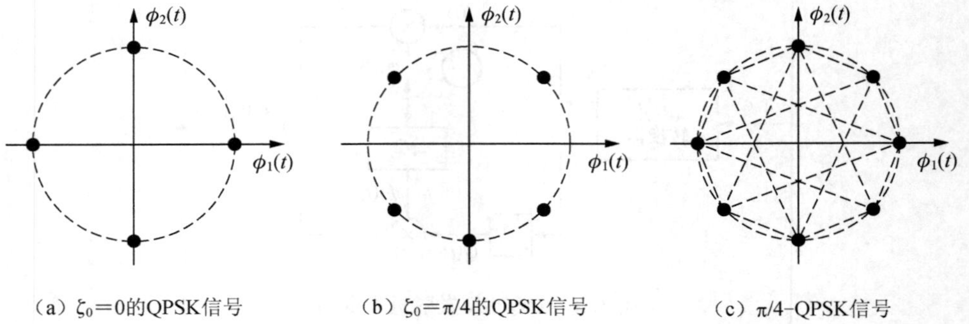

图 3.18　π/4-QPSK 信号的星座图

(2) 与 QPSK 调制不同，相邻符号间必存在相位差，这使得接收机中的符号同步变得更容易。

(3) 由于有四个可能的相位变化$\{\pi/4, 3\pi/4, 5\pi/4, 7\pi/4\}$，对π/4 相移 QPSK 信号采用非相干检测是可能的。在检测时通过采用鉴频器，就会使接收机结构变得更简单，这对以电池供电的手持机来说是非常重要的。

正如第 2 章所讨论的，无线信道通常会在发射信号中引入载波相位失真，为克服相位失真对信号检测的影响，可以采用差分编码的方式。π/4-DQPSK 是 π/4-QPSK 与差分编码的结合，即信息被加载在相邻发射符号的相位差上。如果无线信道引入的相位失真在两个符号间隔中变化不大(通常是这种情况)，相邻两个符号之间的相位差与信道相位失真几乎是无关的。为了将差分编码与 π/4-DQPSK 信号结合起来，每个信息符号需映射为相邻 π/4-QPSK 符号的四个可能相位变化之一，即 $\pi/4$、$3\pi/4$、$5\pi/4$ 与 $7\pi/4$。

π/4-DQPSK 信号表达式为

$$s(t)=\sqrt{\frac{2E_s}{T_s}}\cos\left(2\pi f_c t+\Phi_n\right),\ 0\leqslant t\leqslant T_s \tag{3.45}$$

正交展开，有

$$s(t)=\sqrt{E_s}\cos[\Phi_n]\sqrt{\frac{2}{T_s}}\cos(2\pi f_c t)-\sqrt{E_s}\sin[\Phi_n]\sqrt{\frac{2}{T_s}}\sin(2\pi f_c t) \tag{3.46}$$

定义基函数

$$\begin{cases}\varphi_1(t)=\sqrt{\dfrac{2}{T_s}}\cos(2\pi f_c t)\\ \varphi_2(t)=\sqrt{\dfrac{2}{T_s}}\sin(2\pi f_c t)\end{cases} \tag{3.47}$$

式(3.46)简化为

$$s(t)=\sqrt{E_s}\cos[\Phi_n]\varphi_1(t)-\sqrt{E_s}\sin[\Phi_n]\varphi_2(t) \tag{3.48}$$

定义同相和正交分量

$$\begin{cases} I_n = \cos[\Phi_n] \\ Q_n = \sin[\Phi_n] \end{cases} \tag{3.49}$$

式(3.48)简化为

$$s(t) = \sqrt{E_s} I_n \varphi_1(t) - \sqrt{E_s} Q_n \varphi_2(t) \tag{3.50}$$

由二进制信息序列 $\{a_n\}$ 产生 π/4-DQPSK 信号的步骤可以用数学方法叙述如下。

步骤 1：将速率为 R_b 的输入序列 $\{a_n\}$ 通过串并转换器转换成速率为 $R_b/2$ 的、由奇数位组成的序列 $\{a_{1n}\}$ 和由偶数位组成的序列 $\{a_{2n}\}$。

步骤 2：根据表 3.1，将每个两比特符号 (a_{1n}, a_{2n}) 映射为当前符号间隔 $[nT_s, (n+1)T_s]$ 与前一符号间隔 $[(n-1)T_s, nT_s]$ 所发射的 π/4-DQPSK 信号之间的相位差 ϕ_n。

表 3.1　π/4-DQPSK 的信息符号与相位差之间的映射关系

(a_{1n}, a_{2n})	ϕ_n
00	π/4
01	3π/4
11	5π/4
10	7π/4

步骤 3：产生基带同相信号分量和正交信号分量

$$\begin{cases} I_n = \cos\Phi_{n-1}\cos\phi_n - \sin\Phi_{n-1}\sin\phi_n \\ Q_n = \cos\Phi_{n-1}\sin\phi_n + \sin\Phi_{n-1}\cos\phi_n \end{cases} \tag{3.51}$$

通常，基带同相分量和正交分量可以用该符号的 π/4-DQPSK 信号载波相位表示为

$$\begin{cases} I_n = \cos(\Phi_{n-1} + \phi_n) \\ Q_n = \sin(\Phi_{n-1} + \phi_n) \end{cases} \tag{3.52}$$

式中，Φ_n 为第 n 个符号的载波相位，带入式(3.51)中的 I_{n-1} 与 Q_{n-1} 可得

$$\begin{aligned} I_n &= I_{n-1}\cos\phi_n - Q_{n-1}\sin\phi_n \in \left\{0, \pm 1, \pm 1/\sqrt{2}\right\} \\ Q_n &= I_{n-1}\sin\phi_n + Q_{n-1}\cos\phi_n \in \left\{0, \pm 1, \pm 1/\sqrt{2}\right\} \end{aligned} \tag{3.53}$$

由式(3.49)和式(3.52)可得

$$\Phi_n = \Phi_{n-1} + \phi_n \tag{3.54}$$

即信息符号 (a_{1n}, a_{2n}) 可以用当前符号间隔与前一符号间隔所发射信号的载波相位差表示。

步骤 4：产生当前(第 n 个)符号间隔的发射信号

$$s(t) = \sqrt{E_s}\cos[\Phi_n]\varphi_1(t) - \sqrt{E_s}\sin(\Phi_n)\varphi_2(t) \tag{3.55}$$

图 3.19 为 π/4-DQPSK 调制的发射机原理框图。信息序列 $\{a_n\}$ 首先被分为奇数位比特流 $\{a_{1n}\}$ 与偶数位比特流 $\{a_{2n}\}$，之后两比特符号序列 $\{a_{1n}, a_{2n}\}$ 被映射为同相波形 $I(t)$ 和正交波形 $Q(t)$，根据表 3.1 及式(3.52)，在第 n 个符号间隔内，它们分别取常数值 $\sqrt{E_s} I_n = \sqrt{E_s}\cos(\Phi_n)$ 与 $\sqrt{E_s} Q_n = \sqrt{E_s}\sin(\Phi_n)$，冲激响应为 $h(t)$ 的同相支路和正交支路的 LPF(低通滤波器)用于基带脉冲成形，以抑制带外辐射。

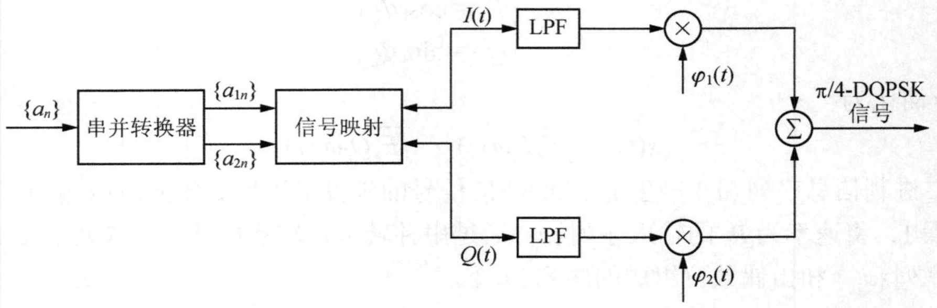

图 3.19　π/4-DQPSK 发射机

在 IS-54 标准中，规定 LPF 具有线性相位和平方根升余弦频率响应，具有如下形式：

$$|H(f)|=\begin{cases}1, & 0\leqslant f\leqslant \dfrac{1-\alpha}{2T_s}\\ \sqrt{\dfrac{1}{2}\left\{1-\sin\left[\dfrac{\pi(2fT_s-1)}{2\alpha}\right]\right\}}, & \dfrac{1-\alpha}{2T_s}\leqslant f\leqslant \dfrac{1+\alpha}{2T_s}\\ 0, & f>\dfrac{1+\alpha}{2T_s}\end{cases} \tag{3.56}$$

式中，$\alpha=0.35$ 为滚降因子，用于确定过渡带的宽度。第 n 个符号间隔的带通 π/4- DQPSK 信号为

$$s_n(t)=\sqrt{E_s}I_nh(t-nT_s)\varphi_1(t-nT_s)-\sqrt{E_s}Q_nh(t-nT_s)\varphi_2(t-nT_s) \tag{3.57}$$

式中，$nT_s\leqslant t\leqslant(n+1)T_s$，且 $\int_{-\infty}^{+\infty}h^2(t)\mathrm{d}t=1$。

图 3.20 为采用基带差分检测器的 π/4-DQPSK 接收机结构。该接收机的结构与图 3.13 的 QPSK 接收机结构非常相似，但有两点不同：一是由于采用差分检测，因此无须精确的载波相位同步，即接收机提取的载波只需同频即可；二是在基带增加了差分相位检测器，用于提取相邻符号之间的相位差。

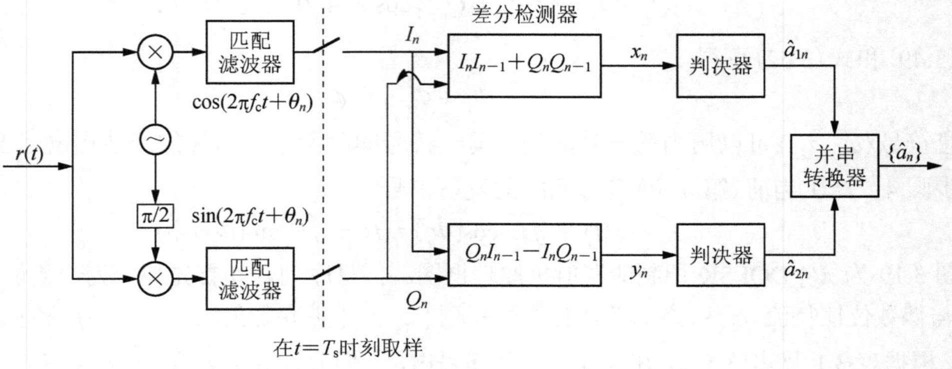

图 3.20　采用基带差分检测器的 π/4-DQPSK 接收机

下面我们推导一下这一接收机结构，以证明上述两点。在无信道噪声的情况下，接收

信号 $r(t)$ 可写为

$$r(t) = A\cos[\Phi_n]\cos(2\pi f_c t) - A\sin[\Phi_n]\sin(2\pi f_c t) \tag{3.58}$$

式中，A 表示接收信号幅度，提取的载波为

$$f(t) = \cos(2\pi f_c t + \theta_n) \tag{3.59}$$

式中，θ_n 为相差。匹配滤波器为低通滤波器，滤除高频分量，则有

$$I_n = A\cos\Phi_n\cos\theta_n + A\sin\Phi_n\sin\theta_n = A\cos(\Phi_n - \theta_n) \tag{3.60}$$

$$Q_n = A\sin\Phi_n\cos\theta_n - A\cos\Phi_n\sin\theta_n = A\sin(\Phi_n - \theta_n) \tag{3.61}$$

假设第 n 和第 $n-1$ 时刻的相位差相同，即 $\theta_{n-1} = \theta_n$，经过差分检测器后有

$$\begin{aligned} x_n &= I_n I_{n-1} + Q_n Q_{n-1} \\ &= \cos(\Phi_n - \theta_n)\cos(\Phi_{n-1} - \theta_{n-1}) + \sin(\Phi_n - \theta_n)\sin(\Phi_{n-1} - \theta_{n-1}) \\ &= \cos(\Phi_n - \Phi_{n-1} + \theta_n - \theta_{n-1}) \\ &= \cos\phi_n \end{aligned} \tag{3.62}$$

$$\begin{aligned} y_n &= Q_n I_{n-1} - I_n Q_{n-1} \\ &= \sin(\Phi_n - \theta_n)\cos(\Phi_{n-1} - \theta_{n-1}) + \cos(\Phi_n - \theta_n)\sin(\Phi_{n-1} - \theta_{n-1}) \\ &= \sin(\Phi_n - \Phi_{n-1} + \theta_n - \theta_{n-1}) \\ &= \sin\phi_n \end{aligned} \tag{3.63}$$

考虑噪声的存在下，若 $x_n > 0(y_n > 0)$，则判决器确定 $\hat{a}_{1n}(\hat{a}_{2n})$ 为符号“1”，若 $x_n < 0(y_n < 0)$，则判决器确定 $\hat{a}_{1n}(\hat{a}_{2n})$ 为符号“0”。

π/4-DQPSK 信号也可以用鉴频器进行非相干解调，如图 3.21(a)所示。以载波频率为中心频率的前端带通滤波器使所期望的接收信号无失真地通过，并消除带外干扰与噪声。由于信息被加载在接收信号的相位分量上，因此，用限幅器消除由信道引入的波动，鉴频器从载波频率中提取接收信号的瞬时频率偏移，两个相邻符号的相位差可以通过频率偏移在一个符号间隔内积分得到，重构的差分相位通过一个四电平阈值检测器，图 3.21(b)为载波相位差 $\hat{\phi}_n$ 的判决域图，D_1 表示信息符号“00”，D_2 表示信息符号“01”，D_3 表示信息符号“11”，D_4 表示信息符号“10”。并串转换器的输出 $\{\hat{a}_n\}$ 为原二进制信息序列 $\{a_n\}$ 的估计序列。

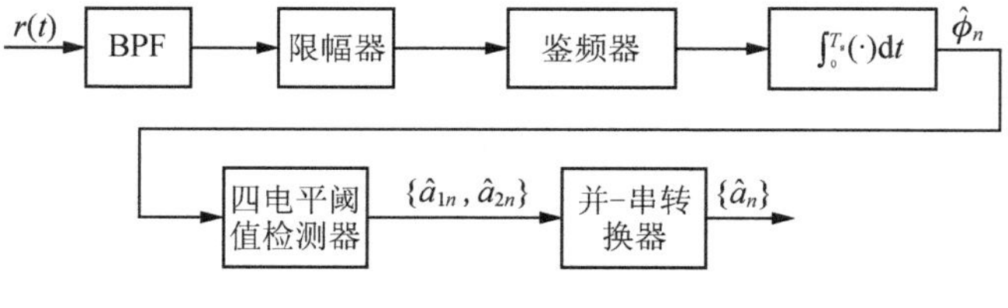

（a）接收机

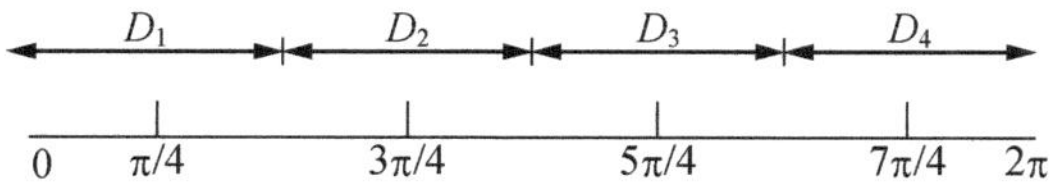

（b）阈值检测器的判决域

图 3.21 采用鉴频器的π/4-DQPSK 非相干接收机

3.4.5　最小频移键控

最小频移键控(MSK)信号是调制指数为 1/2 的二进制连续相位频移键控(CPFSK)。调制指数为 1/2 对应于使得两个 FSK 信号正交的最小频率间隔。设 f_1 与 f_2 分别表示符号“0”与“1”的两个 FSK 信号频率，这两个频率的频率间隔 $\Delta = f_1 - f_2$。调制指数记为 h，定义为频率间隔与符号间隔之积，由于 $h = \Delta \times T_b = 1/2$，因此有

$$\begin{cases} f_1 = f_c - \dfrac{\Delta}{2} = f_c - \dfrac{1}{4T_b}, & \text{表示符号“0”} \\ f_2 = f_c + \dfrac{\Delta}{2} = f_c + \dfrac{1}{4T_b}, & \text{表示符号“1”} \end{cases} \tag{3.64}$$

式中，$f_c = (f_1 + f_2)/2$ 为两个信号频率的中心。对“载波相位” $2\pi f_c t$ 而言，MSK 信号在每个符号间隔 T_b 内的相位变化为

$$\begin{cases} 2\pi(f_1 - f_c)T_b = -\pi/2, & \text{表示符号“0”} \\ 2\pi(f_2 - f_c)T_b = \pi/2, & \text{表示符号“1”} \end{cases} \tag{3.65}$$

因此，在符号间隔$[0, T_b]$内，MSK 信号表示为

$$s_{\text{MSK}}(t) = \sqrt{\frac{2E_b}{T_b}}\cos[2\pi f_c t + \phi(t)], \quad 0 \leqslant t \leqslant T_b \tag{3.66}$$

式中

$$\phi(t) = \phi(0) + 2\pi\left(\pm\frac{\Delta}{2}\right)t = \phi(0) \pm \frac{\pi t}{2T_b}, \quad 0 \leqslant t \leqslant T_b \tag{3.67}$$

式中，“+”表示符号“1”；“−”表示符号“0”；$\phi(0)$ 为 $t=0$ 时刻的相位。MSK 的相位连续性可以用相位轨迹描述其特性。由于在每个符号间隔的相位变化为 $\pi/2$ 或 $-\pi/2$，设初相 $\phi(0)=0$，则当 $t = 2nT_b$ 时，$\phi(t) = 0$ 或 π，当 $t = (2n+1)T_b$ 时，$\phi(t) = \pi/2$ 或 $-\pi/2$，其中 n 为正整数。在各符号间隔内，相位随 t 线性变化。图 3.22 为二进制信息序列“10111001”的 MSK 相位轨迹，设初始相位 $\phi(0) = 0$。

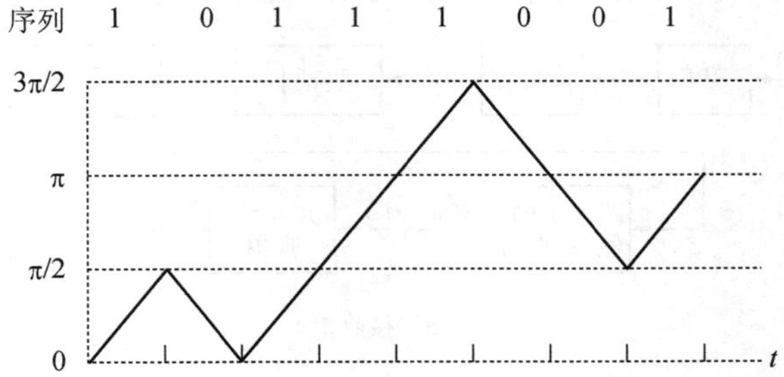

图 3.22　$\phi(0) = 0$ 时刻二进制序列“10111001”的 MSK 相位轨迹

MSK 信号正交表示为

$$s_{\text{MSK}}(t) = \sqrt{E_b}\, a_I \phi_1(t) + \sqrt{E_b}\, a_Q \phi_2(t), \quad 0 \leqslant t \leqslant T_b \tag{3.68}$$

式中

$$\begin{cases} a_I = \cos[\phi(0)] \\ a_Q = -\sin[\phi(T_b)] \end{cases} \tag{3.69}$$

并且

$$\phi_1(t) = \sqrt{\frac{2}{T_b}}\cos\left(\frac{\pi t}{2T_b}\right)\sin(2\pi f_c t), \quad -T_b \leqslant t \leqslant T_b \tag{3.70}$$

$$\phi_2(t) = \sqrt{\frac{2}{T_b}}\sin\left(\frac{\pi t}{2T_b}\right)\sin(2\pi f_c t), \quad 0 \leqslant t \leqslant 2T_b \tag{3.71}$$

信号 $\phi_1(t)$ 和 $\phi_2(t)$ 构成一个正交集合，它定义了 MSK 信号的二维信号空间。注意，MSK 信号(不同于 BPSK 信号)虽然属于二进制调制方法，但不能在一维信号空间中准确地表示。基于式(3.68)，图 3.23 表示二维信号空间及 MSK 的判决域，四个信号点的详情如表 3.2 所示。

由正交函数 $\phi_1(t)$ 和 $\phi_2(t)$ 定义的坐标轴形成了四个信号点判决域的边界，即判决域分别为四个象限。MSK 的信号空间与图 3.11(a)所示的 $\zeta_0=\pi/4$ 的 QPSK 信号空间非常相似。然而，这两个信号空间还是存在一定的差别：(a) QPSK 信号空间的每个点表示两个信息比特，而 MSK 信号空间的每个点表示一个信息比特；(b) QPSK 信号空间中的每个判决域对应唯一的两比特符号，而在 MSK 信号空间中，D_1 与 D_3 两个判决域均表示符号“0”，D_2 与 D_4 两个判决域均表示符号“1”；(c) 在 QPSK 中，存在符号相位(载有信息)与信号空间中信号矢量 $\vec{x}_m(m=1,2,3,4)$ 的相位之间的直接映射，在 MSK 中则不存在这种映射。

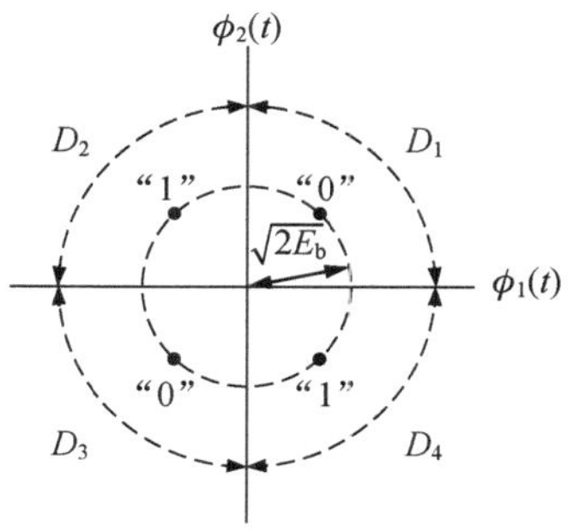

图 3.23　MSK 信号空间与判决域

表 3.2　MSK 信号空间

$\phi(0)$	$\phi(T_b)$	相位变化 $\phi(T_b)-\phi(0)$	信息 符号
0	$-\pi/2$	$-\pi/2$	“0”
π	$-\pi/2$	$\pi/2$	“1”
π	$\pi/2$	$-\pi/2$	“0”
0	$\pi/2$	$\pi/2$	“1”

图 3.24 给出了与式(3.68)表示的 MSK 信号相对应的 MSK 发射机结构。采用串/并转换器将比特间隔为 T_b 的信息序列 $\{a_n\}$ 转换为由奇数位比特组成的波形 $a_{1n}(t)$ 与由偶数位比特组成的波形 $a_{2n}(t)$。波形的取值为＋1 或－1，每比特持续时间为 $2T_b$，两个波形被间隔 T_b 所分隔。

MSK 信号可以采用非相干检测，也可以采用相干检测。在非相干检测中，MSK 信号与 FSK 信号相同，采用鉴频器进行检测，这里并没有采用连续相位限制。图 3.25 为采用信号连续相位限制的相干检测 MSK 接收机结构。同相支路的判决器则根据估计值 $\hat{a}_{2n}$，估计

$t=2nT_b$ 时输入信号的相位，而正交支路判决器则根据估计值 $\hat{a}_{1n}$ 估计 $t=(2n+1)T_b$ 时输入信号的相位，其中 $n=0, 1, 2, \cdots$。最后的判决器根据第 n 比特间隔的相位变化产生二进制信息序列的估计序列 $\{\hat{a}_n\}$。

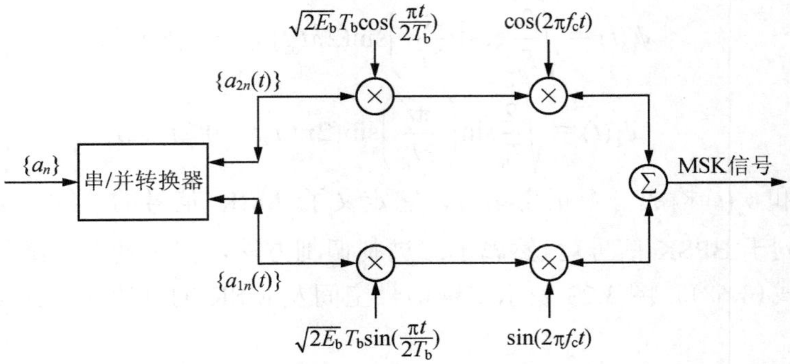

图 3.24 MSK 发射机

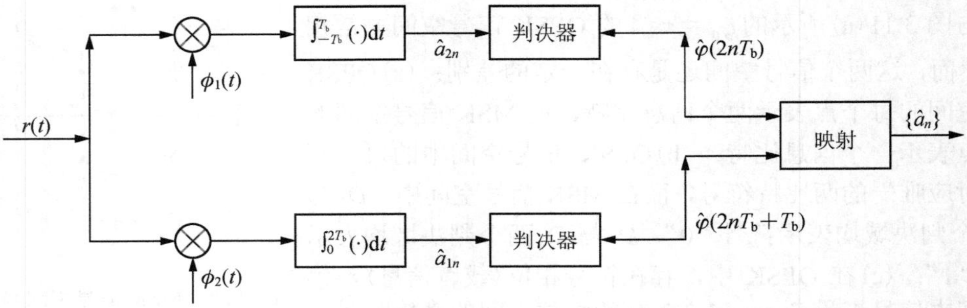

图 3.25 MSK 接收机

3.4.6 高斯最小频移键控

对新技术的研究主要是围绕提高频带利用率展开的：恒包络技术可以适应信道的非线性特性，并且保持着较小的带宽占用率。若信号的包络恒定但相位却不连续，信号经过滤波器时会发生畸变，畸变信号进入了非线性器件，那么信号会发生频谱扩展。在通信系统中，对于此类问题的处理非常复杂，而连续相位调制(CPM)可以避免这个问题[48]。

连续相位调制是一种广义的频率调制技术，它的信息数据被记录在了载波瞬时相位上，而载波相位在时间上是连续的。对于一般的调制方式而言，CPM 调制方式有以下特点。

首先，CPM 信号是包络恒定的信号，不需要考虑放大器的非线性。在衰落信道条件下，信号经过无线信道传输不但会受到噪声的影响，而且还会引起一定的幅度衰落，此时 CPM 信号的恒包络特性发挥了它的优势。

其次，由于 CPM 调制方式将信息数据记录在载波瞬时相位上，而且载波相位连续，从而使得 CPM 信号功率谱密度集中，旁瓣衰减快，带外辐射小，能够有效地提高频带利用率，因此更加适合带宽受限的信道。

最后，CPM 调制信号相位连续意味着相位具有记忆性，所以 CPM 信号自身具有较大的编码增益。所以，CPM 调制技术成为了一种被广泛关注和研究的高效调制技术。

一般的 CPM 信号的表达式可以定义为

$$s(t,a)=\sqrt{2E_s/T}\cos[2\pi f_c t+\varphi(t,a)+\varphi_0] \tag{3.72}$$

等效的复基带表达式为

$$s(t,a)=\sqrt{2E_s/T}\exp\{\mathrm{j}\varphi(t,a)+\varphi_0\} \tag{3.73}$$

式中，E_s 表示的是码元能量，T 表示的是码元持续时间即码元周期，f_c 为载波频率，φ_0 表示初始相位，$\varphi(t,a)$ 是相位信息，它可以表示为

$$\varphi(t,a)=2\pi h\sum_{i=-\infty}^{n}\alpha_i q(t-iT)，\ nT\leqslant t\leqslant(n+1)T \tag{3.74}$$

式中，a 表示 M 进制的发送码元序列，它的取值范围为$\{\pm1,\ \pm3,\ \cdots,\ \pm(M-1)\}$，调制指数 h 可以定义为 $h=m/p$，m 和 p 为互素整数。相位脉冲响应函数 $q(t)$，是一个连续单调函数，通常被限制为

$$q(t)=\begin{cases}0, & t\leqslant 0\\ \dfrac{1}{2}, & t>LT\end{cases} \tag{3.75}$$

$q(t)$还可以由频率脉冲响应 $g(t)$的积分来表示，即

$$q(t)=\int_0^t g(\tau)\,\mathrm{d}\tau \tag{3.76}$$

$g(t)$在区间 $t\in(0,LT)$内为非零值。如果 $t>T$ 时 $g(t)=0$，那么 CPM 信号称为全响应 CPM 信号；如果 $t>T$ 时 $g(t)\neq0$，那么 CPM 信号称为部分响应 CPM 信号。L 称为频率脉冲响应长度或部分响应长度，同样也可以根据 $L=1$ 和 $L>1$ 两种情况，将 CPM 信号分成全响应 CPM 信号和部分响应 CPM 信号。

CPM 信号的频率脉冲响应函数 $g(t)$是表征它的一个重要参量，与该信号性能紧密相关，根据 $g(t)$的不同有不同的 CPM 定义。若 g(t)定义为矩形脉冲(LREC)，即有

$$\begin{cases}g_{\mathrm{LREC}}(t)=\dfrac{1}{2LT}, & 0\leqslant t\leqslant LT\\ q_{\mathrm{LREC}}(t)=\dfrac{t}{2LT}, & 0\leqslant t\leqslant LT\end{cases} \tag{3.77}$$

此时如果 $L=1$，则 CPM 信号又被称为 CPFSK 信号，当调制指数 $h=1/2$ 时，CPFSK 信号就是我们熟知的 MSK 信号。若 g(t)定义为高斯最小相移键控脉冲，即式(3.86)，此时得到的就是高斯最小频移键控(GMSK)。

GMSK 作为连续相位调制的一种，被广泛应用于无线通信。GMSK 也可以看成由 MSK 演变而来，通过对调制信息经过预调制高斯脉冲成形后再进行 MSK 调制而得。在相位轨迹上，GMSK 保持了 MSK 的相位连续特性，且比 MSK 更加平滑，使信号频率交替变化更加缓慢，发射信号频谱的旁瓣大大减小，但是预调制高斯脉冲成形滤波器将全响应信号(一个码元占一个比特周期)转换成为部分响应信号(一个码元占几个比特周期)，引进了 ISI，从而使 GMSK 解调比较复杂。

GMSK 基带信号可表示为

$$s_{\mathrm{GMSK}}(t)=\sqrt{\frac{2E_{\mathrm{b}}}{T_{\mathrm{b}}}}\cos[2\pi f_{\mathrm{c}}t+\varphi(t,a)+\varphi_0] \tag{3.78}$$

式中，E_{b} 是信号在一个码元周期的能量，T_{b} 为码元周期，φ_0 为初始相位，$\varphi(t,a)$ 是信息相位，其表示式为

$$\varphi(t,a)=\pi\sum_{i=-\infty}^{\infty}a_i\int_{-\infty}^{t}g(\tau-iT_{\mathrm{b}})\mathrm{d}\tau \tag{3.79}$$

式中，$\{a_i\}$ 是调制信息且 $a_i\in\{-1,1\}$；$g(t)$ 是预调制高斯成形滤波器的脉冲响应。高斯滤波器的冲激响应为

$$h(t)=\frac{\sqrt{\pi}}{\alpha}\exp\left\{\frac{-\pi^2t^2}{\alpha^2}\right\} \tag{3.80}$$

其频率响应为

$$H(f)=\exp\left\{-\alpha^2f^2\right\} \tag{3.81}$$

式中，α 与 $H(f)$ 的 3dB 带宽 B 之间有以下关系

$$\alpha=\frac{\sqrt{\ln 2}}{\sqrt{2}B}=\frac{0.5887}{B} \tag{3.82}$$

以 $g(t)$ 表示高斯滤波器的矩形脉冲响应，$g(t)$ 的积分满足

$$\int_{-\infty}^{\infty}g(t)\mathrm{d}t=\frac{1}{2} \tag{3.83}$$

$g(t)$ 可表示为

$$g(t)=h(t)\bullet\prod(t) \tag{3.84}$$

式中，$\prod(t)$ 为矩形窗函数，其表示式为

$$\prod(t)=\begin{cases}\dfrac{1}{2T_{\mathrm{b}}}, & -T_{\mathrm{b}}/2\leqslant t\leqslant T_{\mathrm{b}}/2\\ 0, & 其他\end{cases} \tag{3.85}$$

故可将 $g(t)$ 进一步表示为

$$g(t)=\frac{1}{2T_{\mathrm{b}}}\left[Q\left(2\pi B\frac{t-\frac{T_{\mathrm{b}}}{2}}{\sqrt{\ln 2}}\right)-Q\left(2\pi B\frac{t+\frac{T_{\mathrm{b}}}{2}}{\sqrt{\ln 2}}\right)\right] \tag{3.86}$$

式中，

$$Q(x)=\frac{1}{\sqrt{2\pi}}\int_{x}^{\infty}\exp(-\frac{\tau^2}{2})\mathrm{d}\tau \tag{3.87}$$

BT_{b} 为系统中的可变参数，它是高斯滤波器归一化带宽。BT_{b} 的取值越小，GMSK 调制之后的带宽就会越窄，但是会引起码间干扰，当 $BT_{\mathrm{b}}=\infty$ 时即为 MSK 调制。图 3.26 为高斯滤波器的带宽 B 与码元周期 T_{b} 的乘积 BT_{b} 取不同值时通过计算机仿真得到的 $g(t)$ 的波形。

式(3.78)展开得到正交表示式

$$s_{GMSK}(t)=\sqrt{\frac{2E_b}{T_b}}\cos[\varphi(t,a)]\cos[2\pi f_c t+\varphi_0]-\sqrt{\frac{2E_b}{T_b}}\sin[\varphi(t,a)]\sin[2\pi f_c t+\varphi_0] \tag{3.88}$$

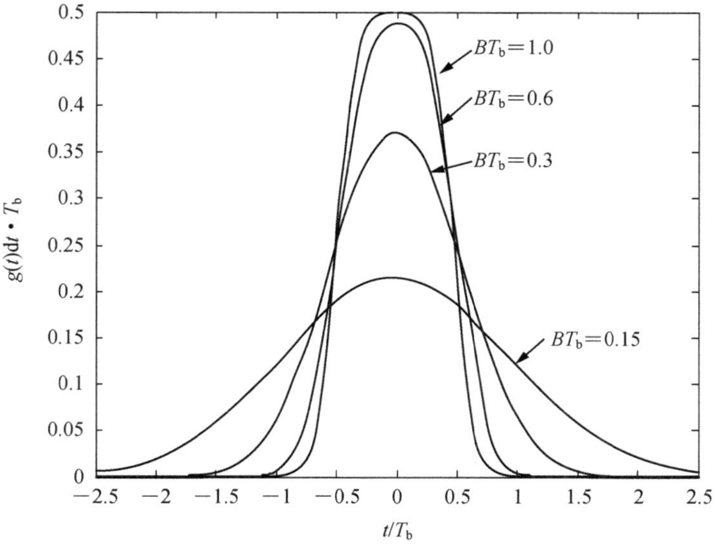

图 3.26　$g(t)$ 的波形

定义

$$\begin{cases} I(t)=\cos[\varphi(t,a)] \\ Q(t)=\sin[\varphi(t,a)] \end{cases} \tag{3.89}$$

GMSK 信号表达式变换为

$$s_{GMSK}(t)=\sqrt{\frac{2E_b}{T_b}}I(t)\cos[2\pi f_c t+\varphi_0]-\sqrt{\frac{2E_b}{T_b}}Q(t)\sin[2\pi f_c t+\varphi_0] \tag{3.90}$$

GMSK 采用部分响应波形(高斯成形滤波)来达到平滑相位路径的目的，它消除了 MSK 相位路径在码元转换时刻的相位转折点。GMSK 信号在一码元周期内的相位增量，不像 MSK 那样固定为 $\pm\pi/2$，而是随着输入序列的不同而不同。图 3.27 显示了 MSK 和 GMSK 的相位路径。

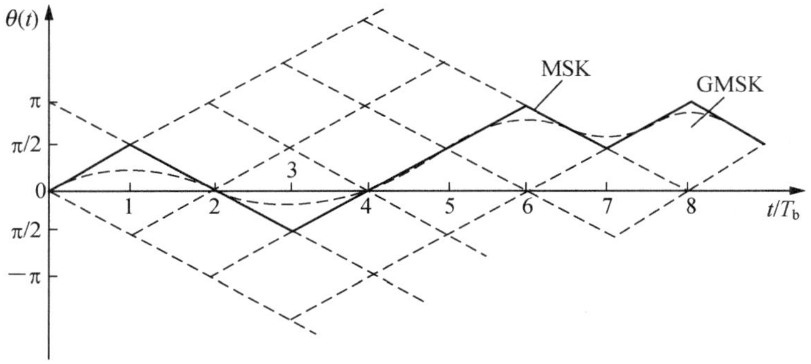

图 3.27　MSK 和 GMSK 的相位路径

GMSK 常用调制方法主要分为两种：直接调频法及波形存储法。

直接调频法是将 GMSK 信号作为一种调频信号，将基带信号通过高斯滤波器进行成形后，再经过频率(FM)调制器即得 GMSK 信号，其调制原理框图如图 3.28 所示。将 GMSK 信号作为基带信号成形后的 MSK 信号，可用 MSK 正交调制结构实现，其调制原理框图如图 3.29 所示。

图 3.28　GMSK 直接调频法调制原理框图

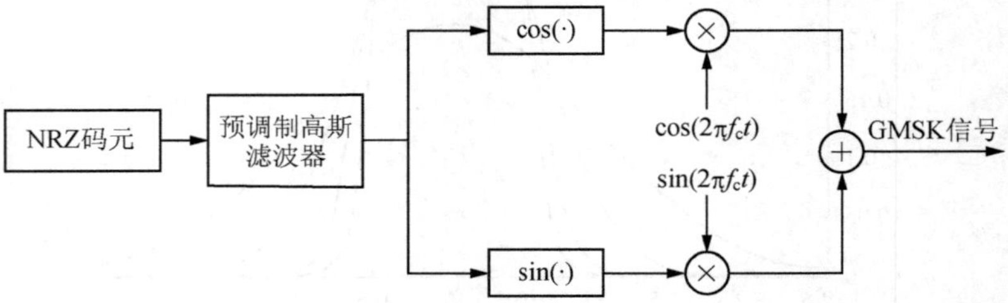

图 3.29　GMSK 正交调制结构原理框图

波形存储法也称查表法，是工程上常用的一种 GMSK 产生方法。基本原理是 $g(t)$的影响随着距离越远越小，因而当前码元周期内的相位可以只取当前码元与附近的码元相位叠加的结果。在一个码元周期内，GMSK 的相位变化取前后共 $2N+1$ 个比特码元对相位影响的叠加，附近码元的 0，1 不同，对当前码元的影响不同，故一个码元周期内的相位变化的可能曲线有 2^{2N+1} 种。把这 2^{2N+1} 种相位变化曲线预先计算出来存入表中，在调制时用前后连续的 $2N+1$ 个码元组合进行查找，即得到一个码元周期内的相位变化曲线。由于 GMSK 相位的连续变化特性，故查表所得的相位变化曲线是上个码元周期末相位的累加。

令 $g_T(t)$ 为 $g(t)$ 进行截短处理后的函数，截短长度为 $(2N+1)T_b$，即有

$$g_T(t)=\begin{cases} g(t), & |t|\leqslant \dfrac{2N+1}{2}T_b \\ 0, & |t|\leqslant \dfrac{2N+1}{2}T_b \end{cases} \tag{3.91}$$

相位

$$\varphi(t,a)=\pi\sum_{i=-\infty}^{\infty}a_i\int_{-\infty}^{t}g_T(\tau-iT_b)\mathrm{d}\tau \tag{3.92}$$

$kT_b\leqslant t\leqslant(k+1)T_b$ 时，有

$$\varphi(t,a)=\varphi(kT_b,a)+\Delta\varphi(t,a) \tag{3.93}$$

式中，$\varphi(kT_b,a)$ 为码元转换时刻到达的相位；$\Delta\varphi(t,a)$ 为第 k 个码元期间相位的变化，带入式(3.92)，有

$$\begin{cases}\varphi(kT_b,a)=\pi\int_{-\infty}^{kT_b}\left[\sum_{i=-\infty}^{\infty}a_i g_T(\tau-iT_b)\right]d\tau\\ \Delta\varphi(t,a)=\pi\int_{kT_b}^{t}\left[\sum_{i=-\infty}^{\infty}a_i g_T(\tau-iT_b)\right]d\tau\end{cases}\tag{3.94}$$

取前后共 $2N+1$ 个比特码元，因而有

$$\int_{-\infty}^{\infty}g(t)dt=\int_{-N-\frac{T_b}{2}}^{N+\frac{T_b}{2}}g_T(t)dt=T_b\tag{3.95}$$

代入式(3.94)可得

$$\begin{cases}\varphi(kT_b,a)=\dfrac{\pi}{2T_b}\sum\limits_{i=k-N}^{k+N}\left[\alpha_i\int_{(i-N)T_b}^{kT_b}g_T\left(\tau-iT_b-\dfrac{T_b}{2}\right)d\tau\right]+\dfrac{\pi}{2}\sum\limits_{i=-\infty}^{k-N-1}\alpha_i\\ \Delta\varphi(t,a)=\dfrac{\pi}{2T_b}\sum\limits_{i=k-N}^{k+N}\left[\alpha_i\int_{kT_b}^{t}g\left(\tau-iT_b-\dfrac{T_b}{2}\right)d\tau\right]\end{cases}\tag{3.96}$$

令 $l=\sum\limits_{i=-\infty}^{k-N-1}\alpha_i$，则 $\varphi(t,a)$ 取决于前后共 $2N+1$ 个码元和初始象限 $l\pi/2$。

波形存储法原理框图如图 3.30 所示。首先将 $\cos[\varphi(t,a)]$，$\sin[\varphi(t,a)]$ 离散化，制成表储存在 ROM 中。$\cos[\varphi(t,a)]$，$\sin[\varphi(t,a)]$ 离散化，必须对相位轨迹 $\varphi(t,a)$ 采样。设采样频率为 $f_s=p/T_b$， p 是每个码元间隔的采样点数，也称内插因子。

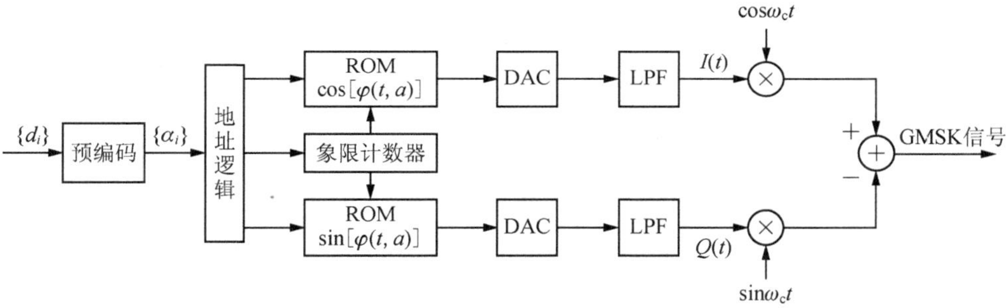

图 3.30　波形存储法原理框图

GMSK 有相干解调及非相干解调方法，相干解调实现起来较复杂，成本较高。我们主要介绍两种 GMSK 非相干解调方法，一种是限幅鉴频法，另一种是相位差分法。

限幅鉴频法是将 GMSK 信号看作为一种连续相位的 FSK 信号，由于 GMSK 信号具有恒包络特性，故可将其进行限幅，以减小幅度干扰，再通过鉴频器，根据定时信息进行抽样判决，即可得调制信息。其原理如下。

假设无噪时，GMSK 信号可表示为

$$r(t)=\sqrt{\frac{2E_b}{T_b}}\exp\{j[2\pi f_c t+2\pi f_v t+\varphi(t,a)]\}\tag{3.97}$$

式中，f_c 是载波频率；f_v 是频率偏移。则其基带信号为

$$s(t)=\sqrt{\frac{2E_{\mathrm{b}}}{T_{\mathrm{b}}}}\exp\{\mathrm{j}[2\pi f_{v}t+\varphi(t,a)]\} \tag{3.98}$$

经过鉴频得

$$\begin{aligned}f(t)&=\frac{\mathrm{Re}[s(t)]\{\mathrm{Im}[s(t)]\}'-\mathrm{Im}[s(t)]\{\mathrm{Re}[s(t)]\}'}{\{\mathrm{Re}[s(t)]\}^{2}+\{\mathrm{Im}[s(t)]\}^{2}}\\&=2\pi f_{v}+\varphi'(t,a)\\&=2\pi f_{v}+\pi\sum_{i=-\infty}^{\infty}a_{i}g(t-iT_{\mathrm{b}})\end{aligned} \tag{3.99}$$

由式(3.99)可以看出，通过对频偏 f_v 的估计并将其去除后，则得到

$$f_{1}(t)=\pi\sum_{i=-\infty}^{\infty}a_{i}g(t-iT_{\mathrm{b}}) \tag{3.100}$$

由于 $g(t)$ 为正值，故在定时恢复后，对式(3.100)直接进行判决，即得码元序列。码元判决准则为

$$\hat{a}_{k}=\begin{cases}1, & f_{1}(n)\geqslant 0\\-1, & f_{1}(n)<0\end{cases} \tag{3.101}$$

限幅鉴频法原理框图如图 3.31 所示。

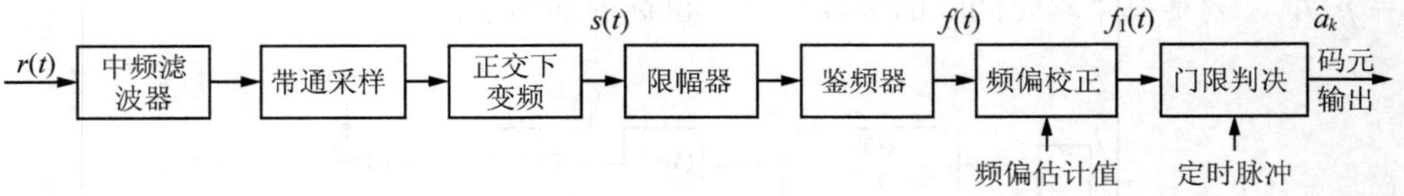

图 3.31　限幅鉴频法原理框图

相位差分法原理框图如图 3.32 所示，相位差分法原理推导如下所述，基带信号 $s(t)$ 与其延时 ΔT 后的信号先共轭相乘，再取相位即得相位差分信号，其表示式为

$$\begin{aligned}\Delta\phi(t)&=\arg\left[s(t)\times s^{*}(t+\Delta T)\right]\\&=-2\pi f_{v}\Delta T+\varphi(t,a)-\varphi(t+\Delta T,a)\\&=-2\pi f_{v}\Delta T+\Delta\varphi(t,\Delta T,a)\end{aligned} \tag{3.102}$$

由式(3.102)可以看出，频偏 f_v 对相位差分信号 $\Delta\phi(t)$ 的影响只是一个常数，通过对频偏进行估计并将其去除后，相位差分信号变为信息相位差分信号

$$\Delta\phi_{1}(t)=\Delta\varphi(t,\Delta T,a) \tag{3.103}$$

此时，延时共轭相乘所得信号的实部和虚部为

$$s_{\mathrm{re}}(t)=\cos[\Delta\varphi(t,\Delta T,a)]=\cos[\varphi(t,a)-\varphi(t+\Delta T,a)] \tag{3.104}$$

$$s_{\mathrm{im}}(t)=\sin[\Delta\varphi(t,\Delta T,a)]=\sin[\varphi(t,a)-\varphi(t+\Delta T,a)] \tag{3.105}$$

由于时延 ΔT 可取不同的值，将有不同的判决准则。比较常用的时延为 $\Delta T=T_{\mathrm{b}}$ 或 $\Delta T=2T_{\mathrm{b}}$，分别称之为一比特相位差分法和二比特相位差分法。通过在判决时刻对归一化后信号的实部(二比特相位差分法)或虚部(一比特相位差分法)进行判决，即可得调制信息。

使用二比特相位差分法时，须在信源端对信息进行差分编码，编码关系为

$$b_k = b_{k-1}a_k,\ k=0,\ 1,\ 2,\ \cdots \text{且定义} b_{-1} = -1 \tag{3.106}$$

对于二比特相位差分法来说，整体波形有向上的偏置，故其判决准则为

$$\hat{a}_k = \begin{cases} 1, & s_{\mathrm{re}}(t) \geqslant s_0 \\ -1, & s_{\mathrm{re}}(t) < s_0 \end{cases} \tag{3.107}$$

一比特相位差分法的门限判决准则为

$$\hat{a}_k = \begin{cases} 1, & s_{\mathrm{im}}(t) \geqslant 0 \\ -1, & s_{\mathrm{im}}(t) < 0 \end{cases} \tag{3.108}$$

由式(3.102)可以看出，频偏 f_υ 对相位差分信号 $\Delta\phi(t)$ 的影响只是一个常数。可对相位差分信号 $\Delta\phi(t)$ 再次差分直接去除频偏，不用进行频偏估计。

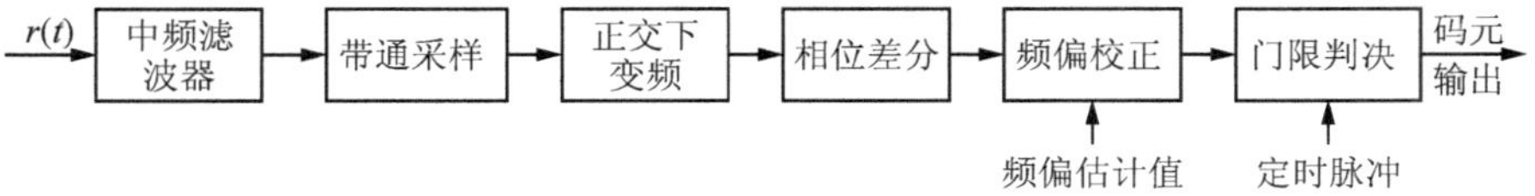

图 3.32　相位差分法原理框图

3.5　功率谱密度

功率谱密度描述了信号功率在频域中的分布，它对描述一种调制方法是否具有频率有效性、信道分配及发射机和接收机的设计都具有非常重要的作用。考虑一个带通信号

$$\begin{aligned} s(t) &= \Re\left\{u(t)\mathrm{e}^{\mathrm{j}2\pi f_c t}\right\} \\ &= \frac{1}{2}\left\{u(t)\mathrm{e}^{\mathrm{j}2\pi f_c t} + u^*(t)\mathrm{e}^{-\mathrm{j}2\pi f_c t}\right\} \end{aligned} \tag{3.109}$$

式中，$u(t) = s_{\mathrm{I}}(t) + \mathrm{j}s_{\mathrm{Q}}(t)$ 为基带复包络，并且我们假设载波幅度为 1。

$s(t)$ 为具有周期性均值和周期性自相关函数的随机信号，周期为符号周期 T_{s}，该随机过程称为循环平稳随机过程。$s(t)$ 的功率谱密度定义为在每个周期时间平均自相关函数的傅里叶变换。$s(t)$ 的时间平均自相关函数为

$$\begin{aligned} R_s(\tau) &= \frac{1}{T_{\mathrm{s}}}\int_0^{T_{\mathrm{s}}} E[s(t)s(t-\tau)]\mathrm{d}t \\ &= \frac{1}{4T_{\mathrm{s}}}\int_0^{T_{\mathrm{s}}} E\{[u(t)\mathrm{e}^{\mathrm{j}2\pi f_c t} + u^*(t)\mathrm{e}^{-\mathrm{j}2\pi f_c t}] \\ &\quad \times [u(t-\tau)\mathrm{e}^{\mathrm{j}2\pi f_c (t-\tau)} + u^*(t-\tau)\mathrm{e}^{-\mathrm{j}2\pi f_c (t-\tau)}]\}\mathrm{d}t \\ &= \frac{1}{4T_{\mathrm{s}}}\int_0^{T_{\mathrm{s}}} E\{u(t)u(t-\tau)\mathrm{e}^{\mathrm{j}2\pi f_c (2t-\tau)} + u(t)u^*(t-\tau)\mathrm{e}^{\mathrm{j}2\pi f_c \tau} \\ &\quad + u^*(t)u(t-\tau)\mathrm{e}^{-\mathrm{j}2\pi f_c \tau} + u^*(t)u^*(t-\tau)\mathrm{e}^{-\mathrm{j}2\pi f_c (2t-\tau)}\}\mathrm{d}t \end{aligned} \tag{3.110}$$

因为 $E\left\{\mathrm{e}^{\mathrm{j}2\pi f_c (2t-\tau)}\right\} = E\left\{\mathrm{e}^{-\mathrm{j}2\pi f_c (2t-\tau)}\right\} = 0$，且基带复包络 $u(t)$ 的时间平均自相关函数为

$$R_u(\tau)=\frac{1}{T_s}\int_0^{T_s}E\left\{u(t)u^*(t-\tau)\right\}\mathrm{d}t \tag{3.111}$$

式(3.110)化简为

$$\begin{aligned}R_s(\tau)&=\frac{1}{4T_s}\int_0^{T_s}E\{u(t)u^*(t-\tau)\mathrm{e}^{\mathrm{j}2\pi f_c\tau}+u^*(t)u(t-\tau)\mathrm{e}^{-\mathrm{j}2\pi f_c\tau}\}\mathrm{d}t\\&=\frac{1}{4}R_u(\tau)\mathrm{e}^{\mathrm{j}2\pi f_c\tau}+\frac{1}{4}R_u^*(\tau)\mathrm{e}^{-\mathrm{j}2\pi f_c\tau}\end{aligned} \tag{3.112}$$

$s(t)$的功率谱密度为

$$\begin{aligned}\Phi_s(f)&=\boldsymbol{F}[R_s(\tau)]\\&=\boldsymbol{F}\left[\frac{1}{4}R_u(\tau)\mathrm{e}^{\mathrm{j}2\pi f_c\tau}+\frac{1}{4}R_u^*(\tau)\mathrm{e}^{-\mathrm{j}2\pi f_c\tau}\right]\\&=\frac{1}{4}\left[\Phi_u(f-f_c)+\Phi_u^*(-f-f_c)\right]\end{aligned} \tag{3.113}$$

式中，$\Phi_u(f)=\frac{1}{T_b}|G(f)|^2$，易证明$\Phi_u(f)=\Phi_u^*(-f)$，上式简化为

$$\Phi_s(f)=\frac{1}{4}\left[\Phi_u(f-f_c)+\Phi_u(f+f_c)\right] \tag{3.114}$$

显见调制信号的功率谱密度是由基带复包络的功率谱密度$\Phi_u(f)$决定的。

在数字传输中，基带信号常常可以表示为

$$u(t)=\sum_{n=-\infty}^{\infty}a_n g(t-nT_s) \tag{3.115}$$

式中，$\{a_n\}$表示符号序列；$g(t)$为时宽T_s的基带数字脉冲，$u(t)$的自相关函数

$$E\left[u(t)u^*(t-\tau)\right]=\sum_{n=-\infty}^{\infty}\sum_{m=-\infty}^{\infty}E\left[a_n a_m^*\right]g(t-nT_s)g^*(t-\tau-mT_s) \tag{3.116}$$

设$\{a_n\}$是广义平稳的，自相关函数为

$$R_a(m)=E\left[a_n a_{n-m}^*\right] \tag{3.117}$$

则有

$$\begin{aligned}E\left[u(t)u^*(t-\tau)\right]&=\sum_{n=-\infty}^{\infty}\sum_{m=-\infty}^{\infty}R_a(n-m)g(t-nT_s)g^*(t-\tau-mT_s)\\&=\sum_{m=-\infty}^{\infty}R_a(m)\sum_{n=-\infty}^{\infty}g(t-nT_s)g^*(t-\tau-nT_s+mT_s)\end{aligned} \tag{3.118}$$

$u(t)$的时间平均自相关函数为

$$\begin{aligned}R_u(\tau)&=\frac{1}{T_s}\int_0^{T_s}E\left\{u(t)u^*(t-\tau)\right\}\mathrm{d}t\\&=\sum_{m=-\infty}^{\infty}R_a(m)\sum_{n=-\infty}^{\infty}\frac{1}{T_s}\int_0^{T_s}g(t-nT_s)g^*(t-\tau-nT_s+mT_s)\mathrm{d}t\\&=\sum_{m=-\infty}^{\infty}R_a(m)\sum_{n=-\infty}^{\infty}\frac{1}{T_s}\int_{-nT_s}^{T_s-nT_s}g(t)g^*(t-\tau+mT_s)\mathrm{d}t\end{aligned}\tag{3.119}$$

记

$$R_g(\tau)=\int_{-\infty}^{\infty}g(t)g^*(t-\tau)\mathrm{d}t\tag{3.120}$$

则有

$$R_u(\tau)=\frac{1}{T_s}\sum_{m=-\infty}^{\infty}R_a(m)R_g(\tau-mT_s)\tag{3.121}$$

进行傅里叶变换，得到 $u(t)$ 的时间平均功率谱密度

$$\Phi_u(f)=\boldsymbol{F}\left[R_u(\tau)\right]=\frac{1}{T_s}\left|G(f)\right|^2\Phi_a(f)\tag{3.122}$$

式中，$G(f)$ 是 $g(t)$ 的傅里叶变换；$\Phi_a(f)$ 表示信息序列的功率谱密度，其定义为

$$\Phi_a(f)=\sum_{m=-\infty}^{+\infty}R_a(m)\mathrm{e}^{-\mathrm{j}2\pi fmT_s}\tag{3.123}$$

3.5.1　BPSK 功率谱密度

BPSK 基带复包络信号为

$$u(t)=\sum_{n=-\infty}^{\infty}a_n g(t-nT_s)\tag{3.124}$$

式中，信息序列 a_n 取值为±1，且符号“1”与“0”等概率分布，彼此独立。显见，其均值 $E[a_n]=0$，信息序列 a_n 自相关函数有

$$R_a(m)=E[a_n a_{n-m}^*]=\begin{cases}E[a_n^2]\\E[a_n]E[a_{n-m}]\end{cases}=\begin{cases}1, & m=0\\0, & m\neq 0\end{cases}\tag{3.125}$$

带入式(3.123)，得到信息序列的功率谱密度

$$\Phi_a(f)=\sum_{m=-\infty}^{+\infty}R_a(m)\mathrm{e}^{-\mathrm{j}2\pi fmT_s}=1\tag{3.126}$$

BPSK 信号为二相调制，比特周期 $T_b=T_s$，带入式(3.110)，得到 $u(t)$ 的时间平均功率谱密度

$$\Phi_u(f)=\frac{1}{T_b}\left|G(f)\right|^2\tag{3.127}$$

代入式(3.114)，得到 BPSK 调制信号的功率谱密度

$$\Phi_s(f)=\frac{1}{4T_b}\left[\left|G(f-f_c)\right|^2+\left|G(f+f_c)\right|^2\right]\tag{3.128}$$

若脉冲成形滤波器为矩形，取 $g(t)=\sqrt{\dfrac{2E_b}{T_b}}\Pi\left(\dfrac{t}{T_b}\right)$，其傅里叶变换为

$$G(f)=F[g(t)]=\sqrt{2E_bT_b}\,\text{sinc}(fT_b)\exp(-\text{j}\pi fT_b) \tag{3.129}$$

代入式(3.128)得到 BPSK 调制信号的功率谱密度

$$\Phi_s(f)=\frac{E_b}{2}\left\{\text{sinc}^2\left[(f-f_c)T_b\right]+\text{sinc}^2\left[(f+f_c)T_b\right]\right\} \tag{3.130}$$

3.5.2 QPSK 功率谱密度

由于信号的恒定相移不会影响信号的功率谱密度，所以初相为 0 与初相为π/4 的 QPSK 信号的功率谱密度是相同的。基带复包络信号为

$$u(t)=\sum_{n=-\infty}^{\infty}a_ng(t-nT_s) \tag{3.131}$$

式中，$a_n=a_{1n}+\text{j}a_{2n}$，取值 $a_{1n}=\pm\sqrt{2}/2$，$a_{2n}=\pm\sqrt{2}/2$，且符号“1”与“0”等概率分布，彼此独立。因此有

$$E[a_{1n}]=E[a_{2n}]=0 \tag{3.132}$$

信息序列 a_n 自相关函数有

$$\begin{aligned}R_a(m)&=E\left[a_na_{n-m}^*\right]\\&=E\left[(a_{1n}+\text{j}a_{2n})(a_{1(n-m)}-\text{j}a_{2(n-m)})\right]\\&=E\left[a_{1n}a_{1(n-m)}+a_{2n}a_{2(n-m)}\right]\\&=\begin{cases}1, & m=0\\0, & m\neq 0\end{cases}\end{aligned} \tag{3.133}$$

带入式(3.123)，得到信息序列的功率谱密度

$$\Phi_a(f)=\sum_{m=-\infty}^{+\infty}R_a(m)\text{e}^{-\text{j}2\pi fmT_s}=1 \tag{3.134}$$

QPSK 信号为四相调制，比特周期 $T_b=T_s/2$，带入式(3.116)，得到 $u(t)$ 的时间平均功率谱密度

$$\Phi_u(f)=\frac{1}{2T_b}\left|G(f)\right|^2 \tag{3.135}$$

代入式(3.114)，得到 QPSK 调制信号的功率谱密度

$$\Phi_s(f)=\frac{1}{8T_b}\left[\left|G(f-f_c)\right|^2+\left|G(f+f_c)\right|^2\right] \tag{3.136}$$

若脉冲成形滤波器为矩形，取 $g(t)=\sqrt{\dfrac{E_s}{T_s}}\Pi\left(\dfrac{t}{T_s}\right)$，其傅里叶变换为

$$G(f)=F\left[g(t)\right]=\sqrt{E_sT_s}\,\text{sinc}(fT_s)\exp(-\text{j}\pi fT_s) \tag{3.137}$$

代入 $T_b=T_s/2$，$E_b=E_s/2$，得到 QPSK 调制信号的功率谱密度

$$\Phi_s(f)=E_b\left\{\text{sinc}^2\left[2(f-f_c)T_b\right]+\text{sinc}^2\left[2(f+f_c)T_b\right]\right\} \tag{3.138}$$

3.5.3 OQPSK 功率谱密度

OQPSK 与 QPSK 信号相比，仅仅是实现正交调制时正交支路的信号相对同相支路延时一个比特间隔。因此基带复包络信号的表示式为

$$u(t)=\sum_{n=-\infty}^{\infty}a_n g(t-nT_s) \tag{3.139}$$

式中，$a_n=a_{1n}+\mathrm{j}a_{2n}$，取值 $a_{1n}=\pm\sqrt{2}/2$，$a_{2n}=\pm\sqrt{2}/2$，且符号“1”与“0”等概率分布，彼此独立。可见与 QPSK 信号相同，因而最终得到的 OQPSK 调制信号的功率谱密度亦为

$$\Phi_s(f)=\frac{1}{8T_b}\left[\left|G(f-f_c)\right|^2+\left|G(f+f_c)\right|^2\right] \tag{3.140}$$

所以，OQPSK 与 QPSK 具有相同的功率谱密度。

3.5.4 π/4-DQPSK 功率谱密度

由前面的论述，π/4-DQPSK 幅度归一化的表达式为

$$s(t)=\cos[\Phi_n]g(t)\cos(2\pi f_c t)-\sin[\Phi_n]g(t)\sin(2\pi f_c t) \tag{3.141}$$

因而基带复包络信号为

$$u(t)=\sum_{n=-\infty}^{\infty}a_n g(t-nT_s) \tag{3.142}$$

式中，$a_n=a_{1n}+\mathrm{j}a_{2n}$，由于 $\Phi_n\in\{\pi/4,3\pi/4,5\pi/4,7\pi/4\}$，因而有取值 $a_{1n}=\pm\sqrt{2}/2$，$a_{2n}=\pm\sqrt{2}/2$。可见与 QPSK 信号相同，因而最终得到的 π/4-DQPSK 调制信号的功率谱密度亦为

$$\Phi_s(f)=\frac{1}{8T_b}\left[\left|G(f-f_c)\right|^2+\left|G(f+f_c)\right|^2\right] \tag{3.143}$$

所以，正如 OQPSK 一样，π/4-DQPSK 与 QPSK 具有相同的功率谱密度。

3.5.5 MSK 功率谱密度

当 $t\in[0,T_b]$ 时，MSK 信号可以表示为

$$s(t)=\sqrt{\frac{2E_b}{T_b}}\left[a_{1n}\cos\left(\frac{\pi t}{2T_b}\right)\cos(2\pi f_c t)+a_{2n}\sin\left(\frac{\pi t}{2T_b}\right)\sin(2\pi f_c t)\right] \tag{3.144}$$

其基带复包络为

$$u(t)=\sum_{n=-\infty}^{+\infty}a_{1n}\left[\sqrt{\frac{2E_b}{T_b}}\cos\left(\frac{\pi t}{2T_b}\right)\right]+\mathrm{j}a_{2n}\left[\sqrt{\frac{2E_b}{T_b}}\sin\left(\frac{\pi t}{2T_b}\right)\right] \tag{3.145}$$

式中，a_{1n}，a_{2n} 为相互独立的随机变量，根据信息序列的不同等可能地取±1。设脉冲成形滤波器的冲激响应为

$$g(t)=\sqrt{\frac{2E_b}{T_b}}\cos\left(\frac{\pi t}{2T_b}\right),\quad t\in[-T_b,T_b] \tag{3.146}$$

其傅里叶变换为

$$G(f)=F[g(t)]=-\frac{1}{4\pi T_b}\sqrt{\frac{2E_b}{T_b}}\frac{\cos(2\pi f T_b)}{f^2-(1/16T_b^2)} \tag{3.147}$$

基带复包络可以写为

$$u(t)=\sum_{n=-\infty}^{+\infty} a_{1n}g(t-nT_b)+\mathrm{j}a_{2n}g(t-nT_b-T_b) \tag{3.148}$$

由于 $g(t-n\mathrm{T_b})$与 $g(t-nT_b-T_b)$ 相互正交，故 $u(t)$ 的功率谱密度是两部分的和，基带复包络的功率谱密度为

$$\begin{aligned}\Phi_u(f)&=\frac{1}{2T_b}E\left[(a_{1n})^2\right]\left|F[g(t)]\right|^2+\frac{1}{2T_b}E\left[(a_{2n})^2\right]\left|F[g(t-T_b)]\right|^2\\&=\frac{1}{2T_b}|G(f)|^2+\frac{1}{2T_b}|G(f)\exp(-\mathrm{j}2\pi f\,T_b)|^2\\&=\frac{32E_b}{\pi^2}\left[\frac{\cos(2\pi f T_b)}{1-(4fT_b)^2}\right]^2\end{aligned} \tag{3.149}$$

带入式(3.114)，得到 MSK 调制信号的功率谱密度

$$\Phi_s(f)=\frac{8E_b}{\pi^2}\left\{\frac{\cos[2\pi(f-f_c)T_b]^2}{1-[4(f-f_c)T_b]^2}+\frac{\cos[2\pi(f+f_c)T_b]^2}{1-[4(f+f_c)T_b]^2}\right\} \tag{3.150}$$

图 3.33 为 BPSK、QPSK 和 MSK 的归一化功率谱密度，横轴为归一化频率差，由此可以观察到由于具有连续相位调制的优势，MSK 具有较小的旁瓣，且旁瓣衰减速度快，这样对于邻道造成的干扰最少。由图中可见 QPSK 信号为四相调制，对比于二相调制的 BPSK 和 MSK，具有更窄的主瓣，从而具有更高的频谱利用率。

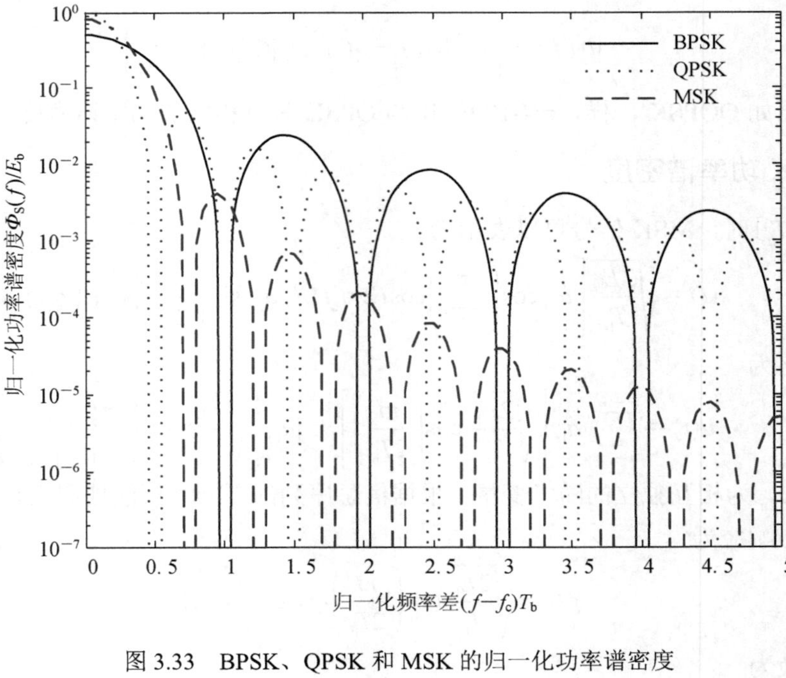

图 3.33　BPSK、QPSK 和 MSK 的归一化功率谱密度

3.5.6 GMSK 功率谱密度

GMSK 的功率谱密度推导困难，但可以通过计算机仿真得到其功率谱密度，如图 3.34 所示为不同 BT_b 值下的功率谱。

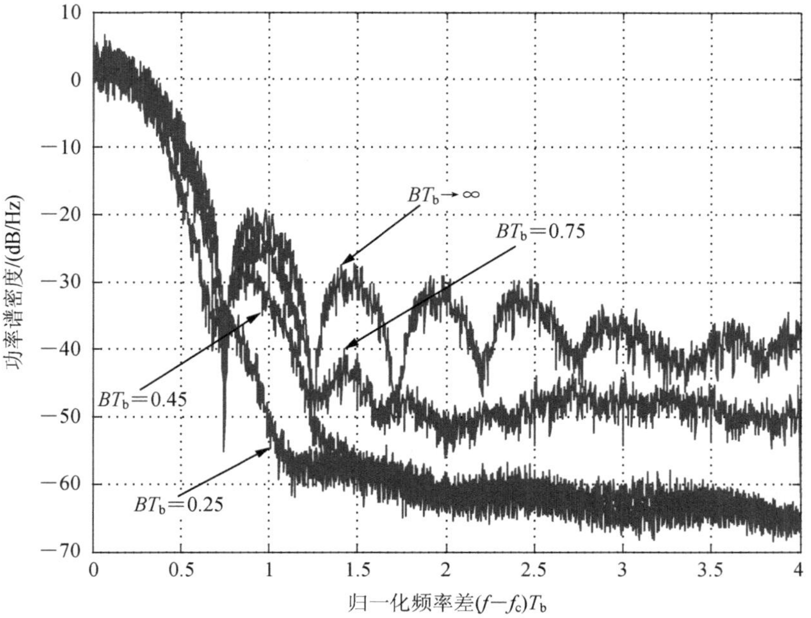

图 3.34　GMSK 的功率谱密度

GMSK 与 MSK 相比具有更紧凑的功率谱密度以及更低的旁瓣。BT_b 值的增加意味着旁瓣越大，带外辐射增加，当 BT_b 趋于无穷时，GMSK 的功率谱密度趋近于 MSK 的功率谱密度。另一方面，BT_b 值的降低意味着低通滤波器带宽越窄，GMSK 的主瓣越窄，码间串扰越严重。表 3.3 显示了作为 BT_b 函数的 GMSK 信号中，包含给定功率百分比的带宽[49]。因此，通过选择合适的 BT_b 值可以获得发射信号的紧凑功率谱与符号间干扰的折中，通常 BT_b 取值为 0.2～0.4。

表 3.3　给定功率百分比所占用的带宽[49]

BT_b	90%	99%	99.9%	99.99%
0.2GMSK	0.52	0.79	0.99	1.22
0.25GMSK	0.57	0.86	1.09	1.37
0.5GMSK	0.69	1.04	1.33	2.08
MSK	0.78	1.20	2.76	6.00

由图 3.33 和图 3.34 我们可以对连续相位调制信号和非连续相位调制信号的功率谱密度进行比较，从中可以明显地发现连续相位调制信号的旁瓣衰减更加迅速，这也是连续相位调制技术迅速发展的关键原因之一。值得注意的是，对比 MSK 和 GMSK 信号，频率脉冲响应函数 $g(t)$越平滑，频谱越集中，频带利用率越高。

3.6　数字调制的性能

无线信道中存在多种不利于传输的特性，因而需要评估在这样的信道条件下调制方案的性能。本节着重讨论数字调制误码性能。首先简单讨论了几种调制方式在加性高斯白噪声(AWGN)信道中的性能，其次在已有结论的基础上讨论调制信号通过衰落信道后的性能。

3.6.1　AWGN 信道

在 AWGN 信道中，发送信号 $s(t)$ 受到噪声 $n(t)$ 的干扰。$n(t)$ 是一个白高斯过程，其均值为零、功率谱密度为 $N_0/2$。接收信号 $r(t)=s(t)+n(t)$。

我们把接收信号的功率 P_r 与信号 $s(t)$ 带宽内噪声功率的比值称为接收信噪比。噪声的功率取决于信号 $s(t)$ 的带宽和噪声的频谱特性。例如，若发送信号 $s(t)$ 的复包络 $u(t)$ 带宽为 B，则 $s(t)$ 的带宽是 $2B$，高斯白噪声 $n(t)$ 具有平坦的功率谱密度 $N_0/2$，所以在带宽 $2B$ 内的噪声功率为

$$N=2B\times N_0/2=N_0B \tag{3.151}$$

于是，接收信噪比为

$$SNR=\frac{P_r}{N_0B} \tag{3.152}$$

信噪比可以用比特能量 E_b 或符号能量 E_s 来表示

$$SNR=\frac{P_r}{N_0B}=\frac{E_s}{N_0BT_s}=\frac{E_b}{N_0BT_b} \tag{3.153}$$

式中，T_s 为码元间隔，T_b 为比特间隔。常常将 $\gamma_s=E_s/N_0$ 称为符号信噪比，将 $\gamma_b=E_b/N_0$ 称为比特信噪比。从实际性能的角度出发，我们更关心误比特率 P_e 和比特信噪比 γ_b 的关系。一般的做法是先求出误符号率 P_s 同 γ_s 的关系，再通过一些精确的或者近似的转换方法得到 P_e 和 γ_b 的关系。下面我们就几种典型的数字调制方式讨论其误码率。

首先考虑载波同步时相干解调的 BPSK，二进制调制的误符号率和误比特率相等。AWGN 信道中的相干 BPSK 接收框图如图 3.35 所示，不失一般性，考虑在时间间隔$[0,T_b]$上发射一个符号的检测。发射信号为

$$s(t)=\begin{cases}\sqrt{E_b}\phi_1(t), & 符号“1”\\ -\sqrt{E_b}\phi_1(t), & 符号“0”\end{cases} \tag{3.154}$$

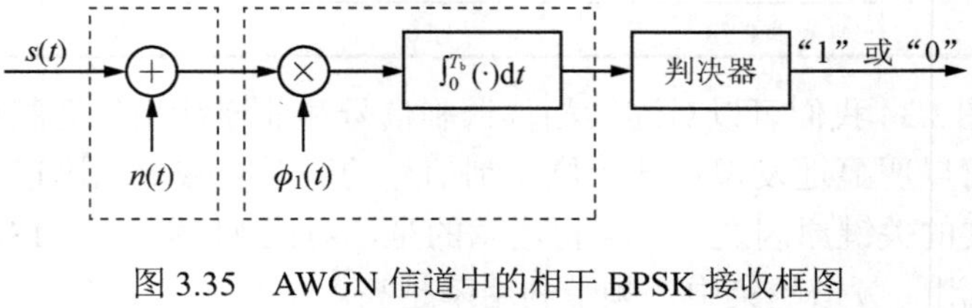

图 3.35　AWGN 信道中的相干 BPSK 接收框图

式中，$\phi_1(t)$ 为基函数，高斯白噪声 $n(t)$ 具有平坦的功率谱密度 $N_0/2$，相干检测器(或 $t=T_b$ 时的匹配滤波器)的输出

$$r_1=\int_0^{T_b} r(t)\phi_1(t)\mathrm{d}t \tag{3.155}$$

为高斯随机变量，其方差为 $\sigma_N^2=N_0/2$，发送“1”时的条件均值为 $\mu_1=\sqrt{E_b}$，发送“0”时的条件均值为 $\mu_0=-\sqrt{E_b}$。即判决量 r_1 的条件概率密度为[3]

$$f_{r_1}(x)=\frac{1}{\sqrt{2\pi}\sigma_N}\exp\left[-\frac{(x-\mu_i)^2}{2\sigma_N^2}\right],\ i=0,1,\ x\in\{-\infty,+\infty\} \tag{3.156}$$

判决域相应的判决规则为，若 $r_1\geqslant 0$ 则所发送的符号为“1”，反之为“0”。假设发送符号“1”与“0”是等概率的，所以 BPSK 误比特率为

$$\begin{aligned}P_{e,BPSK}&=P(r_1\geqslant 0/\text{发送符号为“0”})P(\text{发送符号为“0”})\\&\quad+P(r_1<0/\text{发送符号为“1”})P(\text{发送符号为“1”})\\&=\frac{1}{2}\left\{\int_0^{\infty}\frac{1}{\sqrt{2\pi}\sigma_N}\exp\left[-\frac{(x-\mu_0)^2}{2\sigma_N^2}\right]\mathrm{d}x+\int_{-\infty}^{0}\frac{1}{\sqrt{2\pi}\sigma_N}\exp\left[-\frac{(x-\mu_1)^2}{2\sigma_N^2}\right]\mathrm{d}x\right\}\\&=Q\left(\sqrt{\frac{2E_b}{N_0}}\right)\\&=Q(\sqrt{2\gamma_b})\end{aligned} \tag{3.157}$$

QPSK 的 I 路和 Q 路都是 BPSK 调制，理想相干解调时这两个 BPSK 互相正交。这样，I 路及 Q 路的误比特率都等于 BPSK 的误码率 $P_e=Q(\sqrt{2\gamma_b})$，因此相干 QPSK 检测与相干 BPSK 检测的误比特率是相同的

$$P_{e,QPSK}=Q\left(\sqrt{\frac{2E_b}{N_0}}\right)=Q(\sqrt{2\gamma_b}) \tag{3.158}$$

只有当 I 路及 Q 路都被正确检测时，才能正确检测出一个两比特符号。因为 I 路及 Q 路得检测是独立的，所以符号正确接收的概率为[3]

$$P_{c,QPSK}=\left[1-Q\left(\sqrt{\frac{2E_b}{N_0}}\right)\right]^2 \tag{3.159}$$

因此，有符号差错概率为

$$P_{s,QPSK}=1-P_{c,QPSK}=1-\left[1-Q\left(\sqrt{\frac{2E_b}{N_0}}\right)\right]^2 \tag{3.160}$$

由于码符号能量被均分到同相支路和正交支路，所以 $\gamma_s=2\gamma_b$，因此符号差错概率和 γ_s 的关系是

$$P_{s,QPSK}=1-\left[1-Q(\sqrt{\gamma_s})\right]^2 \tag{3.161}$$

在 MPSK 的星座图中，

$$\begin{cases} s_{i1}=A\cos\left[\dfrac{2\pi(i-1)}{M}\right] \\ s_{i2}=A\sin\left[\dfrac{2\pi(i-1)}{M}\right] \end{cases} \quad A>0,\ i=1,\ \cdots,\ M \tag{3.162}$$

符号能量为$E_s=A^2$，因此$\gamma_s=A^2/N_0$。由式(3.162)可知，发送第i个星座点时，若接收向量$\boldsymbol{r}e^{j\theta}$的角度$\theta\notin[2\pi(i-1.5)/M,2\pi(i-0.5)/M]$，就会发生判决错误，详见文献[17]。一般来说，当$\gamma_b\gg 1$时，MPSK相干解调的符号错误概率近似为

$$P_s\approx 2Q\left[\sqrt{2\gamma_s}\sin(\pi/M)\right] \tag{3.163}$$

上述MPSK误码率的推导中假设了理想相干解调(接收端准确恢复载波相位)。如接收端恢复的载波存在相位误差，相位误差就会影响到误符号率P_s的结果，相位误差的大小与载波相位恢复的方法和信噪比有关。另外，相位误差对于MPSK会造成I路和Q路的相互干扰，所以MPSK相对于BPSK而言，对相位误差更敏感。在快衰落信道中，多径干涉将使信道相位急剧变化，此时相位误差的问题更为突出。

对于MSK信号的误码率讨论我们可以简单地由星座图分析开始，图3.23所示的MSK信号星座图与图3.11所示的QPSK信号星座图是相似的，区别在于MSK信号星座图中判决域D_1与D_3均表示符号“1”，D_2与D_4均表示符号“0”。我们注意到MSK中“1”与“0”的总的判决域为半个信号空间，可以推断出MSK的误比特率为[3]

$$P_{e,BPSK}=Q\left(\sqrt{\frac{2E_b}{N_0}}\right)=Q(\sqrt{2\gamma_b}) \tag{3.164}$$

各种调制方式有关误码率的详尽推导见文献[1][2][17][18]。我们将其中几种调制方式的误码率结果罗列出来，如表3.4所示。

表3.4　各种调制方式的误码率

调制	误码率
BPSK相干解调	$P_{e,BPSK}=Q\left(\sqrt{2E_b/N_0}\right)$
DBPSK非相干解调	$P_{e,DBPSK非}=e^{-E_b/N_0}/2$
BFSK相干解调	$P_{e,BFSK}=Q\left(\sqrt{E_b/N_0}\right)$
BFSK非相干解调	$P_{e,BFSK非}=e^{-E_b/2N_0}/2$
QPSK相干解调	$P_{e,QPSK}=Q(\sqrt{2E_b/N_0})$
MSK相干解调	$P_{e,MSK}=Q(\sqrt{2E_b/N_0})$
MPSK相干解调	$P_{e,MPSK}\approx\dfrac{2}{\log_2 M}Q\left[\sqrt{2\gamma_b\log_2 M}\sin\left(\dfrac{\pi}{M}\right)\right]$
MFSK相干解调	$P_{s,MFSK}\approx(M-1)Q\left(\sqrt{\dfrac{E_b}{N_0}\cdot\log_2 M}\right)$
MQAM相干解调	$P_{s,MQAM}\approx\dfrac{2(\sqrt{M}-1)}{\sqrt{M}}Q\left(\sqrt{\dfrac{3\log_2 M}{M-1}\cdot\dfrac{E_b}{N_0}}\right)$

3.6.2 衰落信道

前面我们讨论了 AWGN 下几种调制方式的性能，主要是误码率。尽管误码率的计算，给出了特定调制方案性能的一个很好的指示，但是 AWGN 信道分析结果没有提供任何关于差错类型的信息，如不能给出遇到深度衰落时的突发差错概率。

无线信道的特性会大大增加误比特率甚至造成较高的中断率。例如，平坦衰落会引起深度幅度衰落，严重的会造成信号中断，频率选择性衰落会引起较大的码间干扰，进而造成接收信号的误码，多普勒频移会引起频谱扩展，造成信号失真。因此评估无线信道环境下的调制方案的性能，必须考虑损耗、衰落、多径效应和多普勒频移等因素的影响。

在各种信道损耗的情况下，各种调制方案的误码率能够通过分析或通过仿真计算出来。一般平坦慢衰落信道的性能可通过分析得出，频率选择性衰落信道以及快衰落信道的性能要通过计算机仿真得出。例如，通过将输入比特流和一个适当的信道冲激响应模型进行卷积和在接收机判决电路的输出端对误码计数来实现计算机仿真[1]。

在平坦慢衰落信道(码元间隔小于等于衰落的相干时间)中，码元间隔内信号的衰落程度近似不变，平均误码率是这种情形下衡量信道质量的一个合理指标。在 AWGN 信道中，误码率的大小取决于接收信号的信噪比或者比特信噪比 γ_b。在衰落信道中，阴影和多径衰落使接收信号的功率随机变化，因此，误码率 $P_e(\gamma_b)$ 也是随机的。平均误码率 $\bar{P}_e(\bar{\gamma}_b)$，就是针对衰落分布和随机变量 γ_b 取平均的结果。

在平坦慢衰落信道中，还应考虑深度衰落的情况，即接收信号瞬时功率极低，造成很多连续的符号接收错误，从而引起一般编码无力纠正的突发错误，这样的突发错误将严重恶化端到端的性能。在这种情况下，一般规定一定的中断率 P_{off} 以允许少部分时间或地点内不能正常通信。中断率定义为 γ_b 低于某个给定值的概率。

设 γ_0 是达到一定性能所必需的最小信噪比，中断率定义为 γ_b 低于 γ_0 的概率，定义式[2]

$$P_{off}=P[\gamma_b<\gamma_0]=\int_0^{\gamma_0}p(\gamma_b)\mathrm{d}\gamma_b \tag{3.165}$$

考虑平坦慢衰落信道的特性，即在该信道中，由多径传播引起的时延扩展忽略不计(无 ISI)；信道使得发送信号幅度产生乘性失真；信号变化的速率比基带信号的速率慢，信号的相移和衰减至少在一个符号期间保持不变。

由上述假设条件，接收信号表示为

$$r(t)=\alpha(t)\exp[\mathrm{j}\theta(t)]s(t)+n(t),\ 0\leqslant t\leqslant T_s \tag{3.166}$$

式中，$\alpha(t)$ 为幅度衰减；$\theta(t)$ 为相位失真；T_s 为符号间隔；$s(t)$ 为发射信号；$n(t)$ 为高斯白噪声，均值为 0，功率谱密度为 $N_0/2$。由于假设信道的衰落足够慢，以至于接收机可以估计并消除 $\theta(t)$ 的影响，从而实现接收信号的理想相干检测。因此在误码率的分析中，不失一般性，我们假设 $\theta(t)=0$，式(3.166)简化为

$$r(t)=\alpha(t)s(t)+n(t),\ 0\leqslant t\leqslant T_s \tag{3.167}$$

我们考虑发射信号具有恒定的比特能量 E_b，平坦慢衰落信道下某种调制方式的传输误码率的计算可按照以下步骤进行。

(1) 根据 AWGN 信道中的传输性能分析，可以得到该调制方式在 AWGN 信道下的误码

率 $P_e(E_b/N_0)$。

(2) 已知幅度衰减 α，发射信号比特能量为 E_b，接收信号瞬时比特能量为 $\alpha^2 E_b$，因此比特信噪比 $\gamma_b = \alpha^2 E_b/N_0$，此时已知 α 条件下的误码率为

$$P_e(\gamma_b/\alpha) = P_e(\alpha^2 E_b/N_0) \tag{3.168}$$

(3) 定义 $\bar{\gamma}_b$ 为关于 α 的平均接收信噪比，即有

$$\bar{\gamma}_b = \frac{E_b}{N_0} E[\alpha^2] \tag{3.169}$$

(4) 为了得到 α 随机变化时的错误概率，需将错误概率 $P_e(\gamma_b)$ 对 γ_b 的概率密度函数求平均，即计算如下积分

$$\bar{P}_e(\bar{\gamma}_b) = \int_{-\infty}^{\infty} P_e(\gamma_b/\alpha) p_{\gamma_b}(\alpha) \mathrm{d}\alpha \tag{3.170}$$

式中，$p_{\gamma_b}(\alpha)$ 是 α 为随机变量时 γ_b 的概率密度函数。

我们以瑞利衰落信道为主要分析对象来研究平坦慢衰落信道下调制方式的传输误码率的计算。下面以几个例题来加以说明。

例 3.1　瑞利衰落信道下的 BPSK 相干解调的传输错误概率。

解：已知幅度衰减 α，BPSK 在 AWGN 信道下的误比特率为

$$P_{e,\text{BPSK}}(\gamma_b) = Q(\sqrt{2\gamma_b}) = Q(\sqrt{2E_b/N_0})$$

式中，信噪比 $\gamma_b = \alpha^2 E_b/N_0$。瑞利衰落信道中 α 服从瑞利分布，其概率密度函数为

$$p_\alpha(\alpha) = \begin{cases} \dfrac{\alpha}{\sigma^2}\exp\left[-\dfrac{\alpha^2}{2\sigma^2}\right], & \alpha \geqslant 0 \\ 0, & \alpha < 0 \end{cases}$$

式中，$\bar{\gamma}_b$ 为关于 α 的平均接收信噪比，即有

$$\bar{\gamma}_b = \frac{E_b}{N_0} E\left[\alpha^2\right] = 2\sigma^2 \frac{E_b}{N_0}$$

误比特概率 $P_{e,\text{BPSK}}(\gamma_b)$ 对 γ_b 的概率密度函数求平均，即

$$\begin{aligned}
\bar{P}_{e,\text{BPSK}}(\bar{\gamma}_b) &= \int_{-\infty}^{\infty} P_{e,\text{BPSK}}(\gamma_b/\alpha) p_{\gamma_b}(\alpha)\mathrm{d}\alpha \\
&= \int_{-\infty}^{\infty} Q(\sqrt{2\alpha^2 E_b/N_0}) p_{\gamma_b}(\alpha)\mathrm{d}\alpha \\
&= \int_0^{\infty} \left[\frac{1}{\sqrt{2\pi}} \int_{\sqrt{2\alpha^2 E_b/N_0}}^{\infty} \mathrm{e}^{-u^2/2}\mathrm{d}u\right] \frac{\alpha}{\sigma^2}\exp\left[-\frac{\alpha^2}{2\sigma^2}\right]\mathrm{d}\alpha \\
&\overset{x=\alpha^2}{=\!=} \frac{1}{2\sqrt{2\pi}\sigma^2} \int_0^{\infty} \left[\int_{\sqrt{2xE_b/N_0}}^{\infty} \mathrm{e}^{-u^2/2}\mathrm{d}u\right] \exp\left[-\frac{x}{2\sigma^2}\right]\mathrm{d}x \\
&= \frac{1}{2}\left[1 - \sqrt{\frac{\bar{\gamma}_b}{1+\bar{\gamma}_b}}\right]
\end{aligned}$$

利用 $x \ll 1$ 时，有 $\sqrt{\dfrac{1}{1+x}} \approx 1 - \dfrac{x}{2}$ 成立，当信噪比较大时（$\bar{\gamma}_b \gg 1$），误比特概率可以简

化为

$$\overline{P}_{\mathrm{e,BPSK}}(\gamma_{\mathrm{b}})=\frac{1}{2}\left[1-\sqrt{\frac{\overline{\gamma}_{\mathrm{b}}}{1+\overline{\gamma}_{\mathrm{b}}}}\right]\approx\frac{1}{4\overline{\gamma}_{\mathrm{b}}}$$

我们知道 QPSK 与 BPSK 具有相同的误比特率，因此，当信噪比较大时（$\overline{\gamma}_{\mathrm{b}}\gg 1$），QPSK 误比特概率亦为

$$\overline{P}_{\mathrm{e,QPSK}}(\gamma_{\mathrm{b}})=\frac{1}{2}\left[1-\sqrt{\frac{\overline{\gamma}_{\mathrm{b}}}{1+\overline{\gamma}_{\mathrm{b}}}}\right]\approx\frac{1}{4\overline{\gamma}_{\mathrm{b}}}$$

例 3.2　瑞利衰落信道下的 DBPSK 非相干解调的传输错误概率。

解： 已知幅度衰减 α，DBPSK 非相干解调在 AWGN 信道下的误比特率为

$$P_{\mathrm{e,DBPSK非}}=\exp(-E_{\mathrm{b}}/N_0)/2=\exp(-\gamma_{\mathrm{b}})/2$$

式中，信噪比 $\gamma_{\mathrm{b}}=\alpha^2E_{\mathrm{b}}/N_0$。瑞利衰落信道中 α 服从瑞利分布，其概率密度函数为

$$p_{\alpha}(\alpha)=\begin{cases}\dfrac{\alpha}{\sigma^2}\exp\left[-\dfrac{\alpha^2}{2\sigma^2}\right], & \alpha\geqslant 0\\ 0, & \alpha<0\end{cases}$$

式中，$\overline{\gamma}_{\mathrm{b}}$ 为关于 α 的平均接收信噪比，即有

$$\overline{\gamma}_{\mathrm{b}}=\frac{E_{\mathrm{b}}}{N_0}E\left[\alpha^2\right]=2\sigma^2\frac{E_{\mathrm{b}}}{N_0}$$

误比特概率 $P_{\mathrm{e,DBPSK非}}(\gamma_{\mathrm{b}})$ 对 γ_{b} 的概率密度函数求平均，即

$$\begin{aligned}\overline{P}_{\mathrm{e,DBPSK非}}(\gamma_{\mathrm{b}})&=\int_{-\infty}^{\infty}P_{\mathrm{e,DBPSK非}}(\gamma_{\mathrm{b}}/\alpha)p_{\gamma_{\mathrm{b}}}(\alpha)\mathrm{d}\alpha\\&=\int_0^{\infty}\frac{1}{2}\exp\left[-\alpha^2\frac{E_{\mathrm{b}}}{N_0}\right]\frac{\alpha}{\sigma^2}\exp\left[-\frac{\alpha^2}{2\sigma^2}\right]\mathrm{d}\alpha\\&\overset{x=\alpha^2}{=}\int_0^{\infty}\frac{1}{2}\exp\left[-x\frac{E_{\mathrm{b}}}{N_0}\right]\frac{1}{2\sigma^2}\exp\left[-\frac{x}{2\sigma^2}\right]\mathrm{d}x\\&=\frac{1}{4\sigma^2}\int_0^{\infty}\exp\left[-x\left(\frac{E_{\mathrm{b}}}{N_0}+\frac{1}{2\sigma^2}\right)\right]\mathrm{d}x\\&=\frac{1}{2(1+\overline{\gamma}_{\mathrm{b}})}\end{aligned}$$

当信噪比较大时（$\overline{\gamma}_{\mathrm{b}}\gg 1$），误比特概率可以简化为

$$\overline{P}_{\mathrm{e,DBPSK非}}(\gamma_{\mathrm{b}})\approx\frac{1}{2\overline{\gamma}_{\mathrm{b}}}$$

图 3.36 为 BPSK 相干解调与 DBPSK 相干解调在 AWGN 信道和瑞利衰落信道中的误码率。从图中可以看出，在 AWGN 中的误比特率随信噪比的增加而近似指数下降，在瑞利衰落信道中的误比特率随着信噪比的增加而近似线性下降，其他调制方式中情形类似。因而，为了保证相同的误比特率，在瑞利衰落信道中需要的信噪比要比 AWGN 信道中大得多，也就是说衰落的存在，导致性能严重地下降。显见，要想降低对信噪比的要求，一些抗衰落

技术是必要的。

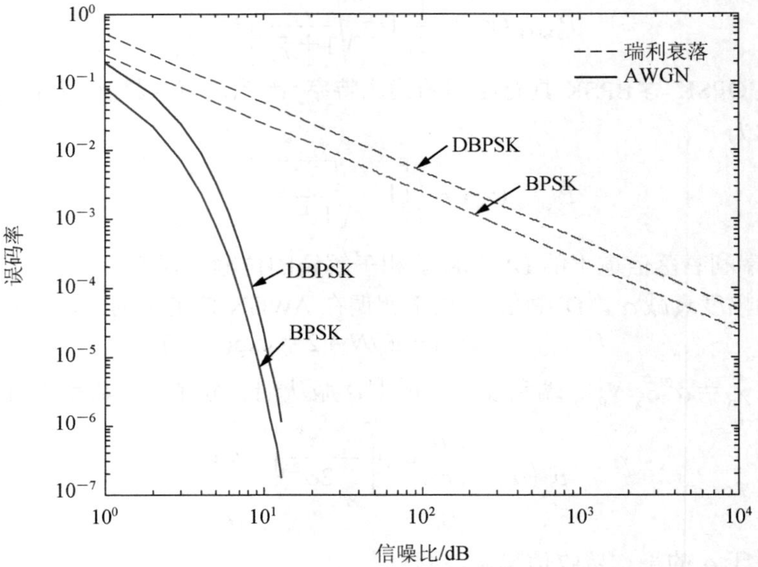

图 3.36　BPSK 相干解调与 DBPSK 相干解调在 AWGN 信道和瑞利衰落信道中的误码率

例 3.3　考虑平坦慢衰落信道中 BPSK 调制信号的传输，在任意时刻信道增益为 1 的概率为 0.9，信道增益为 0.05 的概率为 0.1，求 BPSK 相干解调的误比特率。

解：已知幅度衰减α，BPSK 在 AWGN 信道下的误比特率为

$$P_{e,BPSK}(\gamma_b)=Q(\sqrt{2\gamma_b})$$

式中，信噪比$\gamma_b=\alpha^2 E_b/N_0$。$\overline{\gamma}_b$为关于$\alpha^2$的平均接收信噪比，即有

$$\overline{\gamma}_b=\frac{E_b}{N_0}E[\alpha^2]=\frac{E_b}{N_0}(0.9\times1^2+0.1\times0.05^2)=0.900\,25\frac{E_b}{N_0}$$

γ_b的概率函数为

$$\begin{cases}p(\gamma_b=1^2E_b/N_0)=0.9\\p(\gamma_b=0.05^2E_b/N_0)=0.1\end{cases}$$

误比特概率$P_{e,BPSK}(\gamma_b)$对γ_b的概率密度函数求平均，即

$$\begin{aligned}\overline{P}_e(\overline{\gamma}_b)&=\int_0^\infty P_{e,BPSK}(\gamma_b/\alpha)p_{\gamma_b}(\alpha)d\alpha\\&=0.9Q(\sqrt{2\times1^2\times E_b/N_0})+0.1Q(\sqrt{2\times0.05^2\times E_b/N_0})\\&=0.9Q(\sqrt{2\overline{\gamma}_b/0.900\,25})+0.1Q(\sqrt{2\overline{\gamma}_b\times0.0025/0.900\,25})\end{aligned}$$

图 3.37 给出了依据例 3.3 的参数得到的衰落信道中的误码性能。为了更好地对比，同时给出了 AWGN 信道的性能，以及不同深度衰落下的信道性能。从图中容易看出，衰落信道的性能远低于 AWGN 信道，主要是由于信道增益低于 0.05 的 10%的可能性造成的。改善深度衰落的情形，将能够明显地提高系统性能，例如图中给出的信道增益由 0.05 提高到 0.1 时的情形。

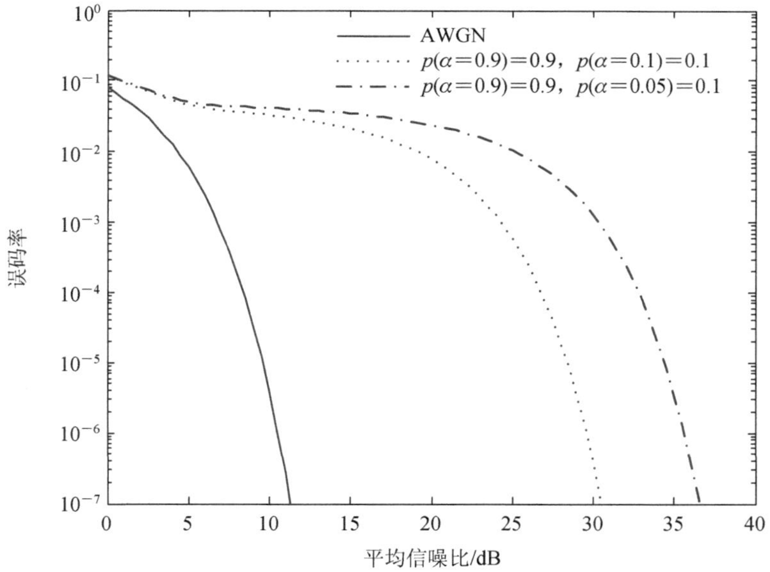

图 3.37　例 3.3 衰落信道的误码性能

习　题

3.1　数字调制的优越性有哪些？

3.2　无线通信中评价一种调制方案适用性的常用标准有哪些？

3.3　什么是 OQPSK 调制？OQPSK 信号的主要特点有哪些？

3.4　设二进制比特流“01001110”采用 π/4-DQPSK 进行发送，最左边的比特首先进入发射机。当 $\Phi_0=0$ 时，求输入序列的载波相位 Φ_n 、同相分量 I_n 和正交分量 Q_n 。

3.5　将 MSK、OQPSK、GMSK、QPSK、π/4-QPSK 五种调制方式按照带外辐射由小到大的顺序排列；按照相位变化由相位跳变大→相位跳变小→相位连续但并不平滑→相位平滑的顺序排列。

3.6　π/4-DQPSK 调制信号的最大相位跳变为多少？

3.7　什么是 MSK 调制？什么是 GMSK 调制？GMSK 信号有什么优缺点？

3.8　对于 GMSK 调制随 BT_b 的变化讨论其性能的变化。

3.9　解释 QPSK 与 MSK 调制在传输速率、信道带宽、差错性能等方面的相似点和不同点。

3.10　在衰落信道中传输一个 BPSK 信号，除均值为零、双边功率谱密度为 $N_0/2$ 的加性白高斯噪声外，信道还引入一个幅度增益 α 。该信道增益 α 为一个随机变量，等可能地取 $\{0,0.25,0.5,0.75\}$ 中的值。求作为 E_b/N_0 函数的误码率。

第 4 章　正交频分复用技术

正交频分复用(orthogonal frequency division multiplexing，OFDM)是将高速数据流分为若干低速子载波数据流进行处理，属于一类多载波调制(multi carrier modulation，MCM)技术。对于单载波通信系统，OFDM 在宽带无线信道下具有两大优势：对信道时间色散的鲁棒性和在时变环境中实现相位及信道的估计。美国军方在 20 世纪 50 年代创建了第一个 MCM 系统[53]，并在 1970 年衍生出了采用大规模子载波和频率重叠技术的 OFDM 系统[54]；但直到 20 世纪 80 年代，随着大规模集成电路的发展和离散傅里叶变换(DFT)的实现，OFDM 逐渐迈入高速 Modem 和数字移动通信领域；20 世纪 90 年代，出现了第一个商用 OFDM 无线系统——数字音频广播(DVB)[55]。目前，OFDM 已被广泛的应用于数字视频广播(DVB-T)[56]、无线局域网(802.11 a 标准)及无线城域网(802.16 a/d 标准[58])等领域，并成为第四代移动通信标准(802.16 m 和 LTE advanced)的主要空中接口。

本章首先介绍 MCM 调制，重点讨论 OFDM 调制解调原理，包括数学表达式、IDFT/DFT 实现方法、循环前缀、频谱利用率等特性；从物理层传输的角度，阐述 OFDM 系统中的峰均功率比(PAPR)抑制、信道估计、频率同步、符号同步、相位噪声、I/Q 补偿、平衡性补偿等问题。

4.1　多载波调制

根据 2.3 节的分析，当信道的均方根时延扩展接近或超过发送信号带宽的倒数(或者发送信号带宽与信道的相干带宽可比拟)时，信号的不同频率分量获得不同的信道增益，多径信道引入的 ISI 明显，信道产生频率选择性衰落。采用传统的均衡技术，需要考虑算法的可实现性和收敛速度，数据传输速率越高，需要的抽头数越多，实现越复杂，且在快速变化的信道中，让大量抽头系数都保持精确匹配也很困难。而 MCM 可以有效地减小或消除 ISI。

多载波调制将传输比特流分成多个子比特流，再调制到不同的子载波上进行传输。一般情况下，各子载波在理想传播条件下是相互正交的。子载波上的数据速率远小于总数据速率，各子信道的带宽也远小于系统总带宽，且子载波数目的选择使得每个子信道的带宽小于信道的相干带宽，则每个子信道信号传输所经历的衰落都是相对平坦的，各子信道上的 ISI 变得足够小。

假设某线性调制系统的符号速率为 R，符号周期 $T=1/R$，通带带宽为 B，信道的相干带宽 B_c 由式(2.88)计算，$B_c<B$，单载波传输表现为频率选择性衰落。采用 MCM，将宽带系统分割成 N_c 个并行的线性调制子系统，每个子信道的带宽为 $B_f=B/N_c$，符号速率 $R_s=R/N_c$。N_c 的取值满足：

$$B_f=B/N_c<B_c \tag{4.1}$$

则每个子信道的衰落就是相对平坦的。从时域来看，子信道上的码元周期 $T_f=N_cT$，与子信道带宽的倒数 $1/B_f$ 成正比，意味着 $T_f\approx 1/B_f>1/B_c\approx 5\sigma_\tau$，$\sigma_\tau$ 为信道的均方根时延扩展。

子信道上的码元周期将远大于时延扩展，各子信道上的 ISI 很小。

图 4.1 给出了 MCM 调制实现方法，首先将输入高速数据流通过串并变换分为 N_c 个子数据流，分别用 M-QAM 或 M-PSK 等线性调制方法将第 n 个子数据流调制到子载波 f_i。采用滚降系数为 β 的升余弦成形脉冲 $g(t)$，子数据流信号带宽 $B_f=(1+\beta)/T_f$，各子信道上的信号叠加成为总的发送信号：

$$s(t)=\sum_{i=0}^{N-1} s_i g(t)\cos(2\pi f_i t+\phi_i) \tag{4.2}$$

式中，s_i 是第 i 个子载波上的复数符号；ϕ_i 是第 i 个子载波的初相。为了使各子信道互不重叠，令 $f_i=f_0+iB_N$，$i=0$，…，$N-1$，每个子数据流占用一个带宽为 B_f 的正交子信道，总带宽 $B=B_f N$。由此可见，MCM 与单载波传输系统的数据速率或信号带宽相同，但每个子信道带宽小于信道相干带宽，$B_f<B_c$，各子信道上的 ISI 非常小。

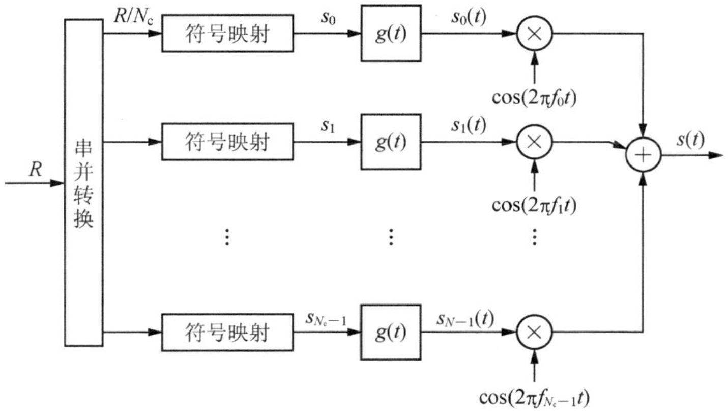

图 4.1　多载波调制

MCM 的解调过程如图 4.2，接收到的信号先经过 N_c 个中心频率为 f_i、带宽为 B_f 的带通滤波器，得到 N_c 路并行数据流，经过解调、串并变换后，恢复出原始数据流。子信道 i 受平坦衰落的影响，其信道增益满足 $\sigma_i=H(f_i)$。

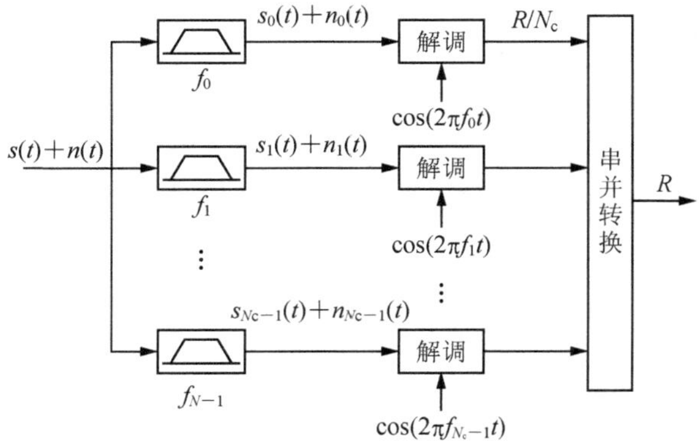

图 4.2　多载波解调

上述 MCM 可以有效地克服高速数据传输中多径时延引入的 ISI，但在具体实现中面临如下问题。

(1) 考虑时间受限的脉冲响应，各子信道所占的带宽要比理想升余弦脉冲成形时大一些。设 ε/T_s 是因时间受限而增加的带宽，则子信道的频率间隔至少是 $(1+\beta+\varepsilon)/T_s$。为保持各子载波互不重叠，需要的总带宽为

$$B=\frac{N_c(1+\beta+\varepsilon)}{T_f}=\frac{1+\beta+\varepsilon}{T} \tag{4.3}$$

与单载波通信系统的带宽 $B'=(1+\beta)/T$ 相比，MCM 调制的频谱效率更低。

(2) 接收端需要接近理想特性的带通滤波器以保持各子载波互不干扰，且需要 N_c 个单独的调制解调器，实现复杂。

(3) MCM 把一个宽带频率选择性衰落信道划分成 N_c 个窄带子信道，每个子信道上的数据传输带宽小于信道相干带宽，ISI 不明显，但并没有完全消除 ISI。

OFDM 调制可以进一步克服上述三个问题，下面详细阐述。

4.2 OFDM 原理

4.2.1 正交调制

OFDM 是一种子载波频域相互混叠、时域相互正交的 MCM，相比图 4.1 的 MCM，频谱利用率更高。

OFDM 各子载波调制基函数取 $\varphi_m(t)=e^{j2\pi f_m t}$，则第 m 个子载波信号可表示为

$$x_m(t)=Re[x_{lm}(t)\cdot e^{j2\pi f_m t}] \tag{4.4}$$

在时间 $[0,T_f]$ 内，相邻的两个子载波彼此正交可等效为

$$\gamma_{12}=\int_0^{T_f} e^{j2\pi f_1 t}(e^{j2\pi f_2 t})^* dt=\int_0^{T_f} e^{j2\pi(f_1-f_2)t}dt=\frac{\sin(\pi\Delta f T_f)}{\pi\Delta f}e^{j\pi\Delta f T_f}=0 \tag{4.5}$$

可以证明，当 $\Delta f=n/T_f$，其中 n 为正数且不为 0，式(4.5)成立。图 4.3 给出了不同 n 取值下的 MCM 频谱示意图，OFDM 即 $n=1$ 的 MCM 调制，其频谱利用率最高。

图 4.4 进一步给出了子载波数为 4 的 OFDM 信号典型频谱，各子载波上的符号持续时间为 T_f，其频谱在 n/T_f 处为 0，则间隔为 $1/T_f$ 的子载波叠加后，各子信道的频率样本间干扰为 0，不存在相互干扰。

假设 OFDM 系统中共有 N_c 个子载波，彼此之间的载波间隔 $\Delta f=1/T_f$，在每个 OFDM 符号持续时间 T_f 内，每个子载波的周期差为整数，如图 4.5，假设接收端载波同步理想，即 $f_0=0$。在 $[0,T_f]$ 内各个子载波彼此正交，且相移不会破坏其正交性。

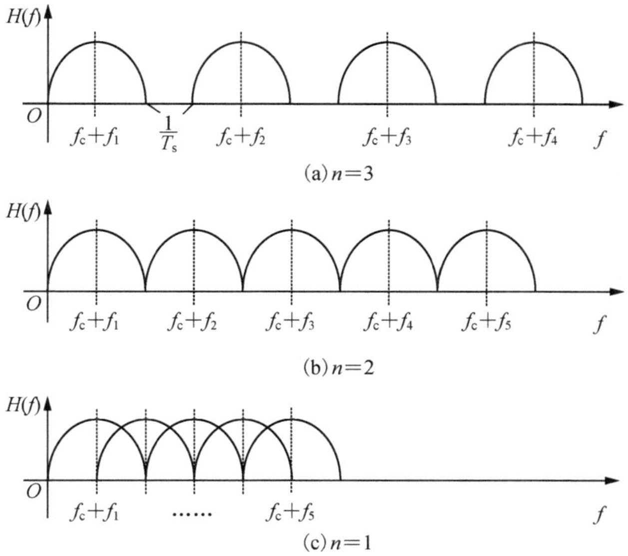

图 4.3　正交多载波调制的频谱示意图

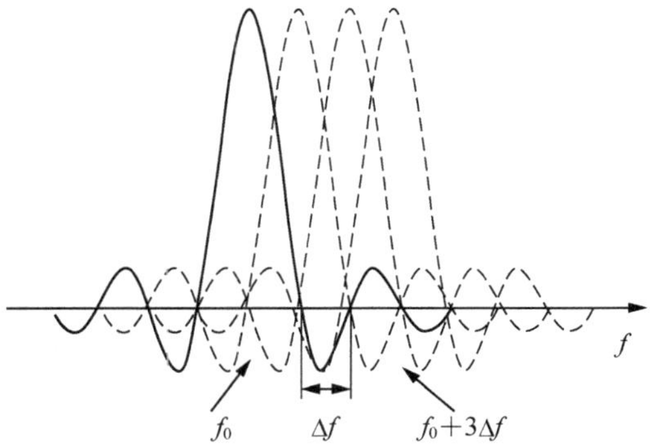

图 4.4　OFDM 信号典型频谱(N_c=4)

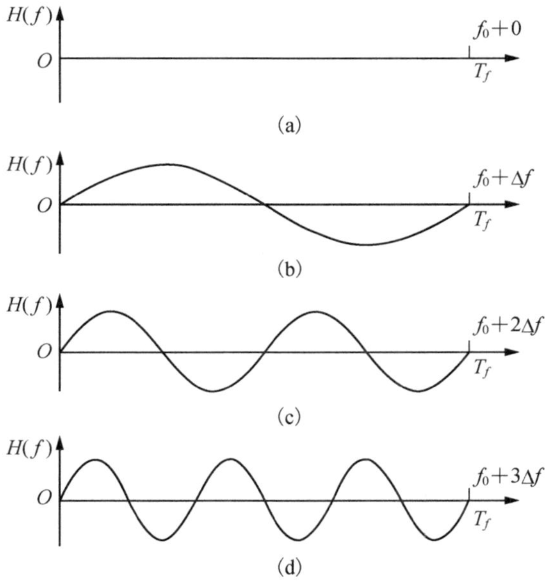

图 4.5　OFDM 信号波形示意图(N_c=4)

OFDM 调制信号即 N_c 个子载波调制信号的叠加，第 k 个 OFDM 符号的复基带信号可表示为

$$x_k(t)=\sum_{n=0}^{N_c-1} s_{n,k}\exp(\mathrm{j}2\pi f_n t) \tag{4.6}$$

式中，$s_{n,k}$ 为经过调制映射的符号，子载波频率 $f_n=n\Delta f=n/T_f$，则

$$x_k(t)=\sum_{n=0}^{N_c-1} s_{n,k}\exp(\mathrm{j}2\pi nt/T_f) \tag{4.7}$$

4.2.2 IDFT/DFT 快速实现

现在考虑 OFDM 调制解调的数字化快速实现问题。

对式(4.7)所示的 OFDM 信号进行时域离散采样，采样频率满足：

$$f_s/N=\Delta f=1/T_f \tag{4.8}$$

$N \geqslant N_c$ 且为 2 的幂次方。记 $t=mT_s=m/f_s$，式(4.7)可表示为

$$\begin{aligned} x_{m,k}&=\sum_{n=0}^{N_c-1} s_{n,k}\exp(\mathrm{j}2\pi mnT_s/T_f) \\ &=\sum_{n=0}^{N_c-1} s_{n,k}\mathrm{e}^{\mathrm{j}2\pi mn/N}=\sum_{n=0}^{N-1} s'_{n,k}\mathrm{e}^{\mathrm{j}2\pi mn/N} \end{aligned} \tag{4.9}$$

式中

$$s'_{n,k}=\begin{cases} s_{n,k}, & 0\leqslant n\leqslant N_c-1 \\ 0, & N_c\leqslant n\leqslant N-1 \end{cases} \tag{4.10}$$

式(4.9)即 $\{s'_{n,k}\}$ 的 N 点 IDFT，OFDM 调制可以采用满足式(4.8)的 N 点 IDFT 实现。

同样，式(4.9)是完全可逆的过程：

$$\hat{s}'_{n,k}=\sum_{m=0}^{N-1} x_{m,k}\mathrm{e}^{-\mathrm{j}2\pi mn/N} \tag{4.11}$$

理想信道条件下，接收信号 $r_{m,k}=x_{m,k}$，则 $\hat{s}'_{n,k}=s'_{n,k}$，从中可以完全恢复出数据流 $\hat{s}_{n,k}$，OFDM 解调可以采用 N 点 DFT 实现。而 IDFT 和 DFT 均可以采用高效的 FFT 来实现。

4.2.3 ISI 消除与循环前缀

抗多径引入 ISI 的传统方法是杂接收机端采用均衡器，另一方面，可以通过信号波形设计实现抗多径失真，简化接收机的设计。MCM 将一个宽带频率选择性衰落信道划分成多个窄带子信道，每个子信道上的 ISI 变得不明显，但并没用从根本上消除。如图 4.6(a)所示，假设存在两条路径，其中一条多径的最大时延为 $\tau_{\max}\approx LT$，T 为串行数据流的符号周期，在多径信道的作用下，输出数据块(OFDM 符号)不仅与当前数据块有关，还与上一个数据块的最后 L 个输入有关，即 ISI。

为了消除 ISI，可以在每个相邻的数据块之间插入一定长度的保护间隔，其长度大于无线信道的最大时延，$T_g>\tau_{\max}$。最直接的保护间隔插入方式是在每个数据块后连续插入 $G=[T_g/T]$ 个零，如图 4.6(b)所示，符号间串扰 ISI 为零，但我们注意到，经延时后的另一条路径信号的子载波与其他子载波的周期差不再是整数，子载波之间的正交性遭到破坏，产生子载波间干扰(inter sub-carrier interference，ICI)。一种有效的解决方法是在保护间隔内加入要传输符号的循环扩展，称之为循环前缀(cyclic prefix，CP)，加入 CP 后的多径传输波形如图 4.6(c)所示，延时路径信号仅仅是加入了相位偏移的原始信号，即多径信号的子载波与其他子载波之间的正交性保持完好。

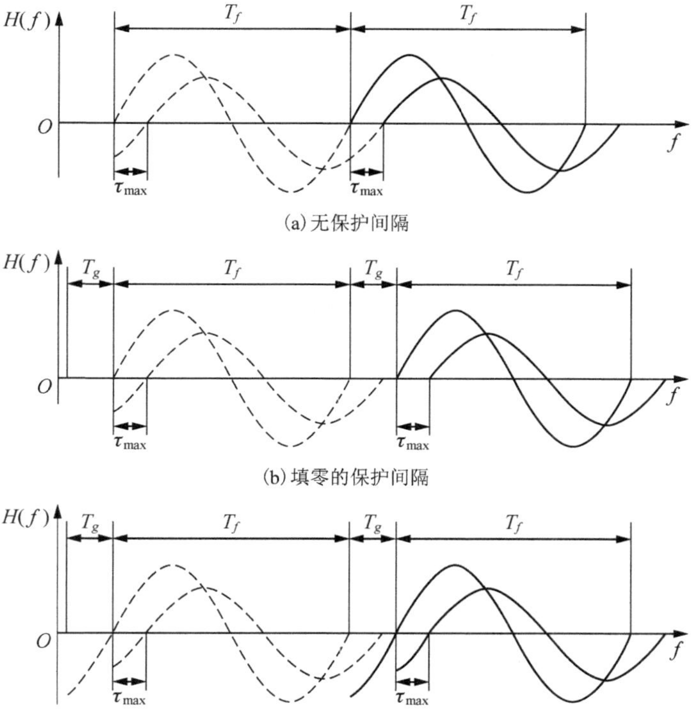

(a) 无保护间隔

(b) 填零的保护间隔

(c) 循环前缀保护间隔

图 4.6　消除 ISI 示意图

保护间隔时间大于最大多径延时，即 $T_g > \tau_{\max}$，相应的 CP 长度满足 $G > L$，带循环前缀的 OFDM 符号生成方式如图 4.7 所示。忽略下标 k，当前传输的 OFDM 符号记作 $\boldsymbol{x}=[x_0, x_1, \cdots, x_{N-1}]$，其循环前缀定义为 $\boldsymbol{x}_g=[x_{N-G},\cdots,x_{N-1}]$，将 $\boldsymbol{x}$ 的后 G 个样值移动到序列的开头，形成一个长度为 $N+G$ 的序列 $\tilde{\boldsymbol{x}}=[\boldsymbol{x}_g,\boldsymbol{x}]=[\tilde{x}_{-G},\cdots,\tilde{x}_{-1},\tilde{x}_0,\cdots,\tilde{x}_{N-1}]$，在此定义下，有 $\tilde{x}_n=x_{[n]_N}$，$-G\leqslant n\leqslant N-1$。

循环前缀 T_g	DET窗长 T_f
$x_{(N-G),\ k}$，$\cdots$，$x_{(N-1),\ k}$	$x_{0,\ k}$，$x_{1,\ k}$，$\cdots$，$x_{(N-1),\ k}$

图 4.7　插入循环前缀的 OFDM 符号

设离散时间信道的等效线性 FIR 滤波器为 $\boldsymbol{h}=[h_0,\cdots,h_L]$，其中 $L\geqslant \tau_{\max}/T$。信号 $\tilde{x}_m$ 经过离散时间信道的输出为

$$
\begin{aligned}
y_m &= \sum_{k=0}^{L} h_k \tilde{x}_{m-k} \\
&= \sum_{k=0}^{L} h_k x_{[m-k]_N} \\
&= x_m \otimes h_m,\ 0\leqslant m\leqslant N-1
\end{aligned}
\tag{4.12}
$$

式中，$\tilde{x}_{[m-k]}=x_{[m-k]_N}$，$0\leqslant k\leqslant L$，$0\leqslant m\leqslant N-1$。

因此，通过附加$G\geqslant L$点的循环前缀x_{N-G}，…，x_{N-1}到x_m，$0\leqslant m\leqslant N-1$时间窗内的信道输出$y_m$的线性卷积转化为了循环卷积。换言之，在离散频域，信道即一乘性常数：

$$Y_n=\text{DFT}\{y_m=x_m\otimes h_m\}=X_nH_n,\ 0\leqslant n\leqslant N-1 \tag{4.13}$$

在接收机端，通过信道估计得到h_m或H_n，经过DFT运算，即可区分出不同子载波上的调制信号。由式(4.11)，$\{x_m\}$的DFT输出$\{X_n\}$即调制信息$\{s_n\}$。

当然，加入循环前缀在一定程度上降低了信息传输的时间效率和功率效率。在输入数据块之前加上长度为G的循环前缀，数据传输的时间效率由N_c/N降为$N_c/(G+N)$；同时，发送循环前缀所用的功率也属浪费。

4.2.4　OFDM实现

根据上述分析，图4.8给出了OFDM调制解调的实现框图。与单载波调制解调不同，OFDM调制解调是基于一个分组一个分组工作的，一个分组称为一个OFDM帧，发射出去的一个OFDM帧包含$G+N$个符号，其中$N\geqslant N_c$为DFT/IDFT运算长度，G为循环前缀长度。其中有$(N-N_c)$个未使用的子载波，称为虚拟子载波，这部分子载波不用于调制，往往位于频带两边，以防止相邻频带干扰及带外辐射。

在调制发射端，一个信息承载符号的分组：

$$\boldsymbol{s}=[s_0,s_1,\cdots,s_{N_c-1}]^T \tag{4.14}$$

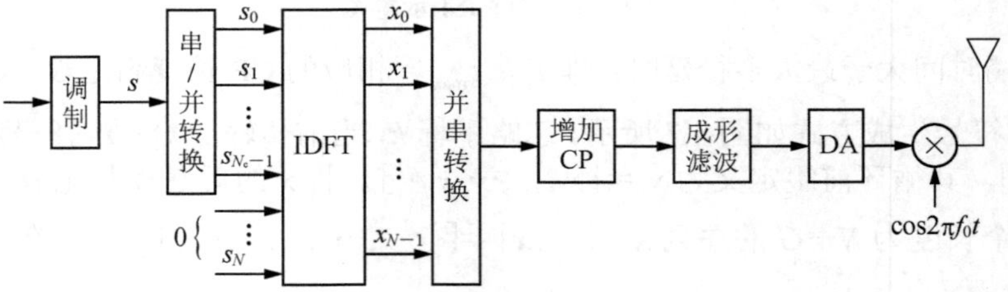

(a) 调制

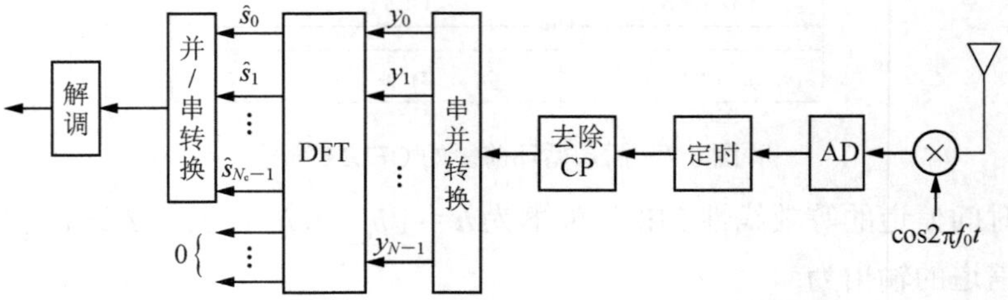

(b) 解调

图4.8　OFDM调制解调实现框图

经串并转换到N_c个子载波，加入$(N-N_c)$个虚拟子载波得到

$$\tilde{\boldsymbol{s}}=[s_0,s_1,\cdots,s_{N_c-1},0,\cdots,0]^T \tag{4.15}$$

根据(4.9)，经过 N 点的 IDFT 和并/串转换实现正交波形调制，输出 N 点的时域信号为

$$\boldsymbol{x}=[x_0,x_1,\cdots,x_{N-1}]^T=\boldsymbol{W}_N^{\ *}\cdot\tilde{\boldsymbol{s}} \tag{4.16}$$

$\boldsymbol{W}_N$ 为 N 点 DFT 变换矩阵：

$$\boldsymbol{W}_N=\begin{bmatrix} w_N^{0\cdot 0} & w_N^{0\cdot 1} & w_N^{0\cdot 2} & \cdots & w_N^{0\cdot(N-1)} \\ w_N^{1\cdot 0} & w_N^{1\cdot 1} & w_N^{1\cdot 2} & \cdots & w_N^{1\cdot(N-1)} \\ \vdots & \vdots & \vdots & \ddots & \vdots \\ w_N^{(N-1)\cdot 0} & w_N^{(N-1)\cdot 1} & w_N^{(N-1)\cdot 2} & \cdots & w_N^{(N-1)\cdot(N-1)} \end{bmatrix} \tag{4.17}$$

式中，$w_N^{m\cdot n}=\mathrm{e}^{-\mathrm{j}2\pi mn/N}$ 。

在解调接收端，首先通过 OFDM 帧定时模块得到每个分组的起始点和 DFT 窗位置，去除循环前缀后，输出 N 点的分组序列：

$$\boldsymbol{y}=[y_0,y_1,\cdots,y_{N-1}]^T=h_n\otimes x_n \tag{4.18}$$

DFT 运算输出为

$$\hat{\boldsymbol{x}}=[\hat{x}_0,\hat{x}_1,\cdots,\hat{x}_{N-1}]^T=\boldsymbol{W}_N\cdot\boldsymbol{y}=\boldsymbol{W}_N\cdot\boldsymbol{H}\cdot\boldsymbol{x} \tag{4.19}$$

有

$$\hat{\boldsymbol{x}}=\boldsymbol{W}_N\begin{bmatrix} H(1) & & 0 \\ & \ddots & \\ 0 & & H(N) \end{bmatrix}\boldsymbol{x} \tag{4.20}$$

式中，$H(i)$ 是信道响应的 DFT，$i=1,\ \cdots,\ N$ 。将(4.16)代入式(4.20)，得 $\hat{\boldsymbol{x}}=\boldsymbol{H}\cdot\tilde{\boldsymbol{s}}$ ，即恢复出原信息符号。

例 4.1 IEEE 802.11a 中 OFDM 参数的选择：RF 测量表明，在一个典型的无线局域网环境中，载频为 5GHz 的均方根时延扩展为 50ns，最大时延扩展达 500ns；有效子信道数目 $N_c=48$ ，数据符号的持续时间 $T_f=3.2\mu s$ ，循环前缀的长度设置为 $T_g=0.8\mu s$ ，大于最大多径延时，采用 $N=2^6>48$ 点 FFT；子载波调制方式有 BPSK、QPSK、16QAM、64QAM，信道编码支持速率为 1/2、2/3、3/4 的卷积码。

(1) 确定采用 IDFT 实现 OFDM 调制的最低采样率。

(2) 确定系统所能支持的最高和最低数据传输率。

解：(1) 根据题意，OFDM 子载波间隔 $\Delta f=1/T_f=312.5\text{kHz}$ ， $N=64$ ，由(4.8)得到采样率 $f_s=N\Delta f=20\text{MHz}$ 。

(2) 一个完整的 OFDM 符号长度为 $T_u=T_f+T_g=4\mu s$，在此时间内传输 48 个符号，则符号速率为 12Mbaud/s。采用 BPSK 调制(1bit/符号)、 $r=1/2$ 卷积码时的最小数据速率为 6Mbit/s；采用 64QAM 调制(6bit/符号)、 $r=3/4$ 卷积码时的最大的数据速率为 54Mbit/s。

理想 AWGN 条件下，OFDM 调制的传输性能与其所采用的载波调制方式相同[60]，但

在具体的系统实现中存在各种非理想因素影响着 OFDM 的解调性能[61]。下面首先分析可能存在的问题及其性能影响，并针对性的给出一些解决思路。

4.3　峰均功率比抑制

峰均比(peak-to-average power ratio，PAPR)是通信系统中的一个重要指标。低峰均比可以使功放高效率的工作，而当峰均比较高时，功放必须要有较大的功率回退才能保证信号的线性放大，从而降低 RF 功放的有效性。此外，高峰均比信号的动态范围大，要求接收端有高分辨率的 A/D 变换器，相应的接收机实现复杂度和功耗提高。

4.3.1　峰均比定义

一个 OFDM 符号由多个独立的经过调制的子载波信号相加而成，在某一个时刻的输出信号会产生较大的 PAPR。根据式(4.9)，在一个 OFDM 符号周期内，功率归一化的复基带信号为

$$x_k(n)=\frac{1}{\sqrt{N}}\sum_{m=0}^{N-1}s_{m,k}\mathrm{e}^{\mathrm{j}2\pi mn/N} \tag{4.21}$$

其 *PAPR* 的定义为

$$\mathrm{PAPR}=\frac{\max\limits_{0\leqslant n\leqslant N-1}\left|x_k(n)\right|^2}{\mathop{E}\limits_{0\leqslant n\leqslant N-1}\left[\left|x_k(n)\right|^2\right]} \tag{4.22}$$

一个 OFDM 符号有 N 个采样值，则可得一个 PAPR 值和 N 个 PAPR 值。对于包含有 N 个子载波的 OFDM 系统而言，当 N 个子信号均以相同的相位相加时，所得到的信号峰值功率将是平均功率的 N 倍，PAPR_k 的最大值即 N。

通常用累积分布函数(*CDF*)和互补累积分布函数(CCDF)来描述 PAPR，CDF 和 CCDF 的定义分别为，设定参考门限γ，OFDM 信号 *PAPR* 小于或等于门限值γ的概率，即 PAPR 的 CDF，表达式为

$$\mathrm{CDF}_P(\gamma)=P_\mathrm{r}(\mathrm{PAPR}\leqslant\gamma) \tag{4.23}$$

式中，$P_\mathrm{r}(x<y)$ 表示 $x<y$ 的概率。与其对应的是 CCDF，表达式为

$$\mathrm{CCDF}_P(\gamma)=1-\mathrm{CDF}_P(\gamma)=1-P_\mathrm{r}(\mathrm{PAPR}\leqslant\gamma) \tag{4.24}$$

图 4.9 给出了 OFDM 子载波 N 分别取 64 和 1024 的 PAPR 统计结果，子载波调制方式为 QPSK，过采样率为 4。从中可以看出：子载波数越大，PAPR 值大于某一门限的概率越大；理论上 PAPR 的最大值为 N，但从统计意义上看，这种情况出现的概率非常低。

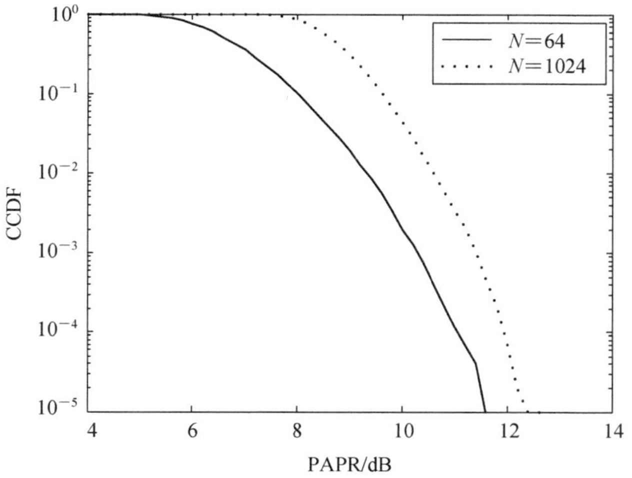

图 4.9　OFDM 的 PAPR 统计分布

4.3.2　传输性能影响

高 PAPR 对 OFDM 系统误码率的影响主要是信号瞬时幅度超过高功率放大器(HPA)的线性工作范围。为了得到高 PAPR 对 OFDM 系统误码率的影响结果，选择 HPA 的 Saleh 模型来分析。

Saleh 在 1981 年提出 HPA 的 Saleh 模型，该模型的 AM/AM、AM/PM 转换特性分别由两个参数表示：

$$A[r(t)]=\frac{\alpha_A r(t)}{1+\beta_A r^2(t)} \tag{4.25a}$$

$$\Phi[r(t)]=\frac{\alpha_\phi r^2(t)}{1+\beta_\phi r^2(t)} \tag{4.25b}$$

式中，α_A，β_A，α_ϕ，β_ϕ 为 HPA 的特性常数；$r(t)$ 为输入信号幅度；$A[r(t)]$ 为输出信号幅度，$\Phi[r(t)]$ 为输出信号的附加调制相位。图 4.10 给出了 $\alpha_A=1.9638$，$\beta_A=0.9945$，$\alpha_\phi=2.5293$，$\beta_\phi=2.8168$ 的 Saleh 模型的非线性特性曲线。

HPA 的非线性强度依赖于 HPA 的工作状态，即越靠近饱和点，非线性越明显，距离饱和点越远，信号放大越接近线性。通常采用输入功率回退(IBO)和输出功率回退(OBO)两个参量来定量描述 HPA 工作点远离饱和点的程度：

$$\text{IBO}=10\lg\frac{P_{x_{\max}}}{\bar{P}_x}\ \text{(dB)} \tag{4.26a}$$

$$\text{OBO}=10\lg\frac{P_{y_{\max}}}{\bar{P}_y}\ \text{(dB)} \tag{4.26b}$$

式中，$P_{x_{\max}}$ 为 HPA 的最大输入功率；$\bar{P}_x$ 为 HPA 输入信号的平均功率；$P_{y_{\max}}$ 为 HPA 的最大输出功率；$\bar{P}_y$ 为 HPA 输出信号的平均功率。

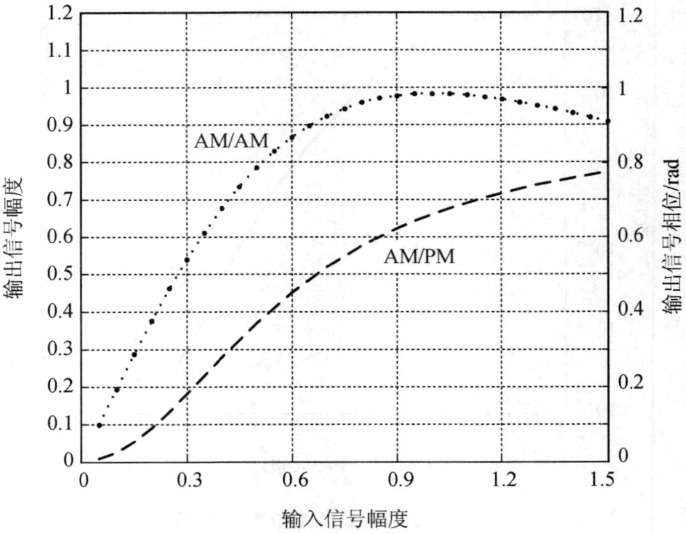

图 4.10　Saleh 模型的非线性特性曲线

图 4.11 和图 4.12 分别给出了不同输入信号功率时 OFDM 系统的 PAPR 和误码率，其中子载波数 N 分别为 64、1024，假设系统同步及信道估计理想，Saleh 模型取图 4.10 中的典型参数值。信道为 AWGN，子载波调制方式为 QPSK，输入信号的归一化平均功率 $\bar{P}_x$ 分别为 0.01 和 0.05。图中 (a,b) 表示子载波数为 a，而输入的平均功率为 b。可以看出，当输入信号平均功率为 0.01 时，OFDM 信号受 HPA 的影响较小，所得的系统误码率与无 HPA 时几乎相同；而当平均功率为 0.05 时，输入信号受 HPA 影响较大，所得的系统误码率性能较无 HPA 时下降较大；不同子载波数的 OFDM 系统误码率受 HPA 的影响差别不大。

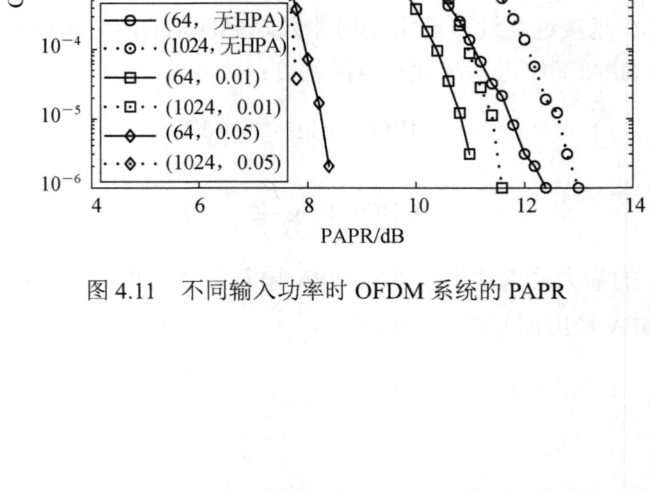

图 4.11　不同输入功率时 OFDM 系统的 PAPR

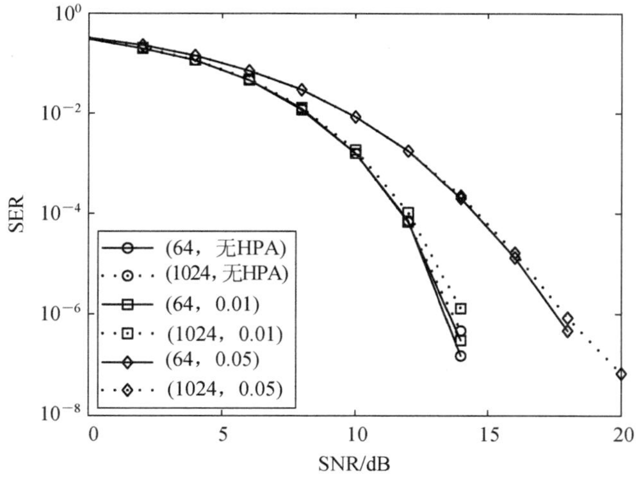

图 4.12　不同输入功率时 OFDM 系统的误码率

4.3.3　典型的 PAPR 抑制技术

在已有的 OFDM 系统 PAPR 抑制技术中，典型算法主要有限幅(clipping)法、选择映射(SLM)法、部分传输序列(PTS)法等，下面将对这几种 PAPR 抑制方法进行简单介绍。

1. 限幅法

限幅法是最简单的 PAPR 抑制方法，适合于任何子载波数目的 OFDM 系统。限幅法相当于对原始信号加窗，如果 OFDM 信号的幅值小于预先设定的门限值时，该窗函数的幅值为 1，否则，窗函数的幅值就小于 1。因此，限幅法会不可避免地对信号产生畸变，从而导致系统的误码率性能下降。

图 4.13 为采用不同限幅门限时的 OFDM 系统误符号率仿真结果，调制方式为 QPSK，子载波数 $N=64$，限幅门限分别取 10dB、4dB、2dB、0dB。

另外，限幅法还会因为信号的非线性畸变导致带外辐射功率增加，其原因在于 OFDM 信号与矩形窗函数的时域相乘等效于 OFDM 信号频谱和矩形窗函数频谱的卷积。为了克服矩形窗所造成的带外辐射过大的问题，可以选择应用其他的非矩形窗函数，如 Gaussian 窗、Kaiser 窗及 Hamming 窗等。

2. SLM 法

SLM 法的基本思想是将需要传输的信息比特经过星座映后，使用不同的 U 组长度为 N 的统计独立的随机序列进行加权，得到 U 个统计独立的 OFDM 符号，选择其中 PAPR 最小的 OFDM 符号来传输，如图 4.14 所示。在接收端，需要已知所加权的系数才能对接收信号进行正确解调，这种方法要传输一定的边带信息。

图 4.15 为采用 SLM 算法进行 PAPR 抑制的仿真结果，调制方式为 QPSK，随机序列元素 $P_i \in \{\pm 1, \pm j\}$，U 分别取 1、4、8 和 16，U 为 1 时表示只有 1 组可选序列，此时相当于未对信号经过 PAPR 抑制。图中的 (a,b) 分别对应子载波数和可选择数 U 的大小。

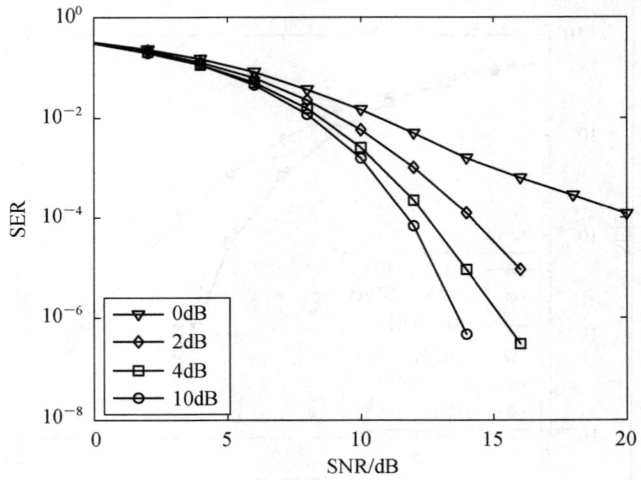

图 4.13　不同限幅门限下 QPSK-OFDM 系统的误码率

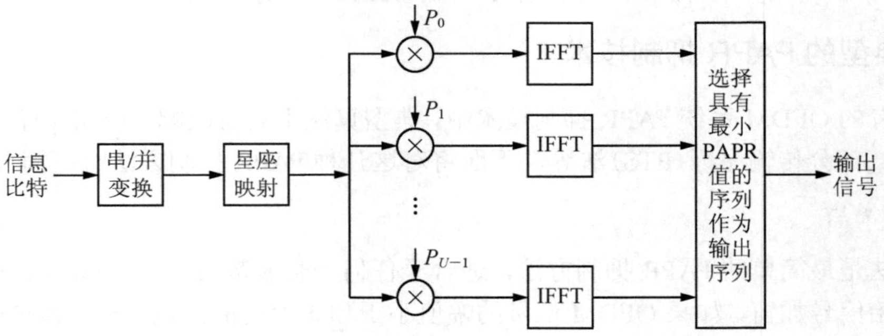

图 4.14　SLM 法原理框图

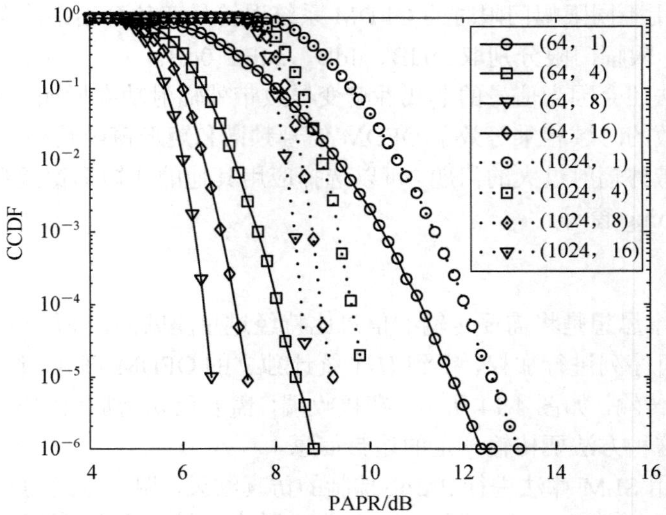

图 4.15　采用 SLM 法进行 PAPR 抑制的仿真结果

3. PTS 法

PTS 法如图 4.16 所示，其主要思路是首先将输入的数据符号划分为 V 个子组，并将每个子组的长度仍补零至 N，然后将每个子组作 N 点长的 IFFT，并对相乘的系数进行最优化求解，最后将乘以最优化后系数的序列相加得最终的输出信号，从而达到降低整个系统 PAPR 的目的。在接收端，需要知道所乘的系数才能对接收信号进行正确解调，该算法仍需要传输边带信息。

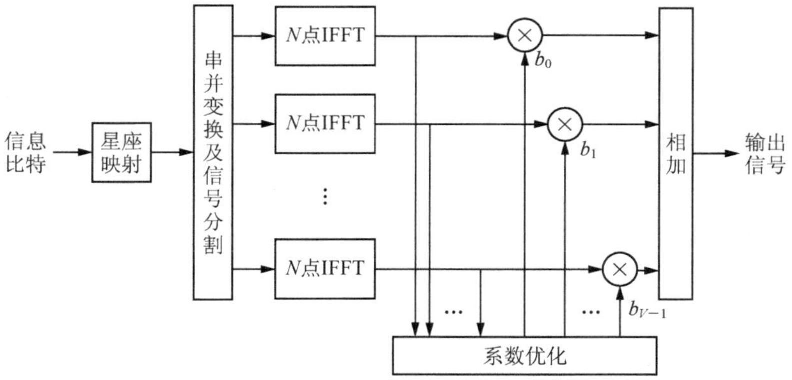

图 4.16　PTS 法原理框图

图 4.17 为采用 PTS 算法进行 PAPR 抑制的仿真结果，调制方式为 QPSK，加权系数 $b_i \in \{\pm 1, \pm j\}$，V 分别取 1、4、8 和 16。V 为 1 时表示只分割成 1 组，此时相当于未对信号经过 PAPR 抑制，图中的 (a,b) 分别对应子载波数和可选择数 V 的大小。

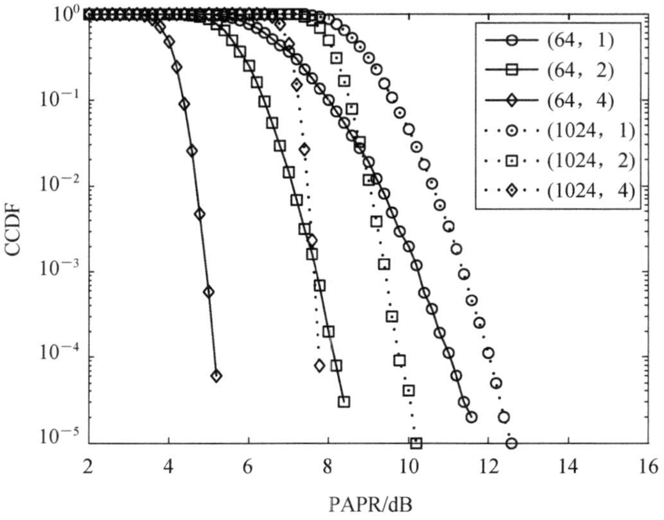

图 4.17　采用 PTS 法进行 PAPR 抑制的仿真结果

上述三种典型的 PAPR 抑制方法中，限幅法虽然简单且易于实现，但是由于对发射信号产生畸变，将影响系统的误码率性能；SLM 法和 PTS 法虽然不会对信号产生畸变，但是需要传输需严格保护的边带信息，不仅占用了频带宽度，且系统实现复杂度高。

4.4 信道估计

对于无线信道下的 OFDM 传输，为克服频率选择性衰落或时间选择性衰落的影响，并充分利用信道信息，接收端必须知道信道状态信息(channel state information，CSI)。对于既是时间又是频率选择性衰落的无线移动系统，需要进行动态信道估计。OFDM 系统的信道估计涉及两个方面：一是可适应时变信道的导频信号设计及连续发送方式；二是寻找合适的信道估计算法，使其均方估计误差最小，并在复杂度和性能之间取最佳折中。

4.4.1 导频设计

为简化信道估计，往往在时频网格中预先决定的间隔上分散的插入导频。具体的插入方式如图 4.18 所示，其中块状导频主要用于慢衰落的无线信道，即周期性的在时域(以 OFDM 符号形式)插入特定的 OFDM 符号，接收端只需在时域进行插值滤波以得到其他 OFDM 符号的信道估计，对频率选择性衰落不敏感；梳状导频则主要用于快衰落的无线信道，导频均匀分布于每个 OFDM 符号中，接收端需要在频域进行插值以得到其他子载波上的信道估计，对频率选择性衰落较敏感。由于导频不携带任何信息，块状导频或梳状导频的传输效率明显较低，如果把信道的频率响应看作一个二维随机信号，采用正方形或四边形的方式插入导频，则可以明显地提高传输效率。

为了能够从插入的导频中无失真的恢复出所有时间或频率空间上的信道估计值，图 4.18 中的时间间隔 M_t 或频率间隔 M_f 必须满足奈奎斯特采样定理，M_t 取决于信道的最大多普勒频率，M_f 则取决于信道的多径时延扩展。

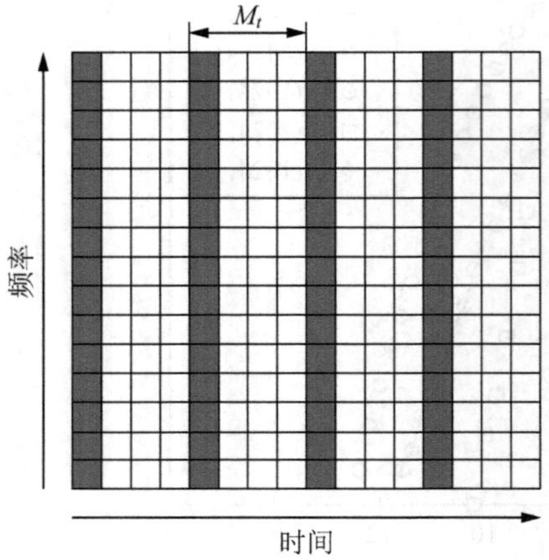

(a) 块状导频

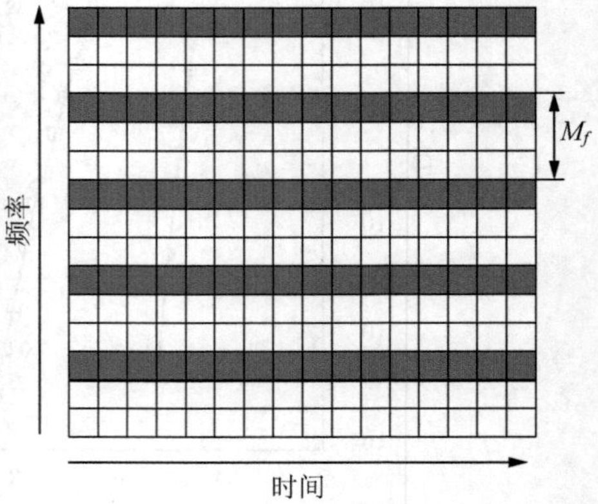

(b) 梳状导频

图 4.18　不同的导频插入方式

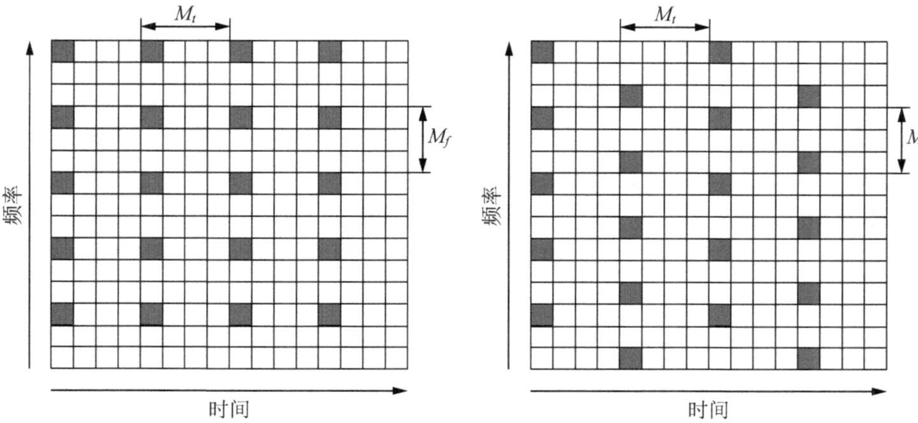

(c) 正方形分布导频　(d) 四边形分布导频

图 4.18　不同的导频插入方式(续)

与 4.2 节的定义一致，系统采样周期为 T_s，相应的子载波间隔 $\Delta f=1/NT_s$，一个 OFDM 符号周期为

$$T_u=T_f+T_g=(N+G)T_s \tag{4.27}$$

进一步假设信道的最大多普勒频移为 f_d，最大时间扩展为 $\tau_{max}=LT_s$ 且 $L\leqslant G$。

离散的导频信号在频域以 M_f 个子载波间隔插入，为不失真地还原其他子载波上的信号，对应的时域延拓信号不发生混叠，须满足 $M_f\Delta f\leqslant 1/2\tau_{max}$，即

$$M_f\leqslant\frac{1}{2\tau_{max}\Delta f} \tag{4.28}$$

相应的时域导频信号在时域以 M_t 个 OFDM 符号间隔插入，须满足 $M_tT_u\geqslant 2f_d$，即

$$M_t\leqslant\frac{1}{2T_uf_d} \tag{4.29}$$

例 4.2　IEEE 802.16e 标准面向于广域环境下的固定、移动宽带无线业务，可支持的最大时延扩展为 $\tau_{max}=20\mu s$，最大移动速度 125km/h，载波频率 3.5GHz。在正交频分多址(OFDMA)中，子载波间隔 $\Delta f=11.16kHz$，OFDM 符号周期为 $T_u=100\mu s$。

(1) 导频的最大频率间隔为

$$M_f\leqslant\frac{1}{2\tau_{max}\Delta f}\approx 2.24$$

取整为 2 个子载波。

(2) 多普勒频移

$$f_d=\frac{v}{\lambda}=\frac{125/3.6}{3\times10^8/3.5\times10^9}=\frac{35}{0.086}\approx 407(\text{Hz})$$

导频的最大时域间隔为

$$M_t\leqslant\frac{1}{2T_u\times f_d}\approx 12.3$$

取整为 12 个 OFDM 符号。

4.4.2 信道估计与插值滤波

按照是否插入导频，OFDM 系统的信道估计可分为导频辅助信道估计和盲信道估计，常用的算法有最小二乘(LS)估计和最小均方误差(MMSE)估计，需要分别在时域和频域分别独立的或联合的完成[58-59]。这里仅讨论基于导频辅助的频域信道估计及其插值滤波算法。

设插入导频的频域间隔为 M_f，供插入 $D_f=[N/M_f]$ 个导频 s_l^p，发送的 OFDM 符号为

$$s_n=s_{lM_f+m}=\begin{cases}s_l^p, & m=0\\ data, & m=1,\cdots,M_f-1\end{cases} \tag{4.30}$$

式中，$l=1,\cdots,D_f$。经过 IDFT 调制、信道传输，根据式(4.9)～式(4.13)，DFT 的输出为

$$Y_n=DFT\{y_m=x_m\otimes h_m\}=s_nH_n,\ 0\leqslant n\leqslant N-1 \tag{4.31}$$

则对应导频子载波上的信道频域响应的最优估计为

$$\hat{H}_l^p=Y_{lM_f}/s_l^p \tag{4.32}$$

具体实现一般采用最小二乘算法或最小均方误差算法，可参考文献[58]。

得到 D_f 个导频位置的频域信道响应后，在满足式(4.24)的前提下，可采用以下内插或 IFFT/FFT 运算[59]得到其他子信道的频域估计，而采用 IFFT/FFT 方法可实现理想内插，但要求 D_f 必须是 2 的整数幂次方。

1. 线性内插

$$\begin{aligned}H_k^e&=H_{lM_f+m}^e\\&=(H_{l+1}^p-H_l^p)\frac{m}{M_f}+H_l^p,\quad 0\leqslant m<M_f\end{aligned} \tag{4.33}$$

2. 二阶内插

$$\begin{aligned}H_k^e&=H_{lM_f+m}^e\\&=c_1H_{l-1}^p+c_0H_l^p+c_{-1}H_{l+1}^p\end{aligned} \tag{4.34}$$

式中，$c_1=\dfrac{\alpha(\alpha-1)}{2}$，$c_0=-(\alpha-1)(\alpha+1)$，$c_{-1}=\dfrac{\alpha(\alpha+1)}{2}$，$\alpha=m/N$。

3. 线性低通内插滤波

首先对 $\hat{H}_l^p$ 内插 $N-D_f$ 个零，接着对之应用低通 FIR 滤波器，低通滤波器的带宽基于信道相干带宽选取。

考虑面向市内无线网络的 ACTS(advanced communications technologies and services)-median 系统，载波频率 60GHz，OFDM 子载波数为 512，CP 长度为 64，FFT 运算的采样率为 225MS/s。典型室内多径信道的时域响应及其频域响应如图 4.19 所示。

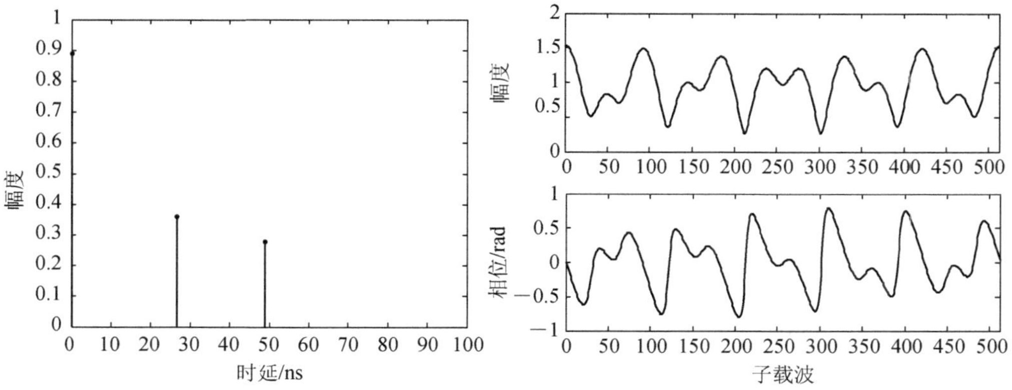

图 4.19　典型室内多径信道的时域响应及其频域响应

子载波间隔 $\Delta f = f_s/N = 225/512 = 0.44\text{MHz}$，最大延时 $\tau_{\max} = 49.7\text{ns}$，则导频的最大频率间隔为

$$M_f \leqslant \frac{1}{2\tau_{\max}\Delta f} \approx 22.7$$

取整为 22 个，则至少需要插入 23 个导频。

每 16 个子载波插入一个导频，共插入 32 个导频，利用式(4.28)估计，分别采用线性插值和插值滤波得到的信道估计结果如图 4.20 所示，图 4.20(a)是线性插值结果，图 4.20(b)是插值滤波结果。

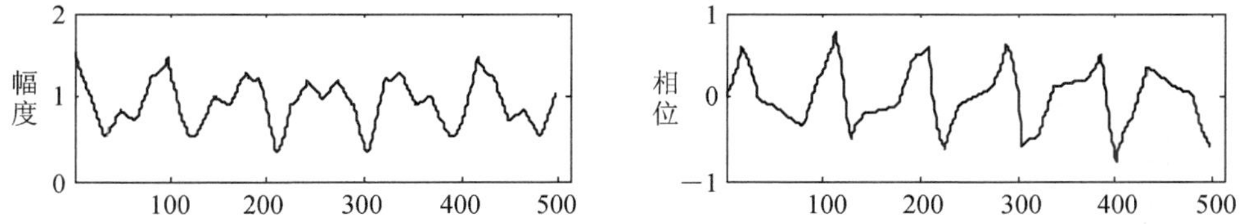

(a) 线性插值结果

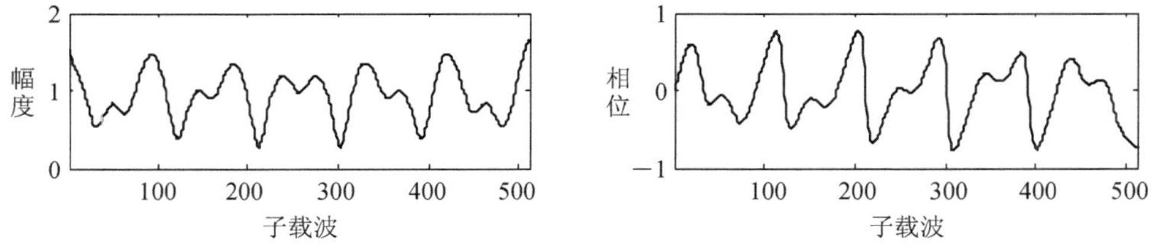

(b) 插值滤波结果

图 4.20　每 16 个子载波插入一个导频的信道估计结果

每 25 个子载波插入一个导频的信道估计结果如图 4.21 所示。与实际信道的频域响应比较，有以下结论：当导频间隔满足式(4.24)时，通过插值滤波可以较完整地恢复出原信道，否则，无法完整恢复；同样条件下，插值滤波的信道估计结果优于线性插值。

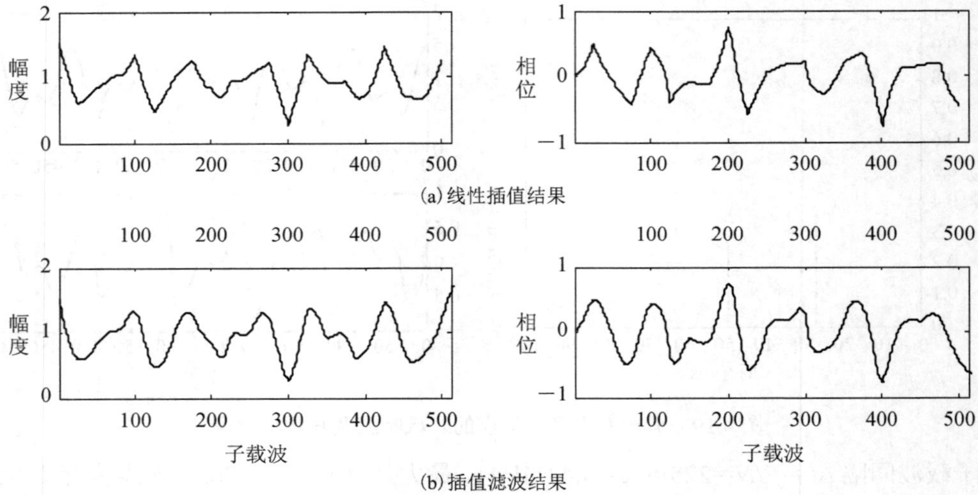

图 4.21　每 25 个子载波插入一个导频的信道估计结果

4.5　同 步 技 术

结合 PAPR 抑制、信道估计，图 4.22 给出了 OFDM 系统处理的基本框图。在发射端，通过子载波分配将信息比特分配在特定的子载波上之后，星座映射将信息比特映射为系统指定的调制符号(PSK 或 QAM)，经过 IFFT 后加入可以消除信道 ISI 的循环前缀(CP)，再对 OFDM 信号的 PAPR 进行抑制，得到 OFDM 系统基带信号，最后经过载波调制和数-模转换后得到 OFDM 系统的模拟输出信号。在接收端，要完成对 OFDM 模拟信号的正确解调，先根据采样频率同步结果对 OFDM 模拟信号进行模-数转换，得到采样后的 OFDM 信号，然后根据载波频率同步结果对 OFDM 信号进行正交下变频，得到 OFDM 复基带信号，再根据符号定时同步结果去除循环前缀并将所得信号进行 FFT，得到解调所需的 OFDM 频域信号，接着根据信道估计结果去除频域信号中信道的影响，最后根据调制映射规则对信号进行解映射，得到信息比特，完成数据的传输过程。

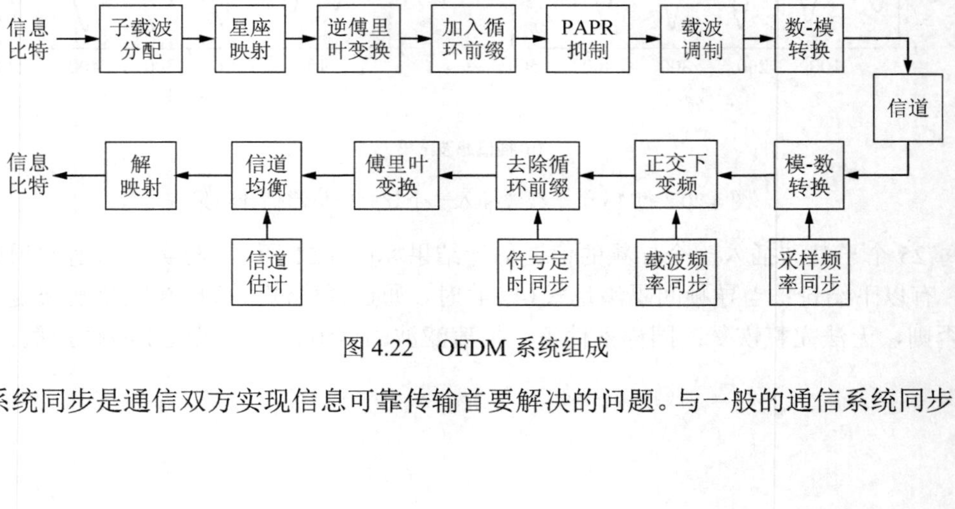

图 4.22　OFDM 系统组成

系统同步是通信双方实现信息可靠传输首要解决的问题。与一般的通信系统同步不同，

OFDM 系统的同步主要包括符号定时同步、载波频率同步及采样频率同步三个方面。

符号定时同步是为了确定每个 OFDM 符号的正确起止时刻(准确的 FFT 窗位置)，去除 CP，实现 OFDM 帧同步。当符号定时同步不理想时，将可能使所得的 OFDM 频域信号中产生 ISI 及 ICI[62]，降低 OFDM 系统的误码率性能；但采用了 CP 的 OFDM 系统对符号定时同步的要求相对宽松，符号的起始时刻只要落在循环前缀内，就不会破坏子载波间的正交性，即 ICI 为 0，只会引入符号的相位旋转。

由于发射端与接收端的晶体振荡器不匹配，使得 OFDM 系统中不可避免地存在载波频率偏差(carrier frequency offset，CFO)和采样频率偏差(sample frequency offset，SFO)，对于移动通信系统来说，还需考虑多普勒频率的影响。CFO 和 SFO 频率偏差将破坏 OFDM 系统子载波之间的正交性，从而产生 ICI[62]，并使有用信号的幅度和相位分别发生衰减和旋转。同时，较大的采样频率偏差还会使接收端的 OFDM 符号中的采样点数发生变化，将严重影响 OFDM 系统的性能。因此，接收端必须对载波频率及采样频率进行同步。

OFDM 系统同步的方法主要可以分为数据辅助法和非数据辅助法。数据辅助法通过设计具有特殊结构的导频序列，在接收端利用导频信号的特殊结构对系统进行同步；这种方法较为简单，实现较为容易。非数据辅助法则是通过从信号本身提取同步信息，对系统进行同步；这类方法大多比较复杂，且估计精度一般情况下不如前者。下面讨论基于数据辅助的符号定时同步和载波频率同步。

4.5.1　符号定时同步

1. 符号同步偏差对系统性能的影响

OFDM 系统中的符号同步就是要在接收端确定出每个 OFDM 符号的起止时刻，即确定出准确的 FFT 窗位置。如图 4.23 所示的 FFT 窗位置，在多径信道条件下，当 FFT 窗内接收信号的采样仅包含来自发射端同一个 OFDM 符号的采样时，则各子载波间的正交性得以保持。

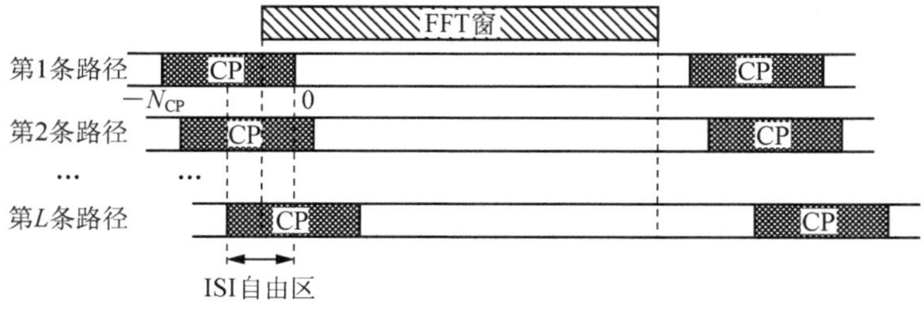

图 4.23　FFT 开窗位置示意图

理想同步条件下，一个完整 OFDM 符号的采样序列标号记作$\{N_{cp},\cdots,-1,0,1,\cdots,N-1\}$。假设对采样间隔归一化的定时偏移为 ε，最大路径延迟为 τ_{max}，则当 $\varepsilon\in\{-N_{CP}+\tau_{max},-N_{CP}+\tau_{max}+1,\cdots,0\}$时，ICI 为零，该区间为 ICI 自由区。此时，符号定时偏移仅仅引起各子载波符号的相位旋转，经 FFT 变换后，得到的第 k 个子载波符号可表示为

$$Y_k=\exp(j2\pi\varepsilon k/N)X_kH_k+W_k,\quad -N_{CP}+\tau_{max}\leqslant\varepsilon<0 \tag{4.35}$$

式中，H_k 为第 k 个子载波位置上的信道频率响应；W_k 表示高斯白噪声。此时，对于采用相干解调的 OFDM 系统而言，定时偏移引起的相位旋转可以看作是由信道引入的相移，可以通过信道估计器进行补偿。

当定时位置超出 ICI 自由区时，将产生 ICI，且各子载波间的正交性受到破坏，引起 ICI。此时，FFT 输出的第 k 个子载波符号可表示为[64]

$$Y_k = \exp(\mathrm{j}2\pi\varepsilon k/N)\alpha(\varepsilon)X_k H_k + I_k + W_k \tag{4.36}$$

式中

$$\alpha(\varepsilon) \approx \sum_l |h_l(t)|^2 \frac{N-\Delta\varepsilon_l}{N} \tag{4.37}$$

$h_l(t)$表示第 l 条路径的复增益；$I(k)$表示由 ISI 和 ICI 组成的噪声项，该噪声项可以近似为高斯噪声，其功率为[64]

$$\sigma_\varepsilon^2 = \sum_l |h_l(t)|^2 \left[2\frac{\Delta\varepsilon_l}{N} - \left(\frac{\Delta\varepsilon_l}{N}\right)^2 \right] \tag{4.38}$$

式中

$$\Delta\varepsilon_l = \begin{cases} \varepsilon - \tau_l, & \varepsilon > \tau_l \\ \tau_l - N_{\mathrm{CP}} - \varepsilon, & 0 < \varepsilon < -N_{\mathrm{CP}} + \tau_l \\ -N_{\mathrm{CP}} + \tau_l - \varepsilon, & \varepsilon < -N_{\mathrm{CP}} + \tau_l < 0 \\ 0, & \text{其他} \end{cases} \tag{4.39}$$

τ_l 表示第 l 条路径对采样周期归一化的路径延时。

式(4.35)表明，当定时位置在 ISI 自由区之外时，符号同步偏移引起解调后子载波符号的相位发生旋转，并导致其幅度的衰减，另外还引起 ISI 和 ICI。当 N 较大时，幅度的衰减可以忽略，此时主要的干扰是由于 ISI 和 ICI 额外引入的噪声。定时偏差越大，为保证定时估计结果位于 ISI 自由区内，所需要的 CP 长度越大；相对应地，精确的符号同步可以降低 OFDM 系统对 CP 设计长度的要求。

总之，尽管 CP 的存在使得 OFDM 系统对符号定时同步的要求变得相对比较宽松，但是在多径信道环境中定时估计的偏差会增加 OFDM 系统对信道时延扩展的敏感程度，降低系统的抗多径能力，精确的符号同步可以缩短 OFDM 系统的 CP 设计长度，提高数据传输效率，且准确的定时同步是确保载波同步和信道估计性能的先决条件。因此，在 OFDM 系统中需尽量提高符号定时同步的精度。

2. 符号定时同步算法

为满足系统快速同步的要求，通常采用数据辅助的同步方法。如在 IEEE 802.11a、IEEE 802.16a 等标准中，均定义了用于同步的训练符号。OFDM 系统中符号同步通常分为粗同步和细同步两个阶段，粗同步通常基于延迟相关进行，细同步可以基于本地序列相关、对称相关的方法实现。

1) 延迟相关同步方法

基于延迟相关的符号同步方法是利用相隔一定距离的两段或多段重复序列之间的相关性，进行定时度量设计和符号同步估计。诸多延迟相关符号同步算法中，较为典型的算法是 1997 年由 Schmidl 等人提出的同步算法[65]。该算法所利用的导频在时域上具有如下重复结构(不包括 CP)：

$$s_{\mathrm{p}} = [\boldsymbol{A}_{N/2}\boldsymbol{A}_{N/2}] \tag{4.40}$$

式中，$\boldsymbol{A}_{N/2}$ 表示长度为 $N/2$ 的采样序列。

对应的定时度量为

$$M_{\mathrm{Sch}}(d) = |P(d)|^2 / [R(d)]^2 \tag{4.41}$$

式中

$$P(d) = \sum_{m=0}^{N/2-1} r^*(d+m) r(d+m+N/2) \tag{4.42}$$

$$R(d) = \sum_{m=0}^{N/2-1} |r(d+m+N/2)|^2 \tag{4.43}$$

$r(m)$表示接收端信号的采样，d 表示长度为 N 的相关窗内第 d 个采样点的时间序号。

上述方法的计算量小，易于实现。另外，式(4.40)中进行共轭相乘的每两个采样点均受同一载波频偏的影响，且距离为固定值 $N/2$，频偏对每一求和项产生的相位旋转相同，则频偏对 $P(d)$的幅值不产生影响。$R(d)$是各采样点的能量和，因此，$M_{\mathrm{Sch}}(d)$对频偏不敏感。

图 4.24 给出了在理想信道(无噪声的单条路径)条件下定时度量曲线的示意图，取 $N=1024$，$N_{\mathrm{CP}}=128$。其中时间序号 0 对应于导频的第一个采样，导频前所加的 CP 导致该定时度量曲线存在一个平顶。因此，Schmidl 方法的定时估计方差较大。

总体上讲，基于延迟相关的符号同步算法的特点是实现较为简单，且定时性能不受载波频偏的影响，但同步估计的精度不高。

2) 对称相关同步方法

对称相关同步方法的基本思想是利用导频的共轭对称特性，或者构造出共轭对称性，进行定时度量设计和符号同步估计，以获得既具有类似冲激形状的定时度量曲线。

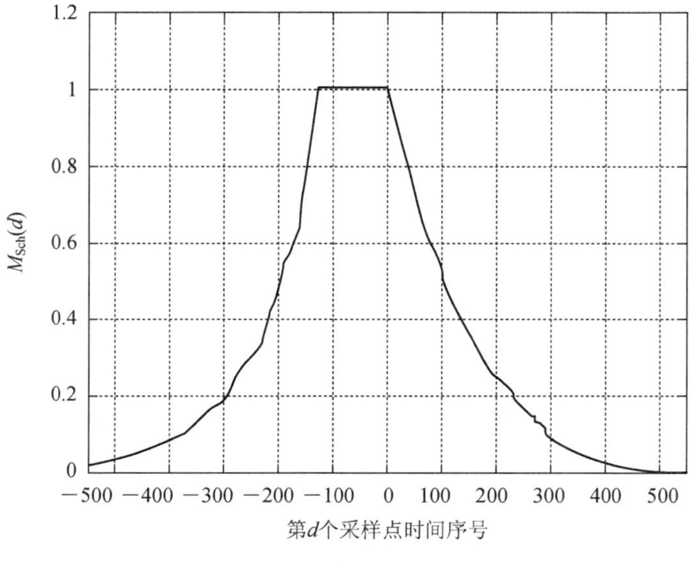

图 4.24　Schmidl 方法的定时度量曲线

共轭对称导频的基本时域形式可表示为

$$\boldsymbol{s}_{\mathrm{p}}=[\boldsymbol{A}_{N/2}\boldsymbol{B}_{N/2}] \tag{4.44}$$

式中，$\boldsymbol{A}_{N/2}$ 和 $\boldsymbol{B}_{N/2}$ 表示长度为 $N/2$ 的序列，且 $\boldsymbol{A}_{N/2}$ 和 $\boldsymbol{B}_{N/2}$ 共轭对称，具体可表示为

$$a(n)=b^{*}(N/2-n),\ n=1,\ 2,\ \cdots,\ N/2-1 \tag{4.45}$$

式中，$a(n)$ 和 $b(n)$ 分别表示 $\boldsymbol{A}_{N/2}$ 和 $\boldsymbol{B}_{N/2}$ 的第 n 个元素；另外，$a(0)$ 和 $b(0)$ 均为实数。

生成该结构导频的常用方法有两种：一种方法是在频域传输实数 PN 序列，则对应的时域序列即具有共轭对称结构；另一种方法是在频域中的偶数子载波位置上传输实数 PN 序列，而将奇数子载波设置为 0，则对应的时域序列具有重复的共轭对称结构。

基于该类导频的定时度量设计可表示为

$$M_{\mathrm{cs}}(d)=\frac{|P(d)|^{2}}{[R(d)]^{2}} \tag{4.46}$$

式中

$$P(d)=\sum_{k=0}^{D-1} r(d+D-k)r(d+D+k) \tag{4.47}$$

$$R(d)=\sum_{k=0}^{D-1} |r(d+D+k)|^{2} \tag{4.48}$$

相关窗的长度为 $2D$。

理想信道条件下，取 $N=1024$，$N_{\mathrm{CP}}=128$，$D=N/2$ 时的定时度量曲线如 4.25 所示。图 4.25(a)对应于具有单一共轭对称结构的导频，图 4.25(b)对应于具有重复共轭对称结构的导频。

不难看出，基于共轭对称结构导频的定时度量具有类似冲激的形状，即在正确定时位置和其附近位置的定时度量值的差异非常明显，可获得较高的定时精度。而对于具有重复共轭对称结构的导频，其定时度量存在较明显的次峰，在低信噪比时存在定时模糊问题。

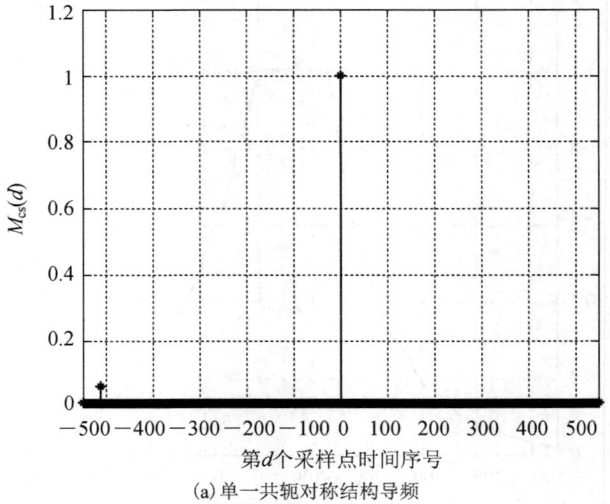

(a) 单一共轭对称结构导频

图 4.25　基于对称相关的定时度量曲线

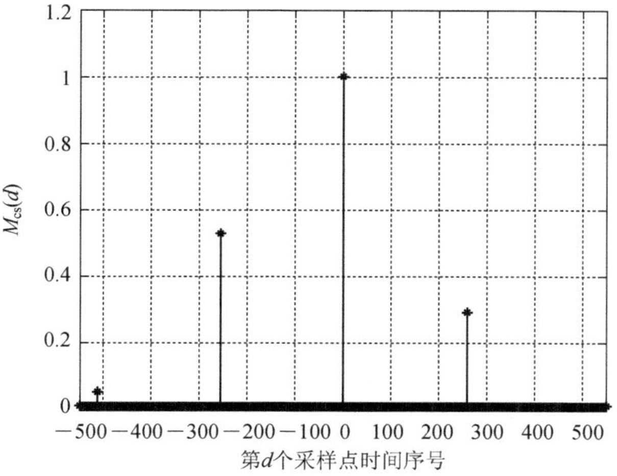

(b) 重复共轭对称结构导频

图 4.25　基于对称相关的定时度量曲线(续)

与延迟相关同步一样，式(4.48)各求和项中相乘的两个采样距相关窗内第一个采样点的距离之和相等，频偏对各求和项产生的相位偏移一致，不对定时度量产生影响。

4.5.2　载波频率同步

1. 载波频率偏差对系统性能的影响

OFDM 系统中子载波间隔小，对载波频率偏差非常敏感，如图 4.26 所示。无载频偏差，$\delta f_c=0$，无子载波间干扰；$\delta f_c\neq 0$ 且不是子载波间隔 Δf 的整数倍时，子载波间的正交性遭到破坏，引入 ICI，使得系统的解调信噪比下降。

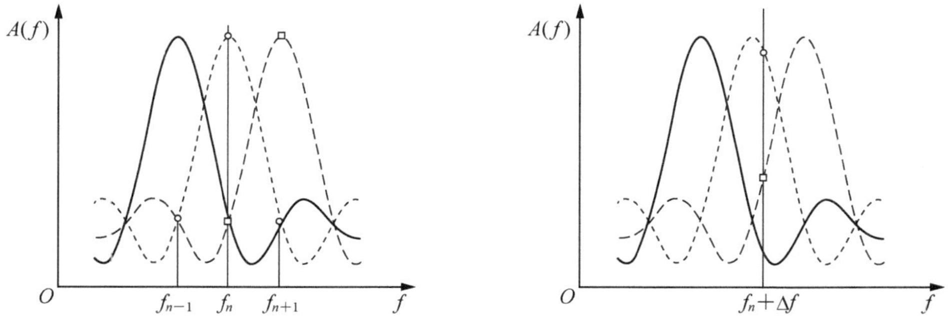

(a) 无频率偏差　(b) 有频率偏差

图 4.26　频偏对 OFDM 子载波正交性影响示意图

考虑 AWGN 信道，$T_s=1$，时域接收信号为

$$r_k=x_k\cdot \mathrm{e}^{\mathrm{j}\frac{2\pi\delta f_c}{N}k}+w_k \tag{4.49}$$

式中，δf_c 为收发信机之间的频率偏差；w_k 为高斯白噪声。FFT 输出为

$$Y_k = X_k I_k^k + \sum_{m=0,\ m\neq k}^{N-1} X_m I_k^m + W_k \tag{4.50}$$

式中

$$\begin{aligned} I_k^m &= \frac{1}{\sqrt{N}}\sum_{n=0}^{N-1}\exp\left\{\mathrm{j}\left(\frac{2\pi n(m+\delta f_c)}{N} - \frac{2\pi nk}{N}\right)\right\} \\ &= \frac{\sin[\pi(m-k+\delta f_c)]}{\sqrt{N}\sin\left(\frac{\pi}{N}(m-k+\delta f_c)\right)}\exp\left\{\mathrm{j}\pi\left(1-\frac{1}{N}\right)(m-k+\delta f_c)\right\} \end{aligned} \tag{4.51}$$

$$I_k^k = \frac{1}{\sqrt{N}}\sum_{n=0}^{N-1}\exp\left\{\mathrm{j}\left(\frac{2\pi\delta f_c}{N}n\right)\right\} \tag{4.52}$$

当 N 足够大时，ICI 视作高斯白噪声，由此引入的信噪比损失为

$$D_{nf} = 10\log_{10}\left\{\frac{E_s}{N_0}\left|\frac{\sin(\pi N\delta f_c T_s)}{N\sin(\pi\delta f_c T_s)}\right|^2\right\} - 10\log_{10}\left\{1+\frac{E_s}{N_0}\left[1-\left|\frac{\sin(\pi N\delta f_c T_s)}{N\sin(\pi\delta f_c T_s)}\right|^2\right]\right\} \tag{4.53}$$

图 4.27 给出了不同 N 取值情况下式(4.52)的曲线，系统信噪比 E_s/N_0=20dB。可以看出，OFDM 系统对载波频偏的敏感性随子载波的增大而增大，需要采用精确的载波同步。

2. 载波同步算法

以子载波之间的间隔为单位，OFDM 系统中的载波频率偏差可分解为整数部分和小数部分，整数部分即等于子载波间隔的整数倍的频率偏差，小数部分即小于子载波间隔的“剩余”部分频率偏差。整数倍频偏仅使信号在子信道上平移，并不破坏各子载波间的正交性，将 FFT 输出进行循环移位即可消除其影响；小数部分频偏则破坏了子载波间的正交性，引入 ICI，导致系统信噪比下降。OFDM 系统的载波同步的关键是先消除小数部分频偏(精同步)，以保证随后的整数倍频偏校正(粗同步)不受 ICI 的影响。

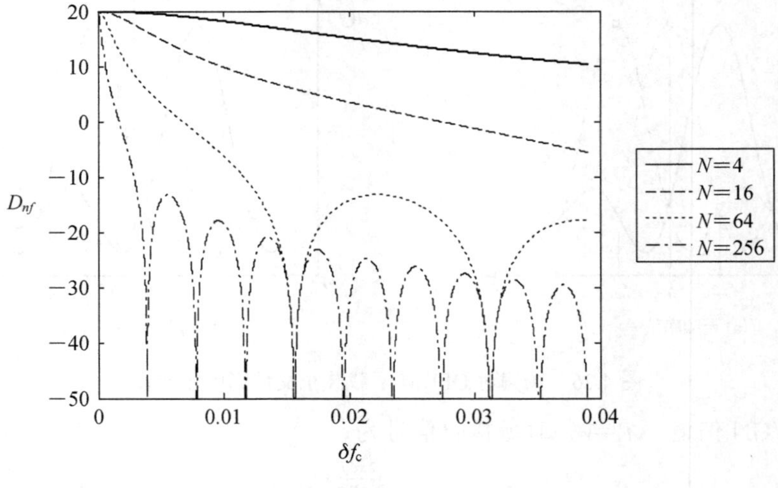

图 4.27　载波频偏引入的信噪比恶化

限于篇幅，这里仅讨论基于数据辅助的时域相关载波频率偏差同步算法。

假设两个时域重复符号 $x_1(n)$ 和 $x_2(n)$ 之间有 N_d 个样值的延时，$x_1(n)=x_2(n)$，且数据长度为 L，如图 4.28 所示。

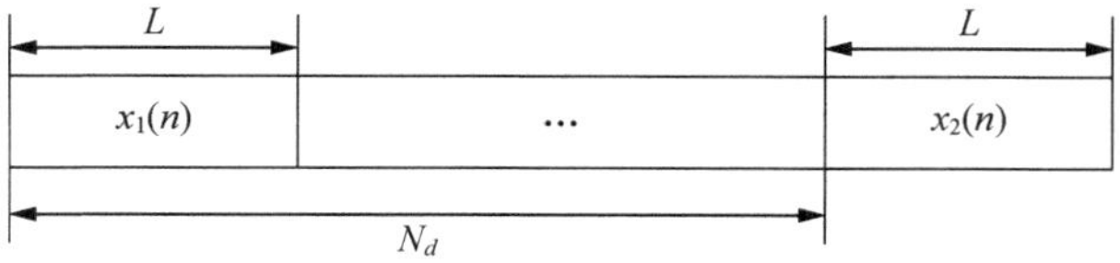

图 4.28　相隔一定样值的两个时域重复符号

存在载频偏差 $\delta f_c \neq 0$，接收到的两个时域重复训练符号为

$$r_{1,k}=r_k=x_{1,k}\bullet \mathrm{e}^{\mathrm{j}\frac{2\pi\delta f_c}{N}kT_s}+w_{1,k} \tag{4.54}$$

$$r_{2,k}=r_{k+N_d}=x_{2,k}\bullet \mathrm{e}^{\mathrm{j}\frac{2\pi\delta f_c}{N}(k+N_d)T_s}+w_{2,k} \tag{4.55}$$

式中，$k=0, 1, \cdots, L-1$。

对上述两个信号在时域进行共轭相关运算：

$$R=\sum_{k=0}^{L-1} r_{1,k}r_{2,k}^{*}=\mathrm{e}^{-\mathrm{j}\frac{2\pi\delta f_c}{N}N_dT_s}\sum_{k=0}^{L-1}x_{1,k}x_{2,k}^{*}+w \tag{4.56}$$

不考虑噪声的情况下，$x_1(n)=x_2(n)$，$w_{1,k}=w_{2,k}=0$，则

$$R=\mathrm{e}^{-\mathrm{j}\frac{2\pi\delta f_c}{N}N_dT_s}\sum_{k=0}^{L-1}\left|x_{1,k}\right|^2 \tag{4.57}$$

载波频率偏差为

$$\delta f_c=-\frac{\arg(R)}{2\pi N_dT_s}=-\frac{\arg(R)N\Delta f}{2\pi N_d} \tag{4.58}$$

式中，载波间隔 $\Delta f=1/NT_s$。

相位估计 $\arg(R)$ 的无模糊范围是 $[-\pi,\pi)$，在载波频率估计范围为

$$\left|\delta f_c\right|\leqslant \frac{N}{N_d}\frac{\Delta f}{2} \tag{4.59}$$

考虑循环前缀，$N_d=N+N_g$，估计范围略小于 $\Delta f/2$。

AWGN 信道下，Schimdl 等人给出了上述最大似然估计的载频偏差估计方差为

$$\sigma_{\delta f_c}^2 \propto \frac{1}{L\bullet SNR} \tag{4.60}$$

相关求和的样值数 L 越大，估计越准确。

需要说明的是，上述算法用到的重复训练序列 $x_1(n)=x_2(n)$，可以由帧头信息构造(WLAN 应用)，也可以利用 OFDM 符号的循环前缀来构造，显然后者不需要额外的资源，可保证高的传输效率。

习　题

4.1　设一个 OFDM 系统工作在相干带宽 B_c=10kHz 的信道上。

(1) 假设子信道上的码元周期为 $T_f=1/B_f=10T_m$，可以保证各子信道经历平坦衰落，求子信道的码元周期。

(2) 假设系统的载波数是 $N=128$，采用滚降系数 $\beta=0.5$ 的升余弦脉冲，由于时间受限，需要额外增加一些带宽来保证带外功率非常小，假设这个额外带宽因子 $\varepsilon=0.1$，那么系统的总带宽是多少？

4.2　某 OFDM 系统的带宽为 1MHz，信道时延扩展 $T_m=20\mu s$，为保证各子信道经历平坦衰落，试确定子信道数。

4.3　IEEE 802.11a 无线局域网中的 OFDM 有效子信道数目为 48，数据符号持续时间 $T_f=3.2\mu s$，采用 $N=2^6>48$ 点 FFT。

(1) 确定采用 IDFT 实现 OFDM 调制的采样率。

(2) 信道的最大时延扩展为 500ns，确定 OFDM 符号中的最小循环前缀长度。

(3) 若取循环前缀长度为 0.8μs，确定采用 QPSK 调制(无信道编码)的最高传输信息速率。

4.4　IEEE 802.11a 的系统参数与习题 4.3 一致，假设利用了盲信道估计技术后，IEEE 802.11a 中用于导频估计的 4 个子信道可用于数据传输。试确定以下两种传输模式下的信息传输速率。

(1) 子载波调制为 16QAM，速率为 2/3 的卷积码。

(2) 子载波调制为 64QAM，速率为 3/4 的卷积码。

4.5　IEEE 802.11 的系统参数与习题 4.3 一致，最大时延扩展为 $\tau_{max}=500ns$，设移动台的最大移动速度为 72km/h，载波频率为 2.4GHz。在 OFDMA 中，子载波间隔 $\Delta f=1/T_f=312.5kHz$。确定插入导频的最大频率间隔和最大时域间隔。

第 5 章　扩频通信技术

扩频通信(spread spectrum，SS)是一种重要的抗干扰通信技术，它起源于军事通信对抗，并不断地得以发展。正如“阴阳相生相克”，自无线电通信诞生之日起，通信对抗即相伴而生。作为通信对抗系统的重要组成部分，通信抗干扰伴随着通信干扰在相互对立、相互排斥中不断壮大，“没有干扰不掉的通信，也没有抗不住的干扰”是对这一关系的精辟概述。

与普通民用无线通信系统不同，军事通信系统所面临的干扰除了各种自然干扰和无意的人为干扰外，更重要的是有意人为强干扰的威胁。按照干扰信号频谱与目标通信信号频谱的对应关系，通信干扰可分为窄带瞄准式干扰和宽带拦阻式干扰。窄带瞄准式干扰的干扰频谱与目标频谱瞄准，按瞄准程度又可分为准确瞄准干扰和半瞄准式干扰，按引导方式可分为定频守候式、扫频搜索式(连续/重点)、跟踪式等。宽带拦阻式干扰辐射宽带干扰，可以干扰多个窄带信号，其频谱均匀分布或梳形分布，按产生方法不同分为扫频式、脉冲式和多干扰源线性叠加式阻拦干扰。按干扰样式不同，通信干扰分为欺骗式干扰、搅扰式干扰和压制式干扰。欺骗式干扰即在敌方使用的通信频率上采用敌方的通信方式伪造消息，造成敌方接收信息错误或者引起判断失误；搅扰式干扰即利用噪声、脉冲等干扰方式使敌方通信中断或失败；压制式干扰即利用强大的干扰功率实施对目标信号的完全压制。

扩频通信的概念最早是由一个好莱坞的女演员 Hedy Lamarr 提出的，她和钢琴家 George Antheil 描述了一种保密的无线通信方式以控制鱼雷，并获得了美国专利，其基本思想就是采用跳频扩频技术以实现抗干扰通信。时隔十几年后的 1957 年，一家纽约的公司 Sylvania Electronic Systems Division 重新拾起这个创意继续研发，并将其提供给美国军方。到了 20 世纪 80 年代，随着冷战时代的结束，美国军方解除了对扩频技术的管制，允许其流入民用领域。1985 年，高通(Qualcomm)公司在加利福尼亚州成立，以扩频技术为基础，研发出了码分多址(code division multiple access，CDMA)系统，并发展成为第二代移动通信标准 IS-95。

近年来，扩频技术得到越来越广泛的使用，如美国的全球定位系统(GPS)、通信数据转发卫星系统(TDESS)、军事卫星通信系统(MILSTAR)、多种跳频电台(SINCGARS)、跳时-跳频混合系统(joint tactical information distribution system，JTIDS)、第三代蜂窝移动通信系统(3G)、遥测遥控等。

本章主要从通信抗干扰的角度，讨论扩频通信的原理，深入阐述直接序列扩频(DS/SS)和跳频扩频(FH/SS)的系统组成、抗干扰性能、扩频序列设计与同步等问题。

5.1　扩频通信原理

5.1.1　扩频通信的理论基础

根据香农(Shannon)信息论，信道容量的大小取决于信道带宽与信噪比，即香农公式：

$$C = B\log_2(1 + S/N) \tag{5.1}$$

式中，C 为信道容量，即单位时间内信道中无差错传输的最大信息量；B 为信道带宽，单位为 Hz；S 为信号功率，N 为噪声功率，单位为 W；S/N 为信号功率与噪声功率之比，称为信噪比。在给定信噪比和带宽条件下，一定存在某种编码系统，能以任意小的差错概率实现信息速率为 C 的信息传输。

由式(5.1)可以看出，信号带宽和信号功率之间存在一定的互换关系，当 S/N 很小(≤0.1)时，由 $\lim\limits_{x\to 0}\dfrac{\log_2(1+x)}{x}=\log_2 \mathrm{e}$，可得

$$C/B \approx 1.44S/N \tag{5.2}$$

在无差错传输的信息速率 C 不变时，增大信号带宽 B，可以降低对信噪比 S/N 的要求。

香农公式(5.1)说明了通过扩展频谱(增大信号带宽)可以降低对系统信噪比的要求，实现可靠的通信。同时，理论分析也表明扩频通信系统具有较强的抗干扰能力。但上述理论并没有说明如何实现一个扩频通信系统。

衡量一个系统是否是扩频通信系统主要依据以下三个准则。

(1) 扩频通信技术是一种信息传输方式，其信号所占带宽远远超过了传递信息所必需的最小带宽。

(2) 扩频通信系统带宽的扩展依赖一个与数据独立的码来完成。

(3) 在接收端必须采用和发端相同的码且同步以完成解扩和数据恢复。

对于有些调制技术(如低编码效率的系统、宽带调频系统等)，其传输带宽远大于传输数据所需要的最小带宽，但它们都不能同时满足上述三个条件，不属于扩频通信系统。

5.1.2 扩频通信系统的构成与分类

一种典型的数字扩频通信系统如图 5.1 所示，其中信源编译码、信道编译码、调制解调是传统数字通信系统的基本组成单元。除了上述单元，扩频通信分别在收发两端应用两个完全同步的伪码发生器，作用于发射端的调制器和接收端的解调器，分别实现发射信号频谱扩展和接收信号解扩。

按照信号频谱扩展的方式不同，扩频通信可分为直接序列扩频(DS/SS)、跳频扩频(FH/SS)、跳时扩频(TH/SS)等基本方式。

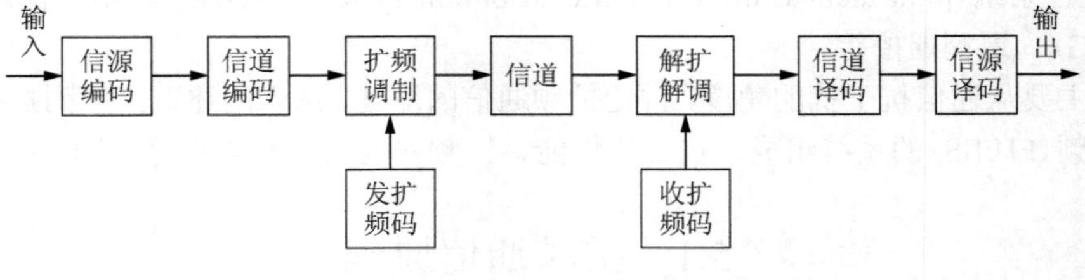

图 5.1　典型数字扩频通信统框图

直接序列扩频(direct sequence spread spectrum，DS/SS)即使用速率比信息码高得多的伪随机码(pseudo noise，PN)与信息信号相乘(或模 2 加)后再进行载波调制，实现信号的频谱扩展，信号功率在同一时刻分散在整个带宽内；解扩解调则用与扩频相同的 PN 序列对接

收到的扩频信号进行相关运算，恢复出原始信息的同时抑制窄带干扰。

与直接序列扩频不同，跳频扩频(frequency hop spread spectrum，FH/SS)是使用 PN 码控制窄带已调信号的载波频率，使之在整个带宽内随机跳变，在频域以“躲避”的方式对抗通信干扰。跳频系统工作在多个射频频率点，但在某个确定频率点上的瞬时是一个窄带系统。此外，跳频系统在各个时刻的工作频率是近似随机地在多个频率点间跳变的，且收方必须知道发方的跳频策略且频率跳变时刻必须与之同步。

跳时扩频(time hop spread spectrum，TH/SS)是将时间轴划分为很多时隙，这些时隙在跳时扩频通信中通常称为时片，若干时片组成一跳时间帧，而在一帧内哪个时隙发射信号则由扩频码序列去进行控制。跳时扩频与跳频扩频系统相似，但它是在时间轴而不是在频率轴上离散地跳变，在时域“躲避”通信干扰。

上述三种基本的扩频通信系统各有优缺点，其中应用最为广泛的是直接序列扩频系统、跳频扩频系统及直接序列扩频和跳频混合扩频系统。

5.2 直接序列扩频

5.2.1 直接序列扩频系统的基本原理

图 5.2 给出了 DS/SS 系统的基本结构，与普通的非扩频通信系统相比，增加了扩频和解扩单元。发射端对扩频后的信号进行成形滤波、数字载波调制；接收端完成解调、匹配滤波，输出与本地产生的扩频码进行相关处理完成解扩和判决。

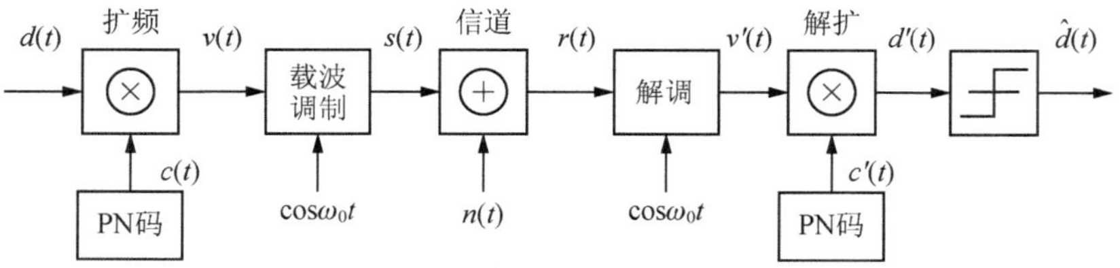

图 5.2 直接序列扩频系统的基本数学模型

1. 波形及其频谱

理论上，DS/SS 系统中的载波调制可以是 ASK、MPSK、MFSK、MSK 等任意一种数字调制方式，但最常用的是 BPSK(DPSK)或 QPSK 调制，主要原因如下。

(1)相位调制具有较好的传输性能。

(2)扩频和解扩可以通过简单的乘法运算完成，实现简单。

(3)DS-PSK 信号无离散谱，信号隐蔽性好。

其中最简单的实现形式是 DS-BPSK，即对扩频后的信号采用 BPSK 调制，对应的时域波形如图 5.3 所示。

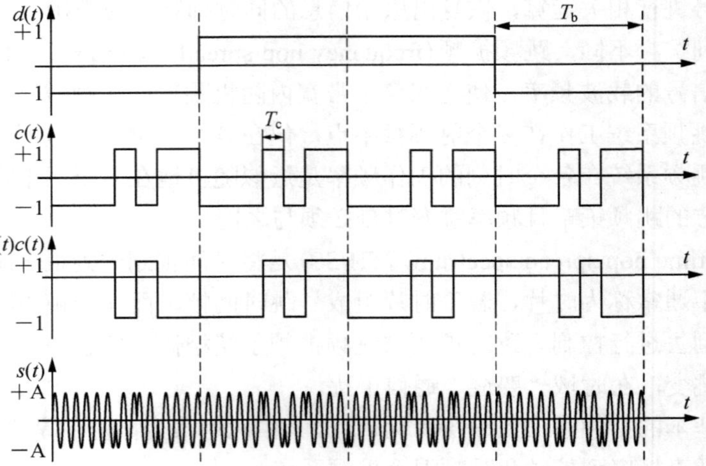

图 5.3　DS-BPSK 信号波形

设输入持续时间为 T_b 的信息序列：

$$d(t)=\sum_k d_k g_{T_b}(t-kT_b) \tag{5.3}$$

式中，$d_k \in \{+1,-1\}$；$g(t)$ 是宽度为 T_b 的矩形脉冲。

PN 码输出伪随机序列可以表示为

$$c(t)=\sum_n c_n p_{T_c}(t-nT_c) \tag{5.4}$$

式中，$c_n \in \{+1,-1\}$；$p(t)$ 是宽度为 T_c 的矩形脉冲，且 $T_c \ll T_b$。信息序列与 PN 序列直接相乘，得到 DS/SS 基带信号为

$$v(t)=d(t)c(t)=\sum_k d_k \sum_{n=0}^{N-1} c_n \cdot p_{T_c}(t-kT_b-nT_c) \tag{5.5}$$

式中，$N=T_b/T_c \gg 1$，称为扩频因子。则 DS-BPSK 信号输出为

$$s(t)=\sqrt{2E_c}\,v(t)\cos\omega_0 t \tag{5.6}$$

式中，E_c 为每个 PN 码片(chip)的能量，$E_c=E_b/N$；ω_0 为载波角频率。

根据文献[18]和第 7 章关于数字调制信号功率谱的分析，假设 PN 码 c_n 是离散独立同分布随机序列，则 DS-BPSK 信号的功率谱密度函数可近似表示为

$$P_s(f)=\frac{E_c T_c}{2}\left\{Sa^2[\pi(f+f_0)T_c]+Sa^2[\pi(f-f_0)T_c]\right\} \tag{5.7}$$

相比 BPSK 调制的谱零点带宽 $2/T_b$，DS-BPSK 信号的谱零点带宽变为 $2/T_c$，展宽了 N 倍，称为扩频因子。

2. *解扩解调*

加性高斯白噪声信道(AWGN)条件下，接收信号表示为

$$r(t)=s(t)+n(t) \tag{5.8}$$

式中，$s(t)$ 如式(5.6)所示，$n(t)$ 为零均值高斯白噪声，其单边功率谱密度为 $N_0/2$。

首先进行 BPSK 相干解调：

$$v'(t)=r(t)\sqrt{2}\cos\omega_0 t\,|_{LPF}=\sqrt{E_c}\sum_k d_k\sum_{n=0}^{N-1}c_n\cdot p_{T_c}(t-kT_b-nT_c)+n'(t) \tag{5.9}$$

$n'(t)$ 的功率谱密度与 $n(t)$ 相同，此时的信噪比为

$$\gamma_{in}=\frac{E^2[v'(t)]}{2\operatorname{var}[v'(t)]}=\frac{E_c}{N_0} \tag{5.10}$$

假设收发两端的 PN 序列同步，即 $c'(t)=c(t)$，$c'(t)$ 与 $v'(t)$ 相关、积分，解扩输出：

$$d'(t)=\sum_k\int_{(k-1)T_b}^{kT_b}v'(t)c'(t)\mathrm{d}t=N\sqrt{E_c}\sum_k d_k p_{T_b}(t-kT_b)+\sum_k\int_{(k-1)T_b}^{kT_b}n'(t)c'(t)\mathrm{d}t \tag{5.11}$$

利用 $c'(t)c(t)=c^2(t)=1$，不考虑信道噪声 $n'(t)=0$，则相关积分后输出扩频调制前的信息序列；若 $n'(t)\neq 0$，其输出信噪比为

$$\gamma_{out}=\frac{E^2[d'(t)]}{2\operatorname{var}[d'(t)]}=\frac{N^2E_c}{N\cdot N_0}=\frac{E_b}{N_0} \tag{5.12}$$

可以看出：相关器输入输出信噪比满足 $\gamma_{out}=N\cdot\gamma_{in}$；AWGN 信道下 DS-BPSK 信号解扩输出信噪比与常规 BPSK 解调输出相同，噪声性能一致。

3．性能参数

1) 扩频增益

DS/SS 系统抗干扰能力的大小决定于扩频增益，扩频增益定义为扩频后信号带宽与非扩频信号带宽之比：

$$G_p=W_{ss}/W_d \tag{5.13}$$

常用分贝数表示为

$$G_p(\mathrm{dB})=10\lg(W_{ss}/W_d) \tag{5.14}$$

假设扩频与非扩频系统采用相同的调制方式，以 DS-BPSK 为例，BPSK 信号的 3dB 带宽约为 $1/T_b$，DS-BPSK 信号的 3dB 带宽约为 $1/T_c$，则扩频增益又可以表示为

$$G_p=N=\frac{T_b}{T_c}=\frac{R_c}{R_b} \tag{5.15}$$

根据式(5.9)～式(5.12)，扩频增益可以等效为解扩后输出信噪比与解扩前输入信噪比的比值：

$$G_p=N=\frac{E_b}{E_c}=\frac{\gamma_{out}}{\gamma_{in}} \tag{5.16}$$

表征了 DS/SS 系统信噪比改善的程度。

2) 干扰容限

干扰容限定义为 DS/SS 系统在解调性能满足要求(系统输出信噪比一定)的前提下，接收机前端所能容忍的干扰信号比有用信号超出的分贝(dB)数(最大干扰信号比)，一般用 M_j 来表示：

$$M_j=G_p-(S/N)_{min}-L_s \tag{5.17}$$

式中，G_p 为扩频增益；$(S/N)_{min}$ 为满足系统解调要求下相关解扩输出端的最小信噪比；L_s 为系统的实现损耗。

干扰容限反映了 DS/SS 系统接收机能在多强的干扰环境下正常工作的能力和可抵抗的极限干扰强度，只有当干扰功率超过干扰容限，才能对系统形成有效干扰。

4. 抗干扰性能

扩频系统的主要特征是具有强的干扰抑制能力。存在窄带干扰时 DS/SS 系统收发信号的频谱特性如图 5.4 所示，发射端原始窄带信号的频谱被展宽，传输过程中存在窄带干扰信号，接收信号即宽带扩频信号与窄带干扰的叠加，经解扩处理，从与本地 PN 序列相关的 DS/SS 信号中恢复出原始窄带信号；而与 PN 序列不相关的窄带干扰经解扩后被“平均”地分配到整个被展宽了的射频带宽上，再通过窄带滤波器滤出了大部分干扰功率，干扰信号的能量只有一小部分影响到后续的判决处理。

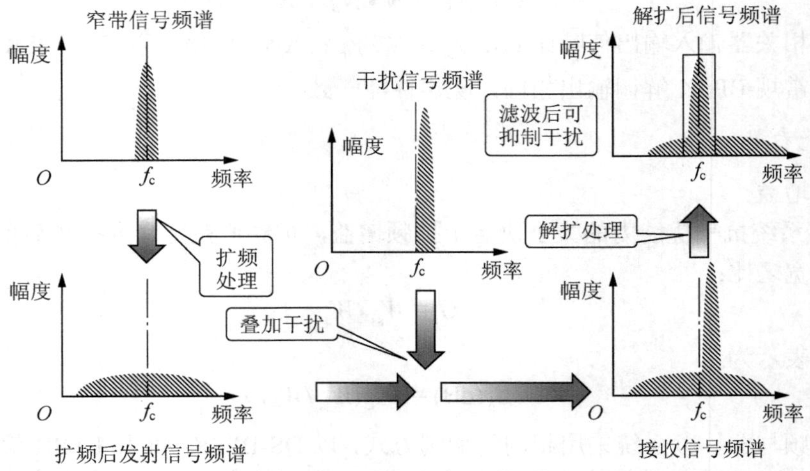

图 5.4　DS/SS 系统抗干扰示意图

下面具体分析单音连续波干扰和宽带干扰对 DS/SS 系统的影响。假设输入到相关器的信号为 $r(t)=s(t)+j(t)+n(t)$，DS/SS 信号和干扰的功率分别为 S_{in} 和 J_{in}，进一步假设干扰的功率远大于噪声功率，忽略 $n(t)$。

1) 单音干扰

扩频信号 $s(t)$ 与本地 PN 序列相关，经窄带滤波器输出至解调器，恢复出原始信息，根据式(5.9)～式(5.12)，解扩前后信号的功率不发生变化，$S=E_c/T_c=E_b/T_b$。而单频连续波干扰与本地 PN 序列相乘，根据频域卷积原理，干扰信号功率被本地 PN 信号扩展成为与 PN 信号带宽 W_{ss} 相同的宽带干扰，再经过带宽为 W_d 的滤波器，只有带宽为 W_d 的干扰信号输出，功率为

$$J_{out}=J_{in}\cdot\frac{W_d}{W_{ss}}=J_{in}/G_p \tag{5.18}$$

则滤波器输出信干比为

$$SJR_{out}=G_p\cdot\frac{S_{in}}{J_{in}} \tag{5.19}$$

2）宽带干扰

与上述分析相似，根据频域卷积原理，带宽为W_J宽带干扰与本地 PN 相关输出的干扰信号带宽约为两者带宽之和，即W_J+W_{ss}，经过带宽为W_d的滤波器，同样只有带宽为W_d的干扰信号输出，则滤波后输出功率

$$J_{out}=J_{in}\cdot\frac{W_d}{W_J+W_{ss}} \tag{5.20}$$

有用扩频信号的功率不变，相应的输出信干比为

$$SJR_{out}=\frac{W_J+W_{ss}}{W_d}\cdot\frac{S_{in}}{J_{in}} \tag{5.21}$$

对比式(5.21)和式(5.19)可以看出：系统扩频增益越大，相同条件下的输出信干比越大，干扰抑制能力越强；干扰功率相同的情况下，干扰带宽越小，输出信干比越小，干扰效果越好。

例 5.1　某 DS-BPSK 系统的扩频增益$G_p=30\text{dB}$，在单频干扰下以速率 100bit/s 发送信息。为保证解调误码率低于10^{-5}，要求相关解扩输出信噪比至少为 10dB，其他处理损耗为 2dB。求该扩频系统的干扰容限。

解：根据题意，扩频增益$G_p=30\text{dB}$，最小$(S/N)_{min}=10\text{dB}$，系统损耗$L_s=2\text{dB}$，由式(5.15)，得到$M_j=G_p-(S/N)_{min}-L_s=18\text{dB}$。

该系统可以在干扰输入功率比接收扩频信号功率高 18dB 的范围内保证误码率低于10^{-5}，或者说，该系统能够在接收端输入信干比大于或等于−18dB 的环境下正常工作。

5. 主要特点

1）优点

(1) 抗干扰能力强。DS/SS 系统通过将干扰信号的功率“平均”地分配在整个射频信号带宽上，再通过滤波器滤除大部分干扰功率，降低进入解调器的干扰功率，从而有效地抑制干扰，扩频处理增益越大，抗干扰能力越强。

(2) 隐蔽性好。相对常规通信系统，DS/SS 信号占据了更大的带宽，发射功率相同的情况下，DS/SS 信号的功率谱密度远远小于非扩频前的信号功率谱密度，甚至可以在信号完全被淹没在噪声以下时正常工作。但对于不了解扩频信号有关参数的第三方，难以对直扩信号进行侦听和截获。同时，DS/SS 信号的功率污染小，对其他通信系统的电磁干扰小，可以在一定程度上与其他系统共享频谱资源。

(3) 具有一定的抗衰落能力。信道多径衰落影响无线通信系统性能的重要因素，多径衰落使接收端接收信号产生失真，导致码间串扰，引起噪音增加。当 PN 码片宽度(持续时间)小于多径时延时，DS/SS 系统可以利用扩频码之间的相关特性，在接收端采用相关技术从多径信号中提取并分离出多条路径的有用信号，并按一定准则把多个路径来的同一 PN 序列波形相加使之得到加强，从而有效的低抗多径干扰。

(4) 易于实现多址通信。DS/SS 系统占用了很大的带宽，其频率利用率低。但可以让多个用户共享这一频带，即为不同用户分配不同的扩频序列，所选择的 PN 序列具有良好的自相关特性和互相关特性，接收端利用相关检测技术对不同用户分别进行解扩，区分不同用户信号的同时提取有用信号。多个用户可以在同一时刻、同一地域内工作在同一频段上，而相互造成的影响很小，即码分多址(CDMA)系统。

(5) 无线电测距和定位。DS/SS 系统的信号带宽很宽，接收端的相关处理其时间分辨率较窄带系统要高得多。同时，利用 PN 码的相关性，还可以获得较大的无模糊作用距离，解决常规信号不能同时满足估计精度高和作用距离远的矛盾。DS/SS 系统在这方面的应用最成功的当属美国的全球定位系统(GPS)，还有我国的“北斗”导航定位系统。

2) 局限性

(1) 与窄带通信系统的兼容性差。DS/SS 系统是一个宽带系统，虽然可以在一定程度上与窄带通信系统实现电磁兼容，但不能与之直接建立通信；且模拟信源必须数字化才可以进行 DS/SS 处理，与现有的一些模拟电台不具兼容性。

(2) 存在明显的远近效应。CDMA 系统中多个用户以不同的扩频码实现频谱资源共享，但存在明显的远近效应。距离接收机近的用户甲信号功率大，同时距离较远的用户乙信号功率弱，相对于接收机对用户乙信号的接收，用户甲的信号将成为一个较强的宽带干扰，直接影响伪码的捕获与同步、解扩解调。通常采取自动功率控制技术以保证远端和近端用户到达接收机的信号功率近似相等，系统设计与实现复杂度高。

(3) 扩频增益受限。给定系统可用带宽的前提下，DS/SS 系统的处理增益越大，系统所能支持的用户信源速率越低。直扩系统的扩频增益受限，意味着抗干扰能力和多址能力的受限。

5.2.2　扩频序列设计

根据上述分析，直扩系统的抗多径能力、多址能力及精确测距上的优势与扩频码的性能紧密相关，扩频码的参数直接决定了扩频通信的各项性能。此外，在一些特殊用途中，还可能要求采用的扩频码易于捕获，以实现快速同步。可以说，扩频序列性能的好坏直接关系到整个 DS/SS 系统性能的优劣。

扩频序列的选择是一个关键性的问题，扩频码类型、性能和数量对 DS/SS 系统的性能影响很大，一般遵循以下几个原则。

(1) 有尖锐的自相关特性：要求 DS/SS 扩频码相关峰值尽可能高，旁瓣尽可能小，以利于 DS/SS 扩频码同步。

(2) 尽可能小的互相关值：不同地址的扩频码之间互相关函数在任意时延下尽量小，即正交或准正交，以便有效地抑制其他地址的信号对有用信号的干扰，这对 DS/SS 系统多址应用非常重要。

(3) 足够多的序列数：对于长度一定的码序列，要求能够提供足够多的扩频地址码数量，以便使系统中允许同时工作的用户数尽可能多。

(4) 序列平衡：防止出现载波泄露。

(5) 工程上易于实现：便于产生和复制。

(6)有尽可能大的序列复杂度：防止被他人截获、破译，提高 DS/SS 信号的保密性和安全性。

伪随机码(PN)是目前应用最多的扩频序列，其最重要的特征是具有近似噪声的性能。其中 m 序列和 Gold 序列在 DS/SS 系统中应用最为广泛，下面主要介绍这两种 PN 序列。

1. m 序列

m 序列又称之为最大长度线性反馈移位寄存器序列，由 n 级二进制线性反馈移位寄存器除去输出“全 0 状态”之外，产生周期为 2^n-1 的最大可能长度序列。m 序列是一种重要的伪随机序列，同时也是研究和构造其他序列的基础，易于产生和复制，有优良的自相关特性。

二进制扩频序列一般可由移位寄存器产生，实现简单。n 阶线性反馈移位寄存器序列产生器的结构如图 5.5 所示，a_i 表示第 i 级移位寄存器的状态，$a_i=0$ 或 1。c_i 表示第 i 级移位寄存器的反馈系数，$c_i=0$ 或 1，且 $c_0=c_n=1$；当 $c_i=0$ 时，表示无反馈，反馈线断开；当 $c_i=1$ 时，表示有反馈，反馈线连接。使用不同的反馈逻辑，即取不同的 $\{c_i\}$ 值，将产生不同的移位寄存器序列。

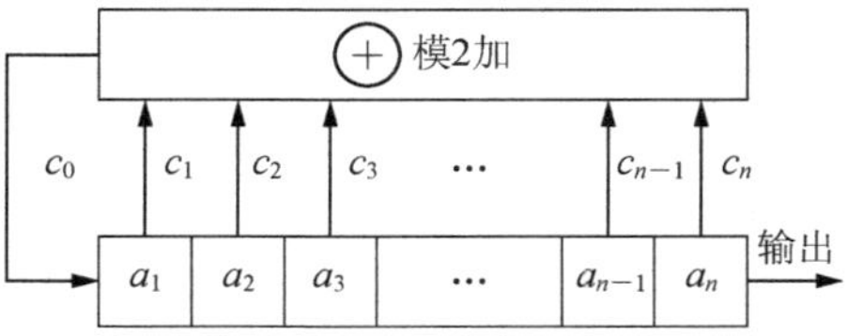

图 5.5 n 级线性反馈移位寄存器

对于任意 n 级移位寄存器，其状态数最大为 2^n，无论初始状态如何，最多经过 2^n 个时钟脉冲后，线性反馈移位寄存器(LFSR)会出现初始状态，则 LFSR 序列的周期不可能超过 2^n。同时，如果 LFSR 达到“全零状态”，LFSR 序列发生器会一直停留在这个状态上；LFSR 的初始状态不为全零，“全零状态”则不会出现。因此，所有可能状态的最大个数是 2^n-1，对应的最大周期为 2^n-1 的 LFSR 输出序列即“m 序列”。

首先定义由反馈逻辑 $\{c_i\}$ 构成的 LFSR 特征多项式：

$$f(x)=\sum_{r=0}^{n} c_r x^r \tag{5.22}$$

式中，$c_0=c_n=1$。一个 n 级线性反馈移位寄存器能产生 m 序列的充要条件是 LFSR 的特征多项式是 n 次本原多项式 $f(x)$ 或其互反多项式 $f^*(x)=x^n f(x^{-1})$。相应的长度为 $N=2^n-1$ 的 m 序列个数取决于 n 次本原多项式的个数。表 5.1 列出了 $3\leqslant n\leqslant 7$ 次本原多项式及其互反多项式的构造，更大 n 次本原多项式的构造可以参考文献[19]。

表 5.1 n 次本原多项式

n	$f(x)$	$f^*(x)$
3	[1,3]	[2,3]
4	[1,4]	[3,4]
5	[2,5] [2,3,4,5] [1,2,4,5]	[3,5] [1,2,3,5] [1,3,4,5]
6	[1,6] [2,3,5,6] [1,2,5,6]	[5,6] [1,4,5,6] [1,3,4,6]
7	[1,7] [3,7] [1,2,3,7] [2,3,4,7] [2,4,6,7] [1,3,6,7] [2,5,6,7] [1,2,4,5,6,7] [1,2,3,4,5,7]	[6,7] [4,7] [4,5,6,7] [3,4,5,7] [1,3,5,7] [1,4,6,7] [1,2,5,7] [1,2,3,5,6,7] [2,3,4,5,6,7]

例 5.2　选择表 5.1 中的 4 次本原多项式，试构造周期为 15 的 m 序列，画出相应的实现框图，给出初始状态为 0001 时的输出序列。

解：第一步，根据 $N=2^n-1=15$，确定 $n=4$。

第二步，由表 5.1，$n=4$ 次本原多项式为 $f(x)=1+x+x^4$。

第三步，画出对应的 LFSR 序列生成器如图 5.6 所示。

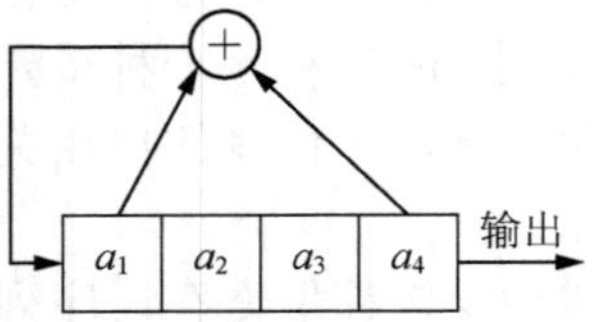

图 5.6　例 5.2 图示

第四步，初始状态为 0001 时，随着 LFSR 状态的更新，输出序列为 100011110101100。

m 序列具有以下特性。

(1) 均衡性：n 位线性移位寄存器产生的 m 序列周期为 $N=2^n-1$，其中“0”出现 $2^{n-1}-1$ 次，“1”出现 2^{n-1} 次，“1”比“0”多出现一次。

(2) 游程分布特性：在 m 序列的每个周期内，共有 2^{n-1} 个元素游程，其中“0”的游程和“1”的游程数目各占一半。且对于 $n>2$，当 $1\leqslant k\leqslant n-2$ 时，长为 k 的游程占游程总数的 $1/2^k$。长为 $n-1$ 的游程占有一个，是“0”游程；长度为 n 的游程也只有一个，是“1”游程。

(3) 移位相加性：m 序列 $\{a_k\}$ 与其位移序列 $\{a_{k-\tau}\}$ 的模 2 和为 m 序列的另一位移序列 $\{a_{k-\lambda}\}$，即

$$\{a_k\}\oplus\{a_{k-\tau}\}=\{a_{k-\lambda}\} \tag{5.23}$$

(4) 具有类似白噪声的自相关函数：对于周期为 $N=2^n-1$ 的 m 序列 $\{a_k\}$，其自相关函数总是二值的，即

$$R(\tau)=\frac{1}{N}\sum_{k=0}^{N-1}a_k a_{k+\tau}=\begin{cases}1, & \tau=0 \bmod N\\ -1/N, & \tau\neq 0 \bmod N\end{cases} \tag{5.24}$$

式中，τ 为码序列相位差。m 序列是周期的，其自相关函数也具有周期性。

(5) 互相关特性：两个周期相同的 m 序列 $\{a_k\}$ 和 $\{b_k\}$ 的互相关函数定义为

$$R_{ab}(\tau)=\frac{1}{N}\sum_{k=0}^{N-1}a_k b_{k+\tau} \tag{5.25}$$

一对周期相同的 m 序列之间的互相关函数具有较大的峰值。

表 5.2 列出了 $3\leqslant n\leqslant 11$ 相应 m 序列的数目与各对 m 序列之间的互相关函数的峰值幅度 $\Phi_{\max}$。由表 5.2 可知，长度为 N 的 m 序列的数目随 n 的增加而迅速增加；对于大多数 m 序列，互相关函数的峰值幅度 $\Phi_{\max}$ 较大。

R. Gold 于 1967 年提出存在长度为 $N=2^n-1$ 的 m 序列优选对，它们具有三值的周期互相关值 $\{-1, -t(n), t(n)-2\}$，其中

$$t(n)=\begin{cases}2^{\frac{n+1}{2}}+1, & n=\text{奇数}\\ 2^{\frac{n+2}{2}}+1, & n=\text{偶数}\end{cases} \tag{5.26}$$

$t(n)$ 比所有 m 序列间的互相关最大值 $\Phi_{\max}$ 要小得多，选用 m 序列优选对作为 DS/SS 扩频序列，具有很好的自相关和互相关特性。但 m 序列的优选对数目太少，如表 5.2 所示。

表 5.2　m 序列的互相关特性

N	m 序列个数	$\Phi_{\max}$	优选 m 序列个数	$t(n)$
3	2	5	2	5
4	2	9	0	
5	6	11	3	9
6	6	23	2	17
7	18	41	6	17
8	16	95	0	
9	48	113	2	33
10	60	383	3	65
11	176	287	4	65
12	144	1407	0	

2. Gold 序列

Gold 序列是基于 m 序列优选对生成的组合码，具有比 m 序列更好的周期互相关特性，其序列数目为 $N+2$，远远大于 m 序列数。例如，$N=1023$ 的 m 序列共有 60 个，而满足式(5.20)优选对的码组只有 3 个；而同样约束条件下的 Gold 序列有 1025 个。

图 5.7 给出了 GPS 中 C/A 码的产生电路，由 $n=10$ 级移位寄存其生成 m 序列优选对 $\{a_k\}$ 和 $\{b_k\}$，周期为1023，其本原多项式分别是 $f_1(x)=1+x^3+x^{10}$ 和 $f_2(x)=1+x^2+x^3+x^6+x^8+x^9+x^{10}$。序列 $\{a_k\}$ 与后移 τ 位的 $\{b_{k+\tau}\}$ 逐位模 2 加即得到 Gold 序列，设置不同的 $\tau=0, 1, 2, \cdots, N-1$，可以得到不同的 Gold 序列，一共可以得到 $N+2$ 个 Gold 序列：

$$G(a,b)=\{a,b,a+b,a+Tb,a+T^2b,a+T^3b,\cdots,a+T^{N-1}b\} \tag{5.27}$$

式中，T^τ 表示 $\{b_k\}$ 相对 $\{a_k\}$ 的相移。

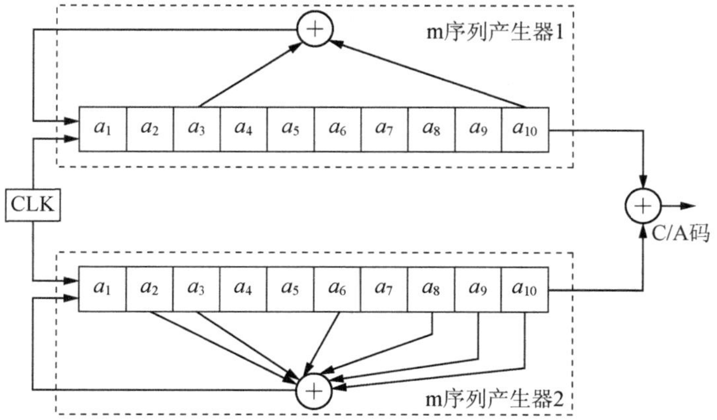

图 5.7　C/A 码生成器[20]

Gold 序列具有以下性质。

1) 相关特性

Gold 序列的自相关和互相关特性均具有与 m 序列互相关一样的三值特性，即 Gold 序列的自相关函数和互相关函数均在{−1, $-t(n)$, $t(n)-2$}中取值，最大自相关值和互相关值均为$t(n)$，互相关特性优于m序列。

2) 平衡特性

Gold码已不具备m序列的平衡特性，即其序列中“1”和“0”的数目可能差别较大，而在直接序列系统中码的平衡特性与载波的抑制度有密切的关系。PN码不平衡时直接序列系统的载波泄漏增大，则破坏了扩频通信系统的保密性、抗干扰与抗侦收能力。

按其平衡特性，Gold序列可以分为平衡Gold序列和非平衡Gold序列，平衡Gold序列是指在一个周期内“1”码元数比“0”码元数仅多一个，周期$N=2^n-1$中1与0的数目基本相等，0出现为$2^{n-1}-1$次，1出现2^{n-1}次；否则称之为非平衡Gold序列。周期$N=2^n-1$的m序列优选对生成的Gold序列，n是奇数时，有$2^{n-1}+1$个Gold序列是平衡的，约占50%；n是偶数(不是4的倍数)时，有$2^{n-1}+2^{n-2}+1$个Gold序列是平衡的，约占75%。

3. 沃尔什正交序列

PN扩频序列有近似理想的随机特性，但一般不具备理想的相关特性。多值自相关和互相关特性在实际应用中可能引起同步困难、远近效应以及抗多径干扰能力下降等问题。具有理想相关特性的正交序列引起了学者的广泛关注，下面讨论目前常用的沃尔什(Walsh)正交序列。

沃尔什正交序列是一类互相关函数值为零的正交序列。沃尔什正交序列可由哈达玛(Hadamard)矩阵递推得到：

$$\boldsymbol{H}_n=\begin{bmatrix} H_{n-1} & H_{n-1} \\ H_{n-1} & -H_{n-1} \end{bmatrix} \tag{5.28}$$

$n=1,2,\cdots$。令$\boldsymbol{H}_0=1$，可以得到

$$\boldsymbol{H}_1=\begin{bmatrix} +1 & +1 \\ +1 & -1 \end{bmatrix} \tag{5.29}$$

$$\boldsymbol{H}_2=\begin{bmatrix} +1 & +1 & +1 & +1 \\ +1 & -1 & +1 & -1 \\ +1 & +1 & -1 & -1 \\ +1 & -1 & -1 & +1 \end{bmatrix} \tag{5.30}$$

将上述哈达玛矩阵的每一行看作一个二元序列，则$N=2^n$阶矩阵$\boldsymbol{H}_n$可以得到一共N个序列，且每个序列的长度都为N。可以证明，所构成的序列集中的任意两个序列互相正交，即各序列之间的互相关函数为0，即沃尔什正交序列。

沃尔什正交序列虽然具有理想的互相关特性，但只有在零时延时才保持序列间的正交性，同时其自相关特性较差，数量较少。

5.2.3 码捕获与跟踪

如图5.2所示，DS/SS系统中除完成一般通信系统所需要的载波同步、位同步及帧同步以外，还必须进行扩频码的同步，即在接收端产生一个与接收信号中扩频码同步的扩频

码，并跟随接收信号中扩频码的变化而变化。扩频码同步一般分为两个阶段：一是捕获，即捕获接收信号中扩频码的相位，并使本地产生的扩频码与接收信号中扩频码的相位误差小于 1/2 个码元；二是跟踪，即进一步减小本地扩频码与接收扩频码之间的相位差，并使本地扩频码跟踪接收扩频码的变化。

直扩系统的扩频码同步实现流程如图 5.8 所示，接收机通过调整本地码生成时钟相位对直扩信号进行相关搜索，若本地扩频码与接收信号中扩频码两者的相位差小于一个码片，则转入跟踪校验，否则继续调整时钟再搜索；捕获校验成功则转入伪码跟踪，以进一步减少两者之间的相位差到足够小的范围内，满足系统解调的需要。伪码同步过程中一旦发生失步，系统具有自检和重新捕获跟踪功能，并设置一定的保护以降低“失步”虚警概率。

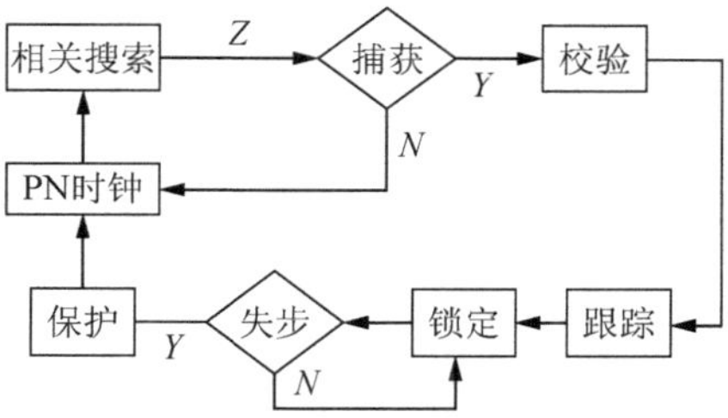

图 5.8　扩频码同步实现流程

下面主要针对伪码捕获和伪码跟踪两个主要问题展开讨论。

1. 伪码捕获

伪码捕获又称之为伪随机信号定时的提取，即对接收信号与本地伪码进行相关累加运算，得到相关值作为检测量并以此进行二元假设检验。实现扩频码捕获的基本原理如下：对接收到的扩频信号进行滤波和解调得到基带信号，与本地产生的 PN 码进行相关运算。由扩频码的相关特性可知，当本地扩频码和接收到的扩频码相位相同时相关值最大，相位不同时相关值很小。通过对相关器的输出进行判决就可以实现对扩频码的捕获。

假设扩频序列的周期长度为 N，则收发扩频码之间可能的相位差有 N 种。为满足捕获后收发扩频码间的相位误差小于 1/2 码元，以步进 $T_c/2$ 进行相关值比较，需比较的状态数有 $2N$ 个。则扩频码捕获也可以看成是通过相关值比较的方法，在 $2N$ 个可能的状态中搜寻一个同步状态。

衡量伪码捕获的主要技术指标是平均捕获时间，即从开始搜索到初始同步状态，转入跟踪过程的平均时间，其大小不仅取决于系统输入信噪比、伪码速率等系统参数，更重要的是伪码相位搜索策略和相关运算。

1) 滑动相关法

滑动相关法实现伪码相位搜索即通过调整本地 PN 码产生器的时钟，使之与接收伪码之间的时钟相对滑动进行相关运算，当本地码滑动到与接收伪码相位粗略一致时，相关器输出一个较大的相关峰值，否则相关器输出类似噪声，以此实现伪码相位的搜索。

相应的相位搜索策略分为串行搜索、并行搜索、串/并混合搜索三种实现方式。串行搜索依次比较各个可能的相位差，直到完成捕获，其优点是实现结构简单，但是其搜索时间长，往往不能满足快速捕获的要求。并行捕获则在接收端配备 N 个相关器，每个相关器对应一个可能的相位差，则只需一次相关运算时间就可以穷尽所有可能的相位差，然后通过比较 N 个相关器的输出来确定初始相位；其捕获时间短，但实现复杂度高。串/并混合搜索是将 N 个可能的相位分成 M 组，每组有 K 个相位，即 $N=M \cdot K$，接收端设计 K 个并行相关器，每次计算 K 个相位并进行判决，在实现复杂度和捕获时间之间进行折中。

2) 匹配滤波法

匹配滤波法的原理就是在接收端构造一个与扩频波形(整周期或部分周期)相匹配的滤波器，匹配滤波器一旦收到与之相匹配的波形就会输出一个峰值，利用这个特性可实现直扩信号的同步捕获。匹配滤波器可用表面声波(SAW)延时线滤波器和数字匹配滤波器来实现，具有编程灵活等特点，应用较多。

匹配滤波器可以快速地实现相关器的功能，设匹配滤波器的冲激响应为

$$h(t)=s(T-t),0\leqslant t\leqslant T \tag{5.31}$$

式中，$s(t)$ 为输入波形，则匹配滤波为

$$MF_{\text{out}}(t)=s(t)\cdot h(t)=\int_{-\infty}^{+\infty}s(t-\tau)h(\tau)\mathrm{d}\tau=R(t-T) \tag{5.32}$$

式中，$R(t-T)$ 即输入信号的自相关函数，工作原理如图 5.9 所示。与滑动相关器不同的是，匹配滤波器不需要经过时间为 T 的积分得到一个相关值，而是在每个时间点上都能输出一个相关值，是一种完全并行的快速相关器。

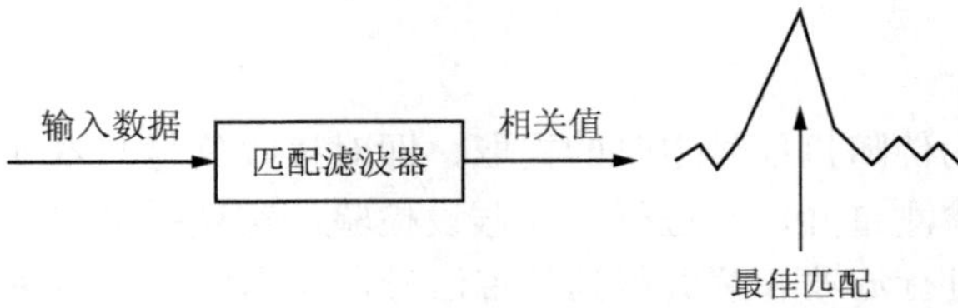

图 5.9　匹配滤波器工作原理

图 5.10 给出了数字匹配滤波器的具体实现方法，由延迟单元、乘法器和累加器三部分组成，滤波器的抽头系数为扩频码，输入基带扩频信号以 2 倍的码片速率输入到移位寄存器，移位寄存器的信号与本地扩频序列相乘，并把相乘后的结果相加，得到两个序列的相关值。

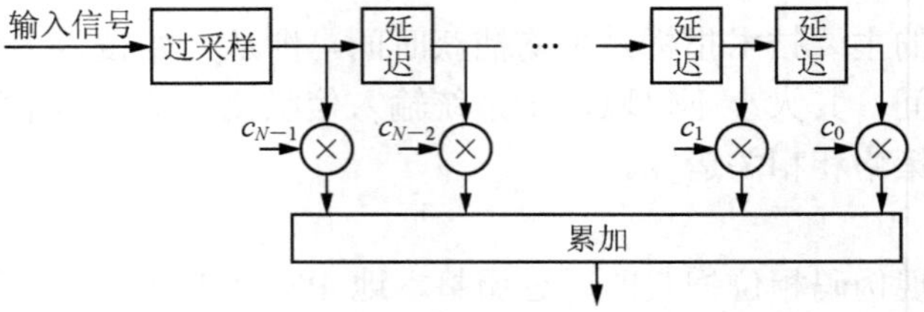

图 5.10　数字匹配滤波器实现结构

在伪码捕获过程中，本地序列静止不变，接收信号与本地序列连续进行相关运算，相关结果与一个门限值进行比较来判断是否捕获。相关过程相当于接收信号滑过本地序列，每一时刻都产生一个相关结果，当滑动到两个序列相位对齐时，必有一个相关峰值输出。

理想情况下，判断接收的扩频信号相位与本地码序列是否同相，仅需一个码片(T_c)的时间，捕获码序列所需要最长时间为一个扩频码周期的时间，实时性与可实现性相当好。

例 5.3　一个直接序列扩频调制解调器之间的距离传播时延为 15μs，码发生器的时钟

速率为 10MHz。假设发射机与接收机的码发生器同时开始工作，试确定接收机至少需要经过多少个码片才能完成伪码捕获？

解：每个码片的持续时间为

$$T_c = 1/R_c = 10^{-7}\text{s}$$

传输延时为 15μs，则接收机与发射机之间延时的码片数为

$$D_{\text{dealy}} = 15 \times 10^{-6} \div 10^{-7} = 150$$

不考虑匹配滤波器初始工作时间，经过 150 个码片，即输出最大相关峰值，完成伪码捕获。

2. 伪码跟踪

伪码捕获后，收发扩频码的相位已基本一致，但还可能存在最大为 $T_c/2$(和捕获策略有关)的同步误差，为提高扩频接收机的性能，必须进一步缩小两者的同步误差，使之趋于零。此外，由于收发信机的相对运动、传输信道的影响等，收发扩频码的相位误差可能发生变化，接收机必须具备一定的跟踪相位误差变化的能力。伪码跟踪就是在伪码捕获完成后，进一步改进同步误差使之趋近于零并不断校正这一误差的过程。

伪码跟踪的基本方法是利用锁相环来控制本地码的时钟相位，常用的伪码跟踪环是非相干延迟锁定环(DLL)，如图 5.11 所示。

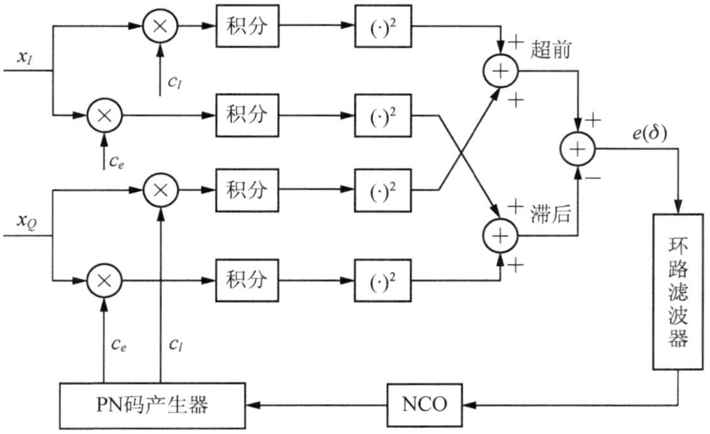

图 5.11　非相干延时锁定环实现结构

不考虑调制数据的影响，$d_k = +1$，设接收扩频信号的相对延时为 τ_d，两路正交基带扩频信号可表示为

$$x_I(n) = \sqrt{E_c}\,c(nT_s - \tau_d)\cos\phi \tag{5.33a}$$

$$x_Q(n) = \sqrt{E_c}\,c(nT_s - \tau_d)\sin\phi \tag{5.33b}$$

式中，ϕ 为载波相位差；T_s 为采样周期。

将本地序列分别超前和滞后 $\Delta \cdot T_c/2$，得超前和滞后 PN 序列：

$$c_e = c(nT_s - \hat{\tau}_d + \Delta \cdot T_c/2) \tag{5.34a}$$

$$c_l = c(nT_s - \hat{\tau}_d - \Delta \cdot T_c/2) \tag{5.34b}$$

式中，$\tau_{\rm d}$ 为延时估计值。令 $\delta=(\tau_{\rm d}-\hat{\tau}_{\rm d})/T_{\rm c}$，则 DLL 鉴相器的输出为

$$\begin{aligned} e(\delta) &= \{\sum x_I(n)c_e(n)\}^2 + \{\sum x_Q(n)c_e(n)\}^2 - \{\sum x_I(n)c_l(n)\}^2 - \{\sum x_Q(n)c_l(n)\}^2 \\ &= E_{\rm c}N^2\{R_{\rm c}^2[(\delta+\Delta/2)T_{\rm c}] - R_{\rm c}^2[(\delta-\Delta/2)T_{\rm c}]\} \\ &= E_{\rm c}N^2 D_\Delta(\delta) \end{aligned} \tag{5.35}$$

对于严格时间有限系统，PN 序列的自相关函数为

$$R_{\rm c}(\tau)=\begin{cases} 1-|\tau|/T_{\rm c}, & 0\leqslant|\tau|<T_{\rm c} \\ 0, & \text{其他} \end{cases} \tag{5.36}$$

图 5.12 给出了 $\Delta=1$ 时的鉴相特性曲线，在 $[-0.5, 0.5]\cdot T_{\rm c}$ 的同步误差之内，$D_\Delta(\delta)$ 是 δ 的线性函数。

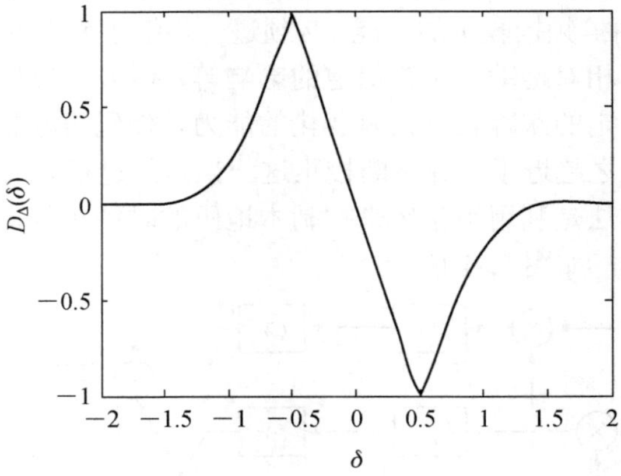

图 5.12　DLL 鉴相特性曲线

通过环路滤波器和本地码相位调整即可在此线性区内将同步误差 δ 控制在足够小的范围内。整个环路的跟踪性能取决于环路滤波器的设计和噪声的大小，文献[21]给出了具体的性能分析。

5.3　跳 频 扩 频

5.3.1　跳频扩频的基本原理

图 5.13 为 FH/SS 系统的基本结构，与通常的定频通信系统（载波频率固定不变）相比，增加了载频跳变和解跳单元。发射端对信息流 $d(t)$ 进行信道编码、成形滤波等调制之后，按照伪随机的规律快速改变发射载波频率；接收端在事先知道对方跳频规律（又称跳频图案）的情况下，首先产生一个与发射端调变规律相同但相差一个固定中频的本地参考信号，混频后实现对固定中频信号的解调。在某个确定频率点上的瞬间跳频信号是某窄带调制信号，可在整个频率跳变过程中所覆盖的射频带宽远远大于原信息带宽，从而实现了频谱扩展。

1．跳频解跳

FH/SS 系统中一般采用二进制/多进制频移键控（2FSK/MFSK）或差分相移键控

(DPSK)，其主要原因如下。

(1)跳频等效为用 PN 序列进行多频频移键控的通信方式，可以直接和频移键控调制相对应。

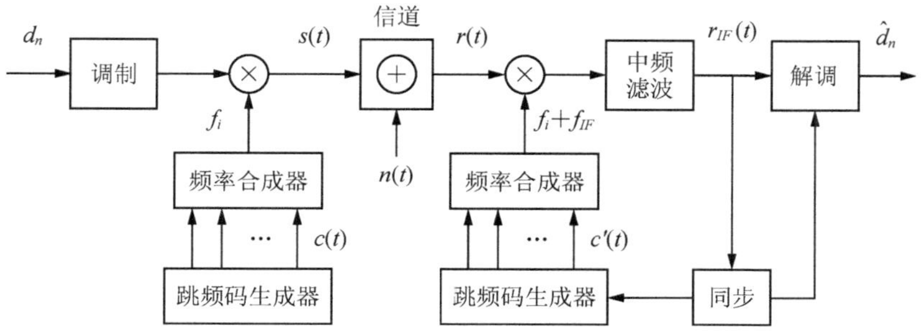

图 5.13　跳频扩频系统的基本模型

(2)解跳后信号载波不再具有连续的相位，不宜采用相干解调方式，而 MFSK 和 DPSK 具有良好的非相干解调性能。

采用 2FSK 调制的 FH/SS 信号可以表示为

$$s(t)=\sqrt{2P}\cos(2\pi f_0 t+2\pi f_k t+2\pi d_k \Delta f t),\quad kT_{\rm h}\leqslant t\leqslant(k+1)T_{\rm h} \tag{5.37}$$

式中，P 为信号平均功率；f_0 为载波频率；f_k 为第 k 个频率跳变的时间间隔内的跳变载波频率；$T_{\rm h}$ 为跳周期(每跳的持续时间)，相应的跳速定义为 $R_{\rm h}=1/T_{\rm h}$；d_k 为第 k 个频率跳变的时间间隔内的二进制数字信息序列，Δf 为 2FSK 的频率间隔。

跳变的载波频率 f_k 由二进制 PN 序列控制，如果用 L 个二进制 PN 码来代表跳变载波频率，则共有 2^L 个离散的频点。

假定收发跳频 PN 码序列严格同步，接收端可以产生相应的本地跳变载波信号：

$$c(t)=\cos(2\pi f_1 t+2\pi f_k t),\ kT_{\rm h}\leqslant t\leqslant(k+1)T_{\rm h} \tag{5.38}$$

式中，$f_1=f_0+f_{IF}$。用 $c(t)$与输入信号进行混频滤波、跳时刻同步，得到一个具有固定频率的 2FSK 窄带信号：

$$y(t)=\sqrt{2P}\cos(2\pi f_{IF} t+2\pi d_n \Delta f t),\quad nT_{\rm b}\leqslant t\leqslant(n+1)T_{\rm b} \tag{5.39}$$

用传统的 2FSK 非相干解调方法即可恢复出二进制数字信息序列 $\hat{d}_n$。

2. 主要性能参数

FH/SS 系统的主要参数有跳频带宽、信道间隔、跳频频率数、跳频速度、跳频周期、跳频序列周期等[22-23]。

1)跳频带宽

跳频带宽指系统工作最高频率与最低频率之间的频带宽度，记为 $W_{\rm ss}=f_{\max}-f_{\min}$。带宽越大，系统处理增益越大，抗干扰能力越强。

2)跳频间隔

系统中任意两个相邻信道之间的频率之差称为跳频间隔，记作 Δf。短波电台的信道间隔通常是 1kHz、100Hz，根据中国军用标准 GJB 2929—1997《战术短波跳频电台通用规范》

的规定，我国军用战术短波电台的跳频信道间隔为 100Hz。超短波电台的信道间隔通常是 25kHz、12.5kHz，根据 GJB 2928—1997《战术短波跳频电台通用规范》的规定，我国军用战术超短波电台的跳频信道间隔为 25kHz，如另有要求，可在 12.5kHz、8.33kHz 和 5kHz 中选取。

3) 跳频频率数与跳频频率表

FH/SS 系统中频率跳变可用的载波频率点数目称为跳频频率数，记作 N；跳频系统工作时所使用的载波频率点的集合称为跳频频率表。在跳频带宽内，可以有多个可以使用的频点，但在一次通信中往往只能使用其中的一部分，跳频频率表是整个跳频频率数的一个子集；如在正交跳频组网中，通常将整个频率集划分成几个相互正交的子集，以供不同的子网使用。

4) 跳频处理增益

与直接序列扩频的处理增益定义相同，将 FH/SS 的处理增益重新记作

$$G_p = W_{ss}/W_d \tag{5.40}$$

式中，W_{ss} 为跳频带宽；W_d 为某一跳频频点上的瞬时信号带宽。跳频增益 G_p 与跳频间隔 Δf 、跳频频率数 N 之间存在如下关系。

(1) 跳频间隔大于信号瞬时带宽，$\Delta f > W_d$，相邻信道的频谱不会发生混叠，则 $G_p > N$ 。

(2) 跳频间隔等于信号瞬时带宽，$\Delta f = W_d$ ，相邻信道的频谱刚好不发生混叠，则 $G_p = N$ 。

(3) 跳频间隔小于信号瞬时带宽，$\Delta f < W_d$ ，相邻信道的频谱将发生混叠，则 $G_p < N$ ，频谱发生混叠的部分对跳频处理的贡献不应重复计算，此时敌方释放一个干扰可能同时干扰多个相邻的信道。

5) 跳频速度

跳频速度即载波频率跳变的速率，通常用每秒载波跳变的次数，记作 R_h 。FH/SS 系统的跳频速度受限于通信信道和元器件水平，短波电台的跳速一般小于 50 跳/s，超短波电台的跳速大多为 100～2000 跳/s，美国的联合战术信息分发系统(JTIDS)工作在 L 波段，跳速高达 76 000 跳/s。FH/SS 的跳频速度越高，抗跟踪式干扰的能力越强。

6) 跳频驻留时间与跳频周期

FH/SS 在每个载频上发送和接收信息的时间称为跳频驻留时间，从一个信道频率切换到另一个信道频率并达到稳态所需要的时间称为跳频转换时间，两者之和即跳频周期，记作 T_h 。一般情况下，信道切换时间较短，约为跳频周期的 1/10 甚至更小。跳频周期是跳频速度的倒数，$T_h = 1/R_h$ 。

7) 跳频序列周期

跳频序列不重复出现的最大长度称为跳频序列周期。GJB 2929—1997 规定的战术短波电台的跳频序列周期不小于 1 年，GJB 2928—1997 规定的战术超短波电台的跳频序列周期不小于 10 年。跳频序列周期越长，敌方对跳频图案破译的难度越大。

例 5.4　某 FH/2FSK 跳频系统的可用射频带宽为 2MHz，需传送的数字信号速率为 2.4Kbit/s，2FSK 信号的调制效率为 0.5，采用无重叠信道配置。试确定系统的处理增益和

跳频频率数。

解： 根据题意，跳频带宽 W_{ss}=2MHz，2FSK 信号带宽 W_d=4.8kHz，由式(5.31)得 $G_p = W_{ss}/W_d$=416.7 (26.2dB)。

采用频谱无混叠信道配置，$N = G_p$，取 $N = 416$ 个最大可用信道数目。

3. 快跳频与慢跳频

根据跳频速度 $R_h = 1/T_h$ 与信息符号速率 R_s 之间的关系，FH/SS 可分为慢跳频(SFH)和快跳频(FFH)系统。

FFH/SS 系统满足 $R_h > R_s$，即跳频速度大于符号速率，在一个符号间隔内存在多个频率跳变，通常情况下 $R_h = mR_s$，m 为正整数。某 FFH/SS 系统的跳频图案(时频矩阵图)如图 5.14 所示，调制方式为 4FSK，$R_h = 2R_s$，整个带宽 W_{ss} 被均匀划分为 8 个跳频间隔，频率以周期 $\{f_1, f_6, f_7, f_3, f_8, f_4, f_2, f_5\}$ 变化，在一个符号间隔内载波频率跳变两次，在每个跳频载波上为 4FSK 调制信号。

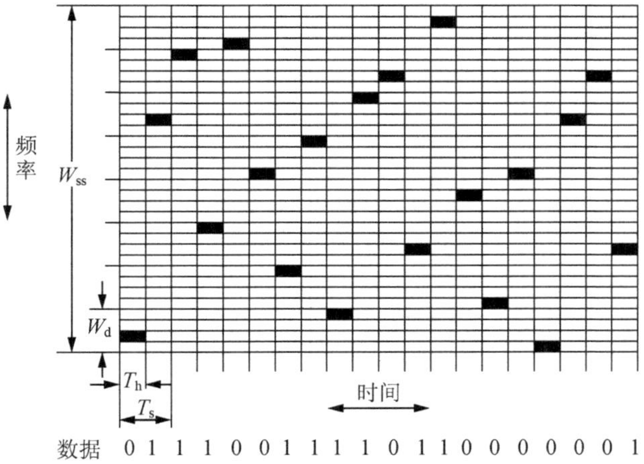

图 5.14　FFH/SS 系统的跳频图案

与 FFH/SS 系统相反，SFH/SS 系统的跳频速度小于符号速率，$R_h < R_s$，在一个跳频驻留时间内存在多个信息符号，$T_h = mT_s$，m 为正整数。某 SFH/SS 系统的跳频图案(时频矩阵图)如图 5.15 所示，调制方式及跳频变化规律与图 5.14 的 FFH/SS 系统相同，而 $R_h = R_s/2$，在一个跳频驻留时间(T_h)内传输了两个信息符号。

4. 抗干扰性能

跳频信号在每个载波频率的瞬时是一个窄带信号，但通过伪随机的改变发射频率，使得跳频扩频通信系统也具备较强的抗干扰能力。跳频系统的抗干扰机理和直扩系统不同，跳频系统是以躲避的方式抗干扰，而直扩系统是通过相关接收把干扰功率分散再整个被展宽了的带宽以抑制干扰的。

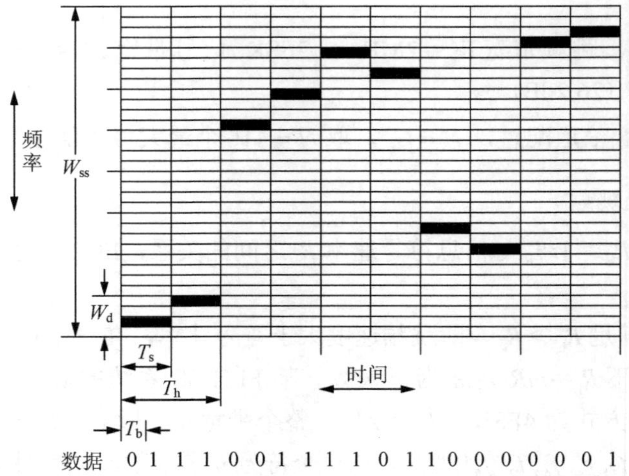

图 5.15　SFH/SS 系统的跳频图案

下面讨论 FH/SS 在多音干扰、宽带阻塞式干扰、转发式干扰下的性能[22-25]。

1) 多音干扰

设多音干扰的总功率为 J，单音个数为 Q，每个单音干扰的功率相同，即 $J_i = J/Q$；跳频系统的跳频频率数为 N。

作如下假设：①跳频信号在整个扩频带宽内均匀分布；②干扰方准确知道扩频带宽内 N 个频点的位置，并将 Q 个干扰信号施放在这些频点上；③每个单音干扰的功率足够大，直接引起被“击中”频率上瞬时窄带信号的解调，二进制信息比特的判决误码率为 0.5。则由 Q 单音干扰引起的系统平均误码率为

$$P_e = Q/2N \tag{5.41}$$

从提高干扰效果的角度，干扰方需要在尽可能多的频率上施放必有用信号功率大的干扰。从提高抗干扰性能的角度，最有效的方法是采用自适应跳频技术，在通信过程中拒绝使用曾用过但传输不成功的跳频频点，即实时去除跳频频率集中被干扰掉的频点，使之在无干扰的可用频点上进行通信。

2) 宽带阻塞式干扰

DS/SS 系统中单音窄带干扰比宽带干扰更有效，但在 FH/SS 系统中宽带干扰更有效。干扰带宽越大，“击中”跳频信号的概率越大。但从另一个角度看，若在整个跳频带宽内实施宽带阻塞式干扰，所需的功率和带宽在技术上变得难以实现。例如，VHF 超短波跳频电台的工作频率为 30～90MHz，频率间隔为 25kHz，共有 2400 个跳频频率，如电台的发射功率为 3W，干扰机与发射机到接收机之间的距离相等，则要求干扰机的发射功率至少为 7200W，带宽达到 100%(60MHz) 覆盖，基本上不可实现。

3) 转发式干扰

对跳频通信尤其是低跳速系统，比较有效的干扰方式是转发式干扰。即对跳频通信进行侦听和处理，根据所获得的频率参数再以同样的频率来施放干扰，如图 5.16 所示。实施有效的转发式干扰，要求转发的干扰与跳频信号到达接收机的时间差至少小于跳频

周期 T_h，即几乎同时到达或者时间差小于一跳时间，否则干扰将是无效的。

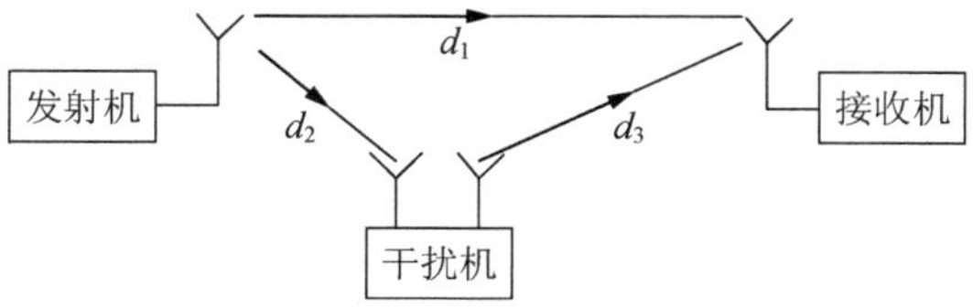

图 5.16　转发式干扰分布示意图

定义有效抗干扰因子 η：表示一跳周期内有 ηT_h 时间未被干扰，则此跳信号可以正常解调，$0<\eta\leqslant 1$。η 越小，FH/SS 的容错能力越强，实施有效干扰的难度越大。

假设电磁传播速率为 c，干扰机到发射机和接收机的距离分别为 d_2、d_3，发射机与接收机之间的距离为 d_1，干扰机的处理时间为 T_p，则有效干扰必须满足：

$$\frac{d_2+d_3}{c}+T_p\leqslant\frac{d_1}{c}+\eta T_h \tag{5.42}$$

若要有效“躲开”转发式干扰，转发的干扰与跳频信号到达接收机的时间差大于跳频周期 T_h：

$$T_h\leqslant\frac{d_2+d_3}{c}+T_p-\frac{d_1}{c} \tag{5.43}$$

例 5.5　某 FH/2FSK 跳频系统共有 2000 个非重叠频道，比特率为 400bit/s，跳频速率为 1 次/bit，2FSK 信号的调制效率为 0.5。

(1) 求系统的跳频信号带宽。

(2) 该系统某些频道受到窄带干扰，已知窄带干扰的数目为 20 个，每个干扰的功率均远大于信号功率，求系统的平均误码率。

解：(1) 2FSK 信号的调制效率为 0.5，信息速率为 400bit/s，则其带宽为 $W_d=800\text{Hz}$，则系统的跳频带宽为 $W_{ss}=N\cdot W_d=1.6\text{MHz}$。

(2) 窄带干扰“击中”某个跳频窄带信号的概率为 $P_h=20\div 2000=0.01$；由于干扰功率足够大，被干扰击中引起的二进制信息比特判决误码率为 0.5，根据式(5.41)得系统的平均误码率为 $P_e=0.005$。

5. 主要特点

跳频系统在各个时刻的工作频率是近似随机的在多个频率点间跳变，“第三方”不知道频率跳变规律的情况下无法实施有效的信号侦收和干扰，具有较强的抗干扰和抗截获能力。

1) 优点

(1) 抗干扰能力强。FH/SS 系统具有较强的抗频率瞄准式干扰、宽带阻塞式干扰、跟踪式窄带干扰的能力。跳频系统依靠宽的跳频带宽和众多的射频频率以分散敌方的干扰功率，在一定数量的频率被干扰的条件下系统还能正常工作，只要可用跳频频率数目足够大，跳频带宽足够大，即可有效对抗宽带阻塞式干扰；跳频系统抗跟踪式干扰的机理主要是依靠高于跟踪干扰机的跳速和跳频图案的随机性“躲避”引导式的跟踪干扰。跳频系统的抗干扰能力主要取决于跳速和可用频率数目。

(2) 低截获概率。FH/SS 信号是一种低截获概率信号，载波频率的快速跳变使得敌方难以截获通信信号。即使截获了部分信号，由于跳频序列的伪随机性和超长的序列周期，敌方也无法预测跳频图案。

(3) 码分多址能力。利用跳频图案的正交性可构成跳频码分多址系统，共享频谱资源。不同用户选用不同的跳频序列作为地址码，当多个 FH/SS 信号同时进入接收机时，只有与本地跳频序列保持同步的信号被解跳，其他用户的信号则像噪声或干扰一样被抑制。

(4) 抗频率选择性衰落。FH/SS 信号在整个跳频带宽内跳变，多径信道引起的频率选择性衰落只会引起信号短时间内的畸变。载频的快速跳变的 FFH/SS 系统，一个信息符号间隔内发生多次频率跳变，具有一定的频率分集作用。

(5) 无明显的远近效应。近距离的大功率信号只能在某个频率点上产生干扰，当载波频率跳变到另一个频率时则不再受其影响。

(6) 与窄带通信系统的兼容性好。在某个跳频频率上 FH/SS 是瞬时窄带系统，若跳频系统处于某一固定载波频率时，即可与其他定频窄带系统兼容，实现互联互通；同时，跳频扩频只是对载波频率进行随机控制，对于现有的窄带定频电台，只要在其射频前端增加收发跳频器，“升级”为跳频电台。

2) 缺点

(1) 信号隐蔽性差。FH/SS 系统的收发信机除了载波频率在跳变外，与普通窄带收发信机功能相似，要求接收机输入端的信号功率远大于噪声功率，信噪比大于一定的解调门限。在整个跳频带宽内通过频谱分析仪很容易发现跳频信号，特别是对于 SFH/SS 信号，很容易被敌方侦察和截获。

(2) 抗多音干扰和跟踪式干扰能力有限。当跳频频率中的多数频点被干扰时，系统通信可能中断；抗跟踪式干扰要求跳速足够快，跳速越快实现上难度越大。

5.3.2　跳频序列设计

FH/SS 系统中用于控制载波频率跳变的伪随机序列称为跳频序列，在实现跳频频谱扩展的同时在跳频组网时可用作不同用户的地址码。与 DS/SS 扩频序列相同的是两者都是确定的伪随机变化序列，不同在于，直扩序列一般为二进制序列，而跳频序列为多进制序列。对于跳频频率数为 N 的跳频系统，跳频序列的每个符号一般有 N 个与之一一对应的取值，$N=2^K$，用 K 个二进制码元代表一个符号。跳频序列的设计与选取通常应考虑下述准则。

(1) 均匀性：每一个跳频序列都可以使用频率集合中的所有频率，覆盖全部给定得跳频带宽，且每个载波频率点的使用概率近似相同，以实现最大的处理增益。

(2) 汉明相关性：跳频序列集合中的任意两个跳频序列，在所有相对时延下发生频率重合的次数尽可能少。

(3) 序列数目：跳频序列集合中的序列数目尽可能多，以有效地实现多址通信。

(4) 频率间隔：跳频频率间隔满足要求，能够实现宽间隔跳频；对于跳频序列 $S=\{s(i), i=1,2,\cdots,L\}$，$L$ 为序列长度，所有的 i 均满足 $s(i+1)-s(i)\geqslant d$，d 为设计要求的跳频间隔。

(5) 复杂度：跳频序列应具有较好的随机性和较高的复杂度，使敌方不易破译；

(6) 实现简单：跳频序列的产生算法易于工程实现。

根据上述设计准则，跳频序列的具体设计主要涉及频率数目 N、序列长度 L、序列数目 U、汉明相关 R、频率间隔 d5 个主要技术参数。

设有 N 个载波频率构成的跳频频率集合 $A=\{f_0,f_1,\cdots,f_{N-1}\}$，长度为 L 的某个跳频序列可表示为 $S_v=\{s_v(0),s_v(1),\cdots,s_v(L-1)\}$，$s_v(i)\in A$。网内共有 U 个用户使用不同的跳频序列，所构成的跳频序列集记作 $S=\{S_1,S_2,\cdots,S_U\}$。任意两个跳频序列 S_x，$S_y\in S$，在相对延时 τ 时的汉明相关定义为

$$R_{x,y}(\tau)=\sum_{i=0}^{L-1}h\left[s_x(i),s_y(i+\tau)\right],\ 0\leqslant\tau\leqslant L-1 \tag{5.44}$$

式中

$$h\left[s_x(i),s_y(i+\tau)\right]=\begin{cases}1, & s_x(i)\neq s_y(i+\tau)\\ 0, & s_x(i)\neq s_y(i+\tau)\end{cases} \tag{5.45}$$

式 (5.44) 表示两个跳频序列 S_x 和 S_y 在相对延时 τ 的情况下一个序列周期内发生的频率重合的次数。汉明相关 $R_{x,y}(\tau)$ 越大，两个用户之间的相互干扰的概率就越大，跳频系统的性能越差，是评价跳频序列好坏的重要参数。

跳频序列的性能对跳频通信系统的性能有着决定性的影响，寻求和设计具有理想性能的跳频序列已成为研究跳频通信系统的重要课题之一。目前主要有以下几种构造方法[26-29]：基于 m 序列或 M 序列的跳频序列、基于 RS 码的跳频序列、基于素数序列的跳频序列、基于 Bent 序列的跳频序列、基于 GMW 序列的跳频序列、基于混沌映射的跳频序列、基于 TOD (time of data) 的长周期跳频序列。限于篇幅，下面仅给出基于 m 序列的跳频序列生成方法。

图 5.17 给出了基于 m 序列和用户地址识别码的跳频序列生成原理，n 级线性反馈移位寄存器的状态 $\{a_1,a_2,\cdots,a_n\}$ 在产生 m 序列的每个码元内更新一次，给定用户地址识别码 $\{r_1,r_2,\cdots,r_n\}$，输出相应的跳频序列：

$$s=2^{n-1}a_nr_n+2^{n-2}a_{n-1}r_{n-1}+\cdots+2^0a_1r_1 \tag{5.46}$$

式中，$a_i\in\{0,1\}$，$r_i\in\{0,1\}$。

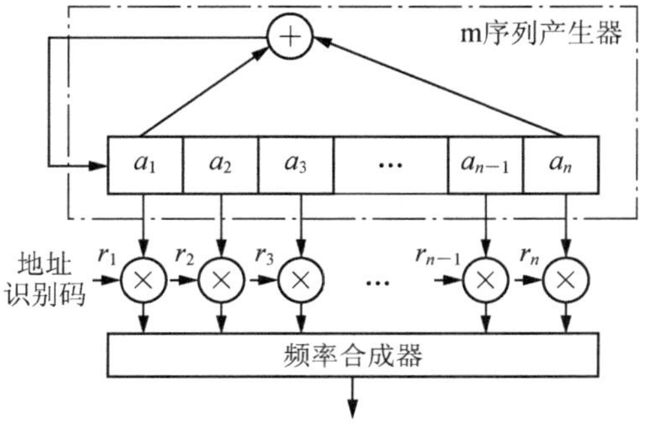

图 5.17　基于 m 序列的跳频序列构造框图

在一个 m 序列周期内，移位寄存器的状态 $\{a_1,a_2,\cdots,a_n\}$ 均不同；进一步假设 $r_1=r_2$

$=\cdots=r_n=1$，则输出 2^n 进制周期跳频序列，其长度为 2^n-1。

上述基于m序列的跳频序列构造方法非常简单，通过改变用户地址识别码$\{r_1,r_2,\cdots,r_n\}$，实现不同抽头系数的线性组合，提高跳频序列的复杂性。

例 5.6　根据例 5.2 给出的周期为 15 的 m 序列生成器，假设地址识别码 $r_1=r_2=\cdots=r_n=0$，试确定输出的跳频序列及序列的最小间隔。

解：根据例 5.2，4 级移位寄存器的状态变化规律为 1111→0111→1011→0101→1010→1101→0110→0011→1001→0100→0010→0001→1000→1100→1110。

相应的输出跳频序列为 15→7→11→5→10→13→6→3→9→4→2→1→8→12→14。

最小跳频间隔为 1，出现两次。

5.3.3　跳频码同步

FH/SS 系统的关键是跳频码同步，即收、发两端的频率必须具有相同的变化规律，每次的跳变频率都有严格的对应关系。FH/SS 系统的码同步即完成本地跳频序列和接收信号跳频序列在时间和相位上的严格一致。

从原理上讲，同步是解决时间的不确定性，DS/SS 系统的码同步方法(如滑动相关、匹配滤波等)都可以用于跳频系统，只是实现的方法有所不同。跳频序列的同步一般也分为跳频捕获和跳频跟踪两个阶段。在捕获阶段，同步系统在本地跳频序列寻找一个相位，使之与接收信号跳频序列基本一致；跟踪阶段使得相位误差进一步减小，并能在包括噪声、时钟基准频率源的不稳定和运动引起的多普勒频移等各种外来因素干扰下也能保持高精度的相位对齐。

FH/SS 系统与 DS/SS 系统的特点不同，其跳频序列同步有如下特性。

(1) 直扩序列一般为二进制序列，PN 码捕获与跟踪以伪码自相关函数为检验变量，而 FH 序列为多进制序列，其检验变量是其汉明自相关函数。

(2) 跳频系统的跳频频率驻留时间 T_{h} 一般远大于直扩系统的码片宽度 T_{c}，跳频系统对同步精度的要求较低，系统同步往往可在精确时钟辅助或插入同步字头法辅助下快速完成。

(3) 为提高 FH/SS 系统的抗截获和保密性，跳频序列的周期很长，直接进行捕获往往是不可能的；往往采用插入短同步字头法解决上述问题。

1. 同步策略

从系统层面上，跳频同步可以分为外同步法和自同步法两大类，其中外同步法包括独立通道法、时钟法、同步字头法、自同步等。

1) 独立通道法

独立通道法即利用一个专门的信道传送同步信息，接收机从中解调同步信息，据此设置接收机跳频频率集、跳变的起始时刻，并校准接收机的时钟。独立通道法的优点在于同步建立时间短且能够不断地传送同步信息以保持系统的长时间同步，其缺陷在于需要专门的信道，占用频率资源和功率，且这种同步信息传送方式易于被敌方发现和干扰，具体应用中受到了极大限制。

2) 精确时钟法

跳频系统中收发双方跳频图案一致，唯一不确定的是相对的时间差。精确时钟法通过提供一个高精度的时钟使收发双方保持时间一致，减少了收发双方伪随机码相位的不确定性，从而实现收发双方同步。精确时钟法具有同步准确、保密性好的特点，但需要一个高精度、高稳定的公共时基，跳频捕获受到时钟稳定性和相对位置变化引起的不确定的影响。

3) 同步字头法

同步字头法是指在建立通信前，先发送一个同步字头，同步字头中含有跳频序列的全部信息，接收机依据次同步信息实现跳频同步。同步字头可置于跳频信号的最前面，也可以在信息传输的过程中离散的插入。同步字头法具有同步搜索快、容易实现、同步可靠等优点，但必须占用额外的通信信道资源和功率来发送同步字头。

对于周期很长的跳频序列同步，可以在长跳频序列中周期性的加入短同步跳，短同步跳有自己的跳频图案，但只有很少的跳频点，捕获实现简单。整个 FH/SS 系统根据短同步跳携带的信息辅助完成系统同步。

4) 自同步法

自同步法是指从接收到的信息序列中提取隐含的同步信息，从而实现同步的方法。自同步法不需要同步头，可节省功率，且有较强的抗干扰能力和组网灵活等优点，但其同步时间相对于外同步法要长。

2. *跳频序列捕获*

跳频序列的捕获包括上述同步字头法中的短同步跳捕获及自同步法中的隐藏同步头捕获，可以采用串行步进搜索法(stepped-serial search)、匹配滤波法(matched filter)等捕获方法[6-7]。

参考 DS/SS 系统 PN 码捕获的滑动相关码捕获，串行步进搜索法实现跳频序列捕获的原理如图 5.18 所示。本地 PN 码产生的跳频载波连续地与输入信号进行相关运算，在一个检测时间段结束时，如果积分器的输出小于门限值，搜索控制单元改变 PN 码序列的相位延迟一个时隙(一般为$T_h/2$)；重复进行，直到积分器的输出大于门限值。

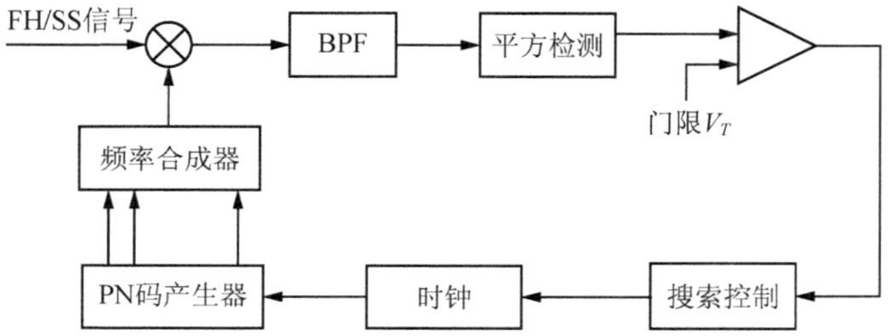

图 5.18　串行步进搜索法跳频序列捕获

与 DS/SS 系统 PN 码捕获的匹配相关搜索相似，匹配滤波法实现跳频序列捕获的原理如图 5.19 所示。本地 N 个跳频载波$\{f_0, f_1, \cdots, f_{N-1}\}$连续地与输入信号进行相关运算，分别滤波后进行平方检波(相当于 N 个相关检测器)；当能量超过门限时，则由这 N 个频率来确定本地 PN 码的相位。

串行步进搜索法易于实现，搜索时间长；匹配滤波法的捕获速度快，实现复杂。

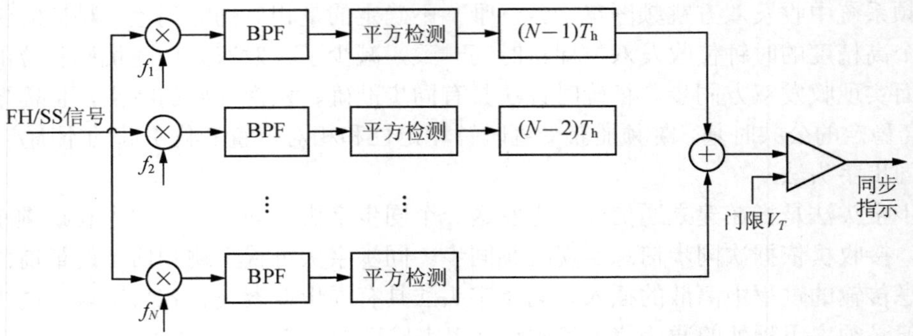

图 5.19　匹配滤波法跳频序列捕获

对于长周期的跳频序列捕获，传统的串行步进搜索或匹配滤波法搜索均难以实现，此时可以采用隐藏同步头法或者基于 TOD 短同步跳的捕获方法[7]。

3. 跳频跟踪

与 DS/SS 系统的伪码跟踪一样，跳频序列的跟踪通常采用比相法，在估计出本地跳频序列与接收的跳频序列之间的相位偏差的基础上，不断地调整本地时钟的频率和相位，补偿在发送和接收定时振荡器之间的频率漂移。

图 5.20 给出了基于非相干延迟锁定环(DLL)的跳频序列跟踪实现框图。与图 5.11 相似，本地跳频序列和接收的跳频序列之间的相位偏差估计是利用跳频序列的汉明自相关特性来实现，本地码发生器控制频率合成器产生两个时间相差为 T_h 的频率序列，分别于输入跳频信号进行相关运算和检波。若没有相位误差，两个检波器输出相同的平均功率值，误差电压为零；若存在相位误差，根据跳频序列汉明自相关的对称性，两个检波器输出反映相位误差大小和方向的误差电压。

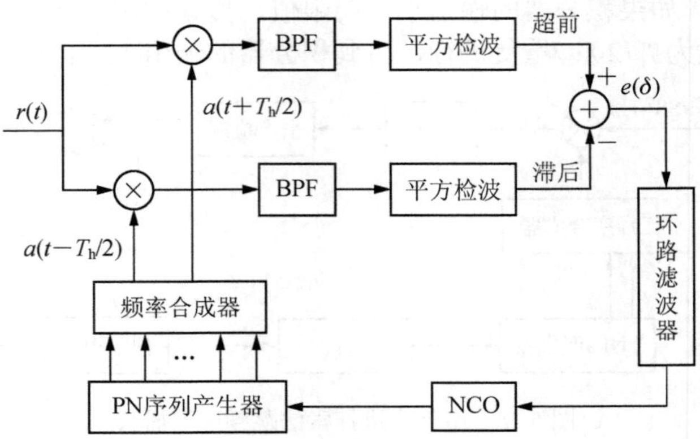

图 5.20　FH/SS 非相干延时锁定跟踪环

根据锁相环的反馈控制原理，鉴相输出经过环路滤波器控制 NCO，不断地调整本地时钟的频率和相位，即可实现跳频序列的同步跟踪。具体分析与 DS/SS 系统没有本质不同，不再赘述。

习　　题

5.1　为什么 DS/SS 系统最常用的调制方式为 2PSK 和 QPSK？为什么 FH/SS 系统最常用的调制方式是 MFSK 或 DPSK？

5.2　从对信道特性的要求、实现的处理增益、抗干扰能力、同步实现难度、组网性能等几个方面比较 DS/SS 与 FH/SS 的优缺点，并说明在军事无线通信中采用 FH 扩频技术较多的主要原因。

5.3　解释 DS/SS 系统中的远近效应，说明 FH/SS 系统如何克服远近效应。

5.4　说明 DS/SS 系统和 FH/SS 系统的抗干扰原理及其不同。

5.5　说明 DS/SS 系统和 FH/SS 系统在抗频率选择性多径衰落原理上的异同。

5.6　某直接序列扩频系统，调制方式为 BPSK，用户的数据率为 9.6kbit/s，扩频后的码速率为 2.4576Mchip/s，求系统扩频增益。

5.7　m 序列发生器的本原多项式为 $f(x)=1=x^3+x^{10}$，试确定 m 序列的周期，画出 m 序列产生器框图。

5.8　某 DS/BPSK 直接序列扩频通信系统，传输的信息速率为 1000bit/s，系统正常工作时要求误比特率在 10^{-3} 以下，此时的信噪比容限为 $(S/N)_{\min}=6.7\text{dB}$。假定系统的信噪比损耗为 2dB，希望系统能承受比信号强 20dB 的干扰，该系统需要的最小射频带宽(3dB 带宽)应为多少？

5.9　有一个 FH/2FSK 系统，设数据速率为 100bit/s，2FSK 信号的调制效率为 0.5。系统可用的信号带宽为 3MHz，采用非重叠频道配置，已知窄带干扰的数目 $J=10$，每个干扰的带宽小于 2FSK 信号带宽且均远大于信号功率，跳频速率为 1 次/bit，求发送的频道数和系统的误码率。

5.10　联合直接攻击弹药(JDAM)采用了 GPS 导航定位技术，来使 JDAM 精确命中目标。可以采用留空气球辐射定频信号的方式对 JDAM 可能的攻击进行干扰。资料显示，GPS 信号在用户接收机天线处的接收功率为－159.6dBW，当干扰超过信号功率 35dB 时，就会导致 GPS 定位失效。如果我方采用的干扰机辐射功率为 1W，据测算，大约可以使半径为 19km 内的 JDAM 制导失效。GPS 信号、干扰信号的传播均遵守自由空间传播模型，请根据 Friis 公式和扩频增益公式计算：如果干扰功率提高到 16W，那么干扰的有效半径是多少？如果 JDAM 采用的扩频增益从 1023 提高到 4092，此时干扰机在 1W、16W 时的有效干扰半径将分别降低为多少？

5.11　对于战术通信中常用的跳频通信，干扰方往往优先采用跟踪式干扰方式，通过侦察接收机持续分析对方跳频信号的频点，然后自动引导干扰机的干扰频率，使干扰频率时钟跟随跳频信号频点变化，从而保持对跳频通信的跟踪式干扰。如图 5.21 所示，干扰方采用跟踪方式干扰跳频系统的能力取决于通信距离 d_1、侦察距离 d_2、干扰距离 d_3、干扰机的引导时间 T_P、跳频信号每跳驻留时间 T_h。而跳频通信接收方为了保证可靠接收，要求每跳驻留时间 T_h 中，至少有 ηT_h 长的时间不被干扰，取 $\eta=1$。

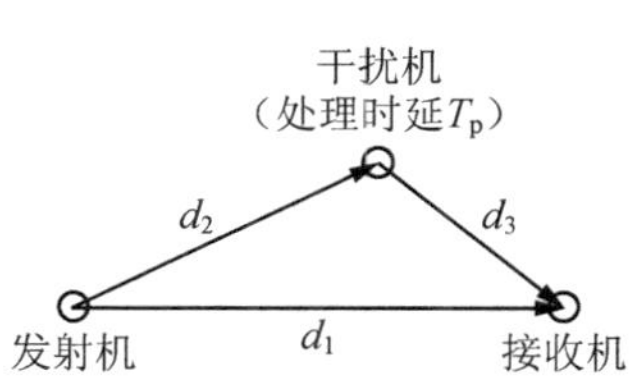

图 5.21　习题 5.11 图示

(1) 防御作战时，一般干扰机位于收发双发远方，假设通信距离为 20km（$d_1=20\text{km}$），干扰距离、侦察距离均为 160km（$d_2=d_3=160\text{km}$），干扰机引导时间为 0.2ms（$T_p=0.2\text{ms}$），则防御方跳频通信的跳速（T_h 的倒数）应超过多少跳/s 才能避免被干扰机有效干扰？

(2) 进攻作战时，极端情况下干扰机位于收、发双方连线上，即 $d_1=d_2+d_3$，则进攻方跳频通信的跳速（T_h 的倒数）应超过多少跳/s 才能避免被干扰机有效干扰？

第 6 章　无线通信中的组网技术

无线通信最基本的物理资源就是频谱。随着无线通信技术的普及应用，无线频谱资源日趋紧张，无线通信技术已从最初的解决点对点可靠传输，发展到如何通过高效传输、灵活组网以实现频谱的最佳利用。试想当一定区域内存在许多无线通信收发设备时，它们如何实现可靠有效的通信呢？一个具有合理的结构，广阔的覆盖范围，通畅地连接的有效网络是必然的结果。这个网络中包含了许多需要有效解决的问题：①如何共享资源。例如，若干用户共用同一个无线信道，用户之间需要能够区分彼此以共享信道；对于有限的无线频率资源，如何共享以获得更大的信息量传输等。②如何将零散的无线用户连接成有效的整体。需要解决诸如网络结构，移动与固定用户互通，网络覆盖，频率复用，系统容量，移动性管理等一系列问题。③网络的有效性与可扩展性。无线网络是否能有效地支撑用户数量的不断增多，是否能提供更大的信息量，是否能实现更灵活便捷的服务等。本章我们就无线通信组网中的相关问题进行讨论。

6.1　无线通信网络

无线通信组网是指如何使若干个用户有效地构成一个系统，使得系统内的用户可以在无线电波覆盖区域内的任何地方相互通信。无线通信网络就其是否存在固定的基础网络设施可以分为两大类，一是有中心的无线通信网络，另一类是无中心的无线通信网络。

有中心的无线通信网络在给定区域内部署了接入点，接入点提供移动终端到有线骨干网的接口，并完成网络控制的功能，如图 6.1 所示。

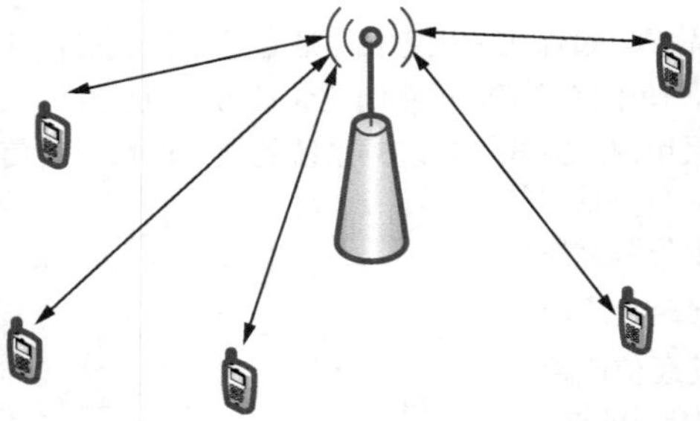

图 6.1　有中心的无线通信网络示意图

典型的系统有蜂窝通信系统、无线局域网和无绳电话系统等。例如，蜂窝通信系统的接入点就是基站，基站的组织协调提供了传输调度，动态资源分配、功率控制和切换的中心控制机制，同时也能更好地利用网络资源来满足不同用户的性能要求。又如，无线局域网通过设立无线接入点可以使用户在本地创建无线连接(例如，在公司或校园的大楼里，或在某个公共场所，如机场)，在基础结构无线局域网中，无线站(具有无线网卡或外置调制解调器的设备)连接到无线接入点，后者在无线站与现有网络中枢之间起桥梁作用。

大部分有中心的无线通信网络的设计中移动终端直接与接入点通信，不需要经由中间无线结点，称为单跳网络。单跳路由一般有更低的时延和损耗、更高的数据速率，也更为灵活。

无中心的无线通信网络又称无线自组织网络，它是一些无线移动结点的集合，它们无须借助事先建立的设施即可自行构建成一个网络，如图 6.2 所示。在没有网络架构的情况下，网络中的各个结点(移动台)均可以向网络中的其他结点直接发送信息，也可以接收来自网络中其他结点的信息，因此每个结点均起到了类似基站的作用。

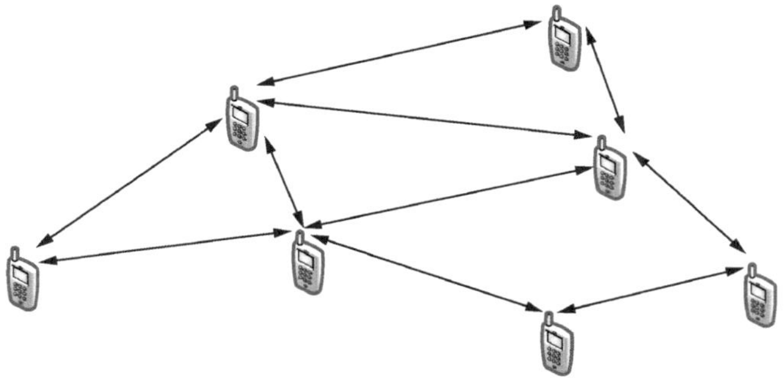

图 6.2　无线自组织网络示意图

无线自组织网络中的连接比有中心的无线通信通信网络要复杂得多，一对结点之间通信通常需要跳过一个或多个中间结点，为多跳网络。多跳路由通过中间结点向目的结点转发分组包，这些移动结点靠自己来处理必要的控制和网络功能。显见无线自组织网络中的路由是一个更为复杂的问题，有效的路由协议对网络的有效且高效的运行是至关重要的。

无线自组织网络有明显优点：只要有可用的网络结点，就可以组网；不需要投资、建设和维护基础设施，可以快速部署和重组；分布式特性，结点冗余性和不存在单点故障问题使它有很好的抗毁性。这些特征对于军事应用尤为重要，许多关于无线自组织网络的突破性研究都受到过美国国防部高级研究计划署(DARPA)和美国海军的支持。不过，无线自组织网络所固有的多跳路由、分布式控制会造成性能损失，必须综合考虑其优点和损失。

有中心的无线通信网络一般比无中心的无线通信网络性能好很多，不过有中心的无线通信网络有时成本很高，有时部署设备也存在实际困难，在这些情况下无中心的无线通信网络虽然性能较差，但却是最好的选择。本章我们的讨论集中于有中心的无线通信网络，着重讨论蜂窝通信系统，其基本原理适用于绝大部分有中心的无线通信网络。

6.2　多址接入技术

6.2.1　多用户信道

在多用户系统中，系统资源必须分配给不同的用户。多用户信道是指任何由多个用户所共享的信道，它有两种不同的类型：上行信道和下行信道，如图 6.3 所示。

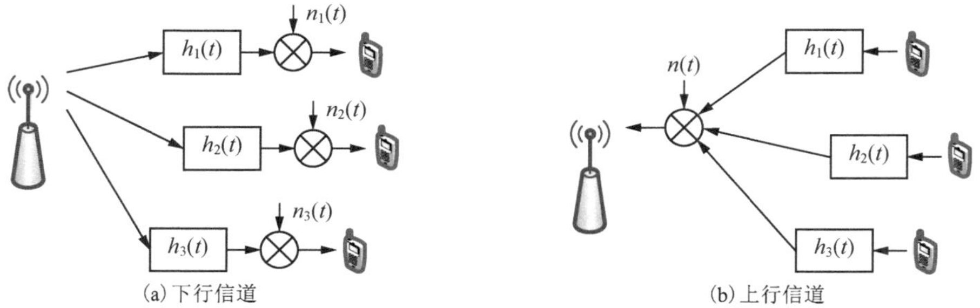

图 6.3　多用户信道中的下行与上行信道[2]

下行信道是一个发送端对多个接收端，也称为广播信道或前向信道。到达所有接收机的信号都来自同一个下行的发射机。由于用户信号来自同一发射机，所以下行容易实现用户间的同步，不过多径有可能破坏这种同步。广播电台、电视广播、卫星到地面站、蜂窝系统中基站到移动台都是下行信道[2]。

上行信道是多个发送端对一个接收端，也称多址信道或反向信道。与下行信道不同，每个上行用户以单独的功率约束发送信号。不同上行信号所经历的不同信道，因此即使发送功率相同，如果各用户的信道增益不同的话，接收功率也不同。此外，由于发送的信号来自于不同的发射机，如果要求所有信号同步，就需要各发射机能协同工作。无线局域网卡到接入点、地面站到卫星、蜂窝系统中移动台到基站都是上行信道[2]。

大多数通信系统是双向的，既有上行信道也有下行信道。通过下行信道向用户发送，通过上行信道接收用户信号。对于双工通信系统而言，由于需要同时收发信息，上行信道和下行信道一般采用频分双工(FDD)或时分双工(TDD)进行分离。例如，数字蜂窝 GSM 中采用频分双工，其中 935～960MHz 频段用于下行信道，890～915MHz 频段用于上行信道。

多址接入是指两个或多个用户希望利用同一个传播信道同时相互通信的一种信号传输方式，主要解决众多用户如何高效共享资源的问题。由前面多用户信道的论述我们发现，上行信道的资源共享问题要复杂一些，主要问题如下：多个发送端对一个接收端发送信息；如果来自两个以上的用户的发射信号同时到达接收端，除非信号之间正交，否则必将形成严重干扰；正确地区分不同用户的信息。多址接入技术主要可以分为两大类，一类是无冲突的多址接入，另一类是随机接入。

6.2.2 无冲突的多址接入

信号之间正交即两个信号 $x_i(t)$ 和 $x_j(t)$ ，$t\in[0,T]$ 相互正交，满足内积在信号区间为零，有

$$\int_0^T x_i(t)x_j(t)\mathrm{d}t=0,\quad i\neq j \tag{6.1}$$

无冲突的多址接入方式的设计主要考虑满足信号正交性的要求，主要有以下四种方式：频分多址(frequency division multiple access，FDMA)，时分多址(time division multiple access，TDMA)，码分多址(code division multiple Access，CDMA)和空分多址(space division multiple access，SDMA)。

频分多址和时分多址分别依据信号的频率轴和时间轴进行分割，是正交信道。码分多址根据扩频码设计的不同，可以是正交的或非正交的。空分多址用天线阵列或其他方式产生的有向天线使信号空间增加了一个角度维来划分信道。不同多址方式的性能与它们各自的特性以及是用于上行还是下行有关。TDMA、FDMA 和正交 CDMA 在正交划分信号维的意义下是等价的[3]。

1. 频分多址

在 FDMA 中，将通信系统的总带宽划分为若干等间隔的频段，形成不同的信道分配给不同的用户。不同用户发射信号之间的正交性是通过频域中的带通滤波器获得的，信道之间一般设有保护带，以补偿滤波特性的不理想、邻道干扰和多普勒扩展等问题。如图 6.4 所示。显见 FDMA 的多址接入是窄带的，一般符号间隔远大于延时扩展，不需要信道均衡。另外，

当用户处于空闲状态时，会导致带宽的浪费，而在 FDMA 系统中给一个用户分配多个信道还是较困难的，这要求收端能够多频点接收信号。

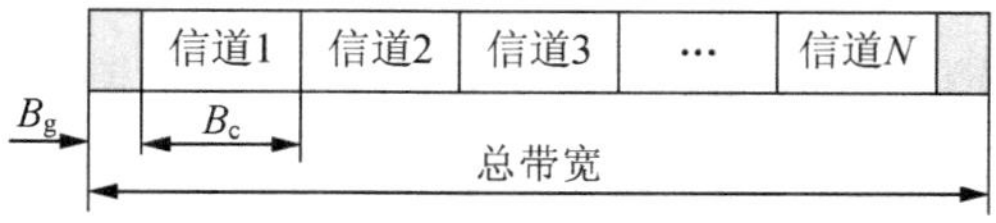

图 6.4　频分多址示意图

FDMA 实现起来相对简单，主要问题是非线性失真。一般系统采用的功率放大器和功率合成器是非线性的，导致交调失真。为了解决这一问题，常采用的方法有合理配置频率避开互调分量或采用高线性度的功率放大器等。

例如，第一代模拟移动通信系统(AMPS)，系统总带宽上下行各 25MHz，这 25MHz 的带宽平分给两个运营商，每个运营商的带宽上下行各 12.5MHz，分配给控制信令的信道数为 21 个。分配给每个用户的带宽 B_c=30kHz 以支持模拟话音业务，它的上下行都采用带宽为 24kHz 的 FM 调制，两边各留 3kHz 的保护带。为了减小邻系统之间的干扰，整个上下行频段的两边各留 B_g=10kHz 的保护带。

2. 时分多址

在 TDMA 中，信道时间被划分为不同的帧，每个帧又进一步分割为不同的时隙，每个用户在被指定的时隙逐帧发送。帧足够长，每个接受服务的用户都有机会发射至少一次，如图 6.5 所示。

时隙的分配可以是固定的，也可以是动态的。若建立连接时分配的时隙是固定的，各用户与其被指定的时隙保持同步，称为同步 TDMA(STDMA)。若时隙分配不固定，发送时隙在各帧动态分配，称为异步 TDMA(ATDMA)。在同步 TDMA 中，无论用户是否被激活，帧长度被用户数所固定，而在异步 TDMA 中，各帧长度不同，取决于该帧的激活用户数[3]。

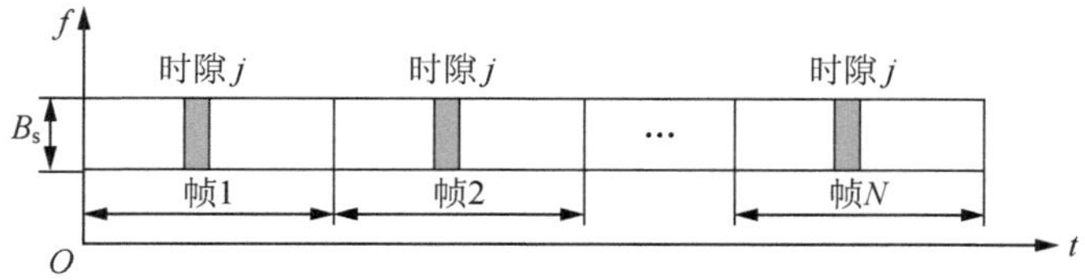

图 6.5　时分多址示意图

TDMA 的主要问题是同步，尤其是上行信道。上行信道的接收信号来自各个发送端，各用户的发送时机及发送信号经历的信道都不相同，要想使接收到的信号保持时间正交，就必须使所有用户同步发送。一般靠基站或接入点的协调来实现同步，往往会有较大的开销。无论是上行还是下行，多径也有可能破坏时间的正交性。为此，TDMA 一般在时隙之间设有保护间隔以减小同步误差和多径的影响。

TDMA 系统中时隙循环重复使用户的信号不是连续发送，需要采用可以缓存的数字传输方式。TDMA 还有一个优点是，只要简单地分配多个时隙，就能使一个用户拥有多个信道，例 GPRS。

对于 TDMA 系统而言，每个 TDMA 信道都要占用整个带宽，带宽一般很宽，需要采用一些对抗 ISI 的技术，因此系统为了对抗衰落信道而变得复杂是一个明显的问题。在实际中，常常将 TDMA 与 FDMA 系统结合起来，如图 6.6 所示，图中系统总带宽为 B_s，如果将整个带宽划分为不同的频带，之后再将各频带相应信道时间划分为不同的时隙用于传输。这样每个频带相对较窄，受信道衰落影响较小。

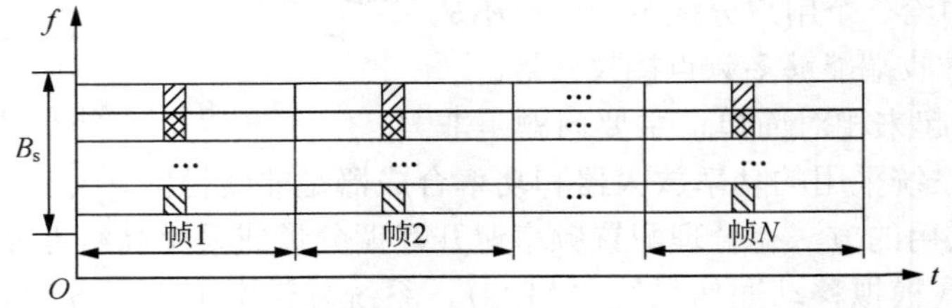

图 6.6　FDMA/TDMA 示意图[3]

例如，全球移动通信系统(GSM)中上行频段和下行频段频带宽度均为 25MHz，在这 25MHz 带宽内分为 125 个 200kHz 带宽的信道，每个信道又分为 8 个用户时隙，一个时隙容纳一个信道，帧结构如图 6.7 所示。依据这些参数，我们容易算出每个基站同时能够容纳的用户数为125×8＝1000 个。

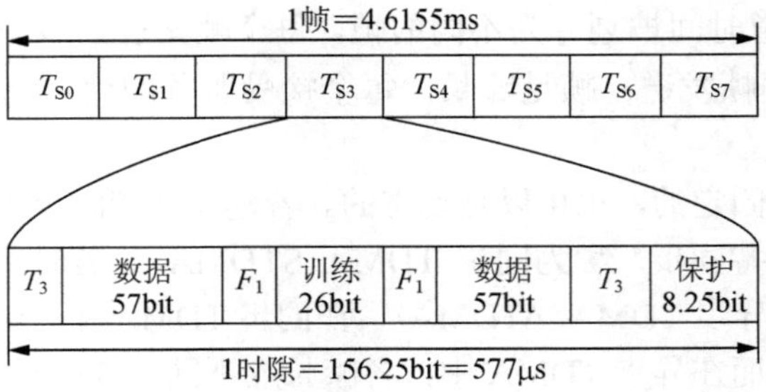

图 6.7　GSM 帧结构示意图

3. 码分多址

CDMA 就是用扩频码来调制信息信号，接收端利用扩频码的结构分离出不同的用户。理想情况下不同 CDMA 用户所采用的扩频码是彼此正交的，不同 CDMA 用户的扩频信号占用相同的时间相同的频带，CDMA 常见的形式就是第 4 章所介绍的 DS/SS 和 FH/SS 的多用户扩频。

CDMA 的下行一般采用正交扩频码，但需要注意的是多径会破坏其正交性。上行一般采用非正交的扩频码，主要是因为同步比较困难，并且在多径信道中维持上行正交也很复杂。上行信道采用非正交码的好处是完全靠码区分用户，基本不需要再在时间和频率上进行协调。CDMA 系统中，只需给同一用户分配多个不同的码字，就可以实现一个用户有多个信道。此外，TDMA 和 FDMA 的正交性导致可分出的信道数有硬限制，使用正交码的 CDMA 也一样，而使用非正交码的 CDMA 中信道数没有硬限制。不过，非正交码会带来用户间干扰，用户越多干扰也越大，这种干扰会使全体用户的使用恶化。

采用 DS/SS 的 CDMA 系统必须采用功率控制方法来克服远近效应。所谓远近效应是由于各个用户的上行信道增益不同时，到达接收端的功率也不同而引发的信号间干扰。假设有两个用户，一个离基站很近，另一个很远，若两个用户都以相同的功率发送，那么近处用户到达信号的功率将远大于远处用户到达的功率，甚至于近处用户产生的干扰将会淹没远处用户的信号。远近效应可以通过引入功率控制方法来克服，通过对远近不同的用户进行发射功率的强弱控制，可以使各用户到达基站的接收功率大致相同，这种信道反转式功率控制使各个 CDMA 用户干扰源在接收端的贡献相同，从而消除了远近效应。

IS-95 数字蜂窝标准采用了 CDMA，其下行信道采用正交码，上行信道采用正交码和非正交码的结合，WCDMA 和 CDMA 2000 标准也采用了 CDMA 的多址方式。

4. 空分多址

空分多址(SDMA)将用户的方向看作信号空间的另外一个可以划分的维，通过空间分割来区分不同的用户，一般用有向天线来实现空间的信道划分，如图 6.8 所示。

空分多址系统中仅当两个用户的角度差大于天线的分辨角时，才能实现正交的空间信道。不同的波束可以采用相同的频率及相同的多址方式，当然也可以不同。如果天线的方向性是用天线阵列来实现的，那么精确分辨空间角度需要很大的阵列，这在基站和接入点是不太现实的，对体积很小的用户终端更不可能。

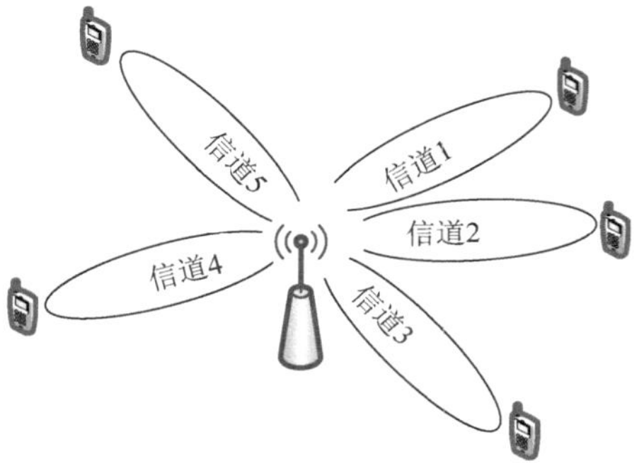

图 6.8　空分多址示意图

6.2.3　随机接入

大部分数据业务中，数据在随机的时间出现，并不需要连续传输。如果给这样的业务分配一个专用的信道，效率显然是非常低的。此外，大多数系统中总的用户数(激活用户和闲置用户)比系统能同时容纳的用户数多很多，因此任何时间的信道分配只能是谁需要就分给谁。这样的系统采用随机接入策略就能高效地将信道分配给激活用户。在随机接入中，用户争用相同的资源，而与任何其他用户无关，因此也称为竞争接入。

所有随机接入技术都是基于分组数据或称分组无线电的。它将用户数据组织成 N 比特的数据分组，其中可能包括检错、纠错和控制比特，然后通过信道传输。下面简要介绍一些随机接入方法。

1. ALOHA 系统

二十世纪七十年代，随机接入技术被夏威夷大学的一个研究组用于卫星通信系统，该系统被称为 ALOHA，现在 ALOHA 已成为随机接入的统称。ALOHA 是一个分组交换系统，传输一个分组所需的时间间隔称为一个时隙。当两个或多个用户发送的信号重叠时，无论是完全重叠还是部分重叠，它们都会彼此破坏，称为碰撞。分组竞争技术的优点在于服务大量用户时，开销很少，但由于碰撞的存在导致 ALOHA 的效率很低，吞吐量很小。

在纯 ALOHA 中，用户产生出分组后立即发送，允许用户在其有数据要发射的任何时候发射，正在发射的用户监听确认反馈来判定发射是否成功。如果碰撞发射，用户等待一段时间后再重新发射分组。若不考虑捕获效应，则可认为重叠的分组一定会出错，必须重发。假设没有发生碰撞的分组一定能正确接收(即信道中没有噪声和失真)，所有用户发射的所有分组有固定长度 τ 和固定信道数据速率，发射服从泊松分布，以及所有其他用户可以在任一随机时间产生新的分组。由图 6.9 可以看出，要使当前分组传输成功，必须在当前分组到达时刻的前后各一个分组长度内没有其他用户的分组到达，即易损区间为 2 倍分组长度 2τ[31]。

从直观上讲，通过系统的流量越多，传输所花费的时间就越长，也就是说，时延与吞吐量具有相互矛盾的要求。分组在系统中所经历的时延为分组到达时刻与发送端接收到确认信息时刻之间的时间间隔。因此，分组时延是传输次数、重传时延及发送端接收到成功传输确认所需时间的函数。

纯 ALOHA 效率不高的部分原因是用户可以在任意时刻发送分组，两个或多个分组发生局部重叠就能破坏所有分组的接收。采用划分时隙并使用户同步的方法可以成倍提高吞吐量，即让用户同步，使其发射时间对齐就能避免这种局部重叠，这就是时隙 ALOHA 的原理，如图 6.10 所示[31]。

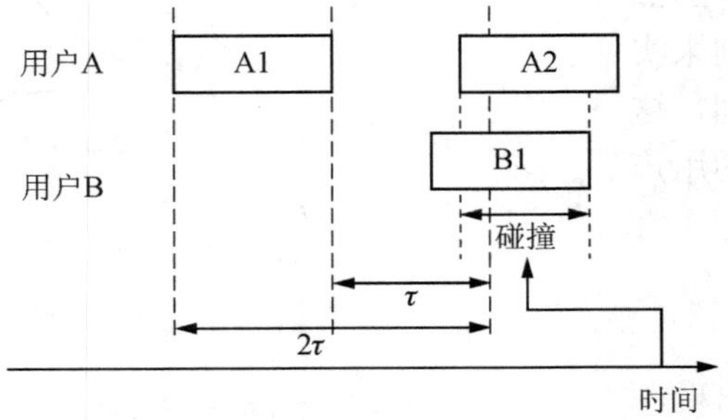

图 6.9 纯 ALOHA

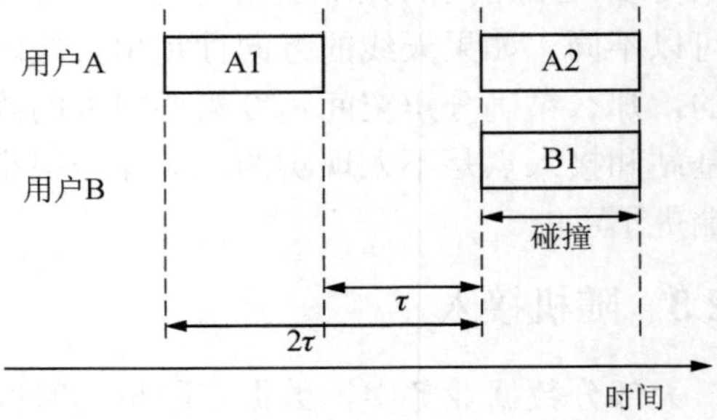

图 6.10 时隙 ALOHA

2. 载波侦听多址接入

ALOHA 协议中碰撞使系统的吞吐量相对较低。为了避免碰撞从而增加吞吐量，人们对 ALOHA 协议提出了一些改进，这些方法中一个典型的改进就是载波侦听多址接入(CSMA)。

ALOHA 协议在发射前不监听信道，因此不能利用有关其他用户的信息。CSMA 协议网络中的每一终端在发射信息前测试信道状态，如果信道空闲(即没有检测到载波)，就允许用户按照在网络中的所有发射机共用的特定算法来发射分组；若信道忙，则按照设定的准则推迟发送。

在 CSMA 协议中，影响系统的两个主要参数是检测时延和传播时延。检测时延是指接收机判断信道空闲与否所需的时间。检测出载波所需要的时间和传播时延都必须很小，否则会影响效率。假定检测时延和传播时延之和为 τ，如果某结点在 t 时刻开始发送一个分组，则在 $t+\tau$ 时刻以后所有结点都会检测到信道忙。因此只要在 $[t,t+\tau]$ 内没有其他用户发射，则该结点发送的分组将会成功传输。

当检测到信道忙时，有几种处理方法：一是暂时放弃检测信道，并等待一个随机时延，在新的时刻重新检测信道，直到检测到空闲信道，该协议称为非坚持 CSMA；二是坚持继续检测信道直至信道空闲，一旦信道空闲则以概率 1 发送分组，该协议称为 1-坚持 CSMA；三是继续检测信道直至信道空闲，此时以概率 p 发送分组，并以概率 $1-p$ 推迟发送，该协

议称为 p-坚持 CSMA[1][31]。

6.3　多信道共用与阻塞率

现在的无线通信网多采用多信道共用的体制进行工作。所谓多信道共用是指信道的指配方式，不是将每个信道固定地指配给某些用户使用，而是根据需要，适时地将空闲信道指配给申请通话的用户使用，一旦通话终止，原先占用的信道就立即恢复为空闲信道。即信道的指配不是固定的，而是动态的。每个信道都可以为任一位用户使用，即为全体用户所共用。

根据用户行为的统计数据，使用固定数量的信道可为一个数量更大的、随机的用户群体服务。当信道数减少时，对于一个特定的用户，所有线路都忙的可能性变大。通信公司将统计理论用在无线系统的设计中，在可用的信道数目与在呼叫高峰时没有线路可用的可能性之间进行折中。如果基站只有 N 个信道，在同一时间已经指配给 N 个用户使用，其他用户在此时申请通话只能等待(即得到的反馈信息是信道忙)，即出现了呼叫阻塞。为了了解多信道共用与呼叫阻塞之间的关系，须明确以下概念。

1. 话务量

为了设计一个能够保证特定的阻塞率下特定容量的无线通信系统，需要中继理论和排队论。中继理论的基本原理是 19 世纪末的一个丹麦数学家爱尔兰(Erlang)提出的，他致力于研究怎样通过有限的服务能力为大量的用户服务。现在，用他的名字作为话务量的单位。话务量是通信系统业务量的量度。话务量 A 定义为单位时间(1h)内发生的平均呼叫次数 λ 和每次呼叫平均占用信道时间 s (h)的乘积。

$$A=\lambda s \text{ (Erlang)} \tag{6.2}$$

显见，一个信道如果全部时间都被利用，没有空闲的时间，则它 1h 只能传送 1Erlang 的话务量。由于用户发起呼叫是随机的，不可能不间断地持续利用信道，所以一个信道实际所能完成的话务量必定小于 1Erlang，也就是说，信道的利用率不可能达到 100%。

例 6.1　一个移动通信系统，平均每天 1000 次电话，平均每次通话时间 3min，求每天话务量。

解：全系统每天话务量为

$$A=\lambda s=\frac{1000\times 3}{60}=50\text{(Erlang)}$$

2. 忙时

每个用户在 24h 内的话务量分布是不均匀的，一般无线网络设计中关心的是最忙时的话务量。忙时即通信系统的业务最忙的 1h 区间。例如，某个系统在早上 8 时～9 时电话最多，业务量大，此即为该系统的忙时。但这个系统的用户并不是都只在忙时打电话，忙时业务量与每天总业务量之比称为集中系数。

例 6.2　一个移动通信系统，平均每天 1000 次电话，忙时 200 次电话，平均每次通话时间 3min，求集中系数。

解：集中系数为$\frac{200}{1000}=20\%$。

3. 阻塞率

当所有的信道均被占用时，新的呼叫不可能完成，称为阻塞。阻塞只考虑因系统不能提供服务而丢失的呼叫，不包括因被叫忙而不通的呼叫。阻塞率又称阻塞概率或呼损率，是指在呼叫高峰时，由于信道有限而允许呼叫失败的百分比(信道被全部占用的概率)。阻塞率也称为系统的服务等级(GoS)，阻塞率越小意味着服务等级越高。

对于多信道共用的系统，遇到呼叫阻塞时通常有两种处理方法。第一种丢失呼叫清除制(lost call cleared，LCC)，即不对呼叫请求进行排队。也就是说，对于每个请求服务的用户，如果有空闲信道则立即进入，如果没有空闲信道，则呼叫被阻塞，即被拒绝进入并释放掉，只能以后再试。假设以下条件成立[1]。

(1) 呼叫服从泊松(Poisson)分布。

(2) 用户数量为无限大。

(3) 呼叫请求的到达无记忆性，意味着所有的用户，包括阻塞的用户，都可能在任何时刻要求分配一个信道。

(4) 用户占用信道的概率服从指数分布，那么根据指数分布，长时间的通话发生的可能性就很小。

(5) 在可用的信道数目有限。

以上条件下的系统称为M/M/m/m排队系统，由此得出了Erlang-B公式(也称阻塞呼叫清除公式)。Erlang-B公式决定了呼叫阻塞的概率，表示为

$$P(\text{阻塞})=\frac{A^L/L!}{\sum_{i=0}^{L}A^i/i!} \tag{6.3}$$

式中，L是系统提供的信道数，A是提供的总话务量。Erlang-B公式提供一个保守的阻塞率估算。对于给定的服务等级以Erlang为单位的话务量如附录B所示。

第二种丢失呼叫等待制(lost call hold，LCH)，又称等待制或阻塞呼叫延迟，用一个公共缓冲器对呼叫请求进行排队处理，呼叫到达后若发现可用信道均被占用，则加入缓冲队列排队等待。呼叫没有立即得到信道的概率决定于Erlang-C公式：

$$P(\text{延迟}>0)=\frac{A^L}{A^L+L!\left(1-\frac{A}{L}\right)\sum_{i=0}^{L-1}\frac{A^i}{i!}} \tag{6.4}$$

如果当时没有空闲信道，则呼叫被延迟，被延迟的呼叫被迫等待t s以上的概率，由呼叫被延迟的概率及延迟大于ts的条件概率的乘积得到。因此有

$$\begin{aligned}P[\text{延迟}>t]&=P[\text{延迟}>0]\,P[\text{延迟}>t\,|\,\text{延迟}>0]\\&=P[\text{延迟}>0]\exp[-(L-A)t/h]\end{aligned} \tag{6.5}$$

式中，h为呼叫的平均保持时间。对于排队系统中的所有呼叫而言，平均延迟为

$$D=P[\text{延迟}>0]\frac{h}{L-A} \tag{6.6}$$

对于给定的服务等级以 Erlang 为单位的话务量强度如附录 C 所示。

例 6.3　某移动通信系统，平均每小时有 1000 次呼叫，平均每次通话时间为 3min。

(1) 求 LCC 制信道分配方式下阻塞概率为 2%时所需要的信道数。

(2) 求等待制信道分配方式下的非零延时排队概率为 2%时所需要的信道数。

解：话务量为

$$A=\frac{1000\times 3}{60}=50(\text{Erlang})$$

(1) 根据 LCC 制下的呼损计算，查 Erlang-B 表，阻塞概率为 2%，流入话务量为 50Erlang 时的信道数 $L=61$。

(2) 根据 LCH 制下的呼损计算，查 Erlang-C 表，非零延时排队的概率为 2%，流入话务量为 50Erlang 时的链路数 $L=66$。

例 6.4　某移动通信系统，平均每天有 3000 次呼叫，平均每次通话时间为 3min，忙时集中率为 15%，采用 LCC 制处理呼叫阻塞，现要求在忙时提供的服务等级为 0.05，问至少应有多少信道？

解：系统每天的话务量为

$$A=\frac{3000\times 3}{60}=150(\text{Erlang})$$

忙时话务量为$150\times 15\%=22.5$。根据 LCC 制的呼损计算，查 Erlang-B 表，阻塞概率为 5%，链路数至少为 28。

6.4　大　区　制

应用有中心的无线通信网络实现对区域覆盖通信的组网方式有两种：一是大区制，另一种是小区制，也称蜂窝系统。

只用一个基台来覆盖全地区(单工或双工、单信道或多信道)的组网方式都称为大区制。早期的大区制移动通信网只是单一频率组网，即所有电台均工作于同一频率上，因而同时只能有一对用户通信。一般其中有一台为主台，其余为属台。工作方式较多，一般主台可以呼叫任意属台进行通信，属台也可以呼叫主台，在一定规则下属台之间也可进行通信，但属台都服从主台管理。工作方式有单工或半双工方式。这种情况最初用于警察通信，后来功能扩展推广到汽车调度通信、集群通信等。这种方式下，主台一般都是固定的，升高主台天线可以扩大它的无线覆盖范围。

随着应用的扩展，为了进一步扩大覆盖范围，天线进一步升高，把主台改为了基站，且基站本身不是用户，只是起转发作用。任何移动用户要通信，都必须将信息发送给基站，由基站转发。对于双工通信，显然有上下行信道，一般采用频分双工的方式，即每个用户都有一对收发信道，如图 6.11 所示的 f_1 与 f_1'。显然，对于多用户系统，就存在多对收发信道，多址方式常用 FDMA 或 TDMA，图 6.11 显示的是 FDD/FDMA 的示意图。

在移动台中，由于收发共用一根天线，为避免发射机功率进入接收机，还必须在收、发信机之间设置一个双工器，以隔离发射和接收模块。为此，收发频率必须有一定间隔，这个

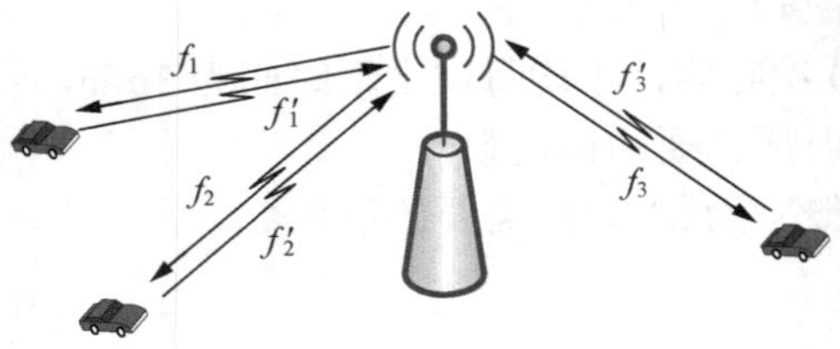

图 6.11 大区制 FDD/FDMA 组网示意图

间隔随频段不同而有不同的规定。在 150MHz 频段，收发间隔规定为 5.7MHz；在 450MHz 频段，收发间隔规定为 10MHz；在 900MHz 频段，收发间隔规定为 45MHz。

大区制的特点是只有一个基站，覆盖面积大，因此需要的发射功率也较大。为了覆盖较大面积的地区，从无线信道损耗的角度考虑，大区制组网不宜选用较高的频段，再扣除收发频率间隔，因此频段较拥挤，提供的信道容量有限，能提供服务的用户数也有限。

大区制的设计一般是在用户的使用要求的基础上进行的。使用要求一般包括用户数、用户平均业务量、忙时集中系数、通话方式(单工或双工)、覆盖范围(一般应有地形图)、要求的通信概率或服务等级、要求的话音质量、基站的位置、可能的天线高度及批准使用的频段等其他一些情况。

鉴于大区制的组网特点，其参数要求应该在合理的范围之内。大区制中只有一个基站，它的信道数不可能太多(一般很少超过 96 个)，用户数也不可能太多，否则大区制是无法承受的。覆盖范围也应合理，不能过大，半径一般不超过 50km，否则发射功率将会过大或天线要求过高。基站的位置一般应位于覆盖范围的中心附近，应在山峰或高楼上。

大区制虽然是最简单的移动组网方式，其设计所涉及的方方面面问题还是很多的，在此我们主要讨论大区制设计中的用户设计问题、链路设计问题和覆盖范围问题。这些大区制设计问题我们可以结合 6.3 节的内容及第 2 章的内容综合考虑，下面通过一个例子来简单说明。

例 6.5 若需设计一个专用移动通信系统。已知使用方的设计要求为用户数为 100，每个用户平均每日发起呼叫 2 次，每次平均通话时间为 3min，忙时呼叫集中系数为 0.2，服务等级(阻塞率)为 0.05，LCC 制，接收机灵敏度为－120dBm。通信覆盖半径为 25km，工作频率 450MHz。基站设于覆盖中心的高楼楼顶(楼高 50m)，天线高于楼顶 20m，天线馈线为 40m，馈线在 450MHz 每米损耗 0.1dB，移动台天线高 3m，应用中等城市哈塔模型。该地区的传播损耗标准偏差为 5.3dB，要求边界通信中断率小于 7%。试求基站发射功率。

解：系统每天的总业务量为

$$A=\frac{100\times2\times3}{60}=10(\text{Erlang})$$

忙时集中系数为 0.2，即忙时业务量为$10\times0.2=2(\text{Erlang})$，查表 6.1 可得 LCC 制阻塞率为 0.05，达到以上业务量至少需要 5 个信道。即按照题中所述的参数，要达到要求的服务等级，这个大区制系统至少要提供 5 个上下行信道，也就是 5 个频率对。

下面进行链路设计。对于大区制而言，用户之间不存在同一信道的问题，因而没有同信道干扰，其干扰主要来自无线信道与噪声，我们可以直接应用第 2 章的无线信道链路设计方法进行设计。

接收机灵敏度是接收机能够进行正常通信的最小接收功率，即保证通信的接收信号功率门限为$\gamma=-120\text{dBm}$。保证边界通信中断率小于 7%，即有

$$P[P_r(d_{max})>\gamma]=Q\left(\frac{\gamma-\overline{P}_r(d_{max})}{\sigma_\varepsilon}\right)=93\%$$

查附录 A 可得

$$\frac{\gamma-\overline{P}_r(d_{max})}{\sigma_\varepsilon}=-1.5$$

$$\overline{P}_r(d_{max})=-120+1.5\times5.3=-112.05(\text{dBm})$$

应用中等城市哈塔模型计算边界路径损耗：

$$a(h_r)=[1.1\lg f_c-0.7]h_r-[1.56\lg(f_c)-0.8]=3.32(\text{dB})$$

$$L_p=69.55+26.16\lg(f_c)-13.82\lg(h_t)-a(h_r)+[44.9-6.55\lg(h_t)]\lg(d)$$
$$=156.06$$

若设发射机等效全向辐射功率，天线均为单位增益，则有发射功率

$$P_t=\overline{P}_r(d_{max})+L_p+L_{馈线}$$
$$=-112.05+156.06+40\times0.1=48.01(\text{dBm})=63.24(\text{W})$$

以上分析表明这一大区制系统应使用 63.24W 发射机，在基站天线高 70m 的情况下，信道参数如题所述时，在半径为 25km 的边界上可达到 93%的通信概率。

大区制设计中一个重要的问题就是覆盖范围的研究，当给定了基站的位置、天线高度、信道参数及发射功率等条件后，则可估计出其覆盖范围。无线通信是一个面覆盖的问题，如上面所述的例子中，半径为 25km 的边界上可达到 93%的通信概率，随着半径的增加，边界上的通信概率将随之下降，区域覆盖范围内的通信概率也随之下降。除了这些我们已在第 2 章中讨论过的通信概率问题，在大区制设计中我们还应注意以下几个问题。

1. 静区

由于高山或障碍物的影响而使覆盖区内的某一部分信号太弱，以致移动台无法正常工作。这一区域称为静区(空洞)。如图 6.12 所示的情况，C 点就有可能收到的信号非常微弱，即处于静区。

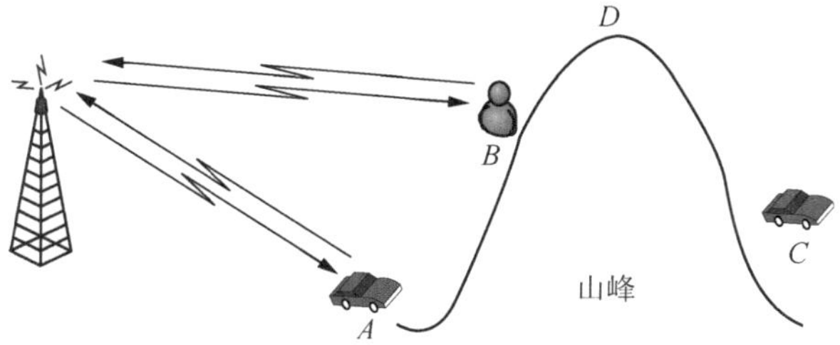

图 6.12　静区示意图

解决静区问题一般有两种：一种是把基站的位置移到最高处，如图 6.12 中的 D 点，只不过由于 D 点并非原定覆盖区的中心点，因而新覆盖区和原定的覆盖区范围有差别，可采用增大发射功率，使新覆盖区包含原定覆盖区；另一种是基站位置不变，建立中继台(或称转发台)，把基站信号转发以覆盖静区，即中继台是用来扩展特定的覆盖范围的。中继台的

方案有两种：异频转发和同频转发。异频转发中继台的输入与输出频率不同，因此它们不会出现干扰。异频转发的示意图如图 6.13 所示。

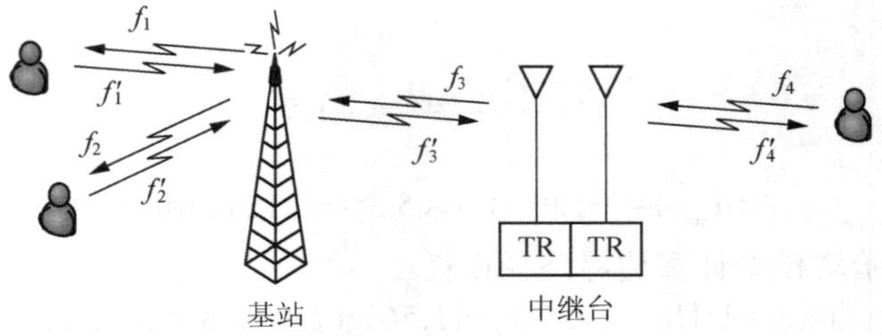

图 6.13　异频转发中继台示意图

同频转发中继台示意图如图 6.14 所示。它实际是一个射频放大器，接收到基站信号后，一般要下变频、滤波、放大，然后上变频到同一频率放大输出。因而频率上没有变化，所以对移动台而言，无须改变频率，并不会因为处于静区而造成使用的任何改变，使用起来很方便。对于中继台而言，设计相对复杂，安装时应尽量分隔，避免耦合，中继站的两个天线应该用定向天线并指向不同方向[6]。

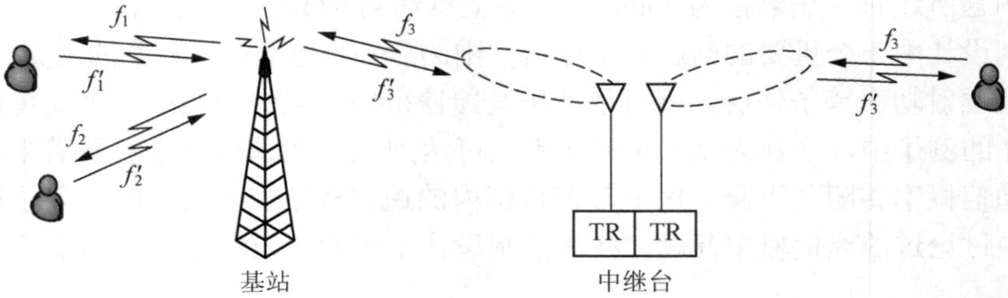

图 6.14　同频转发中继台示意图

2. 上下行功率不平衡

由于大区制覆盖范围通常较大，所需的发射功率大，有时达到 50W 甚至 100W 以上。对于基站，由于可以固定供给能源不成问题。但在上行链路中，移动台的功率不可能这么大(车载台一般为 25W 以下，手持台一般 5W 以下)。则移动台在覆盖区边缘时，基站可能收不到信号或信号太弱，这种现象称为上下行功率不平衡。解决上下行功率不平衡问题的方法有以下几种。

一是采用分集接收台的方法，如图 6.15 所示。在基站覆盖区域内选择适当的地点设立分集接收台，移动台即使在区域边缘处，也可以通过就近的分集接收台转发上行信号，以此来解决上行功率不足的问题。

二是在基地台使用灵敏度更高的接收机和更高增益的接收天线，使得上行链路提高 6～10dB 增益，以补偿功率。

当然，还有其他技术手段来补偿上行链路功率不足。例如，基站空间分集以提高增益，但性能有限，一般只有几分贝，而且常需和提高接收机灵敏度或接收天线增益合并使用[6]。

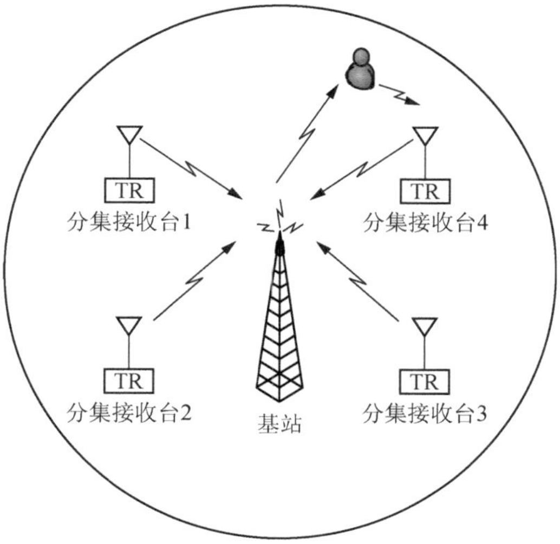

图 6.15　采用分集接收台以解决上下行功率不平衡问题

3. 互调干扰

大区制中通常存在较大的功率信号，因此互调干扰一般不可忽略。当有两个以上不同频率信号作用于一个非线性电路时，不同频率互相调制将产生新频率，新频率正好落于某信道并被该信道的接收机所接收，即构成对该接收机的干扰，称为互调干扰。一个非线性电路，采用级数展开方法，其输入输出特性可用下述关系表述[6]：

$$u_0 = f(u_1) = a_0 + a_1 u_1 + a_2 u_1^2 + a_3 u_1^3 + \cdots \tag{6.7}$$

式中，u_1 为输入信号；u_0 为输出信号；a_0，a_1，a_2，⋯为多项式系数，由非线性电路决定。假设输入信号为双音信号，即包含两个频率，写为

$$u_1 = u_A \cos(\omega_A t) + u_B \cos(\omega_B t) \tag{6.8}$$

代入式(6.7)得

$$\begin{aligned} u_0 = & a_0 + a_1 u_A \cos(\omega_A t) + a_1 u_B \cos(\omega_B t) + b_1 \cos(2\omega_A t) + b_2 \cos(2\omega_B t) \\ & + \frac{3}{4} a_3 u_A^2 u_B \cos(2\omega_A - \omega_B)t + \frac{3}{4} a_3 u_A u_B^2 \cos(2\omega_B - \omega_A)t + \cdots \end{aligned} \tag{6.9}$$

显见输出信号由于存在非线性产生了新的频率成分。我们知道，无线通信设备收发端均有滤波器，在信号频段之外的分量会被滤除。因此，式(6.9)中仅需要注意有可能落入信号频段的频率分量，如 $2\omega_A - \omega_B$ 与 $2\omega_B - \omega_A$ 这些频率分量，由于这两个分量是由非线性表示式中的三阶项得到的，故称三阶互调。另外可能落入信号频段的频率分量还有五阶互调分量 $3\omega_A - 2\omega_B$ 与 $3\omega_B - 2\omega_A$，其他高阶互调分量由于系数太小，一般就不予考虑了。

移动通信中互调干扰主要有两种：发射机互调和接收机互调。发射机互调是指当两个发射机靠近时，由于射频能量的互相耦合，发射机 A 的电波将会进入发射机 B，若发射机的功率放大器均工作于非线性状态，互调将产生新频率，若新频率信号正好落于某接收机通带之中，而接收机与发射机的距离又较近的话，则必定受到此互调产物的干扰。互调产物的功率和原发射机功率、两天线的耦合损耗(或天线共用器的隔离损耗)及功率放大器的

非线性程度有关，它不易计算，一般实际测量或估算。

接收机互调是指接收机的前端也存在非线性，而且有较宽的辐射带宽，当有 f_A 及 f_B 频率同时进入前端放大器，并和接收端接收的有用信号功率构成互调关系时，即产生互调干扰，接收机互调干扰是比较重要的一种干扰。

接收机互调产物的电平和进来的信号强度及非线性程度有关。当互调产物很大时，如果有用信号强度不够，不能大于所要求的干扰信号比，则通信就受到影响。因此，最大互调干扰是发生于移动台走到基台附近，此时由于进来的信号最大，产生的互调产物最大，而有用信号往往因距离太近而功率自动控制得较低，所以这时的信干比最小。接收机指标经计算，一般当接收机进入离基台 100m 以内时才可能发生有害的互调干扰[6]。

当有两个以上的移动台在距基站很近地方发射信号时，如果频率满足互调关系，也会在基台接收机中产生互调干扰。信号首先在基站接收天线共用器中产生互调产物，然后在基站接收机中又一次产生互调产物。前一种互调产物还会在接收机中经过放大并与后一种互调产物相加(频率相同)，因此会更加严重些。

一般设计中在接收机具备了较好的抗互调指标后，大区制中除了距基台 50～100m 的范围，一般不会产生明显的互调干扰[6]。

4. 邻道干扰

邻道干扰是指工作于不同信道的发射机对接收机的干扰，尤以相邻信道的干扰最为主要。

邻道干扰的原因是发射机的带外辐射和接收机选择性共同作用而造成的，发射机的辐射并非单一频率而是一个频带。它在邻道的辐射功率可以和有用信号一起直接进入接收机。而接收机的响应又对邻道发射机的主辐射衰减不够大，因此邻道发射机主信号也要进入接收机，它们一起构成邻道干扰。关键就在于邻道辐射的大小和接收机对邻道频率的响应，以及发射机和接收机的距离(即路径损耗)。

为了减小邻道干扰，必须限制发射机的邻道辐射，减小调制信号的旁瓣泄露。另一方面对接收机的响应即接收滤波器也有要求。例如，AMPS 中当信道间隔为 12.5kHz 时应不低于 60dB，工作于邻道的发射机在相距 50m 时可不致发生干扰。

在大区制中，当移动台接近基台时邻道干扰和互调干扰均有可能发生。限制或消除这些干扰，主要要考虑两个方面：一是提高发射机和接收机的抗互调指标和邻道辐射及选择性指标；二是采用发射机功率控制[6]。

综上所述，无线通信中采用大区制的组网方式，其特点很明显，如网络结构简单，频道数目少，无须无线交换，直接与 PSTN 连接，一般覆盖范围为 30～50km，发射功率为 50～200W，天线很高(>30m)。其局限性也很突出，例如信号传输损耗大，覆盖范围有限；服务的用户容量有限；服务性能较差；频谱利用率低。

6.5 小区制(蜂窝系统)

大区制的主要缺点是系统容量不高，它能够提供的容量由基站能够提供的可用信道数来决定。如何能在有限的频率资源上提供非常大的容量，覆盖非常大的区域是我们所关注的主要问题，解决的办法是蜂窝概念。

20 世纪 60 年代美国贝尔实验室提出了蜂窝系统的概念和理论，但由于其复杂的控制系统，尤其是移动台的控制延迟了其付诸使用的时间。直到 70 年代随着半导体技术的成熟，大规模集成电路器件和微处理器技术的发展以及表面贴装工艺的广泛应用，才为蜂窝移动通信的实现提供了技术基础。

蜂窝移动通信系统的出现可以说是移动通信的一次革命，是解决频率不足和用户容量问题的一个重大突破。蜂窝的概念能在有限的频率资源上提供非常大的容量，而不需要在技术上进行重大的修改。其频率复用概念大大提高了频率利用率，并增大了系统容量，网络的智能化实现了越区转接和漫游功能，扩大了客户的服务范围。

蜂窝概念是一种系统级的概念，其思想主要包括以下几个方面。

(1) 用许多小功率的发射机来代替单个的大功率发射机，那么一个大覆盖区就由许多小覆盖区所代替。每个小覆盖区有一个基站，只提供服务范围内的一小部分区域覆盖，这些小覆盖区称为小区。通过基站天线的设计将覆盖范围限制在小区边界以内。

(2) 每个小区基站分配整个系统可用信道中的一部分，相邻小区则分配另外一些不同的信道，这样所有的可用信道就分配给了一组相邻小区。若相邻的基站分配不同的信道组，则基站之间(以及在它们控制下的移动用户之间)的干扰就很小。

(3) 相邻的基站分配不同的信道组，而不相邻的基站可以分配相同的信道组，即实现信道复用。要求这些同信道组的小区之间的距离足够远，从而使其相互间的干扰水平限制在可接受的范围内。通过系统地分配整个区域的基站及他们的信道组，可用信道就可以在整个通信系统的地理区域内分配。为整个系统中的所有基站选择和分配信道组的设计过程称为频率复用。

(4) 随着服务需求的增长(如某一特殊地区需要更多的信道)，基站的数目可能会增加(同时为了避免增加干扰，发射机功率应相应地减小)，从而提供更多的容量，但没有增加额外的频率。

显然蜂窝系统利用了信号功率随传播距离衰减的特点，把一个地理区域(如一个城市)划分为若干个互不重叠的小区，在不同的地理位置上重复使用频率。这一基本原理是蜂窝无线通信系统的基础，因为它通过整个覆盖区域复用信道，就可以实现用固定数目的信道为任意多的用户服务。

6.5.1　区域覆盖

为了使得服务区域达到无缝覆盖，就需要采用多个基站相连来覆盖。基于不同的服务区域形状一般分为一维小区(即带状服务区)和二维小区。

带状服务区主要用于覆盖公路、铁路、河流、海岸等，如图 6.16 所示。带状服务区中可以进行频率复用，标有相同字母的小区使用相同的信道组。图 6.16 中 A、B 小区各采用一组频率，一定距离间隔下可以重复使用。

二维小区即在平面区域内划分小区。由于地形的影响，实际上一个小区的无线覆盖是不规则的形状，并且取决于场强测量和传播预测模型。虽然实际小区的形状是不规则的，但需要有一个规则的小区形状用于系统设计，以适应未来业务增长的需要。全向天线辐射

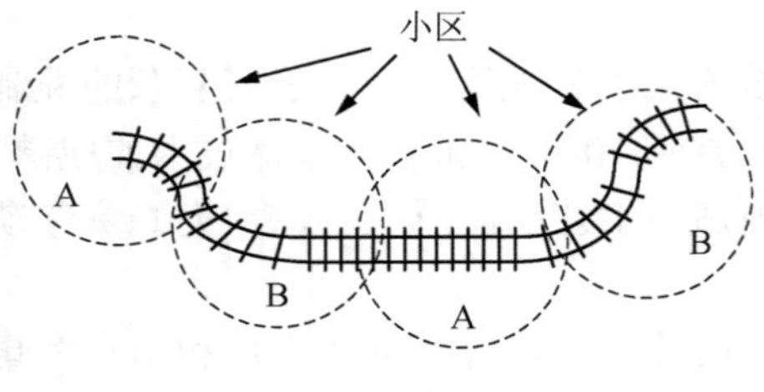

图 6.16　带状服务区

的覆盖区是个圆形，为了不留空隙地覆盖整个平面的服务区，各圆形覆盖区之间一定含有很多的重叠区域。在考虑了重叠区域之后，实际上每个覆盖区的有效区域是一个多边形。可以证明，要用正多边形无空隙、无重叠地覆盖一个平面区域，根据重叠区域不同，可用的形状有三种，分别为正三角形、正方形或正六边形，如图 6.17 所示。

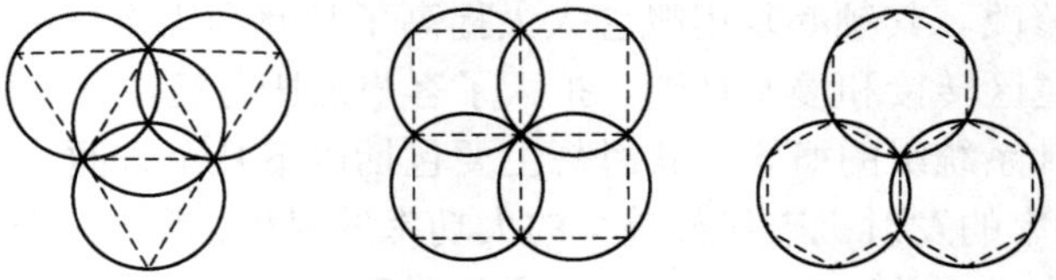

图 6.17　小区的形状

如果多边形中心与它的边界上最远点之间的距离是确定的，那么六边形在这三种几何形状中具有最大的面积。因此，如果用六边形作为覆盖模型，那么可用最少数目的小区就能覆盖整个地理区域，也就最经济。正六边形构成的网络形同蜂窝，因此把六边形小区形状的移动通信网称为蜂窝网。从图 6.18 可以看出一种概念上的六边形小区的基站覆盖模型。

移动通信系统用六边形来模拟覆盖范围时，基站发射机或者安置在小区的中心(中心激励小区)，或者安置在小区顶点之上(顶点激励小区)。通常，全向天线用于中心激励小区，而扇形天线用于顶点激励小区。实际上，一般基站很难完全按照六边形设计图案来安置，大多数的系统设计都允许将基站安置的位置与理论上理想的位置有 1/4 小区半径的偏差。

6.5.2　区群与频率复用

小区制组网中，在小区范围之内，无线电信号要保持足够的强度(有效通信距离为小区的半径)，但无线电信号不可能只限制在小区的范围之内，因此，为了减小同频道干扰，相邻小区不能使用相同的频道，但如果两个小区足够远，则它们可以采用相同的频道。如何合理地分配信道，以保证使用相同信道的小区之间有足够的距离，这是摆在我们面前的问题，解决问题的方法是区群。

区群(或称小区簇)就是相邻的使用不同频道的所有小区。一个区群中的小区共同使用了系统提供的所有频道资源。也就是说，区群中的每个小区只使用了部分频率资源，但一个区群则包含了全部的频率资源。

在服务区域内由多个区群覆盖，其中采用相同频率段的小区称为同信道(频道)小区，同信道小区之间的干扰称为同信道干扰(同频干扰)。

为了理解使用区群实现频率复用的概念，考虑一个共有 S 个可用信道的蜂窝系统。一个区群由 N 个相邻小区组成，如果每个小区都分配 k 个信道，那么 S 个信道在 N 个小区中分为 N 个独立的信道组，可用信道的总数可表示为

$$S = kN \tag{6.10}$$

系统能够提供的信道总数 C 是系统容量的一个度量，若区群在整个通信系统(或整个

服务区域）中复制了 M 次，则系统容量 C 有

$$C = MkN = MS \tag{6.11}$$

从式(6.11)中可以看出，蜂窝系统的容量直接与区群在某一固定范围内复制的次数 M 成正比。因数 N 称为区群的大小，如果区群的大小 N 减小而小区的大小保持不变，则需要更多的区群来覆盖给定的范围，从而获得更大的容量（C 值更大）。

蜂窝系统的频率复用因子为 $1/N$，因为一个区群中的每个小区都只分配到系统中所有可用信道的 $1/N$。图 6.18 给出了一个蜂窝频率复用思想的图解，图中标有相同字母的小区使用相同的频率集。区群的外围用粗线表示，并在覆盖区域内进行复制。在本例中，区群的大小 $N=7$，频率复用因子为 1/7，即每个小区都要包含可用信道总数的 1/7。

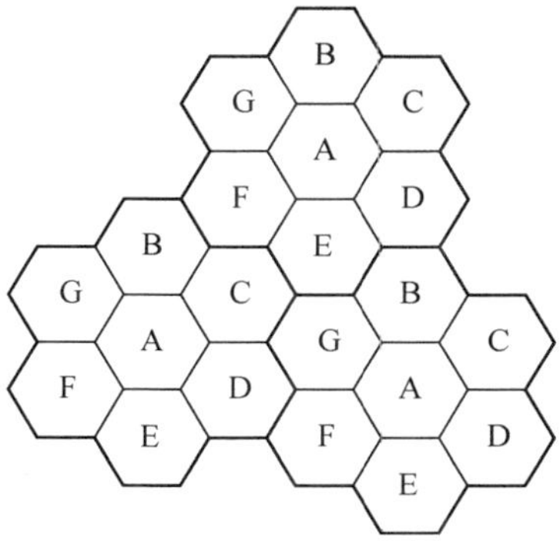

图 6.18　蜂窝频率复用思想的图解

例 6.6　一个蜂窝系统中有 1001 个用于处理通信业务的可用信道，设小区的面积为 6km^2，整个系统的面积为 2100km^2。

(1) $N=7$，计算系统容量。

(2) $N=4$，覆盖整个区域，需要将该区群覆盖多少次？计算系统容量。

(3) 减小区群大小 N 能增大系统容量吗？减小小区的面积能增大系统容量吗？解释原因。

解： $S=1001$，$A_{\text{cell}}=6\text{km}^2$，$A_{\text{sys}}=2100\text{km}^2$。

(1) $N=7$ 时系统容量

$$C = MS = \frac{A_{\text{sys}}}{A_{\text{cluster}}} \times 1001 = \frac{2100}{6 \times 7} \times 1001 = 50\,050$$

(2) $N=4$ 时需要覆盖的次数

$$M = \frac{A_{\text{sys}}}{A_{\text{cluster}}} = \frac{2100}{6 \times 4} \approx 88$$

$N=4$ 时系统容量

$$C = MS \approx 88 \times 1001 = 88\,088$$

(3) 当小区面积给定时，区群越小，为覆盖相同的区域，则区群复制次数越多，则系统容量 C 越大；当区群大小不变时，小区面积越小，为覆盖相同的区域，则区群复制次数越多，则系统容量 C 越大。

6.5.3　区群的组成与布局

区群的设计隐含了频率复用的概念，为了设计的简单和布局的合理，区群的组成应满足两个条件：一是区群之间彼此相邻，无空隙、无重叠地对服务区域进行覆盖；二是各相邻同频道小区的距离相同。满足上述条件的区群形状和区群内的小区数不是任意的，可以证明，区群内的小区数应满足

$$N = i^2 + ij + j^2 \tag{6.12}$$

式中，i，j 为任意非负整数，则有 $N=1$，3，4，7，9，12，13，16，19，21，…，相应的区群形

状如图 6.19 所示。

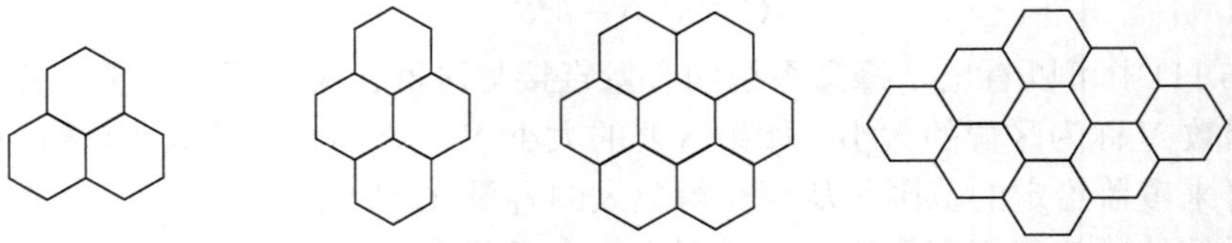

$N=3$，$i=1$，$j=1$　　$N=4$，$i=0$，$j=2$　　$N=7$，$i=1$，$j=2$　　$N=9$，$i=0$，$j=3$

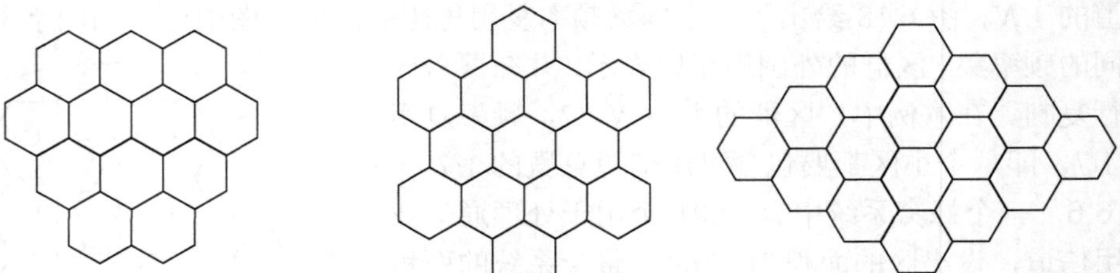

$N=12$，$i=2$，$j=2$　　$N=13$，$i=1$，$j=3$　　$N=16$，$i=0$，$j=4$

图 6.19　区群的组成形状

由于六边形几何模式有六个等同的相邻小区，并且从任意小区中心连接到相邻小区中心的线可分成多个 60° 的角，这样就生成了确定的小区布局。为了找到某一特定小区的相距最近的同信道小区，可以按照以下步骤进行。

(1) 从当前小区开始，沿任意一条边的垂直方向数 i 个小区。

(2) 顺(逆)时针方向旋转 60°，再数 j 个小区。则该小区为当前小区的一个相邻同频道小区。

图 6.20 显示了 $N=3$ 的一个实例，显见，对于六边形小区而言，每个小区有六个相邻的距离相同的同信道小区。同信道小区分层排列，当小区尺寸相同时，通常第 k 层有 $6k$ 个同信道小区。

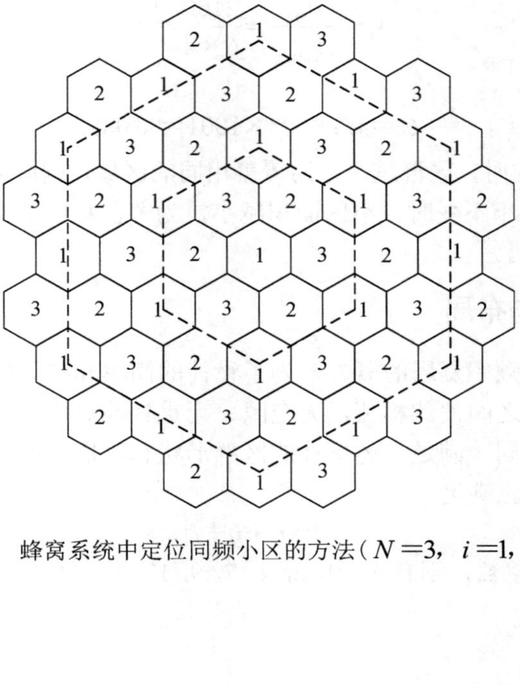

图 6.20　蜂窝系统中定位同频小区的方法($N=3$，$i=1$，$j=1$)

设小区的半径(即正六边形外接圆的半径)为 R ，如图 6.21 所示，可得相邻小区之间的中心距离

$$d_0=2\times\sqrt{R^2-(R/2)^2}=\sqrt{3}R \tag{6.13}$$

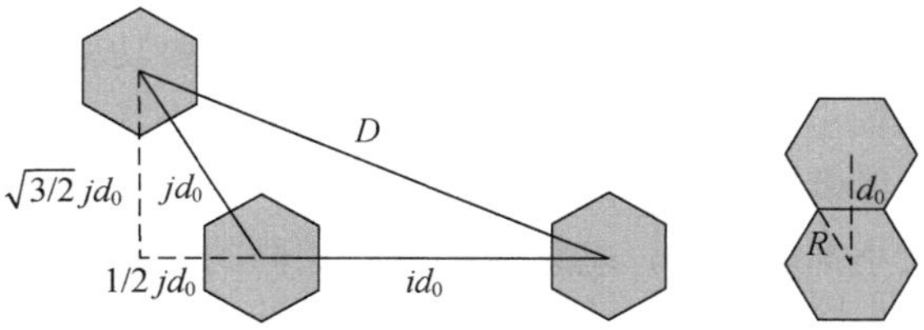

图 6.21 相邻同信道小区之间的距离

进而可以计算出相邻同信道小区中心之间的距离为

$$\begin{aligned} D&=\sqrt{(id_0+id_0/2)^2+(\sqrt{3}jd_0/2)^2} \\ &=\sqrt{i^2+ij+j^2}\times d_0 \\ &=\sqrt{3N}R \end{aligned} \tag{6.14}$$

由式(6.14)显见，区群的大小 N 越大，同信道小区的距离就越远；小区半径 R 越大，同信道小区的距离就越远。

频率复用导致了同信道小区的出现，使用同一信道的小区之间势必存在同信道干扰，蜂窝网中依靠拉开同信道小区之间的距离来减小同信道干扰。因而系统的容量与同信道干扰之间显然存在一定的矛盾。

从系统容量设计的观点来看，期望 N 取可能的最小值，目的是取得某一给定的覆盖范围上的最大容量。当然，如果小区面积小(R 取较小值)，为覆盖相同的区域，则复制次数增多，也可以扩大系统容量。

从同信道干扰设计的观点来看，一个大区群(N 值越大)意味着同信道小区间距离的越大，同信道干扰就会降低。相反，一个小区群意味着同信道小区间的距离更近，同信道干扰会越严重。

6.5.4 小区制中的干扰

干扰是蜂窝无线通信系统性能的主要限制因素。干扰来源包括同小区中的另一个移动台、相邻小区中正在进行的通话、使用相同频率的其他基站，或者无意中渗入蜂窝系统频带范围内的任何非蜂窝系统。

对于移动台干扰的主要类型有所属基站发给其他移动台的信号(特别是相邻频道的信号)、相邻同频道小区的同频道信号、基站产生的三阶互调信号等。对于基站干扰的主要类型有本小区移动台的相互影响(特别是远近效应和邻道干扰)、其他小区的同频道干扰等。此外，汽车火花干扰等外界干扰信号和噪声的影响。蜂窝系统的主要干扰是同信道(同频)干扰和邻信道(邻频)干扰。

1. 同信道干扰

频率复用意味着在一个给定的覆盖区域内，存在着许多使用同一组频率的小区。这些小区称为同频小区，这些小区之间的干扰称为同频干扰。同频干扰不像热噪声那样可以通过增大信噪比来克服，也不能简单地通过增大发射机的发射功率来克服，这是因为增大发射功率会增大对相邻同频小区的干扰功率。为了减少同频干扰，同频小区必须在物理上隔开一定的距离，为传播提供充分的间隔。

假设每个小区的大小都差不多，基站也都发射相同的功率，我们来计算同频干扰下的信干比。假设同频干扰小区数为N_I，第i个同频干扰小区引起的干扰功率为I_i，则有移动台接收机信干比为

$$\frac{S}{I}=\frac{S}{\sum_{i=1}^{N_I} I_i} \tag{6.15}$$

式中，S是来自目标基站中的信号功率。由无线信道特性，我们知道距离发射台d处的接收信号功率P_r，与距离发射台d_0处的接收信号功率P_0之间有如下关系：

$$P_r=P_0\left(\frac{d}{d_0}\right)^{-\kappa} \tag{6.16}$$

式中，κ为路径损耗指数，在市区的蜂窝系统中，路径损耗指数一般为2～5。设所有的基站发射功率都相同，路径衰减指数相同，移动台距所属小区基站的距离为r，距第i个同频小区基站的距离为D_i，那么移动台的信干比可以近似表示为

$$\frac{S}{I}=\frac{r^{-\kappa}}{\sum_{i=1}^{N_I} D_i^{-\kappa}} \tag{6.17}$$

若仅仅考虑第一层干扰小区(六个相邻的同信道小区)，假设移动台处于小区的边界上，且所有干扰基站与移动台的距离是相等的，近似为相邻同信道小区中心之间的距离D，则上式可以近似简化为

$$\frac{S}{I}=\frac{(D/R)^{\kappa}}{6}=\frac{(\sqrt{3N})^{\kappa}}{6} \tag{6.18}$$

必须注意，式(6.18)是基于六边形小区的，在这种系统中所有干扰小区和基站接收机之间是等距的，这种假设在许多情况下能得出理想的结果。

我们还可以将上面的情况进行误差较小的近似。如图6.22所示，可以看出，对于一个在小区边界上的移动台，假设移动台与最近的两个同频干扰小区间的距离近似为$D-R$，第一层其他的干扰小区间的距离分别近似为D和$D+R$。得到移动台在小区边界处的信干比较为确切的表达式为

$$\frac{S}{I}=\frac{R^{-\kappa}}{2(D-R)^{-\kappa}+2D^{-\kappa}+2(D+R)^{-\kappa}} \tag{6.19}$$

例 6.7 设在某蜂窝通信系统中可以接受的信号与同信道干扰之比为S/I=18dB，由测量得出$\kappa=4$，区群尺寸为7能否满足要求？若信干比要求提高到20dB，区群尺寸为7

能否满足要求？

解：由题意有 $\dfrac{S}{I}=\dfrac{(\sqrt{3N})^{\kappa}}{6}\geqslant 18\text{dB}$，代入 $\kappa=4$ 有

$$N\geqslant\frac{1}{3}\times(6\times10^{1.8})^{\frac{1}{2}}=6.49$$

在这种情况下，为了获得至少18dB的信干比，区群尺寸为 7 能满足要求。若信干比要求提高到 20dB，则有

$$N\geqslant\frac{1}{3}\times(6\times10^{2})^{\frac{1}{2}}\approx 8.165$$

显见区群尺寸至少为 9 才能满足要求。

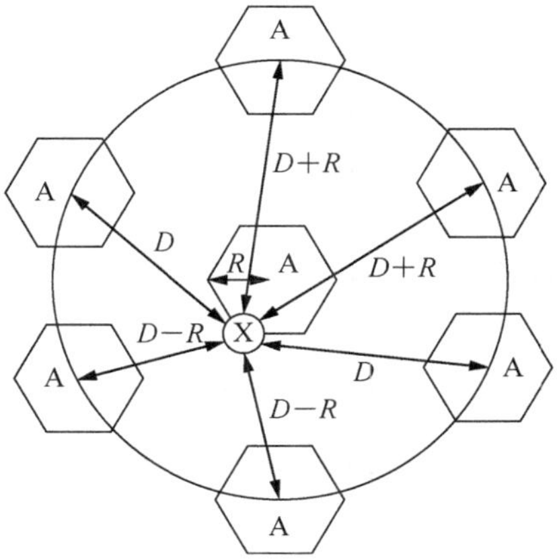

图 6.22　$N=7$ 时移动台在小区边界处的同频干扰图例

例 6.7 中，虽然区群尺寸由 7 增大到 9 后可以达到信干比的要求，但同时频率复用时提供给每个小区的频谱利用率由1/7 下降为1/9，最终导致系统容量的下降，在实际中这一后果可能是运营系统所不能接受的。因而实际中设计人员往往会在系统容量与整体性能之间进行折中。

例 6.8　某蜂窝系统中有 416 个信道用于处理话务量，其中 20 个为控制信道，区群尺寸为 9，一次呼叫的平均占用时间为 3min，忙时阻塞概率为 2%，信道阻塞控制选择 LCC 制。

(1) 求单位小时内每个小区的呼叫数量。

(2) 路径损耗指数为 4，求信号与同频干扰比 S/I。

解：(1) 每个小区的业务信道数为

$$(416-20)/9=44$$

代入 Erlang-B 公式，在信道数为 44、呼损为 2%时的流入话务量 $A=34.68$Erlang。根据 $A=\lambda s$，已知 $s=3/60$，则单位小时内每个小区的呼叫数量

$$\lambda=A/s=34.68\times60/3=693$$

(2) 已知区群尺寸 $N=9$，$\kappa=4$，可求得信干比

$$\frac{S}{I}=\frac{(\sqrt{3N})^{\kappa}}{6}=121.5(20.8\text{dB})$$

2. 邻信道干扰

邻信道干扰主要指邻频干扰，来自所使用信号频率相邻频率的信号干扰称为邻频干扰。邻频干扰是由于接收滤波器不理想，使得相邻频率的信号泄漏到了传输带宽内而引起的。如果相邻信道的用户在离用户接收机很近的范围内发射，而接收机是想接收使用预设信道的基站信号，则这个问题会变得很严重。另外远近效应也是邻频干扰一个主要来源，一个在基站附近的相邻频道发射机信号，往往对较远距离处的用户的发射机信号造成不可忽略的影响。

邻信道干扰可以通过精确的滤波和信道分配而减到最小。因为每个小区只分配了可用信道中的一部分，给一个小区分配的信道就没有必要在频率上相邻。通过使小区中的信道间隔尽可能的大，邻频干扰会减小。因此，一般不在每个小区中分配频谱上连续的信道，而是使在小区内分配的信道有最大的频率间隔。通过顺序地将连续的信道分配给不同的小

区，可以使得在一个小区内的邻频信道间隔为 N 个信道带宽，其中 N 是区群的大小。其中一些信道分配方案，还通过避免在相邻小区中使用邻频信道来阻止一些次要的邻频干扰。

采用功率控制是减少“远近效应”的另一个解决方法，在实际的蜂窝无线电和个人通信系统中，每个用户所发射的功率一直是在当前服务基站的控制之下。这是为了保证每个用户所发射的功率都是所需的最小功率，既可以保持反向信道链路的良好质量，又有助于延长用户设备的电池寿命，而且可以显著减小系统中反向信道的 S/I。

除了上面的方法外，还可以考虑采用带外辐射低的调制方式(如选用 GMSK 则优于 MSK)，同时仔细设计接收机滤波器以减少泄露等方法。

6.5.5 扩大系统容量的方法

随着无线服务需求的提高，用户数的增加，分配给每个小区的信道数最终变得不足以支持所要达到的用户数，这时需要一些蜂窝设计技术来给单位覆盖区域提供更多的信道。在实际应用中，扩大系统容量的方法主要有小区分裂和划分扇区。

小区分裂允许蜂窝系统有计划地增长，划分扇区用定向天线来进一步控制干扰和信道的频率复用。小区分裂通过增加基站的数量来增加系统容量，而划分扇区依靠基站天线的定向性减小同频干扰以提高系统容量。下面详细介绍这两种提高系统容量的技术。

1. 小区分裂

小区分裂是将拥塞的小区分成面积更小的小区的方法。小区分裂后新小区面积减小，通过设定比原小区半径更小的新小区和在原有小区间安置这些小区(称为微小区)，使得单位面积内的信道数目增加，从而增加系统容量。每个新小区都有自己的基站，由于覆盖面积的减小，需要基站相应地降低天线高度和减小发射机功率。

在讲解小区分裂方法之前，我们先了解一下小区中的激励方式，主要分为两种：中心激励与顶点激励。在每个小区中，基站可设在小区的中心，用全向天线形成圆形覆盖区，这就是所谓中心激励方式，如图 6.23(a)所示。也可以将基站设计在每个六边形小区的几个顶点上，每个基站采用几个扇形辐射的定向天线，分别覆盖相邻小区的部分区域，这就是顶点激励方式。实际中常用120°和60°的定向天线。图 6.23(b)显示了每个基站采用120°扇形辐射的定向天线，分别覆盖三个相邻小区的各近 1/3 区域。

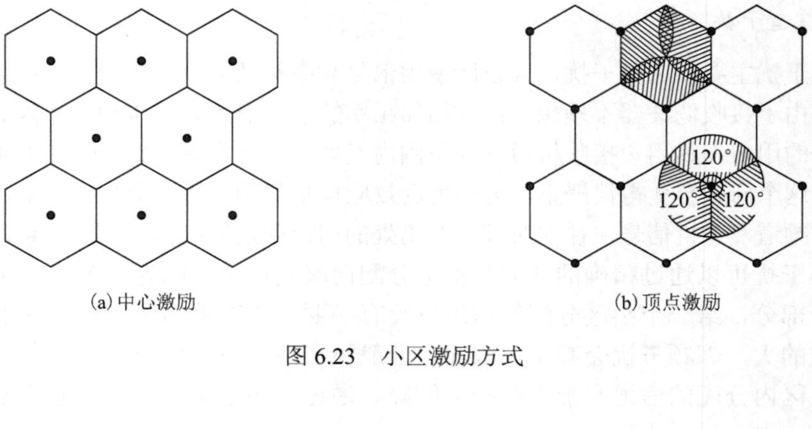

(a) 中心激励　　(b) 顶点激励

图 6.23　小区激励方式

为了节约资源，一般考虑小区分裂方案时，都采用保留原小区基站的方法。假设每个小区都按半径的一半来分裂，如图 6.24(a)所示为中心激励下保留原小区基站的一种分裂方法，如图 6.24(b)所示为顶点激励下保留原小区基站的一种分裂方法。如图 6.24(b)所示，小区面积的缩小最终导致小区数目的增加，进而将增加覆盖区域内的区群数目，这样就增加了覆盖区域内的信道数量，从而增加了容量。小区分裂通过用更小的小区代替较大的小区来获得系统容量的增长，同时又不影响为了维持同频小区间距离的最小同频复用因子。

以图 6.24(b)为例，我们更进一步讨论小区分裂的情况。如图 6.24(b)中所示，假设基站 A 服务区域内的话务量已经饱和(即基站 A 的阻塞超过了可接受的阻塞率)。因此该区域需要新的基站来增加区域内的信道数目，并减小单个基站的服务范围。在图 6.24(b)中注意到，更小的小区是在不改变系统的频率复用计划的前提下增加的。例如，标为 G 的微小区基站安置在两个使用同样信道的、也标为 G 的大基站中间。图 6.24(b)中其他的微小区基站也是一样。从图 6.24(b)中可以看出，小区分裂只是按比例缩小了区群的几何形状。这样，每个新小区的半径都是原来小区的一半。

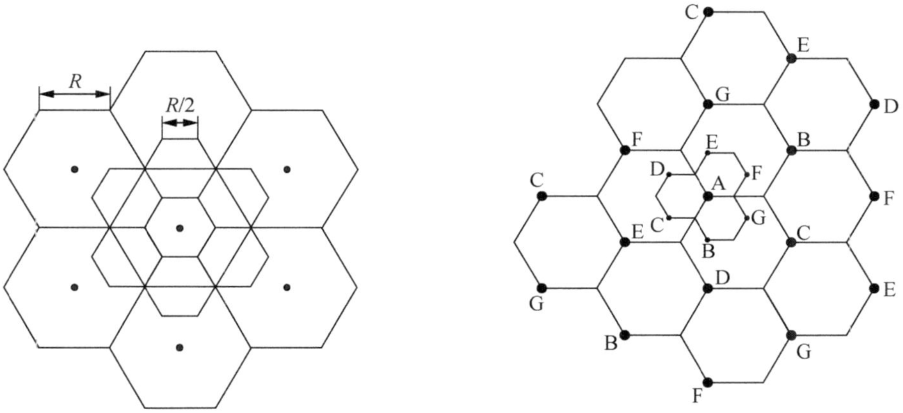

(a) 中心激励　　(b) 顶点激励

图 6.24　小区分裂示意图

对于在尺寸上更小的新小区，它们的基站发射功率也应该下降。设 P_{t1} 与 P_{t2} 分别为分裂前与分裂后小区基站的发射功率，设分裂前后小区半径分别为 R_1 和 R_2，在分裂前小区中边界接收功率与 $P_{t1}R_1^{-\kappa}$ 成正比，在分裂后小区中边界接收功率与 $P_{t2}R_2^{-\kappa}$ 成正比，小区分裂前后在小区边界接收到的功率必须相等，且假设分裂前后小区路径参数相同，因此有

$$P_{t1}/P_{t2}=(R_1/R_2)^{\kappa} \tag{6.20}$$

或

$$P_{t1}/P_{t2}(\mathrm{dB})=10\kappa\log_{10}(R_1/R_2) \tag{6.21}$$

假设每个小区都按半径的一半来分裂，即 $R_2=R_1/2$，则有

$$P_{t1}/P_{t2}\approx 3\kappa(\mathrm{dB}) \tag{6.22}$$

也就是说，若将半径为 R 的小区分裂为 $R/2$ 的小小区，则基站的发射功率需降低 3κdB。

实际上，不是所有的小区都同时分裂。对于服务提供者来说，要找到完全适合小区分

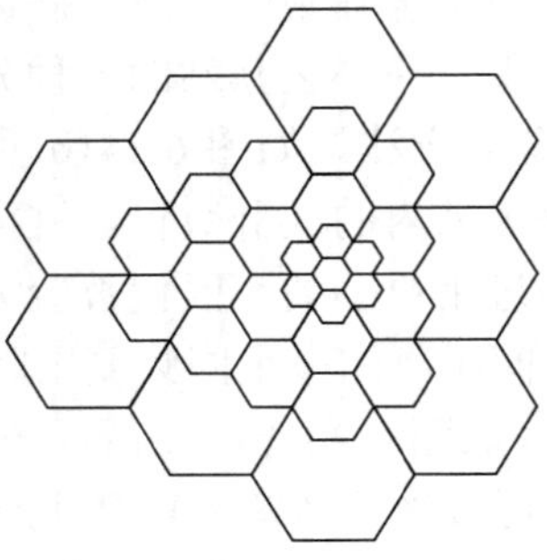

图 6.25　不同规模的小区同时存在示意图

裂的确切时期通常很困难。因此，不同规模的小区将同时存在，如图 6.25 所示。在这种情况下，需要特别注意保持同频小区间所需的最小距离，因而信道频率分配及移动管理变得更加复杂。小区面积的减少，意味着小区边界穿越次数频繁，这会造成呼叫切换的增加和每个用户更高的处理负载。

分裂前后两个信道组的大小决定于分裂的进程情况。在分裂过程的最初阶段，在小功率的组里信道数会少一些。随着需求的增长，小功率组会需要更多的信道。这种变化过程一直持续到该区域内的所有信道都用于小功率的组中。此时，小区分裂覆盖整个区域，整个系统中每个小区的半径都更小。

例 6.9　采用全向天线的蜂窝通信系统，将半径 $R=1\text{km}$ 的原小区分裂为半径为 $R/2$ 的小小区，且不论小区大小每个基站均分配 60 个信道。整个地理覆盖区域为 16km^2，路径损耗指数为 3。

(1) 分裂前后的基站发射功率如何变化？

(2) 估计分裂前后的系统容量。

解：(1) 分裂后的基站发射功率降低 $3\kappa=9\text{dB}$。

(2) 半径为 R 的六边形小区面积

$$A_{\text{cell}}=\frac{3\sqrt{3}}{2}R^2$$

分裂前小区面积

$$A_{\text{cell\_1}}=3\sqrt{3}\div 2\approx 2.6$$

分裂后小区面积

$$A_{\text{cell\_2}}=3\sqrt{3}\div 8\approx 0.65$$

则分裂前小区数＝16÷2.6≈6.15，则系统容量 $C=60\times 7=420$；分裂后小区数＝16÷0.65≈24.6，则系统容量 $C=60\times 25=1500$。

2. 划分扇区

小区分裂通过减小小区面积，不改变区群尺寸 N，增加了单位面积上的信道数而获得系统容量的增加。另一种增大系统容量的方法是保持小区面积不变，而设法减小区群尺寸 N，同样能够增大单位面积上的信道数以增大系统容量，这就是划分扇区法。在这种方法中，使用定向天线控制干扰，降低同频干扰的影响，在保证接收端相同信干比的前提下，可以采用更小的区群尺寸，从而为覆盖相同的区域，则区群复制次数更多，得到系统容量越大

使用定向天线来减小同频干扰，从而提高系统容量的技术称为裂向(或称划分扇区)。划分扇区的蜂窝系统中，采用多根具有方向性的定向天线代替基站中单独的一根全向天线，每个定向天线辐射某一特定的扇区，每个定向天线覆盖的区域将只接收原同频小区中一部分小区的干扰，同频干扰减小的程度决定于使用扇区的数目。通常一个小区划分为 3 个 120° 的扇区或是 6 个 60° 的扇区，如图 6.26(a)和图 6.26(b)所示。划分扇区以后，在某个小区中使用

的信道就分为分散的组，每组只在某个扇区中使用。

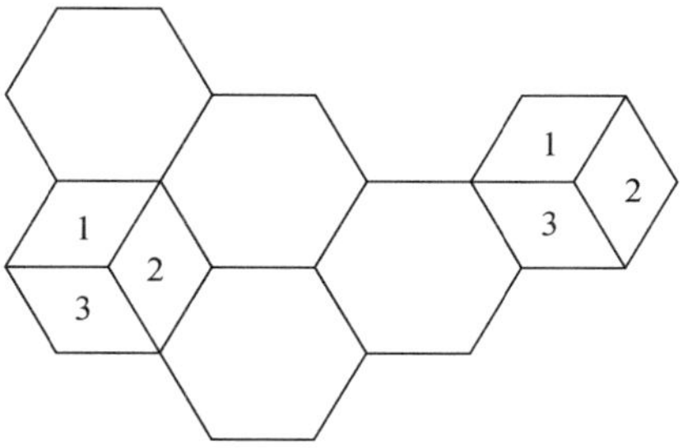

(a) 120° 裂向

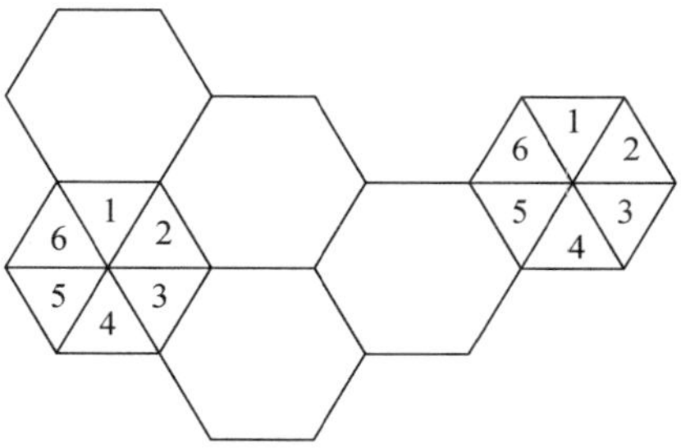

(b) 60° 裂向

图 6.26　定向天线划分扇区示意图

使用定向天线划分扇区可以减小同频干扰，如图 6.27 所示，假设为 7 小区复用，对于120°扇区，第一层的干扰源数目由 6 个下降到两个。这是因为 6 个同频小区中只有两个能接收到相应信道组的干扰。如图 6.27 所示，考虑在标号"5"的中心小区移动台所受到的干扰，在这 6 个同频小区中，只有两个小区的天线覆盖方向包含了中心小区，因此中心小区的移动台只会受到来自这两个小区的前向链路的干扰。

这种情况下的信干比为

$$\left(\frac{S}{I}\right)_{120^\circ}=\frac{(\sqrt{3N})^{\kappa}}{2} \tag{6.23}$$

对于 60°扇区，则第一层的干扰源数目由 6 个下降到 1 个，信干比为

$$\left(\frac{S}{I}\right)_{60^\circ}=(\sqrt{3N})^{\kappa} \tag{6.24}$$

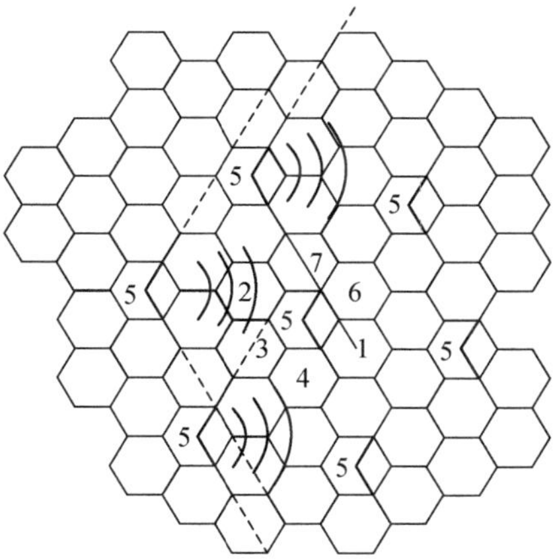

图 6.27　120° 裂向减小同频小区干扰的示意图

对比全向天线的情况，可见信干比有显著地提高。实际上，由划分扇区带来的干扰的减少，使得设计人员能够减小区群的大小 N，给信道分配附加一定的自由度，增大系统容量。

划分扇区增加系统容量所带来的不利方面，主要是导致每个基站的天线数目的增加，以及由于基站的信道也要划分而使中继效率降低。由于划分扇区减小了某一组信道的覆盖范围，同时切换次数也将增加。幸运的是，许多现代化的基站都支持划分扇区。允许移动台在同一个小区内进行扇区与扇区间的切换，而不需要移动交换中心的干预，因此切换不是关键问题。

例 6.10　某蜂窝通信系统所容许的 S/I 值为 18dB，测量所得的路径损耗指数为 4。求全向天线、120° 扇区、60° 扇区三种情况下区群大小 N 的最佳值。

解： $S/I=18\text{dB}=63.1$。

全向天线：$\left(\frac{S}{I}\right)_{360^\circ}=\frac{(\sqrt{3N})^4}{6}\geqslant 63.1$，则有 $N\geqslant 6.48\Rightarrow N=7$。

120 度扇区：$\left(\dfrac{S}{I}\right)_{120^\circ}=\dfrac{(\sqrt{3N})^4}{2}\geqslant 63.1$，则有 $N\geqslant 3.74\Rightarrow N=4$。

60 度扇区：$\left(\dfrac{S}{I}\right)_{60^\circ}=(\sqrt{3N})^4\geqslant 63.1$，则有 $N\geqslant 2.64\Rightarrow N=3$。

6.5.6 蜂窝网基本构成与管理

蜂窝网的基本组成主要包括移动台、基站、MSC。其中，一般基站只提供信道，而MSC(即移动通信网中使用的交换机)，集交换、控制、管理于一身，协调组织用户鉴权、信道分配、基站间切换、漫游、用户位置管理等功能。显见对比小区制，大区制的基站集交换和控制于一身。

蜂窝网的基本构成如图 6.28 所示。在蜂窝移动通信网中，将一个移动通信网分为若干个服务区，每个服务区又分为若干个 MSC 区，每个 MSC 区管理若干个基站。一个移动通信网服务由多少个 MSC 区组成，这取决于移动通信网所覆盖区域的用户密度和地形地貌等。每个 MSC 区要与公共信息交换系统相连，MSC 区之间需要互联互通以构成一个完善的网络。

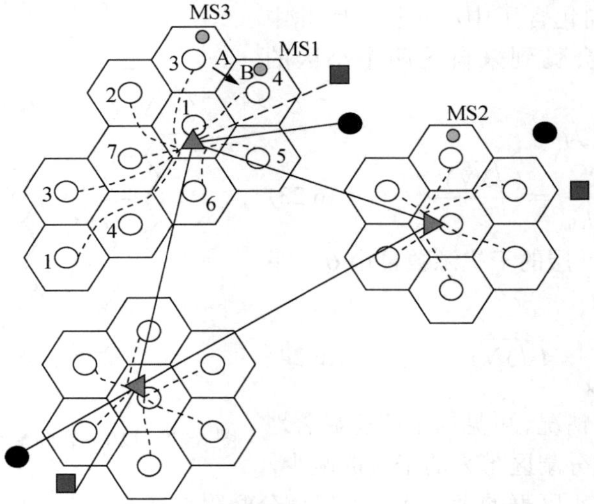

图 6.28　蜂窝网的基本构成

▲ MSC；● 市话局；○基站(BS)；■ 长途电话交换网；◎ 移动台(MS)；
1～7—小区使用的频率组编号

每个移动台的通信都必须连接基站，基站连接移动交换中心，移动交换中心依据通话需求与 PSTN 或其他移动交换中心相连。基站与交换机之间、交换机与固定网络之间可采用有线链路(如光纤、同轴电缆等)，也可采用无线链路(如微波链路等)。

为了实现蜂窝网的正常高效运行，涉及的管理问题很多，在这里我们主要就信道分配、越区切换、位置管理问题加以讨论。

1. 信道分配

信道分配主要解决将给定的信道(频率)如何有效地分配给在一个区群的各个小区的问

题。为了充分利用无线频谱，信道分配策略必须是一个能实现既增加用户容量又以减小干扰为目标的频率复用方案。信道分配策略可以分为两类：固定信道分配与动态信道分配。

在固定信道分配策略中，给每个小区分配一组事先确定好的话音信道，小区中的任何呼叫都只能使用该小区中的空闲信道。如果该小区中的所有信道都已被占用，则呼叫阻塞，用户得不到服务。为提高效率固定分配策略进行了一些改进，采用的方法是空闲频道借用，即当某个小区中的所有频道已使用完，又有新的呼叫请求时，从相邻的小区中借用空闲频道。由 MSC 来管理这样的借用过程，并且保证一个信道的借用不会中断或干扰接触小区的任何一个正在进行的呼叫。

在动态信道分配策略中，所有频道不是固定地分配给小区。只有在用户发出呼叫时，才为服务的小区分配频道。分配时主要考虑的问题包括同频道复用距离，不会对本小区已经使用的其他频道产生明显的干扰，以后呼叫阻塞的可能性、候选频道使用的频率等。这种分配策略频率利用率高，可适应业务分布的动态变化等。动态的信道分配策略要求 MSC 连续实时地收集关于信道占用情况、话务量分布情况、所有信道的无线信号强度指示等数据。这增加了系统的存储和计算量，但有利于提高信道的利用效率和减小呼叫阻塞的概率。其缺点为控制复杂、开销较大(要求移动交换中心增加存储量和运算量)。

2. 越区切换

越区切换是指将当前正在通信的移动台的通信链路从当前基站转移到另一基站的过程，也称自动链路转换(ALT)。越区切换发生在通话中的移动用户穿过小区边界时。当用户通话时间越长，小区半径越小，用户移动速度越快时，发生越区切换的可能性越大。

当移动用户在通话的过程中从一个基站移动到另一个基站时，MSC 将自动地将呼叫转移到新基站的信道上。这种切换操作不仅要识别一个新基站，而且要求将话音和控制信号分配到新基站的相关通道上。

越区切换策略的选择一般应尽量减少切换、避免不必要的切换、保证必要的切换、大部分策略都是切换优于初始呼叫请求。越区切换要顺利地完成，并且尽可能很少地出现，同时不影响用户通信，其关键问题有三个：越区切换的准则、越区切换的控制和越区切换时的信道分配。

1)越区切换的准则

在决定何时需要进行越区切换时，系统设计者需要指定一个启动切换的最恰当信号强度，通常根据移动台处接收的平均信号强度来确定，也可以根据移动台处的信噪比或误比特率等参数来确定。判定何时需要切换的准则有以下几种。

(1)相对强度准则，即选择最强信号的基站链路。这一准则下，当原基站的信号强度仍满足要求时，引起不需要的切换，以致增加 MSC 的负担。

(2)具有门限规定的相对强度准则，即准则(1)的改进，当前基站信号足够弱(门限)，且新基站的信号强度优于本基站时才发生切换。在这一策略下，有可能发生因为信号太弱而通信中断。

(3)具有滞后余量的相对强度准则，即新基站的信号强度比当前基站高出某一门限(滞后余量)。这一准则可以防止由于信号波动引起的移动台在两个基站之间来回重复切换。

(4) 具有滞后余量和门限规定的相对强度准则，即新基站的信号强度比当前基站高出某一门限(滞后余量)，且当前基站信号足够弱(门限)。显见，这一准则综合了前面的多方面考虑。

图 6.29 说明了在准则(4)下越区切换的情况，随着移动台由基站 1 小区中的 A 点向基站 2 小区中的 B 点移动，移动台接收到的基站 1 信号强度逐渐减弱，而基站 2 信号强度逐渐增强，切换有发生的区域为启动切换的门限与维持通话的最小可接受信号强度之间，当满足基站 2 的信号强度比基站 1 信号强度高出某一门限(滞后余量)时，且基站 1 信号足够弱(即处于切换发生区域内)时，即图中 C 点，发生了越区切换。

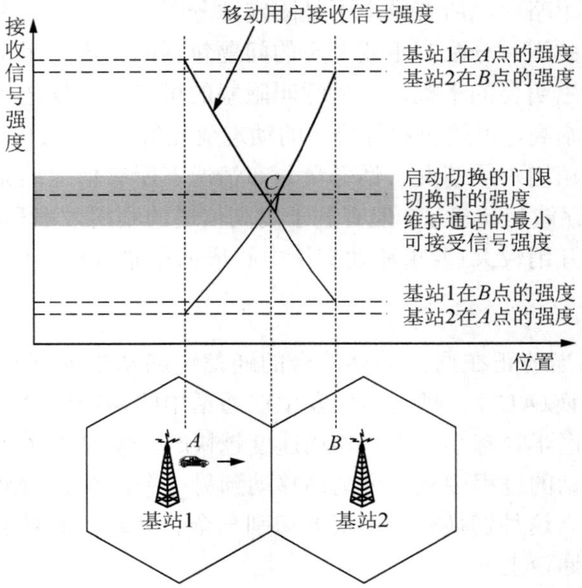

图 6.29　越区切换示意图

2) 越区切换的控制

在决定越区切换时，很重要的一点是要能够准确检测信号强度。在第一代模拟蜂窝系统中，信号强度的测量是在 MSC 的管理下由基站来完成的，每个基站连续地监视它的所有反向话音信道的信号强度，以决定每个移动台对于基站发射台的相对位置。在目前的第二代系统中，是否切换的决定是由移动台来辅助完成的。在移动台辅助切换(MAHO)中，每个移动台测量从周围基站中接收到的信号功率，并且将测量的结果连续地报告给为它服务的基站。当从一个相邻小区的基站中接收到的信号强度比当前基站高出一定的电平或是维持了一定的时间时，就准备进行切换。MAHO 方法使得基站间的呼叫切换比在第一代模拟蜂窝系统中方便得多，因为切换的测量是由每个移动台来完成的，这样 MSC 就不再需要连续不断地监视信号强度。MAHO 在切换频繁的微蜂窝环境下特别适用。

在一个呼叫过程中，如果移动台离开一个蜂窝系统到另一个具有不同 MSC 控制的蜂窝系统中，则需要进行系统间切换。当某个小区中移动台的信号减弱，而 MSC 又在它自己的系统中找不到一个小区来转移正在进行的通话，则该 MSC 就要做系统间切换。要完成一个系统间切换需要解决许多问题。例如，当移动台离开本地系统而变成相邻系统中的一个漫游用户时，一个本地电话就变成了长途电话。同时，在系统间完成切换前就必须定义好这两个 MSC 之间的兼容性。

3) 越区切换时的信道分配

越区切换分为两大类：一类是硬切换，即新信道建立后中断旧信道；另一类是软切换，即新旧信道同时保持，直到新信道可靠工作，再断开旧的信道。

越区切换的信道分配主要涉及新小区如何分配信道这一问题，主要有几种处理方法。一是将越区切换用户看成一个新发起呼叫的用户，与呼叫请求相同的方法分配。但实际中人们对于通信中断的厌恶一般要远大于呼叫不成功，因此这种处理方法用得较少。二是保留部分信道专门用于过区切换，这样虽有助于切换用户，但新呼叫可用的信道数减少。三是对切换请求进行排队的处理方法等。处理的方法不同，服务的质量不同。

3. 位置管理

蜂窝移动通信系统中，用户可以在系统覆盖的区域内任意移动。为了能够保障用户在移动通信网中正常通信，就必须有一个高效的位置管理系统来随时掌控用户的位置变化。

在第二代移动通信系统中，位置管理包括两个寄存器，即归属位置寄存器(HLR)和访问位置寄存器(VLR)。MSC 是采用编号方法来识别管理，通常一个或几个 MSC 对应一个 HLR。一个移动交换中心 MSC 所覆盖的网络部分，可由 N 个 LAI 组成，移动台可在 LAI 中自由移动而不需要进行位置登记的区域。一个 LAI 包含若干小区，MSC 中采用 LAI 识别管理。凡处于 MSC 所覆盖的服务区域中的移动台，均在该区的 VLR 登记。当移动台开机后，会向 MSC/VLR 发出位置更新消息。系统就会认为此用户已经激活，作“附着”标记。当用户关机时，移动用户会向系统发出分离处理消息，系统会对其作“分离”标记。与位置管理直接相关的功能包括位置更新、漫游、寻呼等。

位置更新是指移动中的移动台从一个位置区移动至另一个位置区时，需要向系统登记其位置的变化信息，这个过程称为位置更新。第一次接入系统时向系统报告位置称为位置登记。移动台在三种情况下发生位置更新：一是移动台选择新的位置登记区内的小区作为服务区，二是重新开机后，发现当前处在的位置登记区与 MS 内存储的 LAI 不一致，三是由小区参数定义的周期性位置更新。

习　题

6.1　无线通信网络就其是否存在固定的基础网络设施可以分为几类？分别进行简述。

6.2　什么是多址接入技术？多址接入技术主要可以分为几类？无冲突的多址接入方式的设计主要考虑满足信号正交性的要求，主要有几种方式？

6.3　解释 CSMA 比 ALOHA 系统提供更好的吞吐量性能的原因和方式。

6.4　GSM 系统上下行各分配有 25MHz 的频带、分为 125 个 FDMA 载波，每载波分为 8 个时隙。这 8 个时隙构成一个 GSM 帧。数据传输速率为 270.833kbit/s。每帧有一些前导比特和后置比特。每个时隙按时间次序包括 3 个起始比特、58 个数据比特、26 个均衡器训练比特、58 个数据比特、3 个终止比特，最后是 8.25 个比特时间的保护间隔，GSM 的帧及时隙结构如图 6.7 所示。求一个时隙中数据所占的比例及用户的信息数据速率。

6.5　某 FDMA 系统同时向 100 个用户发送数据，每个用户需要的带宽为 2MHz，占用频带的两侧需要有 1MHz 的保护带宽以减少带外干扰。则此系统需要的总带宽是多少？

6.6　在由六边形小区组成的蜂窝系统中，小区半径为 R，服务区被划分为不同的区群，频率在不同的区群之间复用，相邻同信道小区之间的几何关系可以用两个非负整数 i 和 j 表示。

(1) 解释 i 和 j 在相邻同信道小区中的含义。

(2) 求两个同信道小区中心之间的距离。

(3) 在选择 N 值时应该考虑哪些问题？

6.7　一个六边形小区组成的蜂窝系统，区群尺寸 $N=7$，小区半径 $R=1\text{km}$。则小区中心与最近的同信道小区中心之间的距离为多少？

6.8　一个大区制系统，每个用户平均每小时呼叫 3 次，每次呼叫平均持续 5min，LCC 制。

(1) 计算每个用户的话务量。

(2) 如果系统阻塞率为 1%，且只有 5 个信道可用，计算系统的用户数。

(3) 如果系统阻塞率为 1%，且只有 15 个信道可用，计算系统的用户数。

(4) 如果系统阻塞率为 2%，且只有 15 个信道可用，计算系统的用户数。

6.9　一个总面积为 1500km^2 的大城市，采用 7 小区的蜂窝复用方案。假定各个小区半径为 5km，分配给该城市的频谱宽度为 25MHz，信道带宽为 30kHz，保护带宽为 40kHz，系统采用 FDMA，有 14 个控制信道。

(1) 求服务区域内的小区数。

(2) 求不采用频率复用时的信道数。

(3) 求小区容量。

(4) 求系统容量。

6.10　一个特定区域被区群大小为 N 的蜂窝无线系统覆盖，系统可用的信道数为 500 个，用户均匀分布，为每个用户提供的话务量为 0.04Erlang。假设阻塞呼叫被清除，阻塞率为 1%。

(1) 区群大小为 4 时，计算每个小区所承载的最大话务量，当 $N=7$ 时呢？

(2) 区群大小为 4 时，计算系统所支持的最大用户数，当 $N=7$ 时呢？

6.11　设整个地理覆盖区域的面积为 2000km^2，小区的面积为 5km^2，系统中共有 1000 个业务信道。若区群尺寸 $N=4$，为覆盖整个区域，需要将区群复制多少次？系统容量为多少？

6.12　经实验测试路径损耗因子 $\kappa=3$，区群大小 $N=3$，将原小区分裂为 4 个小小区，小区半径由原来的 R 变为 $R/2$。为获得相同的边缘通信概率，分裂后的基站发射功率是分裂前的多少倍？

6.13　解释在无线小区中采用定向天线是怎样提高蜂窝系统容量的。

6.14　系统所要求的 S/I 不变，路径损耗指数为 2，采用 3 扇区(120° 定向天线)后，理论上蜂窝系统的容量是原来的多少倍？

6.15　假设信道带宽为 30kHz，所分配的总频谱为 20MHz。对 $\kappa=3$ 的路径损耗，最小可接受的 S/I 为 14dB，则系统合适的区群大小为多少？每一小区的信道数为多少？

6.16　将半径为 R 的小区分裂为半径为 $R/2$ 的小小区，系统所要求的 S/I 不变，理论上分裂后的系统容量是原来的多少倍？

6.17　一小区每天平均有 1000 个电话，平均每次通话时间为 3min，则该小区的话务量为多少？

6.18　考虑六边形小区组成的蜂窝系统，设区群尺寸 $N=3$，画出小区规划结构图。

6.19　经实验测试路径损耗因子 $\kappa=3$，设区群大小 $N=3$，将原小区分裂为 4 个小小区。基站的发射功率应如何变化？并画图说明在原小区中应如何设置新的小小区，才能在分裂后继续使用分裂前的所有基站。

6.20　在进行六边形小区组成的蜂窝系统设计时，区群大小 N 的选择应该考虑哪些问题？

6.21　解释在无线小区中采用定向天线是怎样提高蜂窝系统容量的。

6.22　某蜂窝通信系统的可用双工话音通道为 500 个，服务区域划分为 150 个小区，可以接受的信号与同信道干扰比为 $S/I=18$dB，路径损耗指数分别取 3、4、5。

(1) 求区群大小。

(2) 求服务区内的区群数目。

(3) 求任意时刻接受服务的最大用户数。

(4) 讨论小区尺寸固定时，路径损耗指数对频率复用和发射功率的影响。

6.23　考虑六边形小区组成的蜂窝系统，经测量路经损耗指数 $\kappa=3$，区群尺寸 $N=7$。

(1) 求最坏情况下的 S/I。

(2) 求 120° 扇区情况下的 S/I，并解释采用扇区划分后如何提高系统容量。

6.24　在路径损耗指数为 4 的传播环境中，所容许的信干比值为 15dB。

(1) 对于全向天线、120° 扇区、60° 扇区，分别求 N 的最佳值。

(2) 应该采用扇区吗？

(3) 如果采用扇区，应该选择 120° 扇区还是 60° 扇区？解释原因。

6.25　一个蜂窝系统中有 400 个信道用于处理话务量，其中 15 个为控制信道，频率复用因子为 1/7，一次呼叫的平均占用时间为 3min，采用 LCC 制呼叫处理的忙时阻塞概率为 2%。

(1) 求单位小时内每个小区的呼叫数量。

(2) 路经损耗指数 $\kappa=3$，求信号与同频干扰比 S/I。

第 7 章　无线衰落信道的容量与抗衰落技术

信道可支持的最大无差错传输的数据率称为信道容量，信道容量给出了在不考虑编码时延与复杂度的条件下，能够使通信系统误码率趋于无限小的信道最高传输速率。在不同的信道条件下，采用什么样的信号处理技术克服无线信道的影响，改进无线链路的性能，尽可能的增强无线通信系统的传输的可靠性与有效性，提高系统的传输速率或者降低误码率，是本章研究的重点。

无线通信系统的三个最主要的有害因素是信号的衰落、ISI、同频干扰(CCI)。信号的衰落、码间干扰由于无线信道的多径传播导致，同频干扰一般由共信道的用户以及系统中未知的干扰源导致。针对无线信道的多径传播导致的信号的衰落、码间干扰，研究相应的信号处理技术是本章主要研究内容。

本章首先分析时不变加性高斯白噪声(AWGN)信道，以及时变平坦衰落信道与时变频率选择性衰落信道信道容量；然后，针对单用户系统，针对信号的衰落、码间干扰对系统性能的影响，分别讨论针对平坦衰落信道的分集技术，以及针对频率选择性信道的均衡技术。

7.1　无线衰落信道的容量

信道容量的数学理论最早由香农于 20 世纪 40 年代末建立。该理论建立的理论基础是信道输入与输出之间的互信息量，信道容量定义为信道输入与输出之间的互信息量在不同的信道输入分布下的最大值。香农编码定理证明了“一定存在一种编码方案，其数据传输速率接近信道容量而误码率可以忽略”，香农编码的逆定理证明了“对于任何编码方案，若传输速率大于信道容量，则误码率必不可能接近于零”。如今，多项通信技术的应用实践已经证实了香农的理论。

本节重点讨论单用户单天线无线通信系统的信道容量。针对时变与时不变信道，分别介绍时不变加性高斯白噪声信道的信道容量公式，然后研究时变平坦衰落信道与时变频率选择性衰落信道信道容量。

与 AWGN 信道的不同在于，时变平坦衰落信道的信道容量并不能由单个公式给出，其信道容量依赖于收发两端对时变信道信息的了解，并且不同信道信息假设条件下信道容量的定义也有所差异。对于时变频率选择性信道的信道容量，一般难以给出闭式的解，但是可以通过将其近似为一组独立的平坦衰落子信道的方法进行分析。

时变衰落信道条件下，系统能否达到信道容量，依赖于根据发送功率、速率与编码方式等约束条件对不同时刻、不同频率时信号功率的最佳分配。

对于一个 SISO AWGN 信道，信道的输入输出关系为 $y=x+n$，其中 x 为信道的输入，y 为信道的输出，随机过程 n 为高斯白噪声。

香农证明了信道容量等于遍历所有可能的输入分布后，得到的最大的互信息量：

$$C=\max_{p(x)} I(x,y)=\max_{p(x)}\sum_{x,y} p(x,y)\log_2\frac{p(x,y)}{p(x)p(y)} \tag{7.1}$$

对于无记忆的 AWGN 信道，使上式最大的输入分布是高斯分布，此时信道容量可以表示为

$$C=B\log_2(1+\gamma) \tag{7.2}$$

式中，γ 为接收信号的信噪比；B 为信道的带宽。

对于有记忆信道，互信息量与系信道容量由输入输出序列 x^n 与 y^n 决定。

式(7.2)即为香农容量的定义，香农容量的单位是 bit/s，在某些文献中也称其为统计容量或遍历容量。

香农容量定义为可使误码率任意小的信道能够传输的最大数据速率。该容量给出的是一个恒定的速率，并且发送端的发送方式不随 CSI(channel side information，信道边信息)的变化而变化。因此在差的信道状态下，由于发送没有考虑信道的具体状态，将导致香农容量降低。此外香农编码定理与逆定理并没有考虑实际通信系统的复杂性与时延问题，考虑到实际系统中的限制，一般香农容量可作为数据速率的上界。

无线信道一般表现为幅度的衰落与频率的选择性。本节后面将考虑这两种因素，分别分析其信道容量。

无线通信系统中，信道的瞬时信噪比是变化的，故不同时段，信道的容量是变化的，即信道所能传输的最大的恒定的传输速率是变化的。中断容量针对这种情况定义，定义为给定中断率的条件下信道所能传输的最大的恒定的传输速率。

中断容量并不要求所有的瞬时都可以正确的译码，它存在数据丢失，定义为在给定中断率的条件下，信道香农容量的最大值 C_{out}：

$$P(C_{\text{out}})=P(C<C_{\text{out}}) \tag{7.3}$$

式中，香农容量 C 的定义见式(7.2)。通常中断容量用于描述衰落信道中信道容量。

中断容量表明，如我们无视个别的深衰落信道的状态，不在乎这些个别时刻数据的丢失，无线通信系统可以发送一个更高的速率。中断容量与香农容量的差异在于，其定义中并不需要所有时刻都能够正确的译码，它存在数据的丢失，香农容量要求发送的数据没有任何丢失。中断率 $P(C_{\text{out}})$ 反映了数据的丢失率，亦即信道深衰落的概率。

7.1.1　平坦衰落信道的容量

1. 信号模型

如图 7.1 所示，考虑典型的时间离散广义平稳无线衰落信道，输入的信息经过编码器后输出码字 $\bar{x}$，$\bar{x}$ 的一个符号 x_i 通过无线时变衰落信道在 i 时刻传输。信道的幅度增益为 $\sqrt{g_i}$（$g_i\geqslant 0$），也称信道边信息(CSI)；n_i 为加性高斯白噪声(AWGN)，功率谱密度为 $N_0/2$。信道的功率增益 g_i，随时间变化，且服从特定的分布 $p(g)$，如对于 Rayleigh 衰落信道，其功率增益服从指数分布。通常假设 g_i 的分布与信道的输入无关，但 g_i 可能是独立同分布的时间序列，也可能是一个相关的时间序列，具体特性与信道模型有关。

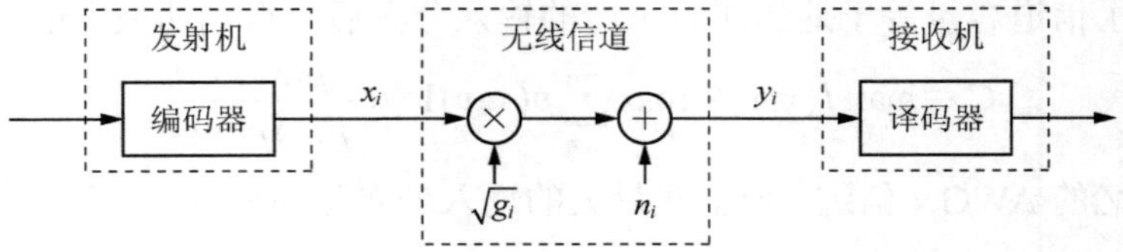

图 7.1　平坦衰落信道系统模型

令平均发射功率为 P，接收机带宽为 B，则接收信号的瞬时信噪比为 $\gamma_i = Pg_i/(N_0B)$ 且 $\infty > \gamma_i \geqslant 0$。显然由于 $P/(N_0B)$ 为常数，故信噪比 γ_i 的分布取决于 g_i 的分布，瞬时信噪比的统计均值为 $\bar{\gamma} = P\bar{g}/(N_0B)$。

如图 7.1 所示的无线衰落信道的信道容量取决于发射端及接收端对 CSI 的了解程度，分以下几种情况。

(1) 信道分布信息(CDI)已知：发射端与接收端都知道 g_i 的分布。

(2) 接收端知道 CSI：接收端知道 g_i 在不同时刻的值，并且收发两端都知道 g_i 的分布。

(3) 发射端与接收端都知道 CSI：收发两端都知道 g_i 在不同时刻的值与分布。

收发两端都知道信道的 CSI 时，发送端可以根据信道在 i 时刻的增益实时调整其发射的功率与传输的速度，从而达到最大的信道容量。

对于第一种情况，只知道 CDI，亦即知道信道增益的分布 $p(g)$ 或者知道信噪比的分布 $p(\gamma)$。显然信道的增益是独立同分布的，则信道容量可以由公式(7.1)求得，但是由于衰落分布的复杂性，很难求得式(7.1)达到最大的输入分布 $p(x)$ 的闭式解。

对于常见的独立分布的 Rayleigh 衰落信道，功率增益服从指数分布，对于不同的时刻，信道增益是独立同分布的。其最优的信道输入分布是一个有限取值的离散随机变量[2]，具体的输入分布函数与信道容量并没有闭式的解，通常只能通过数值的方法求得。对于其他的信道分布或者非独立同分布的情况，输入分布函数与信道容量求解更为复杂，在高信噪比条件下文献[35]给出了容量的上界与下界。对于相关衰落信道，FSMC(有限态马尔科夫)信道模型是近似描述相关 Rayleigh 衰落信道的常见手段，FSMC 分布很简单，但是信道容量的分析依然非常复杂。总之，仅知道 CDI 信息时，分析信道容量及寻求最优的输出分布都是非常困难的，还有待进一步的深入研究。下文重点针对其他两种状况进行分析。

2. 接收端已知信道信息

假设收发两端都知道信道增益 g_i 的分布，且接收端知道信道在不同时刻的增益 g_i。此时在平均发射功率为 P，信道的香农容量为

$$C = \int_0^{\infty} B\log_2(1+\gamma)p(\gamma)\mathrm{d}\gamma \tag{7.4}$$

式中，$B\log_2(1+\gamma)$ 表示信噪比为 γ 时信道的容量，再按照信噪比的分布 $p(\gamma)$ 求平均即可得到信道的统计平均容量，即香农容量。由于发射端并不知道信道的瞬时信噪比 γ，故实际传输的信道速率只能是固定速率，与瞬时信噪比 γ 无关。实际系统要达到式(7.4)中的信道容量需要的编码必须足够的长，从而使接收到的码字能够遍历衰落信道的所有状态，实际

使用中会导致显著的译码时延。

根据 Jensen 不等式，由式(7.4)可得

$$E[B\log_2(1+\gamma)]=\int_0^{\infty}B\log_2(1+\gamma)p(\gamma)\mathrm{d}\gamma \leqslant B\log_2[1+E(\gamma)]=B\log_2(1+\bar{\gamma}) \tag{7.5}$$

式中，$\bar{\gamma}$ 为平均信噪比。显然通过与式(7.2)对比可知，对于相同的平均信噪比，接收端已知 CSI 时的信道容量比 AWGN 信道的信道容量要小，亦即仅接收端知道 CSI 时衰落将导致信道容量的减小。实际的通信系统中，在发射端不知道 CSI 时，必须针对信道相关性采用适当编码设计方案，而相关时间越长会导致接收端译码复杂度越高，并且当接收端对 CSI 估计有误差时，信道容量会有显著的下降。

中断容量允许通信系统在某个时段以一定的概率译错所传输的信息比特。发送端需要确定一个最小的接收信噪比 $\gamma_{\min}$，然后确定一个信道的传输速率 $C=B\log_2(1+\gamma_{\min})$。如果接收端接收到信号的信噪比大于或等于 $\gamma_{\min}$，则正确译码。否则译码出错，信息的传输会出现一次中断，出现中断的概率为 $P_{\text{out}}=P(\gamma<\gamma_{\min})$。

统计来看，正确传输的概率为 $1-P_{\text{out}}$，故正确接收的平均数据率为

$$C_{\text{out}}=(1-P_{\text{out}})B\log_2(1+\gamma_{\min}) \tag{7.6}$$

最小信噪比 $\gamma_{\min}$ 的取值取决于系统可接受的中断率。

3. 收发两端皆已知信道信息

当收发两端都知道 CSI 时，发送端可根据 CSI 实时调整发送策略，以获得大的信道容量。在这样的情况下发送端将不会以过高速率发送数据，以避免接收端出现译码错误。具体如图 7.2 所示。

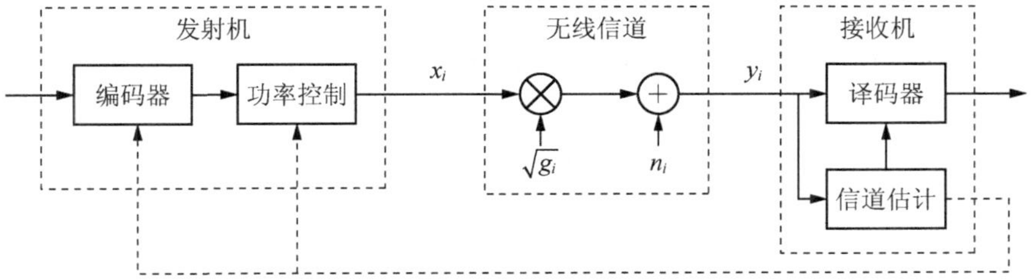

图 7.2　收发两端都知道 CSI 时系统模型

以 WSS 随机过程 s_i 表示离散无记忆信道在 i 时刻的信道状态，取值于离散无记忆信道的有限集合 s。令 C_s 表示信道状态为 $s\in S$ 时的信道容量，$p(s)$ 代表 s 出现的概率，亦即状态 s 出现的时间比率。则离散时变信道的容量可表示为

$$C=\sum_{s\in S}C_s p(s) \tag{7.7}$$

参照图 7.2，如果不进行功率控制，显然所求得的信道容量与式(7.4)相同，亦即不进行功率的控制，发射端知道 CSI 并不会增加信道容量。下面考虑发送功率 $P(\gamma)$ 随 γ 变化，并受限于平均功率 P：

$$\int_0^{\infty}P(\gamma)p(\gamma)\mathrm{d}\gamma \leqslant P \tag{7.8}$$

式中，$p(\gamma)=p(\gamma_i=\gamma)$ 表示发射平均功率为 P 时，接收端信噪比为 γ 的概率。此时，在平均功率受限条件下，衰落信道的信道容量为

$$C=\max_{P(\gamma):\int_0^\infty P(\gamma)p(\gamma)d\gamma\leqslant P}\int_0^\infty B\log_2\left(1+\frac{\gamma P(\gamma)}{P}\right)p(\gamma)\mathrm{d}\gamma \tag{7.9}$$

为找到最优的功率分配方式 $P(\gamma)$，构造拉格朗日条件式：

$$J[P(\gamma)]=\int_0^\infty B\log_2\left[1+\frac{\gamma P(\gamma)}{P}\right]p(\gamma)\mathrm{d}\gamma-\lambda\int_0^\infty P(\gamma)p(\gamma)\mathrm{d}\gamma \tag{7.10}$$

求导，并令倒数为零：

$$\frac{\partial J[P(\gamma)]}{\partial P(\gamma)}=\left\{\frac{B}{\left[1+\dfrac{\gamma P(\gamma)}{P}\right]\ln 2}\frac{\gamma}{P}-\lambda\right\}p(\gamma)=0 \tag{7.11}$$

再按照约束条件 $P(\gamma)>0$ 求解 $P(\gamma)$，即可得到最佳的功率分配为

$$\frac{P(\gamma)}{P}=\begin{cases}1/\gamma_0-1/\gamma, & \gamma\geqslant\gamma_0\\ 0, & \gamma<\gamma_0\end{cases} \tag{7.12}$$

只有当信噪比大于 γ_0 时才使用信道，γ_0 称之为中断门限。将式(7.12)代入式(7.9)，可得

$$C=\int_{\gamma_0}^\infty B\log_2\left(\frac{\gamma}{\gamma_0}\right)p(\gamma)\mathrm{d}\gamma \tag{7.13}$$

式(7.13)给出的信道容量可以通过时变的信道传输速率来实现，也可通过固定传输速率，但是实时调整发送功率来实现。具体可参见文献[37][38]。

式(7.13)所示的最佳功率分配与衰落分布 $p(\gamma)$ 的关系体现于中断门限 γ_0 的选择，γ_0 可根据功率限制条件式(7.8)求得，对式(7.8)取等号，可得

$$\int_0^\infty \frac{P(\gamma)}{P}p(\gamma)\mathrm{d}\gamma=1 \tag{7.14}$$

将式(7.12)代入，得

$$\int_{\gamma_0}^\infty (1/\gamma_0-1/\gamma)\,p(\gamma)\mathrm{d}\gamma=1 \tag{7.15}$$

式(7.15)只与信噪比的分布 $p(\gamma)$ 有关，一般上式只能通过数值的方法求得，对于一般的连续概率密度函数，并不存在闭式的解。

对于式(7.12)的最优的功率分配方案是时域的注水发功率控制，其直观的物理描述为信号条件好的时候，多分配功率，用高速率传输，如果信道质量变差，就减小信道的功率分配，用低的速率传输，如果信道条件很差，信道的瞬时信噪比低于中断门限，则不进行信息的传输。根据这一原理，一种有效的方法的采用自适应编码技术。

实际的通信系统中，除了考虑信道容量因素外还会考虑其他的一些因素，系统会采用一些次佳的功率分配方案。

方法之一为信道反转(channel inversion)功率分配方案。其主要思想是依靠发射端已知的 CSI，对信道衰落进行反转，使接收端保持恒定的接收功率。此时信道为是不变的 AWGN

信道。功率的分配满足

$$\frac{P(\gamma)}{P}=\frac{\sigma}{\gamma} \tag{7.16}$$

式中，σ 为在满足式(7.12)的功率约束条件下，接收端的恒定的接收信噪比。根据式(7.12)可得 $\int_0^\infty \frac{\sigma}{\gamma}p(\gamma)\,\mathrm{d}\gamma=1$，即 $\sigma=1/\mathrm{E}(1/\gamma)$。

信道反转时，衰落信道的信道容量为信噪比为 σ 的 AWGN 信道的容量：

$$C=B\log_2(1+\sigma)=B\log_2[1+1/(1/\gamma)] \tag{7.17}$$

显然要达到式(7.17)的容量，只要针对信噪比为 σ 的 AWGN 信道设计相应的固定速率的编译码器，即可实现。其优点在于不用考虑信道的状态而以固定的信道速率传输。并且所有的信道状态下，传输速率不变，传输过程不会中断，故式(7.17)的信道容量又称之为零中断容量(zero-outage-capacity)，由于目前的编码技术在 AWGN 信道中相对容易达到接近容量的数据速率，故零中断的信道容量是可以近似实现的。但是在衰落严重的环境下，零中断的容量相对于香农容量有显著的下降。例如，Rayleigh 信道中 $E(1/\gamma)$ 是无穷大，因此信道容量为 0。信道反转法的一个典型的应用场合是 CDMA 系统中，采用该方法可有效的克服远近效应。

在衰落信道中信道反转法的信道容量显著降低的原因在于其要维持在所有的信道状态下的传输速率恒定。如果在特别差的信道状态下停止发送数据(此时为信道中断状态)，就可以提高非中断状态的传输速率，从而显著的提高信道容量。此时容量定义为容量可定义为非中断的概率乘以非中断状态下可维持的最高的信道传输速率的乘积。

具体可通过截断式信道反转的功率分配方案来实现，其主要思想在于，只在信道条件比较好的时候才补偿信道的衰落：

$$\frac{P(\gamma)}{P}=\begin{cases}\sigma/\gamma, & \gamma\geqslant\gamma_0\\ 0, & \gamma<\gamma_0\end{cases} \tag{7.18}$$

式中，中断门限 γ_0 由中断率 $P_{\text{out}}=P(\gamma<\gamma_0)$ 决定。再由式(7.12)的功率约束条件可得

$$\sigma=1/E_{\gamma 0}(1/\gamma)$$

式中

$$E_{\gamma_0}[1/\gamma]=\int_{\gamma_0}^\infty \frac{1}{\gamma}p(\gamma)\,\mathrm{d}\gamma \tag{7.19}$$

此时，根据给定的中断率 P_{out} 与中断门限 γ_0 条件下，信道的中断容量为

$$C=B\log_2[1+1/E_{\gamma 0}(1/\gamma)]P,\quad \gamma\geqslant\gamma_0 \tag{7.20}$$

此时虽然还可以通过优化中断门限 γ_0 来进一步提高系统的容量，但是因为截断式信道反转功率分配方案仍然是一种次优的传输方案，故信道容量总小于香农容量。但是采用次优分配方案后系统的具体实现方案总比注水法要简单。

7.1.2　频率选择性衰落信道的容量

1. 时不变信道

图 7.3 为典型的时不变频率选择性衰落信道，信道的频域响应为 $H(f)$。对于时不变信

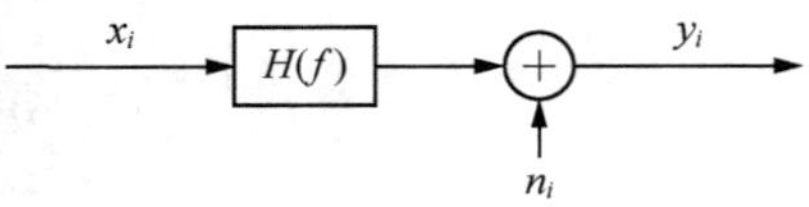

图 7.3　时不变频率选择性衰落信道

道，一般可假设信道的频域响应 $H(f)$ 对收发双方皆是已知的，同时假设功率的上限为 P 。

频率选择性信道的频率响应 $H(f)$ ，通常可以认为在足够小的频率间隔上是近似平坦的。频率选择性信道的计算，通常采用如图 7.4 所示的方法，将信道分解为 N 个带宽为 B 的小的子信道 $H_i(f)$（i=1, 2, …, N）都是平坦衰落信道。

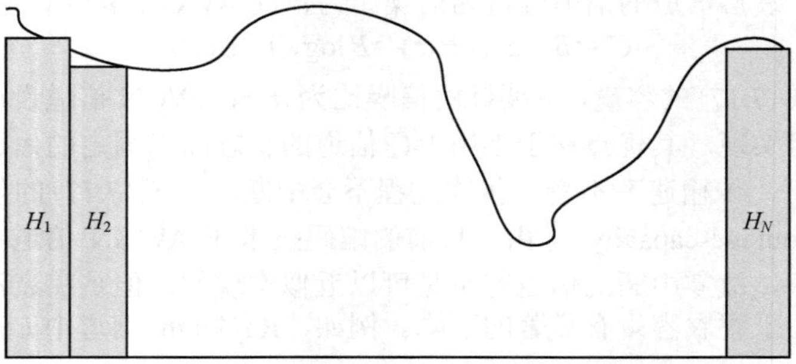

图 7.4　频率选择性信道的拆分

在每个子信道中 $H_i(f)=H_i$ ，是恒定的。这样一个频率选择性信道就分解为一组并行的 AWGN 信号，第 i 个子信道的信噪比为 $|H_i|^2\ P_i/N_0B$ ，其中 P_i 为在功率约束条件 $\sum_i P_i \leqslant P$ 下，分配给该子信道的功率。

信道容量是经过最佳的功率分配后，所有子信道的速率之和：

$$C=\sum_{\max P_i:\sum_i P_i\leqslant P} B\log_2(1+|H_i|^2\ p_i/N_0B) \tag{7.21}$$

显然，此时容量及最佳的功率分配方案与平坦衰落信道类似，二者的区别在于这里的功率分配方案沿着频域以确定的方式进行，而在平坦衰落信道中，功率以及速率的分配是在时域根据信噪比的不同以概率的方式进行分配。

同样采用拉格朗日法，可求得最佳的功率分配方案，即如下的频域注水法功率分配方案：

$$\frac{P_i}{P}=\begin{cases}1/\gamma_0-1/\gamma_i\,, & \gamma_i\geqslant\gamma_0\\ 0\,, & \gamma_i<\gamma_0\end{cases} \tag{7.22}$$

式中，γ_0 为中断门限；γ_i 是将所有的功率都分配给第 i 个子信道时，信道的信噪比 $|H_i|^2\ P/N_0B$ 。

同时，式(7.22)必须满足功率约束条件，可得

$$\sum_i(1/\gamma_0-1/\gamma_i)=1 \tag{7.23}$$

信道的容量为

$$C=\sum_{\gamma_i>\gamma_0} B\log_2\left(\frac{\gamma_i}{\gamma_0}\right) \tag{7.24}$$

该信道容量通过在不同的子信道上分配不同的功率，并传输不同的信息速率来获得。当 $H(f)$ 连续时，式(7.21)的信道容量可表示为

$$C=\max_{P(f):\int P(f)\leqslant P}\int\log_2\left[1+\left|H(f)\right|^2 P(f)/N_0\right]\mathrm{d}f \tag{7.25}$$

同样通过拉格朗日法，可求得使式(7.25)最大的频域最佳的功率分配方案，即频域注水法的功率分配方案：

$$\frac{P(f)}{P}=\begin{cases}1/\gamma_0-1/\gamma(f), & \gamma(f)\geqslant\gamma_0\\ 0, & \gamma(f)<\gamma_0\end{cases} \tag{7.26}$$

式中，$\gamma(f)=\left|H(f)\right|^2 P/N_0$。

信道的容量为

$$C=\int_{\gamma(f)\geqslant\gamma_0}\log_2\left[\frac{\gamma(f)}{\gamma_0}\right]\mathrm{d}f \tag{7.27}$$

2. 时变信道

时变频率选择性衰落信道的信道频率响应为时变的，具体如图 7.5 所示。与非时变频率选择性信道模型的差异在于信道的频域响应由 $H(f)$ 变为 $H(f,i)$。时变衰落信道的信道容量一般而言是难以精确计算的，但是可存在一些上下界和极限公式。时变衰落信道的信道容量难以分析的原因在于信道既随频率变化，又随时间变化，即使收发两端完全的知道信道的瞬时 $H(f,i)$，由于 ISI 的存在，精确的容量估算既要考虑信道对发送符号序列的影响，又要考虑符号序列的 ISI 对后继的传输的影响，计算非常困难。

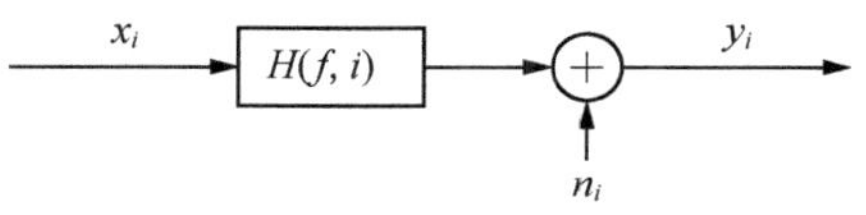

图 7.5　时变频率选择性衰落信道模型

通常可采用近似的方法来分析信道的容量。如图 7.6 所示，将信道带宽为 B 的信道按照相干带宽 B_C 划分为多个子信道。可以假设各个子信道是相互独立的时变的平坦衰落信道。对于第 j 个子信道 $H(f,i)$ 可表示为 $H_{j,i}$。

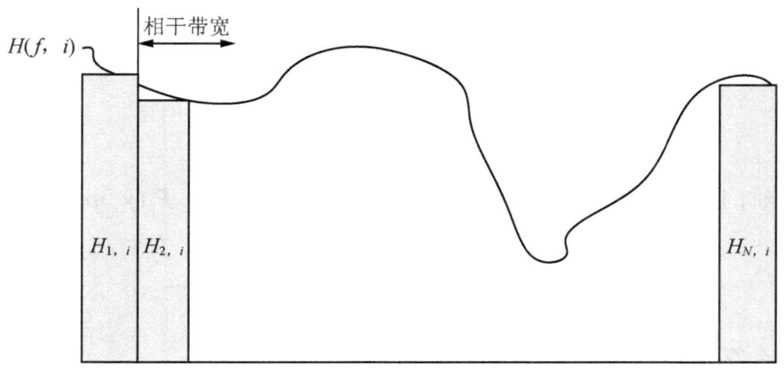

图 7.6　频率选择性时变衰落信道的信道划分

然后，在总功率 P 约束条件下，给每个子信道分配功率 P_j，此时可得到平均功率为 P_j 的各个平坦衰落时变子信道的信道容量。由于各个子信道彼此相互独立，在时间与频率二

维平均的总功率约束条件下的总信道容量，即各个窄带的平坦衰落子信道的信道容量之和：

$$C=\max_{\{P_j\}:\sum_j P_j \leqslant P}\sum_j C_j(P_j) \tag{7.28}$$

式中，$C_j(P_j)$ 平均功率为 P_j、带宽为 B_C 的平坦衰落时变子信道的信道容量。按照收发两端对 CSI 是否知道的情况，可根据式(7.4)、式(7.13)、式(7.17)、式(7.20)计算。

下面重点考虑收发两端都已知 CSI 时的信道容量，此时的容量是其他 CSI 状况及功率控制方案条件下信道容量的上界。对于每个子信道而言，当平均功率 P_j 确定时，子信道为平坦衰落信道，其最佳的功率分配方案为时域的注水法；同样将总功率分配给各个子信道也采用注水法，即好的子信道分配更大的平均功率。此时所采用的功率分配方案为时域、频域二维注水法。

将全部的功率 P 都分配给第 i 时刻的第 j 个子信道时，接收信道的瞬时信噪比为 $\gamma_{j,i}=\left|H_{j,i}\right|^2 P/N_0B_C$，故收发两端皆已知 CSI 时，对时域与频域的联合进行最佳的功率分配得到的信道容量为

$$C=\max_{P_j(\gamma_j):\sum_j\int_0^\infty P_j(\gamma_j)p_j(\gamma_j)\mathrm{d}\gamma_j\leqslant P}\sum_j\int_0^\infty B_C\log_2\left[1+\frac{\gamma_jP_j(\gamma_j)}{P}\right]p_j(\gamma_j)\mathrm{d}\gamma_j \tag{7.29}$$

建立拉格朗日条件式：

$$\begin{aligned}J\left[P_j(\gamma_j)\right]=&\sum_j\int_0^\infty B_C\log_2\left[1+\frac{\gamma_jP_j(\gamma_j)}{P}\right]p_j(\gamma_j)\mathrm{d}\gamma_j\\&-\lambda\sum_j\int_0^\infty P_j(\gamma_j)p_j(\gamma_j)\mathrm{d}\gamma_j\end{aligned} \tag{7.30}$$

对式(7.30)求导，并令其为零，则

$$\frac{\partial J\left[P_j(\gamma_j)\right]}{\partial P_j(\gamma_j)}=\frac{B_C}{\left[1+\dfrac{\gamma_jP_j(\gamma_j)}{P}\right]\ln 2}\frac{\gamma_j}{P}-\lambda p_j(\gamma_j)=0 \tag{7.31}$$

可解得时频二维注水的分配方案：

$$\frac{P_j(\gamma_j)}{P}=\begin{cases}1/\gamma_0-1/\gamma_j\,, & \gamma_j\geqslant\gamma_0\\0\,, & \gamma_j<\gamma_0\end{cases} \tag{7.32}$$

同样，中断门限 γ_0 可通过时频二维总功率约束条件 $\sum_j\int_0^\infty P_j(\gamma_j)p_j(\gamma_j)\mathrm{d}\gamma_j=P$，求得

$$\sum_j\int_{\gamma_0}^\infty\left(\frac{1}{\gamma_0}-\frac{1}{\gamma_j}\right)p_j(\gamma_j)\mathrm{d}\gamma_j=1 \tag{7.33}$$

此时，将式(7.32)代入式(7.29)，可求得信道的容量为

$$C=\sum_j\int_{\gamma_0}^\infty B_C\log_2\left(\frac{\gamma_j}{\gamma_0}\right)p_j(\gamma_j)\mathrm{d}\gamma_j \tag{7.34}$$

表示为频率连续的形式：

$$C=\iint_{\gamma_0}^{\infty}\log_2\left[\frac{\left|H(f)\right|^2 P}{N_0\gamma_0}\right]p_f(\gamma)\mathrm{d}\gamma\mathrm{d}f \tag{7.35}$$

时频二维注水功率分配方案中，对于所有的子信道中断门限 γ_0 相同。说明只要各个子信道上的衰落的分布及平均功率，无论是否相同，只要瞬时信噪比低于 γ_0，则该信道都会停止传输。

7.2 分 集 技 术

AWGN 信道中，误码率的大小取决于接收信号的信噪比，但是在衰落信道中阴影衰落与多径衰落使接收信号的功率随着空间和时间变化，此时系统的误码性能会有显著的下降。减轻信道衰落的影响的有效技术之一就是对各独立的衰落信号进行分集合并。所谓的分集(diversity)就是在各个独立的衰落路径上传输相同的数据，由于各个独立路径在相同的时刻经历相同的深度衰落的可能性较小，那么经过适当的合并之和，合成信号的衰落程度就会显著的减小。分集技术不需要训练码，是通信中一种相对低廉的投资就可以大幅度改进无线链路性能的接收技术。

分集可以在发射端进行也可在接收端进行。下文重点考虑针对多径衰落的分集技术，即微分集(micro diversity)。此外还有对抗阴影效应的宏分集(macro diversity)技术，宏分集需要对考虑多个基站或者接入点之间的协调，需要将多个基站或者接入点的接收信号进行合并，对于现有的无线网络而言，其重点考虑的是网络协议层面的问题，故本章不做考虑。

7.2.1 概述

分集技术通过查找和利用自然界传播环境中独立的(或至少是高度不相关)多径信号来实现的。分集技术发展到今天，已经从被动利用客观存在的统计独立的不同样值信号，到主动利用信号设计与信号处理技术来有效区分统计独立的样值信号，如扩频信号的 Rake 接收、MIMO 系统的空时编码等。

实现分集的前提是能够找到多个独立的衰落路径。一种典型的方法是采用多个发射或者接收天线，亦即天线阵列，其阵元之间需要保持一定的空间距离，这样的分集即空间分集(space diversity)。在接收空间分集中，实现独立的衰落路径并不需要增加额外的发送功率或占用额外的带宽。接收端对分集信号进行相干合并还会使信噪比得到提高，此时相对于单天线接收信号的信噪比的提高称为阵列增益(array gain)。

在发射端，通过对多个天线进行适当的加权，也可以获得阵列的增益。此外，除阵列增益之外，空间分集还可以带来分集增益(diversity gain)。分集增益主要体现为分集合并后误码率斜率的变化。后文将具体分析分集合并所带来的阵列增益与分集增益。

对于空间分集，无论是在发射端实现还是在接收端实现，为了获得最大的分集增益，一般要求收发天线保持足够的距离，以使各天线上信号经历的衰落近似相互独立。如果收发天线具有强的方向性，由于多径成分主要集中在天线主瓣内，相对发散角度很小，故需要更大的天线间距才能够获得独立的衰落，且天线的方向性越强，需要的间距越大。

除了采用多天线的空间分集之外，还可以利用天线的极化方式来实现极化分集，利用电波在传播过程中不同极化经历的衰落具有很强的独立性，实现深衰落的补偿。但是极化分集具有缺点：一为对应两种极化方向(水平极化、垂直极化)，最多只有两个分集支路，二为极化分集中功率要分配到两个极化方向上，故极化分集有 3dB 的功率损失。

通过限制接收天线的波束宽度在一定的角度内，用定向天线可以实现角度分集(又称方向性分集)。极端情况下，天线的波束非常窄，只有一条路径的信号落入天线的波束范围内，这样则不存在衰落。这种方法需要采用足够多的定向天线以覆盖所有可能的信号到达方向，或者其中的一个天线对准一条信号的最强的多径方向。其缺陷在于很多多径信号的到达角可能位于接收波束之外，故除非天线的增益可以弥补这种损失，否则定向天线可能会降低信噪比。智能天线技术通过调整每个阵元的加权值，可以把方向对准最强的信号路径到达方向。

频率分集利用不同的频率的载波发送相同的信号，只要其频率间隔大于信道的相干带宽，则可以认为不同载波经历的衰落相互独立。时间分集系统中同一信息重复发送，只要重复发送的间隔大于信道的相干时间(多普勒扩展的倒数)，则可认为彼此相互独立。时间分集缺陷在于其降低了信道的传输速率。通过编码与交织的方法也可以实现时间分集。时间分集不适用与静态的应用，因为静态信道的相干时间无限大，衰落在时间上具有很强的相干性。

下文以空间分集为例，分别讨论接收分集与发射分集，讨论分集系统的不同合并方式，这些技术可以推广到其他的分集系统中。

7.2.2　接收分集

多个接收天线的空间分集，将多个接收天线上接收到得独立的衰落信号合并为一路，再送给调制解调器。合并方式很多，其性能与复杂度各不相同。常用的大多数的合并方式是线性合并，亦即合并输出是不同衰落支路的加权和，具体如图 7.7 所示。当图中只有一个不为零的系数 α_i 时，显然退化为单路径输入，当有多个权系数 α_i 不为零时，合并输出的结果方为多条衰落路径之和。

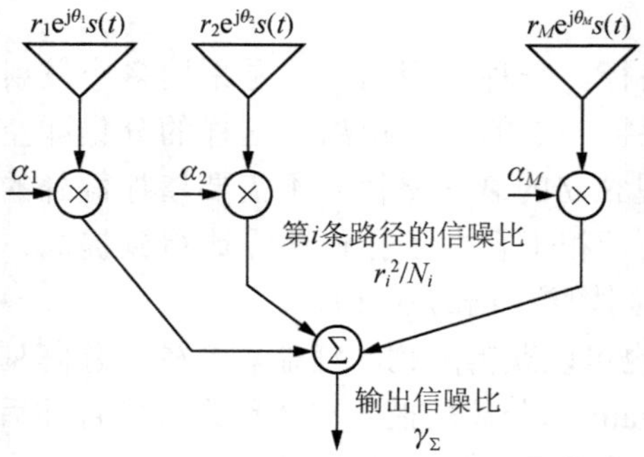

图 7.7　接收分集线性合并示意图

合并时需要让其各条支路先同相，当第 i 条支路接收信号的相位为 θ_i 时，需要给这条支路乘以 α_i，即 $a_i \exp(-\mathrm{j}\theta_i)$ ($a_i \geqslant 0$，为幅度值)，以达到各条支路同相叠加的目的。否则，如果各条支路不同相叠加，则叠加后的信号将可能减弱，会形成严重的衰落。

权系数 α_i 的相乘可在解调前也可在解调后。权系数的确定需要知道各条支路的幅度与相位。解调后合并，意味每条支路都要有一个接收机，增加了硬件的复杂度与功耗，特别是在支路数目很多的时候。

分集的目的是利用多条独立衰落路径信号的相干合并，以减轻衰落的影响，合并后的信号等同于原始发送的信号乘以一个复随机系数 $\alpha_{\Sigma}=\sum a_i r_i$ ，合并后的输出信号为

$$r_{\Sigma}=s(t)\sum a_i r_i \tag{7.36}$$

合并后输出信号的信噪比 γ_{Σ} 取决于分集的路径数、各路径上的衰落分布、合并方式，γ_{Σ} 是一个随机的变量。

没有衰落时，$r_i=\sqrt{E_s}$ ，E_s 为发送信号的符号能量，接收每条支路上噪声的功率谱密度为 $N_0/2$，则每条支路具有相同的信噪比 $\gamma_i=E_s/N_0$（脉冲成型满足 $BT_s=1$）。加权系数取 $\alpha_i=a_i=\gamma_i/\sqrt{N_0}$ ，则 M 路信号合并后的信噪比为

$$r_{\Sigma}=\frac{\left(\sum a_i r_i\right)^2}{N_0\sum a_i^2}=\frac{\left(\sum \frac{E_s}{\sqrt{N_0}}\right)^2}{N_0\sum \frac{E_s}{N_0}}=\frac{ME_s}{N_0} \tag{7.37}$$

显然，虽然没有衰落，但是经过适当的加权之后，实现了来之不同接收天线的信号的相干合并，可以是接收信号的信噪比增大 M 倍。此时，信噪比的增益称之为阵列增益(array gain)。定义为合并输出的平均信噪比相对于支路的平均信噪比的增益：

$$A_g=\frac{\overline{r_{\Sigma}}}{\overline{r}} \tag{7.38}$$

所有的接收端的分集合并方式，都有阵列增益，最大比合并的阵列增益最大。由于阵列增益的原因，采用了多个发送或者接收天线的分集系统在衰落信道下的性能比无分集的系统在 AWGN 信道下的性能优越。

在衰落信道中，多条衰落路径合并后的信号的概率分布会有所变化，分集系统在衰落信道中性能指标平均误码率以及中断率分别定义为

$$\overline{P_s}=\int_0^{\infty}P_s(\gamma)p_{\gamma_{\Sigma}}(\gamma)\mathrm{d}\gamma \tag{7.39a}$$

$$P_{\text{out}}=p(\gamma_{\Sigma}\leqslant\gamma_0)=\int_0^{\gamma_0}P_{\gamma_{\Sigma}}(\gamma)\,\mathrm{d}\gamma \tag{7.39b}$$

式中，$P_s(\gamma)$ 为信噪比为 γ 的 AWGN 信道的误码率；γ_0 为目标信噪比。相干合并后，改善了信噪比的分布，从而降低了平均误码率 $\overline{P_s}$ 及中断率 P_{out} 。由此带来的性能增益称为分集增益(diversity gain)。

某些分集系统的误码率可以表示为 $\overline{P_s}=c\overline{\gamma}^{-M}$ ，其中 c 取决于具体的调制解调方式，$\overline{\gamma}$ 为链路的平均信噪比，M 则称之为分集阶数(diversity order)。BPSK 非衰落信道相干解调的误码率 $P_b=Q(\sqrt{2\gamma_b})$，BPSK 瑞利信道相干解调的误码率 $P_b\approx 1/4\overline{\gamma}^{-M}$ ，显然分集阶数为 1。一根天线分集阶数为 1，M 根天线最大的分集阶数为 M。分集阶数等于 M 则称为满分集阶数(full diversity order)。

1. 选择合并

选择合并(selection combining，SC)的基本思想是选择信噪比最高的那条支路的信号。

假如各条支路的噪声功率相同 $N_i=N$，则选择信噪比最高的那条支路等价于选择 $r_i^2+N_i$ 最大的支路，因为实际使用中 $r_i^2+N_i$ 代表接收到信道加噪声的总功率，相对更容易测量。

选择合并在每一时刻只使用一个接收机接收一条支路，但是可能需要对每个天线支路都安装一个监测接收机以监测信号的信噪比。选择合并的优点在于输出的信噪比等于各条支路输出信噪比的最大值，实现中不需要各支路的同相。

对于 M 条支路的选择合并，接收信噪比 γ_Σ 的累积分布函数为

$$\begin{aligned}P_{\gamma_\Sigma}(\gamma)&=P(\gamma_\Sigma<\gamma)=P(\max[\gamma_1,\gamma_2,\cdots,\gamma_M]<\gamma)\\&=\prod_{i=1}^{M}P(\gamma_i<\gamma)\end{aligned} \tag{7.40}$$

假设 M 个不相关的 Rayleigh 衰落的幅度为 r_i，则瞬时信噪比为 $\gamma_i=r_i^2/N$，服从指数分布：

$$p(\gamma_i)=\frac{1}{\overline{\gamma_i}}\mathrm{e}^{-\gamma_i/\overline{\gamma_i}} \tag{7.41}$$

式中，$\overline{\gamma_i}=E(\gamma_i)$ 为第 i 条支路的平均信噪比。此时对于目标 γ_0 的每条支路中断率为

$$P(\gamma_0)=1-\mathrm{e}^{-\gamma_0/\overline{\gamma_i}} \tag{7.42}$$

对于目标 γ_0 的选择合并后的中断率为

$$P(\gamma_0)=\prod_{i=1}^{M}P(\gamma_i<\gamma_0)=\prod_{i=1}^{M}(1-\mathrm{e}^{-\gamma_0/\overline{\gamma_i}}) \tag{7.43}$$

各支路平均信噪比相同时中断率为

$$P(\gamma_0)=p(\gamma_\Sigma<\gamma_0)=(1-\mathrm{e}^{-\gamma_0/\overline{\gamma}})^M \tag{7.44}$$

对式(7.44)进行微分，可得合并后信噪比的概率密度函数：

$$p(\gamma_\Sigma)=\frac{M}{\overline{\gamma}}(1-\mathrm{e}^{-\gamma_\Sigma/\overline{\gamma}})^{M-1}\mathrm{e}^{-\gamma_\Sigma/\overline{\gamma}} \tag{7.45}$$

从而可得到合并后的信噪比

$$\overline{\gamma_\Sigma}=\int_0^\infty \gamma p(\gamma_\Sigma)\,\mathrm{d}\gamma=\overline{\gamma}\sum_{i=1}^{M}\frac{1}{i}\geqslant\overline{\gamma} \tag{7.46}$$

显然平均信噪比及相应的阵列增益随着 M 的增加而增加，且这种增加不是线性增加，随着支路数 M 的增加，增益的增加值逐步的趋于 0。

上文的推导中假设各条支路不相关，当支路之间具有一定的相关性的时候，会造成性能上的损失，具体可参考文献[40][41]。

2. 门限合并

门限合并的基本思想是扫描每条支路，直到信噪比大于某门限；如小于门限则继续扫描。相对于选择合并中需要对每一条支路都需要增加一个监测接收机而言，门限合并实现方法更为简单。其只需要一个接收机顺序监测每条支路，输出第一个信噪比高于门限值 γ_T 的信号。

选择一条支路后，只要该支路的信噪比高于门限值，合并器就始终输出这条支路上的

信号，当信噪比低于门限值时，就切换到其他支路。如何选择下一个要切换的支路有很多方法，其中最简单的方式就是随机切换。当只有两条支路时，就是直接切换到另外一条支路上，故又称切停合并(switch-and-stay combining，SSC)。由于该方法并不是选择信噪比最高的支路，故其性能介于无分集与理想选择合并之间。

3. 最大比合并

不同于选择合并于门限合并只输出一条支路上的信号，最大比合并(maximal- ratio combining，MRC)需要根据各支路上信噪比的值，确定各支路的加权值，输出各支路的加权和。

如图 7.7 所示，采用最大比合并后，加权系数 α_i 不为零，各支路同相叠加，权值取为 $\alpha_i = a_i \exp(-\mathrm{j}\theta_i)$，其中 θ_i 为第 i 条支路信号的相位。合并后输出信号的包络为

$$r_M = \sum_{i=1}^{M} a_i r_i \tag{7.47}$$

假设各条支路噪声的功率相同，则总的噪声功率为

$$N_T = N\sum_{i=1}^{M} a_i^2 \tag{7.48}$$

故合并后信号的信噪比为

$$\gamma_M = \frac{r_M^2}{N_T} = \frac{\left(\sum\limits_{i=1}^{M} a_i r_i\right)^2}{N\sum\limits_{i=1}^{M} a_i^2} \tag{7.49}$$

显然，信噪比高的支路应该取更大的权值，利用柯西许瓦茨不等式可知上式取最大值时 $a_i = r_i/\sqrt{N}$，此时平均信噪比为

$$\gamma_M = \sum_{i=1}^{M} r_i^2/N = \sum_{i=1}^{M} \gamma_i \tag{7.50}$$

亦即合并后输出信号的信噪比是各支路信噪比之和，显然合并后输出信号的平均信噪比及对应的阵列增益随着分集支路数 M 的增加而线性的增加，这与选择性合并不同。

假设各条支路服从相互独立且服从 Rayleigh 分布，并假设各支路的平均信噪比相同 $\overline{\gamma_i} = \overline{\gamma}$，则合并后的信号的信噪比服从自由度为 $2M$ 的 χ^2 分布，其均值为 $\overline{\gamma_M} = M\overline{\gamma}$，方差为 $2M\overline{\gamma}$。概率密度函数为

$$p_{\gamma_M}(\gamma) = \frac{\gamma^{M-1} \mathrm{e}^{-\frac{\gamma}{\overline{\gamma}}}}{\overline{\gamma}^{M}(M-1)!},\ \gamma \geqslant 0 \tag{7.51}$$

给定门限 γ_0 时的中断率为

$$P_{\text{out}} = p(\gamma_M < \gamma_0) = \int_0^{\gamma_0} p_{\gamma_M}(\gamma)\mathrm{d}\gamma = 1 - \mathrm{e}^{-\frac{\gamma_0}{\overline{\gamma}}} \sum_{k=1}^{M} \frac{\left(\frac{\gamma_0}{\overline{\gamma}}\right)^{k-1}}{(k-1)!} \tag{7.52}$$

对于独立同分布的 Rayleigh 衰落，MRC 的平均误码率可近似的表示为

$$P_s = \alpha_M Q(\sqrt{\beta_M \gamma_M}) \leqslant \alpha_M \exp(-\beta_M \gamma_M/2) = \alpha_M \exp[-\beta_M(\gamma_1 + \cdots + \gamma_M)/2] \tag{7.53}$$

高信噪比条件下，可近似表示为

$$P_s \leqslant \alpha_M \left(\frac{\beta_M \bar{\gamma}}{2}\right)^{-M} \tag{7.54}$$

显然，上式意味着高信噪比时，MRC 的分集阶数是 M，即 MRC 达到了满分集。

4. 等增益合并

等增益合并(equal-gain combining，EGC)的基本思想是把各条支路信号进行同相后叠加，亦即加权时各支路的权值相同。该方法可避免 MRC 中必须要知道各条支路的信噪比的实时监测。EGC 的性能接近 MRC，文献[41]证实 EDC 相对 MRC 的功率损失小于 1dB。这个损失相对于 MRC 而言换来了低的计算复杂度。

EGC 合并后信号的信噪比为

$$\gamma_M = \frac{\left(\sum_{i=1}^{M} r_i\right)^2}{\mathrm{M}N} \tag{7.55}$$

合成信号信噪比的累积分布函数 CDF 可表示为

$$P_{\gamma_M}(\gamma) = 1 - \mathrm{e}^{-2\gamma/\bar{\gamma}} - \sqrt{\pi\gamma/\bar{\gamma}}\,\mathrm{e}^{-2\gamma/\bar{\gamma}}\left[1 - 2Q(\sqrt{2\gamma/\bar{\gamma}})\right] \tag{7.56}$$

概率密度函数为式(7.56)求微分：

$$p_{\gamma_M}(\gamma) = \frac{1}{\gamma}\mathrm{e}^{-2\gamma_0/\bar{\gamma}} - \sqrt{\pi}\,\mathrm{e}^{-2\gamma/\bar{\gamma}}\left(\frac{1}{\sqrt{4\gamma\bar{\gamma}}} - \frac{1}{\gamma}\sqrt{\frac{\gamma}{\bar{\gamma}}}\right)\left[1 - 2Q(\sqrt{2\gamma/\bar{\gamma}})\right] \tag{7.57}$$

7.2.3 发射分集

空间分集的发射分集即采用多个天线发射，同时采用多个天线后需满足功率约束条件——总的发射功率不变，亦即各个天线上的发射功率之和等于总的发射功率。发射分集特别适合于在发射端的空间以及处理能力相对很充足的系统，譬如蜂窝系统中的基站部分。

发射分集的设计一般与发射端是否知道信道信息相关，当发射端知道信道信息时，发送分集与接收分集很类似。发射端未知信道信息时，一般需要结合空时编码方案获得分级增益。

下文假设接收端已知信道信息，从发射端是否知道信道信息两个方面加以讨论。

1. 发射端已知信道信息

发射端发射的信号为 $s(t)$，总的发送的符号能量为 E_s，通过 M 根天线发射出去，接收端通过一根天线接收，假设发射端已知信道边信息(CSI)，第 i 根天线上的路径增益为 $r_i\mathrm{e}^{\mathrm{j}\theta_i}$。发射端乘以复增益 $\alpha_i = a_i\mathrm{e}^{-\mathrm{j}\theta_i}$ 后第 i 根天线上发射。这个复增益同时实现了上文在接收分集中所需要的信号同相与信道增益加权的功能。此外由于总的发送功率为 E_s，故权值必须满足 $\sum a_i^2 = 1$。

各个天线发送的加权信号在空中相加，最后形成如下的接收信号：

$$r(t)=\sum_{i=1}^{M}a_i r_i s(t) \tag{7.58}$$

同样假设的接收到信号的功率谱密度为 $N_0/2$。加权值设置决定了接收端接收到信号信噪比的高低。显然，与前文中分析的 MRC 分集中类似的方法，使信噪比最大的加权值为

$$a_i=\frac{r_i}{\sqrt{\sum_{i=1}^{M}r_i^2}} \tag{7.59}$$

此时，接收到信号的信噪比为

$$\gamma_\Sigma=\frac{E_s}{N_0}\sum_{i=1}^{M}r_i^2=\sum_{i=1}^{M}\gamma_i \tag{7.60}$$

式中，$\gamma_i=r_i^2E_s/N_0$ 为第 i 根发射天线与接收天线之间的支路的信噪比。显然，在发射端已知信道边信息时，发射分集与接收的 MRC 分集类似，其接收信噪比也是各支路信噪比之和。

当各个天线的路径增益相同时，即 $r_i=r$ 时，接收信道的信噪比是 $\gamma_\Sigma=Mr^2E_s/N_0$，是单天线的 M 倍。亦即采用 M 根发送天线时的信噪比是单天线的 M 倍，即阵列的增益是 M。

发送分集实现的主要困难在于发送端必须要知道信道的信息，包括相位与幅度两个方面。具体实现中具有两种方法：一种方法为接受端利用导频测量信道，再将测量结果反馈给发送端；另一种方法为利用信道特性的互易性，如在时分双工蜂窝系统中，基站可以测量得到移动台到基站的信道的相位与幅度，然后把这个测量结果作为基站向移动台发送时的信道信息。

2. 发射端未知信道信息

现在考虑发送端不知道信道信息，即不知道路径增益为 $r_i\mathrm{e}^{\mathrm{j}\theta_i}$，这种情况下如何实现分集并不十分明显。考虑最简单的两根发送天线的情况。假设每根先到的增益为

$$h_i=r_i\mathrm{e}^{\mathrm{j}\theta_i},\ i=1,\ 2 \tag{7.61}$$

且假设其为均值为 0、方差为 1 的相互独立复高斯随机变量。发送信号 $s(t)$ 的符号能量为 E_s。两根发射天线、在不知信道特性的条件下，一般功率平均分配。每根天线的发送信号为

$$s_i=\sqrt{0.5}s(t) \tag{7.62}$$

接收信号为

$$r(t)=\sqrt{0.5}(h_1+h_2)s(t) \tag{7.63}$$

式中，h_1+h_2 为两个均值为 0、方差为 1 的相互独立的复高斯随机变量之和，其也为复高斯随机变量，且均值为 0、方差为 2。故 $\sqrt{0.5}(h_1+h_2)$ 为均值为 0、方差为 1 的复高斯随机变量。故此时结果与单根发送天线相同，不能对天线的能量进行加权分配，无性能优点。

此时可以采取适当的天线技术，那么即使没有信道信息，也能够获得发送天线的分集。

典型的方案是发送端的 Alamouti 分集方案，其结合了空间与时间分集。Alamouti 方案针对两根发送天线的数字通信系统，它占用两个符号的周期并且在这段时间内假设信道的增益不变。具体如图 7.8 所示。

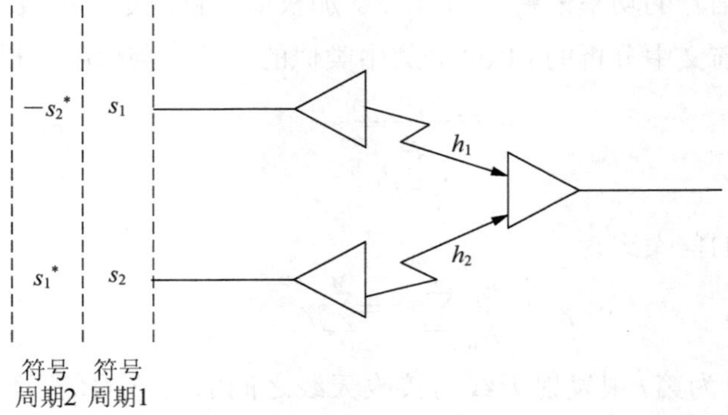

图 7.8　Alamouti 方案原理框图

在第一个符号周期内，天线 1 与天线 2 分别发送不同的符号 s_1 与 s_2，每个符号的能量为 $E_s/2$，在下一个符号周期内天线 1 发送 $-s_2^*$，天线 2 发送 s_1^*，每个符号的能量也为 $E_s/2$。

假设第 i 个发送天线与接收天线之间的信道复增益为 $h_i = r_i e^{j\theta_i}$，$i=1, 2$。则在两个符号周期内接收到得信道分别为

$$
\begin{aligned}
y_1 &= \sqrt{\frac{E_s}{2}} h_1 s_1 + \sqrt{\frac{E_s}{2}} h_2 s_2 + n_1 \\
y_2 &= -\sqrt{\frac{E_s}{2}} h_1 s_2^* + \sqrt{\frac{E_s}{2}} h_2 s_1^* + n_2
\end{aligned} \tag{7.64}
$$

式中，n_i 为第 i 个发送周期内接收端的加性高斯白噪声的样值，且其均值为 0，发差为 N_0。

式(7.64)写成矩阵形式为

$$
\bar{y} = \begin{bmatrix} y_1 \\ y_2^* \end{bmatrix} = \sqrt{\frac{E_s}{2}} \begin{bmatrix} h_1 & h_2 \\ h_2^* & -h_1^* \end{bmatrix} \begin{bmatrix} s_1 \\ s_2 \end{bmatrix} + \begin{bmatrix} n_1 \\ n_2^* \end{bmatrix} = \sqrt{\frac{E_s}{2}} H_{\text{eff}} \bar{s} + \bar{n} \tag{7.65}
$$

令 $\bar{z} = H_{\text{eff}}{}^H \bar{y}$，则

$$
\bar{z} = \sqrt{\frac{E_s}{2}} \|H\|_F^2 I \bar{s} + \tilde{n} \tag{7.66}
$$

式中，$H_{\text{eff}}{}^H H_{\text{eff}} = \|H\|_F^2 I = (|h_1|^2 + |h_2|^2) I$，$\tilde{n} = H_{\text{eff}}{}^H \bar{n}$ 为均值为 0、协方差矩阵 $(|h_1|^2 + |h_2|^2) I N_0$ 的复高斯噪声矢量。

根据式(7.66)，可得

$$
z_i = \sqrt{\frac{E_s}{2}} \|H\|_F^2 s_i + \tilde{n}_i,\quad i=1, 2 \tag{7.67}
$$

对应的信噪比为

$$
\gamma_i = \frac{(|h_1|^2 + |h_2|^2) E_s}{2N_0} \tag{7.68}
$$

显然接收信号的信噪比为各支路信噪比之和除以 2。亦即，虽然发送端不知道信道信息，采用 Alamouti 方案后，分集的阶数依然可以达到 2，是两天线发送分集可能达到的最大值。但是由式(7.68)可求得阵列的增益为 1，而 MRC 的阵列增益与分集增益都为 2。

Alamouti 方案可以推广到多天线的情况，推广后即为 MIMO 系统的正交空时分组编码。

7.3　均 衡 技 术

在低速无线传输系统中，符号间干涉的影响并不严重。而在较高速度的传输系统中，多径效应及频率选择性衰落等造成的 ISI 影响就非常严重，而多径传输导致的 ISI 是无线通信中，需要解决的一个重要的问题。通常可采用信号处理的技术来对抗 ISI，可以在发送端采用不受时延扩展的技术：扩频、多载波调制，也可以在接收端采用均衡技术来对抗 ISI。均衡实质是信道的逆滤波，采用适当有效的自适应均衡技术，可以克服数据传输在频带利用率、误码率性能以及传输速率上的许多缺点。

通常在无线通信中码元周期 T_s 与信道的均方根时延扩展 σ_{T_m} 可以比拟时，就需要考虑 ISI 问题。高的数据速率对时延扩展的敏感性比较明显。对抗时延扩展带来的影响是高速无线数据传输所面临的重要挑战。

均衡时克服 ISI 的一种技术，其可以在频域实现也可以在时域实现。在频域实现的频域均衡通过分别校正系统的幅频和群时延特性来实现，用于早期固定有线传输网络；时域实现的时域均衡从时间响应角度使系统冲击响应满足无 ISI 条件。

经过均衡器后的信号同时有信号与噪声，噪声经过均衡器后有可能被放大，因此均衡器的设计需要在 ISI 与噪声的增强之间取得平衡。线性均衡系统与非线性均衡系统的噪声增强问题各不相同，复杂度也相对差异较大。均衡器在具体实现中需要知道信道的冲激相应或者频率响应，考虑到无线信道的时变特性，均衡器需要首先顾及信道的频率或者冲激响应，并且随着信道的变化随时的更新顾及值，前者一般称为均衡器的训练过程，后者称为均衡器的跟踪过程，能够进行训练与跟踪的均衡器可以自动的适应信道的变化，称为自适应均衡。通常信道变化越快，均衡器的训练与跟踪会变得越困难。

7.3.1　噪声的增强

均衡器的目的是消除 ISI 的影响，但是必须同时考虑噪声功率增强的问题。

如图 7.9 所示，发送信号 $s(t)$ 经过一个频率响应为 $H(f)$ 的信道，在接收机前端叠加了高斯白噪声 $n(t)$，从而输出信号为 $Y(f)=S(f)H(f)+N(f)$，其中 $N(f)$ 为功率谱密度为 $N_0/2$ 的白噪声。

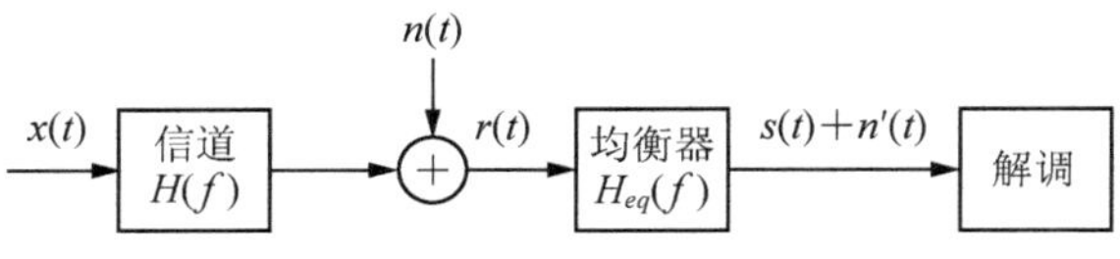

图 7.9　均衡器中的噪声增强模型

如果完全消除码间干扰，则均衡器为

$$H_{eq}(f)=1/H(f) \tag{7.69}$$

经过均衡之后的接收信号为

$$[X(f)H(f)+N(f)]H_{eq}(f)=S(f)+N'(f) \tag{7.70}$$

式中，$N'(f)$ 为有色高斯噪声，其功率谱密度为 $\dfrac{N_0}{|H(f)|^2}$。

虽然 ISI 被消除了，但是假如 $H(f)$ 在带内有零点，则在零点频率处，噪声的功率将被无限放大，如图 7.10 所示。或者没有零点，但是在某些频率处有非常大的衰减，则经过均衡后，这些频率上的噪声也会被显著放大。

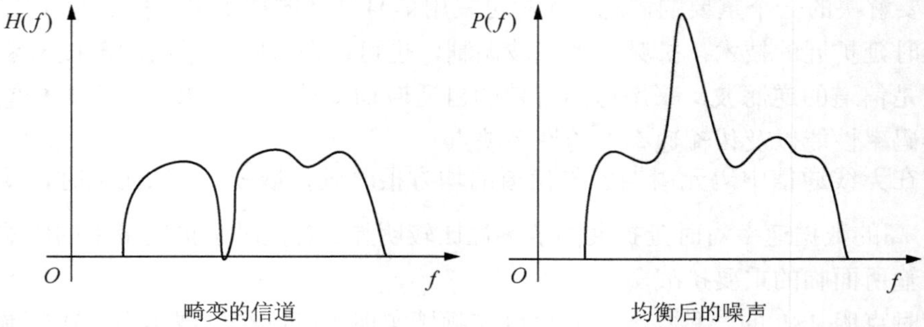

图 7.10　噪声增强示意图

故均衡器的设计，应在消除 ISI 的同时，最大化输出信噪比。一般均衡器的设计必须在消除 ISI 与噪声增强之间取得平衡。一般线性均衡器的基本原理是将信道进行反转，噪声增强的问题比较大，相对而言，非线性均衡中噪声增强的问题比较小，但是复杂度高。

7.3.2　折叠谱与无 ISI 传输

均衡器通常采用数字方式实现，端到端的等效基带系统如图 7.11 所示。输入的符号 d_k 首先经过脉冲成形滤波器 $g(t)$，然后在等效基带冲激相应为 $c(t)$ 的无线衰落信道上传输。可定义组合信道的冲激相应为 $h(t)=g(t)\otimes c(t)$。则信息序列 $d(t)=\sum_k d_k\delta(t-kT_s)$ 经过信道后为 $d(t)\otimes g(t)\otimes c(t)$，通常成形滤波器 $g(t)$ 可根据需要进行设计以改善信号的频谱性能，但是信道特性 $c(t)$ 不受设计者控制。

在接收机前端，接收信号叠加了等效的低通高斯白噪声 $n(t)$，其单边功率谱密度为 N_0。此信道经过匹配滤波器 $g_m(t)$ 后得到等效的基带输出 $y(t)$。匹配滤波器的目的是使抽样后的离散信号信噪比最大化。理想情况下匹配滤波器 $g_m(t)$ 应该与组合信道的冲激相应为 $h(t)$ 相匹配，但是由于信道的冲激相应 $c(t)$ 是时变的，故一般情况下，可设计 $g_m(t)$ 与成形滤波器 $g(t)$ 相匹配，这样的设计在 $c(t)=\delta(t)$ 是最优的，在 $c(t)\neq\delta(t)$ 时是次优的。由于 $g_m(t)$ 与 $h(t)$ 的不匹配会造成系统性能的降低，也会使得接收端对定时误差更为敏感，在这样的情况下可采用分数抽头均衡(fractionally spaced equalization)加以克服，即以比符号速率打得

多的速率对 $y(t)$ 进行抽样，具体参见文献[42]。

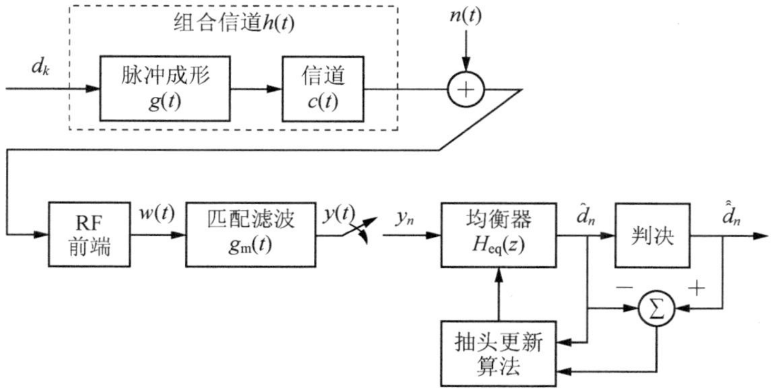

图 7.11　含均衡器的等效基带系统

均衡器的输出是对发送符号的估计，这个估计值被判决为一个可能的发送符号。在均衡器的训练阶段，抽头更新算法利用均衡器的输出来更新抽头值，以使均衡器的输出与已知训练序列相匹配，在跟踪阶段则利用符号的判决误差来调整均衡器的系数。

发射端脉冲成形、信道、匹配滤波器的合成等效低通冲激响应为

$$f(t)=g(t)\otimes c(t)\otimes g_m(t) \tag{7.71}$$

则匹配滤波器的输出为

$$y(t)=d(t)\otimes f(t)+n_g(t)=\sum d_k f(t-kT_s)+n_g(t) \tag{7.72}$$

式中，$n_g(t)=n(t)\otimes g_m(t)$ 是均衡器输入端的等效低通噪声。式(7.72)离散化后可表示为

$$\begin{aligned} y_n&=\sum d_k f[(n-k)T_s]+n_g(nT_s)\\ &=d_n f_0+\sum_{k\neq n} d_k f_{n-k}+v_n \end{aligned} \tag{7.73}$$

式中，第一项为期望的数据比特；第二项为 ISI；第三项为噪声的抽样。显然，由上式可知，不存在 ISI 的条件是

$$f_{n-k}=0,\ \forall k\neq n \tag{7.74}$$

即

$$f_k=\delta(k)f_0 \tag{7.75}$$

此时，式(7.73)变为

$$y_n=d_n f_0+v_n \tag{7.76}$$

下面来证明满足 ISI 传输，即式(7.75)成立的充要条件是

$$F_\Sigma(f)=\frac{1}{T_s}\sum_{n=-\infty}^{\infty}F\left(f+\frac{n}{T_s}\right)=f_0 \tag{7.77}$$

式中，$F_\Sigma(f)$ 为周期为 $1/T_S$ 的周期函数，即折叠谱，上式的物理含义是折叠谱是平坦的。

首先，可知

$$f_k = f(kT_s) = \int_{-\infty}^{\infty} F(f) e^{j2\pi fkT} df$$
$$= \sum_{n=-\infty}^{\infty} \int_{0.5(2n-1)/T_s}^{0.5(2n+1)/T_s} F(f) e^{j2\pi fkT_s} df$$
$$= \sum_{n=-\infty}^{\infty} \int_{-0.5/T_s}^{0.5T_s} F\left(f' + \frac{n}{T_s}\right) e^{j2\pi(f' + \frac{n}{T_s})kT_s} df \tag{7.78}$$
$$= \int_{-0.5/T_s}^{0.5T_s} e^{j2\pi fkT_s} \left[\sum_{n=-\infty}^{\infty} F\left(f + \frac{n}{T_s}\right) \right] df$$

式(7.78)表明 $F_{\Sigma}(f)$ 的傅里叶级数为

$$F_{\Sigma}(f) = \frac{1}{T_s} \sum_k f_k e^{-j2\pi fkT_s} \tag{7.79}$$

首先证明 $f_k = \delta(k) f_0 \Leftarrow F_{\Sigma}(f) = \frac{1}{T_s} \sum_{n=-\infty}^{\infty} F\left(f + \frac{n}{T_s}\right) = f_0$。将式(7.77)代入式(7.78)可得

$$f_k = T_s \int_{-0.5/T_s}^{0.5T_s} e^{j2\pi fkT_s} f(0) df = \frac{\sin(\pi k)}{\pi k} f_0 = \delta(k) f_0 \tag{7.80}$$

再证明 $f_k = \delta(k) f_0 \Rightarrow F_{\Sigma}(f) = \frac{1}{T_s} \sum_{n=-\infty}^{\infty} F\left(f + \frac{n}{T_s}\right) = f_0$。根据式(7.78)及折叠谱的定义可得

$$f_k = T_s \int_{-0.5/T_s}^{0.5T_s} e^{j2\pi fkT_s} F_{\Sigma}(f) df = \delta(k) f_0 \Rightarrow F_{\Sigma}(f) = f_0 \tag{7.81}$$

一般讨论的线性均衡器的结构中，均衡器抽头之间的间隔为码元的间隔，采样率为 f_s，故通常称为波特率均衡器、码率均衡器。但是波特率均衡器存在一些缺点，通常分数间隔均衡器要比波特率均衡器优越。

波特率均衡器存在的缺点在于采用的速率采样小于奈奎斯特采样率，均衡器输入信号的频谱会发生混叠。

$$Y_T(f) = \frac{1}{T_s} \sum_n Y\left(f - \frac{n}{T_s}\right) \tag{7.82}$$

这样均衡器只能补偿混叠后的频谱特性，并不能补偿信道中的固有畸变。此时，提高采样率，避免频谱混叠，则可以补偿信道畸变。同时分数间隔均衡器不仅对接收机的采样时间不敏感，而且可以有效的减少均衡后的均方误差。

7.3.3　均衡器的类型

如图 7.12 所示均衡技术主要分为线性与非线性两种类型。二者的差别在于均衡器的输出如何用于均衡器的反馈控制。线性均衡器实现简单，易于理解，但是多数无线通信系统并没有采用线性均衡，因为其噪声增强比非线性均衡要大。最常用的非线性均衡器是判决反馈均衡器(decision-feedback equalization，DFE)，其实现简单、性能优越，但是在低信噪比时，DFE 存在误码传播的问题，进而导致性能的恶化。最优的均衡器是最大似然序列估计(maximum likelihood sequence estimation，MLSE)，但是其复杂度随时延的扩展成指数增

长，实际中难以实用。通常 MLSE 可作为比较各种均衡技术的性能上界。

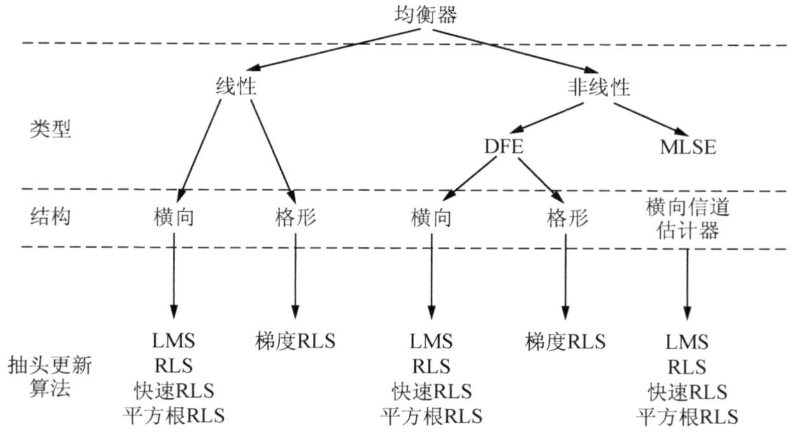

图 7.12　均衡器分类

线性均衡器具有两种常见的实现结构：横向滤波器与格型滤波器。横向滤波器结构简单，适用于衰落深度不是很大的情况，均衡器对深衰落的频谱及邻近频谱产生很大增益，从而增加噪声。格型滤波器数值稳定性好，收敛快，并且格型均衡器的特殊结构允许进行最有效长度的动态的调整，因此当信道的时间扩散不明显时可以只用少量的级数实现，当信道的时间扩散特性增强时，均衡器的级数可以由算法自动的增加，并且不用暂停均衡器的操作，但是相对横向滤波器格型均衡器的结构要复杂得多。

非线性均衡器适用于深度衰落很大的情况。但算法相对复杂，且稳定性差和收敛时间长。常见的有 DFE、MLSE 等。

1. 线性均衡器

如果折叠谱 $F_{\Sigma}(f)$ 不平坦，则需要采用均衡器来减小 ISI，如图 7.11 所示，考虑一个抽头数为 $N=2L+1$ 的横向滤波器

$$H_{\text{eq}}(z)=\sum_{i=-L}^{L}\omega_i z^{-i} \tag{7.83}$$

通常均衡器的长度 N 的选择需要根据具体的实现上的考虑来确定，通常 N 越大，实现的复杂度越高、实现的延时越大。对于一个因果均衡器，$\omega_i=0,\ i<0$，确定抽头数 N 后，均衡器设计的主要工作：给定信道的频率响应时，计算各抽头的值；信道变化时，确定抽头系数的更新算法。

均衡器系数的确定通常需要根据一定的准则来确定。通信系统中最常用的准则是最小误码率准则，但是根据该准则来优化系数具有很大的难度。通常可通过一些间接的优化来减小 ISI，同时在设计中尽量的避免前文中提到的噪声增强问题。

常用的均衡器系数确定准则主要有两种：峰值失真准则与最小均方误差(minimum mean-square error，MMSE)准则。

峰值失真准则的基本思想如下

首先定义一个简单的性能指标——在均衡器输出端最坏情况下的符号间干扰 ISI 值：

$$D = \frac{1}{y_0} \sum_{\substack{n=-K \\ n \neq 0}}^{K} |y_n| \tag{7.84}$$

寻求这个性能指标下的最小化即为峰值失真准则。

MMSE 准则综合考虑了均衡器输出端既存在 ISI 也存在加性噪声的情况，并以 MMSE 准则来计算横向滤波器的抽头系数。均方误差为

$$J = E\left[e_n^2\right] = E\left[(\hat{d}_n - d_n)^2\right] \tag{7.85}$$

对应这两种准则的线性均衡器为迫零(zero-forcing，ZF)均衡器与 MMSE 均衡器。

1) ZF 均衡器

式(7.73)说明均衡器的输入可用组合信道的等效低通冲激相应表示，z 域可表示为

$$\begin{aligned} Y(z) &= D(z)F(z) + N_g(z) \\ F(z) &= H(z)G^*(1/z^*) = \sum_n f_n z^{-n} \end{aligned} \tag{7.86}$$

式中，$N_g(z)$ 为匹配滤波器输出的噪声样值的 z 变换。ZF 均衡器将消除由 $f(t)$ 引入的所有的 ISI，此时能够实现这一目的的均衡器为

$$H_{\text{eq}}(z) = \frac{1}{F(z)} \tag{7.87}$$

式(7.87)是式(7.69)离散化后的表示，同样也存在噪声增强的问题，输出噪声样值的功率谱密度函数为

$$N(z) = \frac{N_0}{|H(z)|^2} \tag{7.88}$$

显然，当信道 $H(z)$ 在信道带内的某个频率处受到严重的衰减时，噪声的功率将会显著的加强。而这种状况在频率选择性信道中非常的常见，在实际的应用中必须要考虑消除 ISI 与噪声增强之间的平衡。

实际中均衡器不一定能够用一个 FIR 滤波器来实现 $\sum_{i=-L}^{L} \omega_i z^{-i} = \frac{1}{F(z)}$，此时，需要合适的系数，来最佳地近似 ZF 均衡。常用的方法之一为将 $H_{\text{eq}}(z)$ 表示为 IIR 的形式 $\frac{1}{F(z)} = \sum_{i=-\infty}^{\infty} c_i z^{-i}$，然后取 $\omega_i = c_i$，该方法可以使 $\left|\frac{1}{F(z)} - \sum_{i=-L}^{L} \omega_i z^{-i}\right|^2$ 在 $z = e^{\omega}$ 时最小。其他的一些方法(如最小下降法)也可以实现抽头系数的求解[42]。

2) MMSE 均衡器

MMSE 均衡器的目标是使发送符号 d_k 与均衡器输出 $\hat{d}_k$ 之间均方误差最小化：

$$J = E\left[(d_k - \hat{d}_k)^2\right] \tag{7.89}$$

需要通过选择合适的滤波器权值 $\{\omega_i\}$，方能实现 J 的最小化。MMSE 均衡器是线性均

衡器，其输出是输入样值$\{y_k\}$的线性组合，可表示为

$$\hat{d}_k=\sum_{i=-L}^{L}\omega_i y_{k-i} \tag{7.90}$$

故求解最优系数$\{\omega_i\}$的问题是一个标准的线性估计问题。此时，如果均衡器的输入噪声是白噪声，则该问题是一个标准的维纳滤波问题。但是由于接收端的存在一个匹配滤波器，输入到均衡器的噪声是色噪声，其功率谱密度为$N_0G^*(1/z^*)$。故通常先将噪声白化后再进行处理，亦即滤波器$H_{\text{eq}}(z)$分为两个部分：噪声的白化部分$1/G^*(1/z^*)$与消除 ISI 部分$\hat{H}_{\text{eq}}(z)$，具体如图 7.13 所示。

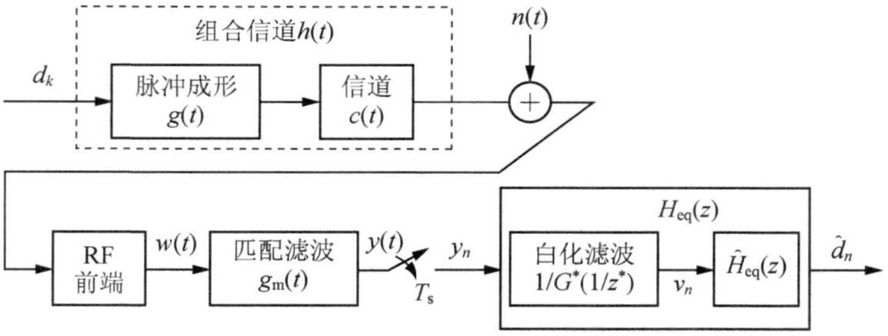

图 7.13　MMSE 均衡器

白化滤波器$1/G^*(1/z^*)$的目的是使输入的色噪声变为白噪声，亦即功率谱密度函数变为常数，经过白化滤波器之后的噪声的功率谱密度为$N_0/2$。当然白化滤波器的选择有多种方法与类型，还可以考虑稳定性等其他因素。

这样在接收机前端增加匹配滤波器最大化抽样值的信噪比后，噪声变为色噪声，再通过白化滤波器对噪声白化处理，噪声又恢复为白噪声，经过这样的处理可简化 MMSE 均衡器$\hat{H}_{\text{eq}}(z)$的设计，显然如果白化滤波器的性能不理想将会影响均衡器$\hat{H}_{\text{eq}}(z)$的设计。

考虑 MMSE 均衡器的抽头数为$N=2L+1$：

$$\hat{H}_{\text{eq}}(z)=\sum_{i=-L}^{L}\omega_i z^{-i} \tag{7.91}$$

假设均衡器的输入为$\{v_n\}$，则均衡器的输出可表示为

$$\hat{d}_k=\bar{\omega}^T\bar{v}=\bar{v}^T\bar{\omega} \tag{7.92}$$

式中，$\bar{v}^T=(v_{K+L},v_{K+L-1},\cdots,v_{K-L})$为输入向量；$\bar{\omega}^T=(\omega_{K+L},\omega_{K+L-1},\cdots,\omega_{K-L})$为滤波器系数。要最小化均方误差：

$$\begin{aligned}J&=E\left[(d_k-\hat{d}_k)^2\right]=E[\bar{\omega}^T\bar{v}\bar{v}^H\bar{\omega}^*-2Re(\bar{v}^H\bar{\omega}^*d_k)+|d_k|^2]\\&\triangleq\bar{\omega}^T M_v\bar{\omega}^*-2Re(\bar{v}_d\bar{\omega}^*)+1\end{aligned} \tag{7.93}$$

式中，$M_v=E[\bar{v}\bar{v}^H]$、$\bar{v}_d=E[\bar{v}^H d_k]$。对式(7.93)，令其梯度为 0，可得

$$\nabla J=2(\bar{\omega}^T M_v-\bar{v}_d)=0 \tag{7.94}$$

从而可得

$$\overline{\omega}_{\text{opt}} = (M_v^{\ T})^{-1}\overline{v}_d^{\ T} \tag{7.95}$$

$$J_{\min} = 1 - \overline{v}_d M_v^{\ -1}\overline{v}_d^{\ H} \tag{7.96}$$

此时若不考虑滤波器的因果性，采用 IIR 的形式实现，同时假设匹配滤波器与信道 $h(t)$ 完全匹配则均衡器消除 ISI 部分可表示为[41]

$$\widehat{H}_{\text{eq}}(z) = \frac{H^*(1/z^*)}{F(z)+N_0} \tag{7.97}$$

进一步可得

$$H_{\text{eq}}(z) = \frac{\widehat{H}_{\text{eq}}(z)}{H^*(1/z^*)} = \frac{1}{F(z)+N_0} \tag{7.98}$$

显然由式(7.98)可知：

(1) 理想 IIR MMSE 均衡器抵消了噪声白化滤波器。

(2) 对比 ZF 均衡器的表达式(7.87)，MMSE 均衡器在不考虑噪声项时与迫零均衡器一致。

(3) MMSE 均衡器，同时考虑了信道的反转与噪声增强之间的平衡。虽然信道 $F(z)$ 在某一个频点会有严重的衰减，但是考虑到噪声项 N_0 之后，可防止输出噪声的显著的增强。在高信噪比是，MMSE 均衡器实际上是反转了 $F(z)$。

文献[41]给出了 MMSE 均衡的最小均方误差：

$$J_{\min} = T_s \int_{-0.5T_s}^{0.5T_s} \frac{N_0}{F_{\Sigma}(f)+N_0} \mathrm{d}f \tag{7.99}$$

显然，$0 \leqslant J_{\min} \leqslant 1$。

2. 最大似然序列估计

最大似然序列估计(MLSE)是对发送的符号序列的估计，显然由于其不使用滤波器，故不存在噪声增强的问题。其结构如图 7.14 所示。当脉冲成形与信道响应的组合信道响应 $h(t)$ 确定时，MLSE 算法根据接收到的信号 $w(t)$，选择出具有最大似然值的输入序列 $\{d_k\}$。

考虑时间间隔 $[0, LT_s]$ 内的接收信号 $w(t)$，可表示为

$$w(t) = \sum_{n=1}^{N} w_n \phi_n(t) \tag{7.100}$$

式中，$\{\phi_n(t)\}$ 为一组完备的正交函数集。

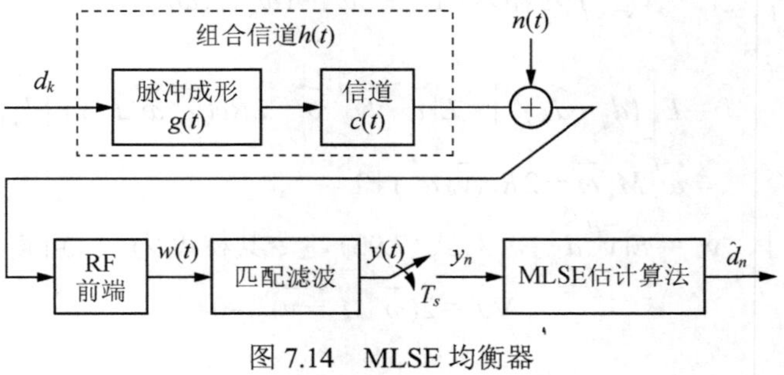

图 7.14　MLSE 均衡器

在时间间隔$[0, LT_s]$内，接收信号取决于输入序列$[d_0, \cdots, d_L]$，故N与信道的记忆性有关，可得

$$w_n = \sum_{k=-\infty}^{\infty} d_k h_{n,k} + v_n = \sum_{k=0}^{L} d_k h_{n,k} + v_n \tag{7.101}$$

式中

$$h_{n,k} = \int_0^{LT_s} h(t-kT_s)\phi_n^*(t)\mathrm{d}t$$
$$v_n = \int_0^{LT_s} n(t)\phi_n^*(t)\mathrm{d}t$$

v_n 为复高斯随机变量，其均值为 0，方差$E[v_n^* v_m] = \frac{N_0}{2}\delta_{n-m}$。故接收矢量$\overline{\boldsymbol{w}} = [w_1, \cdots, w_L]$的概率密度函数为

$$p\left[\overline{\boldsymbol{w}}\middle| d^L, h(t)\right] = \prod_{n=1}^{N}\left[\frac{1}{\sqrt{\pi N_0}}\exp\left(-\frac{\left|w_n - \sum_{k=0}^{L} d_k h_{n,k}\right|^2}{N_0}\right)\right] \tag{7.102}$$

在给定接收 $w(t)$ 或者接收矢量 $\overline{\boldsymbol{w}}$ 时，MLSE 将其译为 d^L。此序列能使似然比函数$p\left[\overline{\boldsymbol{w}}\middle| d^L, h(t)\right]$最大化，即 MLSE 的输出序列为

$$\begin{aligned}
\hat{d}^L &= \arg\max\left\{\log_{10} p[\overline{\boldsymbol{w}}| d^L, h(t)]\right\} \\
&= \arg\max\left[-\left|w_n - \sum_{k=0}^{L} d_k h_{n,k}\right|^2\right] \\
&= \arg\max\left[\begin{array}{l} -\sum_{n=1}^{N}|w_n|^2 + \sum_{n=1}^{N}\left(w_n^*\sum_k d_k h_{n,k} + w_n\sum_k d_k^* h_{n,k}^*\right) \\ -\sum_{n=1}^{N}\left(\sum_k d_k h_{n,k}\right)\left(\sum_k d_k^* h_{n,k}^*\right)\end{array}\right] \\
&= \arg\max\left[\begin{array}{l} 2Re\sum_k\left(d_k\sum_{n=1}^{N} w_n h_{n,k}\right) \\ -\sum_k\sum_m d_k d_m \sum_{n=1}^{N} h_{n,k} h_{n,k}^* \end{array}\right]
\end{aligned} \tag{7.103}$$

利用

$$\begin{aligned}
&\sum_{n=1}^{N} w_n h_{n,k} = \int w(\tau)h^*(\tau - kT_s)\mathrm{d}\tau = y_k \\
&\sum_{n=1}^{N} h_{n,k} h_{n,k}^* = \int h(\tau - kT_s)h^*(\tau - mT_s)\mathrm{d}\tau = u(k-m)
\end{aligned} \tag{7.104}$$

可得

$$\hat{d}^L = \arg\max\left[2Re\sum_k(d_k y_k) - \sum_k\sum_m d_k d_m u(k-m)\right] \tag{7.105}$$

由式(7.105)可知：

(1) MLSE 输出只与抽样值 $\{y_k\}$ 及信道参数 $u(k-m)$ 有关。

(2) MLSE 是从匹配滤波器之前信道输出 $w(t)$ 导出的，故匹配滤波器对应于组合信道时 $h(t)$ 时最佳。

此外，可采用维特比算法来降低 MLSE 算法的复杂度[41][42][43]，但复杂度依然与时延扩展成指数增长。

3. 判决反馈均衡

MLSE 的算法复杂度很高，非线性均衡技术——判决反馈均衡器(DFE)可大大降低算法复杂度。判决反馈均衡器具体结构如图 7.15 所示。

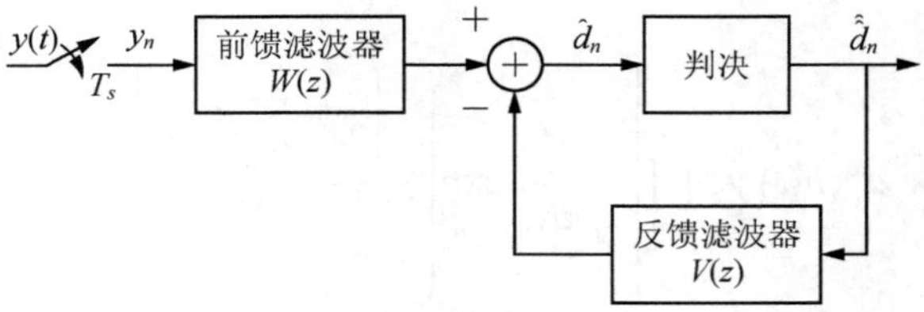

图 7.15　判决反馈均衡器结构示意图

前馈滤波器 $W(z)$ 的输入是接收序列，反馈滤波器 $V(z)$ 的输入是已判决后的序列。判决反馈均衡器将已经判决后的序列 $\hat{\hat{d}}_n$ 通过反馈滤波器来近似前端所导致的 ISI(包括组合信道 $F(z)$ 与前馈滤波器 $W(z)$ 卷积后联合导致的 ISI)，从而实现在接收符号中减去 ISI。由于反馈滤波器 $V(z)$ 处于一个反馈的环路中，故其必须是因果的，否则系统将会变得不稳定。反馈滤波器 $V(z)$ 的作用是近似信道的频率响应，而不是进行信道的反转，所以不会出现噪声增强的问题。一般情况下即使信道的频率响应具有很多深度的衰落，判决反馈均衡器的性能也比线性均衡器要好得多。

判决反馈均衡器的数学表达式为

$$\hat{d}_k = \sum_{n=-N_1}^{0} w_n y_{k-n} - \sum_{n=1}^{N_2} v_n \hat{\hat{d}}_{k-n} \tag{7.106}$$

前馈滤波器 $W(z)$ 与反馈滤波器 $V(z)$ 系数的确定准则通常采用迫零或者 MMSE 准则，前者要消除所有的 ISI，后者最小化均衡器的输出与原始符号之间的均方误差。

当使用迫零准则时，文献[42]给出了当接收端的匹配滤波器与信道特性理想匹配时 $g_m(t)=h^*(-t)$，前馈滤波器 $W(z)$ 与反馈滤波器 $V(z)$ 的表达式：

$$W(z) = 1/\lambda^2 B_1^*\left(\frac{1}{z^*}\right) \tag{7.107}$$

$$V(z) = 1 - B_1(z) \tag{7.108}$$

式中，λ 由式 $H(z)H^*\left(\frac{1}{z^*}\right)=\lambda^2 B_1(z)B_1^*\left(\frac{1}{z^*}\right)$ 确定；$B_1(z)$ 为首项系数归一化的因果滤波器。

当使用 MMSE 准则时，目的是使 $J=E[(d_k-\hat{d}_k)^2]$ 最小。零 $B_1(z)$ 对应的逆 z 变换为

$\{b_n\}$，则前馈滤波器的系数必须满足

$$\sum_{i=-N_1}^{0} q_{li}\hat{w}_i = b^*_{-l} \tag{7.109}$$

式中，$q_{li}=\sum_{j=-l}^{0} b^*_j b_{j+l-i}+N_0\delta[l-i]$，$i=-N_1$，…，0。前后滤波器确定后，再计算反馈滤波器的系数：

$$v(k)=-\sum_{i=-N_1}^{0} \hat{w}_i b_{k-l} \tag{7.110}$$

文献[44]给出了 MMSE 准则的判决反馈均衡器的最小均方误差：

$$J_{\min}=E\left[\left|e(n)\right|^2\right]=\exp\left\{T\int_{-0.5/T_s}^{0.5/T_s} \ln\left[\frac{N_0}{F_\Sigma(f)+N_0}\right]\mathrm{d}f\right\} \tag{7.111}$$

式中，T 为符号周期。

当没有错误判决时，系数可以完全的消除 ISI。判决错误可以忽略时，判决反馈均衡的最小均方误差通常比线性均衡器要低。但是当判决误差不可忽略时，反馈路径消除的 ISI，并非真正的 ISI，这样会导致误差传播到后面的比特判决中。

7.3.4　自适应均衡

如图 7.11 所示，对于具体的通信系统，并不知道信道的冲激相应 $c(t)$，而前文主要针对的是已知信道的冲激相应(或者频率响应)时如何设计均衡器。故所设计的均衡器必须能够根据信道的情况对均衡器进行调整，亦即根据信道的冲激相应 $c(t)$ 随时间变化的规律，通信系统必须要定期的估计信道 $c(t)$，并更新均衡器的系数，以适应信道响应的变化。通常这一过程称之为均衡器的训练或自适应均衡[45]；均衡器也可以利用检测数据来调整均衡器的系数，这个过程叫做均衡器的跟踪。盲均衡器不需要训练它直接利用检测到数据来估计信道特性。

假设发射端发送已知的训练序列进行训练。k 时刻，均衡器要根据 k 时刻为止接收到的数据，来更新 $k+1$ 时刻的 $N=1L+1$ 个均衡器系数：

$$\overline{\boldsymbol{\omega}}(k+1)=[\omega_{-L}(k+1),\omega_{-L+1}(k+1),\cdots,\omega_L(k+1)] \tag{7.112}$$

在 MMSE 准则下，权值的更新应该使 $J=E[(d_k-\hat{d}_k)^2]$ 最小，$\hat{d}_k$ 是发送训练序列 d_k 时的判决输出 $\hat{d}_k=\sum_{i=-L}^{L}\omega_i y_{k-i}$。

显然能够使均方误差最小化的系数矢量，可通过维纳滤波获得[2][41][42]：

$$[\omega_{-L}(k+1),\omega_{-L+1}(k+1),\cdots,\omega_L(k+1)]=\boldsymbol{R}^{-1}\boldsymbol{P} \tag{7.113}$$

式中

$$\boldsymbol{P}=d_k(y_{k+L},y_{k+L-1},\cdots,y_{k-L})$$

$$\boldsymbol{R}=\begin{bmatrix} |y_{k+L}|^2 & y_{k+L}y^*_{k+L-1} & \cdots & y_{k+L}y^*_{k-L} \\ y_{k+L-1}y^*_{k+L} & |y_{k+L-1}|^2 & \cdots & y_{k+L-1}y^*_{k-L} \\ \vdots & \ddots & \ddots & \vdots \\ y_{k-L}y^*_{k+L} & \cdots & \cdots & |y_{k-L}|^2 \end{bmatrix}$$

观察式(7.113)可知，系数的求取需要矩阵的求逆，每次迭代的计算量很大[45]，复杂度很高，但是该算法的优点在于收敛速度很多，通常对于 N 抽头的均衡器只需要 N 个符号周期即可完成。

在抽头数 N 比较大时，MMSE 算法的复杂度是制约均衡器实现的严重问题。此时可采用一种简单的最小均方(least means square，LMS)算法[45][46]，通过迭代计算避免对矩阵的直接求逆。LMS 算法对均衡器的抽头系数进行线性更新：

$$\overline{\omega}(k+1)=\overline{\omega}(k)+\Delta\varepsilon_k(y^*_{k+L},\cdots,y^*_{k-L}) \tag{7.114}$$

式中，$\varepsilon_k=d_k-\hat{d}_k$ 为判决比特与训练比特之间的误差；Δ 为算法中的步长，其选取涉及算法的收敛性与稳定性。一般步长较小，则收敛速度慢；步长大，则算法可能不稳定。

LMS 算法一般取较小的步进，收敛慢，但是复杂性低。其他的一些算法 RLS、平方根 LS、快速卡尔曼等的复杂度与性能介于 LMS 与 MMSE 之间。

一般系统中只有在均衡器带来的好处大于费用和功耗损失时，均衡器才会得到应用。均衡器的算法选择及其收敛速度依赖于信道数传速率和信道相干时间，均衡器只能均衡小于或等于滤波器最大延迟的 ISI。自适应算法的选取一般可根据如下的几个准则确定。

(1) 收敛速度：算法进入稳定的迭代次数，即收敛时间。

(2) 调整误差：自适应准则与最佳理论值之间的差距，误差越小，估计的准确度越高。

(3) 计算复杂度：完成迭代的运算次数。

(4) 数值特性：算法用数字逻辑实现时，由于计算引起的误差，影响算法稳定性。

表 7.1 中给出了常见的几种算法的训练与跟踪性能。LMS 算法通过迭代调整抽头系数，使信道和均衡器综合输出的期望值和实际值之间的均方误差最小，特点是实现简单，算法稳定性好，但是其主要确定是收敛速度慢，均衡能力有限，主要用于较慢的、不太深的无线衰落信道。递归最小二乘 RLS 算法通过调整抽头系数，使信道和均衡器综合输出的累计平方误差最小，其特点是收敛速度快，跟踪性能好，缺点是算法较复杂，还要较好的考虑稳定性问题，在无线中适用于快衰落信道。

表 7.1　常见均衡器的性能

算法	运算量	复杂度	训练收敛时间	跟踪
LMS	$2N+1$	低	慢($>10NT_s$)	差
MMSE	$N^2\sim N^3$	非常高	快(NT_s)	好
RLS	$2.5N^2+4.5N$	高	快(NT_s)	好
快速卡尔曼 DFE	$20N+5$	相对低	快(NT_s)	好
平方根 LS DFE	$1.5N^2+6.5N$	高	快(NT_s)	好

7.4　衰落信道下的 Rake 接收及交织

7.4.1　Rake 接收

Rake 接收不同于传统的空间、频率与时间分集技术，它是一种典型的利用信号统计与信号处理技术将分集的作用隐含在被传输的信号之中，因此又称它为隐分集或带内分集。

Rake 技术通常是使用于 CDMA 系统中。其基本原理是利用相关解调，对衰落信道中可以分离的多径信号进行分离和最佳合并。Rake 接收机中利用的独立路径数 L 越多，性能越好。

CDMA 系统中信道的码片速率 T_c 的倒数一般远大于信道的相关带宽，当无线信道传输中出现较大的时延扩展时，可以看作被发送信号的再次发送，只要多径信号之间的相互延时大于一个码片的长度，则可以通过多径的合并来改善信号的信噪比。而在一般的均衡系统中，大于一个码片周期的延时的多径信号被看作不相关的噪声来处理。

频率选择性信道可以利用抽头延迟线模型来描述，则信号经过频率选择性信道后，可表示为

$$r(t)=\sum_{l=0}^{L-1}c_l(t)s\left(t-\frac{l}{W}\right)+n(t) \tag{7.115}$$

式中，W 为信号的带宽，L 为抽头数目，具体如图 7.16 所示。

在 WSSUS 假设下，$c_l(t)$ 是统计独立的复高斯随机过程。在 Rayleigh 衰落信道中 $c_l(t)$ 的模服从 Rayleigh 分布，相位服从均匀分布。

具有抽头权值相互独立的抽头延迟线模型为接收机提供了相同发送信号的 L 个复制。故采用最佳的信号处理的接收机将获得等效于 L 阶的分集增益。

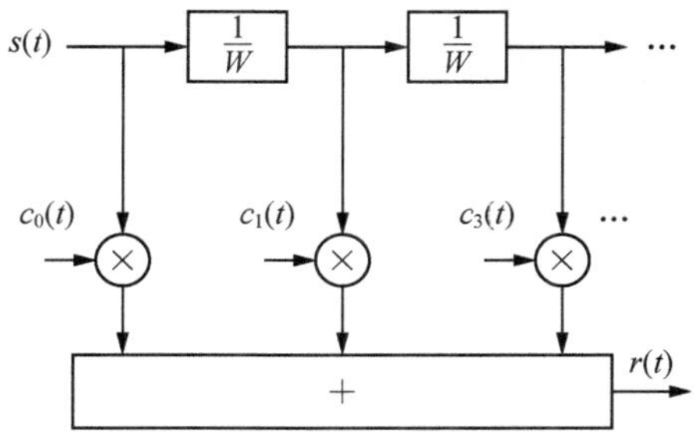

图 7.16　频率选择性信道的抽头延迟线模型

CDMA 系统中，Rake 接收机需要做的工作就是为每个多径信号提供一个单独的相关接收机，从而获得原始发送信号的一个正确的延时版本。具体如图 7.17 所示。

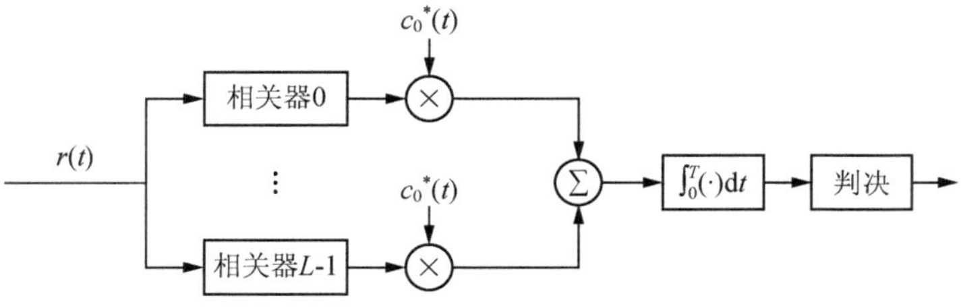

图 7.17　L 条支路 Rake 接收机原理框图

显然，能够正确的对 L 条支路进行分集合并的前提是能够分离出 L 条支路上的信号。在 CDMA 系统中，由于当传播时延超过一个码片周期时，两个信号可看做互不相关，故可很容易的分离出 L 个相互独立的信号。

Rake 接收机的基本思路是 Price 与 Green 于 1958 年提出[47]，在室外环境下，多径信号之间的时延比较大，通过合适的选择码片速率以及合适的扩频码，可以实现多径信号之间的较好的非相关特性。

7.4.2　交织

衰落信道中把编码与交织结合起来运用，以克服突发错误的影响。其基本原理是通过交织器把长突发错误分散到各个码字，这样使接收码字中的错误个数很少，在码字的纠错范围内，突发通过交织器来打散，纠错通过码字来完成。这样交织的长度必须足够大，以使码字中的衰落呈现为独立，慢衰落信道需要更长的交织器，相应就会有更大的延时。

时间交织的本质是重新组合序列以获得时间分集。在传输前将数据时隙进行重组，使属于同一符号的 N 个时隙不再连续传输，而使它们以相当大的时间间隔传输，这样对于 N 个时隙的每一个来说，其幅度和相位在衰落过程的时间变化中相互独立。

交织编码后使脉冲干扰或多径衰落只影响到 N 个时间隙中的一个或若干个，而不是全部，使系统不仅能纠随机错误，而且能纠突发错误。

交织所付出的代价是时延，衰落处理越慢，所需的交织跨距越大，时延也就越大。

交织器将错误在时间上打散，形成一种时间分集。交织后的性能通常采用误码率的分集阶数来衡量，它一般是最小汉明距离的函数。交织编码的设计应使分集阶数最大化。而在 AWGN 信号设计主要考虑的是让欧式距离最大化。

1. 分组交织与去交织

分组码一般采用分组交织来打散衰落带来的突发错误。交织器为一个 $i\times j$ 的阵列。交织后的序列：x_1，x_{j+1}，x_{2j+1}，…，$x_{(i-1)j+1}$。分组交织与去交织如图 7.18 所示。

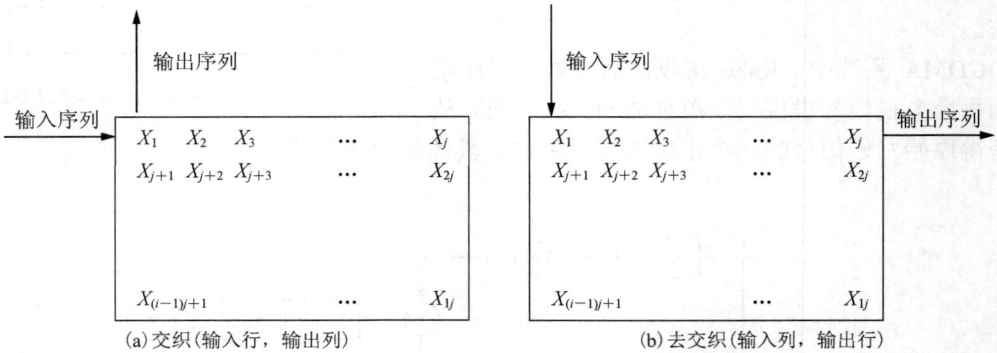

图 7.18　分组交织与去交织

2. 卷积交织与去交织

分组码中，交织器是将突发错误分散到不同的码字中。卷积码由于没有码字的概念，采用的交织器有所不同。

编码器的输出分多路送往多个缓冲器，多路缓冲器的输出复用为一路后经过信道传输。接收端则进行相反的操作。

交织后的序列：x_i，x_{i-j}，x_{i-2j}，…，$x_{i-(I-1)j}$。卷积交织器也可用于分组码，但是多用于卷积码。

交织对于非衰落或固定路径的信号的幅度与相位是没有影响的。在瑞利衰落中，由于交织的作用，给定符号的 N 个时隙是独立的，则 N 越大分集的效果越佳。

卷积交织与去交织如图 7.19 所示。

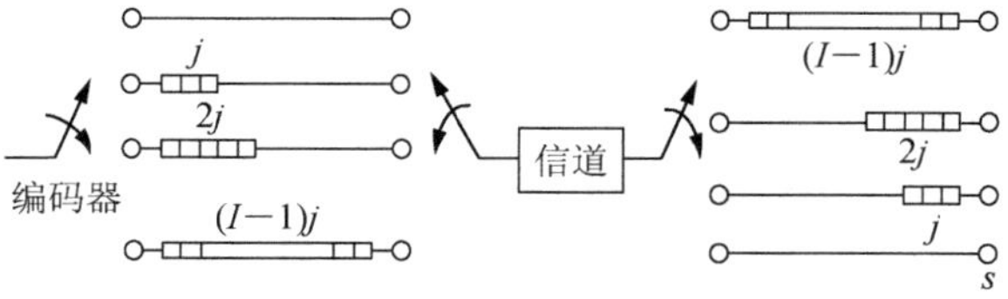

图 7.19　卷积交织与去交织

习　题

7.1　假设某无线信道中的功率随距离的下降的关系为 $p(d)=p_t(d_0/d)^3$，其中 $d_0=10\text{m}$，信道的带宽 $B=30\text{kHz}$，AWGN 的功率谱密度为 $N_0/2$，且 $N_0=10^{-9}\text{W/Hz}$。假设发送功率为 10W，求接收与发送端相距 100m 及 1km 时的信道容量。

7.2　假设信道为平坦衰落信道，增益 $\sqrt{g(i)}$ 为独立分布，且有三种可能的取值：$\sqrt{g(1)}=0.05$，概率 $p_1=0.1$；$\sqrt{g(2)}=0.5$，概率 $p_1=0.5$；$\sqrt{g(3)}=1$，概率 $p_1=0.4$。发送的功率为 10mW，噪声的信道的带宽 $B=30\text{kHz}$，AWGN 的功率谱密度为 $N_0/2$，$N_0=10^{-9}\text{W/Hz}$。假设接收端知道各个瞬时的 $\sqrt{g(i)}$，但发送端未知 CSI，求该信道的香农容量；假设收发两端都知道瞬时的 CSI，信道容量又是多少？

7.3　信道特性同习题 7.2，求收发两端都知道瞬时的 CSI 时信道的零中断容量。

7.4　考虑一个时不变的频率选择性分块衰落信道，它由三个带宽为 1MHz 的子信道组成，频率响应分别为 $H_1=1$，$H_2=2$，$H_3=3$。发送功率上限为 10mW，AWGN 的功率谱密度为 $N_0/2$，$N_0=10^{-9}\text{W/Hz}$。求信道的香农容量及对应的最佳功率分配。

7.5　假设信道为 Rayleigh 信道，调制方式为 BPSK，要求的系统误码率为 10^{-3}。假设各支路的信噪比相同，$\bar{\gamma}=15\text{dB}$。求选择分集的支路数 M 分别为 1、2、3 时的中断概率。

7.6　设信道的频率响应为 $H(f)=1/\sqrt{|f|}$，$|f|\leqslant B$，B 为信道带宽，B 为 30kHz，AWGN 的功率谱密度为 $N_0/2$，$N_0=10^{-9}\text{W/Hz}$。分别求采用与不采用信道反转式均衡器时的噪声的功率。

7.7　假设信道的等效低通冲激响应为 $f(t)=\text{sinc}(t/T_s)$，请通过折叠谱判断是否存在 ISI。

7.8　假设信道的冲激响应为 $h(t)=\begin{cases}e^{-t/\tau}, & t\geqslant 0\\ 0, & t<0\end{cases}$，求信道的 ZF 均衡器。

7.9　若折叠谱 $F_\Sigma(f)$ 平坦并且 $F_\Sigma(f)=f_0$，求信噪比趋于无限大与无限小时，MMSE 均衡的最小均方误差 $J_{\min}$。

7.10　假设一个 5 抽头的均衡器，$0.5T_c$ 重新训练一次，T_c 为信道相干时间。传输的数据与训练序列均为 BPSK 调制，速率为 1Mbit/s。比较 LMS 均衡与快速卡尔曼反馈判决均衡需要的训练序列的长度。若多普勒扩展 80Hz，那么定期训练将使这两种均衡器的速率分别降低多少？各需多大的运算量？

第 8 章　典型无线网络

随着通信技术的发展，会不断地涌现出新的无线网络，旧的无线网络会逐步退出。本章首先对两种典型数字蜂窝系统 GSM 与 IS-95 进行介绍，然后对 WiMAX 和 UMTS 技术的长期演进 LTE(long term evolution)网络的主要技术特点进行描述，并针对其关键技术进行分析。

8.1　GSM

8.1.1　GSM 概述

20 世纪 80 年代中期，当模拟蜂窝移动通信系统刚投放市场时，世界上的发达国家就在研制第二代移动通信系统。其中最有代表性和比较成熟的体制有欧洲的 GSM(global system for mobile communication)、美国的 ADC(D-AMPS)和日本的 JDC(现在改名为 PDC)等数字移动通信系统。在这些数字系统中，GSM 的发展最引人注目。

1991 年 GSM 系统在欧洲开通网络运行，宣告其正式问世。目前，全球有超过 200 个国家和地区的 10 多亿人使用 GSM 电话。GSM 标准的普及使得移动电话运营商之间签署“漫游协定”后用户的国际漫游变得很平常。GSM 与以前的标准相比较而言，最大的不同是信令信道和语音信道都是数字式的。GSM 系统主要有 GSM 900、DCS 1800 和 PCS 1900 三种，三者之间的主要区别是工作频段的差异。

在用户看来，GSM 的主要优势在于可以在更高的数字语音质量或更低费用的 SMS 之间作出选择，网络运营商则可以根据不同的客户定制不同的设备配置。GSM 作为一种开放的标准，提供了更为容易的互操作性。这样，GSM 标准就允许网络运营商提供漫游服务，用户就可以在全球使用他们的移动电话。

GSM 作为一个继续开发的标准，在保持向后兼容原始的 GSM 电话的基础上，功能不断增强。例如，在 Release 97 标准中，加入了报文交换能力，即 GPRS；又如，在 Release 99 标准中，引入了高速数据交换的能力，主要是 EDGE 和 UMTS 标准。

GSM 是一个蜂窝网络，即移动电话要连接到它能搜索到的最近的蜂窝单元区域。GSM 网络运行在多个不同的无线电频率上。

GSM 网络一共有四种蜂窝单元尺寸：巨蜂窝、微蜂窝、微微蜂窝和伞蜂窝。覆盖面积因不同的环境而不同。巨蜂窝是将基站天线安装在天线杆或者建筑物顶端的蜂窝系统；微蜂窝是天线高度低于平均建筑高度的蜂窝系统，一般应用于市区内；微微蜂窝则是覆盖区域在几十米的范围内的蜂窝系统，主要应用于室内；伞蜂窝则用于覆盖更小的蜂窝网的盲区，以填补相邻蜂窝间的信号空白区域。

蜂窝小区的覆盖半径根据天线高度、天线增益和空间传播的环境条件可以从百米至数十千米。在实际使用中，GSM 标准可支持最远 35km 的传输距离。在采用扩展蜂窝的技术方法后，蜂窝半径可以增加一倍甚至更多。

GSM 同样支持室内覆盖，通过功率分配器可以把室外天线的功率分配到室内天线的分布系统上。这是一种典型的配置方案，用于满足室内高密度的通话要求，在购物中心和机场十分常见。这种方式可以提高信号质量，减少干扰和回声，但并不是必需的，因为室内覆盖也可以通过无线信号穿越建筑物来实现。

8.1.2 网络结构

GSM 采用分层网络的形式实现对一个较大区域的覆盖，其网络区域组成如图 8.1 所示。整个 GSM 服务区由一个或几个 PLMN 服务区组成。PLMN 是指由一家公司负责经营的移动通信业务区域，一般由若干个 MSC/VLR 服务区（移动本地网）组成。MSC/VLR 服务区是 MSC 所覆盖的服务区域。该区域内的移动台均需在该区域的访问位置寄存器 VLR 进行登记。一个移动业务交换中心 MSC 所覆盖的网络部分可由 N 个位置区组成。MSC 同样是采用归属位置编号的方法来进行识别和管理的，通常一个或几个 MSC 对应一个归属位置编号寄存器。位置区是移动台可在其中自由移动而不需要进行位置登记的区域，一个位置区包含若干小区，MSC 中采用位置区域识别管理。小区是网络中一个基本的无线覆盖的区域，由小区识别码（CGI）识别位置区内的小区。

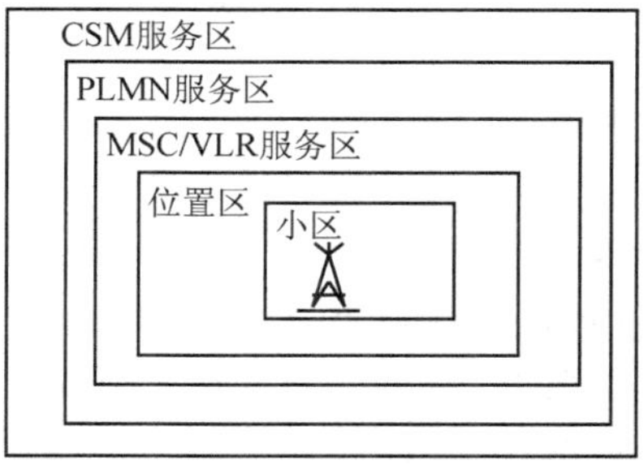

图 8.1　GSM 网络区域组成

GSM 系统网络主要由四个功能实体组成：移动台（mobile station，MS）、基站系统（base station system，BSS）、网络交换系统（network switching system，NSS）及操作与维护系统（operation and maintenance system，OSS）。这四个功能模块通过一定的网络接口相互连接，并与用户连接，如图 8.2 所示。

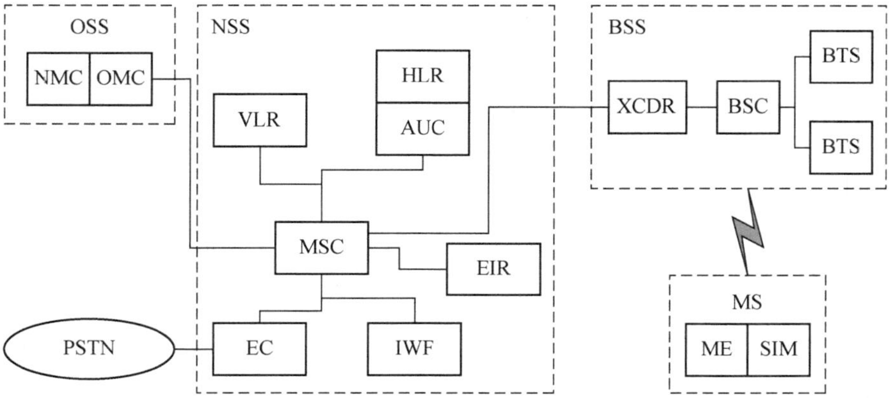

图 8.2　GSM 系统网络的基本结构

ME：移动设备；MSC：移动业务交换中心；SIM：用户识别模块；EC：回声消除器；BTS：基站收发信台；IWF：网络互通功能；BSC：基站控制器；EIR：设备识别寄存器；XCDR：压缩编码器；VLR：访问位置寄存器；NMC 网络管理中心；AUC：鉴权中心；OMC：操作与维护中心；HLR：归属位置寄存器；PSTN：公用电信网

1. 移动台

移动台包括两部分：移动设备(mobile equipment，ME)和被称为用户识别模块(subscriber identify module，SIM，一般也称 SIM 卡)的智能卡。

移动设备是用户所使用的硬件设备，用来接入系统，每部移动设备都有一个唯一对应于它的永久性识别号，该识别号称为国际移动设备识别号(international mobile equipment identity，IMEI)。

SIM 卡是一张插到移动设备中的智能卡，用来识别移动用户的身份，同时还存有一些包括获取的服务信息在内的其他的一些信息。移动设备可以从商店购买，但 SIM 卡必须从网络运营商处获取，如果移动设备内没有插 SIM 卡，则只能用于紧急呼叫。

SIM 卡中包含的信息：国际移动用户身份识别号(international mobile subscriber identity，IMSI)，用来识别移动用户，仅在初始化时才在空中发送；临时移动用户身份识别号(temporary mobile subscriber identity，TMSI)，用来临时性地识别移动用户，该号码会周期性地改变，防止有人从空中截获该号码后盗话；位置区识别号(location area identity，LAI)，指示移动用户当前所在的位置区；用户身份鉴权密键(individual subscriber authentication key，Ki)，在用户身份鉴权时使用；MSISDN(mobile station international service digital network)，是移动台的电话号码，含有国家码、国内码及移动用户号码。

用户 SIM 卡中的信息大多是不可读的(如 Ki)或不可改的(如 IMSI)。而另外的一些信息(如 LAI)，则会不停地改变，以反映移动台当前所在的位置。SIM 卡还存有一些其他信息(如计费信息)，对这些信息用户可以直接通过手机按键功能查看。SIM 卡另外还存有能够执行鉴权算法的信息。

2. 基站系统

GSM 基站系统(BSS)是指系统中的基站设备，用来提供移动台与移动业务交换中心(mobile service switching center，MSC)之间的连接，包括射频设备和控制设备。BSS 与移动台之间通过空中接口进行通信，与 MSC 之间通过 2Mbit/s 链路进行通信。

BSS 主要包括基站收发信台(base transceiver station，BTS)、基站控制器(base station controller，BSC)及压缩编码器(transcoder，XCDR)。

BTS 是为小区提供空中接口的射频设备，是 GSM 网络中与移动台通信的部分，包括天线设备。BSC 顾名思义是用来控制 BSS 的，BSC 直接与 MSC 通信，一个 BSC 可以控制单个或多个 BTS，BTS 与 BSC 之间的接口称为 Abis 接口。XCDR 用来压缩话音信号，使之更有效地在陆地接口中传送。尽管 XCDR 是 BSS 的一部分，但一般放置于距 MSC 比较近的位置。

3. 网络交换系统

网络交换系统完成 GSM 网络的主要交换功能，另外还包括用于移动性管理和存储用户数据的数据库。网络交换系统的主要功能是管理 GSM 网络与其他电信网络之间的通信。网络交换系统主要由以下部分组成。

1) MSC

与所有电话交换机的功能一样，GSM 系统中 MSC 的主要作用是为呼叫建立连接。另外由于 GSM 系统的一些复杂的控制与安全特性，以及给用户提供多种服务的要求，使得 MSC 必须完成许多其他的功能。根据 MSC 在网络中所在的位置，相应地也要完成一些其他不同的功能。例如，MSC 不仅要连接 BSS，在连接 PSTN 时，也要完成网关(gateway)局的功能，一般称为 GMSC(gateway MSC)。在这个位置，MSC 将为所有作主叫和作被叫的 MS 提供交换功能。每个 MSC 只给一定区域范围内的移动用户提供服务，所以一个 GSM 网络一般需要多个 MSC。一般一个百万人口左右的地级市配置一个 MSC。

MSC 的主要功能：呼叫处理(call processing)，包括控制数据/话音呼叫建立，控制 BSS 间或 MSC 间的切换，以及移动性管理(如用户身份鉴权和位置更新登记)；操作与维护(operation and maintenance support)，包括数据库管理，话务统计和提供人机接口(man machine interface，MMI)；网络互通(internetwork interworking)，管理 GSM 网络与 PSTN 网络之间的接口；计费(billing)，收集计费数据。

2) HLR

归属位置寄存器(home location register，HLR)是用来存储移动用户数据的数据库。移动用户数据包括各种识别号和地址等信息。当该移动用户加入系统时，这些信息由网络管理员录入数据库中。GSM 陆地移动电话网(private land mobile network，PLMN)中所有移动用户的主要数据都存储在 HLR 中，网络中所有的 MSC 和 VLR 都可以远程访问这些数据。一个 PLMN 中可能需要一个或多个 HLR 来存储用户数据，但一个移动用户只在一个 HLR 中有一份数据，每个 HLR 存储 PLMN 中的一部分移动用户的数据。HLR 中的用户数据通过 IMSI 或 MSISDN 来查询。HLR 中的数据也允许另一个 PLMN 中的 MSC 和 VLR 来访问，以实现网间或国际漫游。

3) VLR

访问位置寄存器(visitor location register，VLR)中所存储的数据大多是对 HLR 中的数据进行的复制。当移动台在某个 VLR 所管辖的范围内处于"激活"(active)状态时，才会在该 VLR 中暂时存有数据。所以 VLR 中所存储的是在该 VLR 覆盖范围内所有激活的移动用户的数据，这些数据与 HLR 中的数据相比更精确。VLR 相当于为本 VLR 覆盖范围内的移动用户提供了一个本地数据库，因为这些用户不一定都处在其归属系统中。因此，系统就不必频繁地访问其 HLR，而访问 HLR 需要耗费很长的时间。

PLMN 中的小区在地理上划分成了一些位置区，每个位置区分配了一个 LAI，一般一个位置区包含 30 个小区。一个 VLR 可控制几个位置区，当移动台从一个 LAI 移动到另一个 LAI 中时，VLR 中相应的信息会改变，当移动台从一个 VLR 移动到另一个 VLR 中时，HLR 中相应的信息也会改变。

VLR 负责分配 TMSI 并将新分配的 TMSI 告知 HLR。TMSI 会经常性地改变，这使得跟踪呼叫很困难，因此提高了安全性。在下列情况下，TMSI 可能会更新：有时移动用户可能会漫游到其归属系统外，这时该移动用户所在的 VLR 会分配一个移动用户漫游号(mobile station roaming number，MSRN)，该号码是从 VLR(MSC)中所存储的一系列号码中分配的。MSRN 指向了当前移动台所在 MSC 的路由号，使呼叫能到达移动台 MS 当前所在的 MSC。通过 IMSI、TMSI 或 MSRN 可查询 VLR 数据库，一般一个 MSC 对应一个 VLR。

4) EIR

设备识别寄存器(equipment identity register，EIR)是一个用来鉴别 IMEI 的集中化数据库。EIR 数据库由 MSC 对它进行远程访问，也可由其他 PLMN 中的 MSC 访问。与 HLR 相似，一个 PLMN 网络中可能不止一个 EIR，每个 EIR 管理一部分 IMEI。MSC 具有翻译的功能，即给定一个 IMEI，可以翻译得到该 IMEI 所在的 EIR 地址。

5) AUC

鉴权中心(authentication center，AUC)是一个处理系统，可完成“鉴权”功能。AUC 一般与 HLR 相邻放置,因为 AUC 需要经常性地访问 HLR 中的移动用户数据。AUC 和 HLR 与 MSC 可相邻放置，也可相隔放置，它们的放置位置并不固定。

其他一些功能模块还有网络互通功能(interworking function，IWF)，回声消除器(echo canceller，EC)等。

可见与传统蜂窝电话系统相比，GSM 系统多出一些寄存器类的网络实体，包括归属位置寄存器、访问位置寄存器及设备识别寄存器。这些寄存器实际上是一些数据库类的处理结点，用来管理移动用户数据及跟踪在网络中漫游的移动用户位置。从功能上看，由于 IWF 和 EC 与交换之间联系紧密，具有不可分割性，它们一般被看作 MSC 的一部分。

4. 操作与维护系统

操作与维护子系统提供了远程管理 GSM 网络的功能。这一部分在 GSM 规范中没有严格规定，各厂家的操作维护系统也不尽相同。操作维护系统一般包括两部分：网络管理中心(network management centre，NMC)和操作与维护中心(operation and maintenance centre，OMC)。NMC 处于网络结构中的顶部，NMC 用来管理整个 PLMN，能提供全球网络管理功能。OMC 是用来对蜂窝网络作日常管理的集中化设备，并能为远期网络工程和规划提供数据库及工具。一个 OMC 管理 PLMN 的一部分区域，提供局域化网络管理。

由上面的论述可知，在 GSM 网络的接续过程中涉及多个识别码，下面以一个北京市的固定电话用户拨打一个广州市的移动用户为例，说明呼叫接续过程中各种识别码的应用过程。

(1) 主叫拨号。北京市市话用户 A 拨打广州市 GSM 用户 B 的 MSISDN 号码，PSTN 网络的交换机分析 MSISDN 号码，得知 B 用户为移动用户，将呼叫转到 GSM 网络上距它最近的一个具有入口功能的 GMSC 上。

(2) GMSC 分析被叫号码。GMSC 分析该号码为广州市 HLR 的用户后，将 MSISDN 号码送至广州市的 HLR，要求查询有关该被叫用户目前所在的位置信息。

(3) HLR 申请 MSRN。HLR 把 MSISDN 号码转换成 IMSI 后，查出用户目前处于哪个 MSC，并将该 IMSI 发至该 MSC，向该 MSC 申请分配一个 MSRN。

(4) 选定 MSRN。MSC 收到 IMSI 后临时给被叫用户 B 分配一个 MSRN 并将此号码送回 HLR，再由 HLR 发给 GMSC 使用。

(5) 连接呼叫至被叫所在的 MSC。GMSC 收到 MSRN 后，用此号码选择出一条中继路由至 MSC。MSC 将负责本次呼叫的建立和计费功能。

(6) 令被叫所在位置区内的所有基站发寻呼信息。MSC 发出寻呼命令到 MS 所在位置区内的所有无线基站，再由基站向被叫用户 B 发呼叫信号。

(7) 基站寻呼被叫用户 B。基站收到寻呼命令后，将该寻呼消息(含有 MS 的 IMSI)通过无线控制信道发射。MS 接收到寻呼后向基站发回响应信号。

(8)呼叫连接。MS 响应信号经 BTS、BSC 送回 MSC，经鉴权、设备识别后认为合法，则令 BSC 给该 MS 分配一条 TCH，接通 MSC 至 BSC 的路由，并向主叫送回铃声，向被叫振铃。当被叫摘机应答，则系统开始计费。

8.1.3　信道设计

1. 物理信道设计

GSM 采用 FDD 和 TDMA 的制式，GSM 900MHz 频段与 GSM 1800MHz 频段的参数略有差异。

1)GSM 900MHz 频段

GSM 900MHz 频段双工间隔为 45MHz，有效带宽为 25MHz，有 124 个载频，每个载频有 8 个信道。

GSM 900 是 GSM 最先实现的频段，也是使用最广的频段：上行为 890～915MHz，下行为 935～960MHz。

GSM 900E：上行为 880～915MHz，下行为 925～960MHz(900 MHz 扩展频段)。

2)GSM 1800MHz 频段

GSM 1800MHz 频段双工间隔为 95MHz，有效带宽为 75MHz，有 374 个载频，每个载频有 8 个信道，上行为 1710～1785MHz，下行为 1805～1880MHz。

3)PCS 1900MHz 频段

PCS 1900MHz 频段双工间隔为 80MHz，有效带宽为 60MHz，有 299 个载频，每个载频有 8 个信道，上行为 1850～1910MHz，下行为 1930～1990MHz。

各个制式主要在频段、带宽上略有差异，其余基本相同。本节以 GSM 900 这一得到广泛使用的频段为例，介绍 GSM 的主要的技术特征。

GSM900 使用两个专用的 25MHz 的频段：890～915MHz 频段用于用户到基站的传输(反向、上行链路)；935～960MHz 频段用于基站到用户的传输(前向、下行链路)。移动台一般采用较低的频率发射信号，因为频率低、传输损耗低，有利于补偿上下行功率不平衡的问题。具体空中接口规范如表 8.1 所示。

表 8.1　GSM 900 空中规范

参数	规范	参数	规范
反向信道频率	890～915MHz	每帧用户数	8(全速率)； 16(半速率)
前向信道频率	935～960MHz	时隙长度	576.9μs
ARFCN	0～124 和 975～1023	比特长	3.692μs
Tx/Rx 频率间隔	45MHz	调制	0.3GMSK
Tx/Rx 时隙间隔	3 个时隙	ARFCN 信道间隔	200kHz
调制数据速率	270.833 33kbit/s	交织	40μs
帧长	4.615ms	语音编码比特速率	13.4kbit/s

前向链路中的有效频段被划分为带宽为200kHz的多个频道。在25MHz的频段内有125个频道，该频道采用绝对无线频率信道号(ARFCN)作为标志，一个ARFCN标志代表一对上行和下行频道，上、下行频道间隔45MHz，并且8个全速的TDMA用户同时共享每个频道。

在实际的实现中，频段的高端与低端采用了100kHz的保护带，实际可利用的频道数为124个，即实际系统只存在124个双工信道。每个频道按时间划分为8个时隙(TS)，构成8个时分信道，提供8个用户同时通信，亦即8个用户使用的ARFCN相同。GSM系统共可提供124×8=992个物理信道供用户使用。

上、下行链路的频道数据率相同，都为270.833kbit/s，且采用BT值为0.3的二进制GMSK调制，其频谱利用率为1.35(bit/s)/Hz。采用GMSK调制可改善频谱特性，从而满足CCIR提出的相邻信道功率电平小于−60dBW的要求。

上、下行链路中数据比特的持续周期为3.692μs。每个用户有效的信道传输速率为270.833kbit/s/8≈33.85kbit/s。每个时隙有156.25个信息比特，其中包含8.25个信息比特的保护时间及6个比特的开始与停止时间，以防止与相邻时隙的干扰。每个时隙的长度为3.692μs×156.25≈576.92μs，每帧8个时隙，故帧长为576.92μs×8≈4.615ms。具体如图8.3所示。

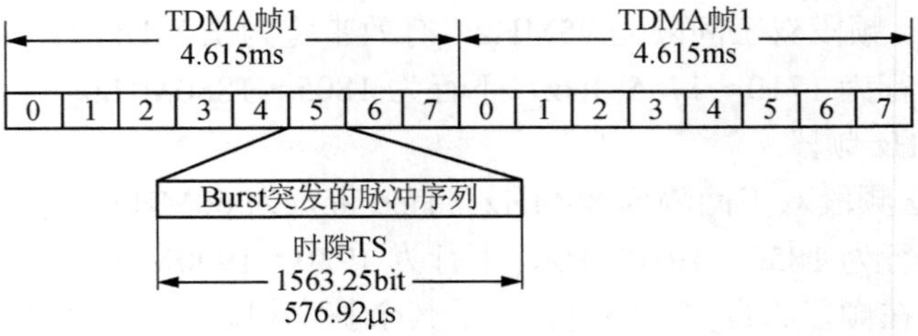

图8.3　时隙和TDMA帧

时隙号码与ARFCN结合，就构成了上下行链路的一个物理信道。

2. 逻辑信道设计

物理信道在不同的时间又可以映射为不同的逻辑信道，可分别作为业务数据、信令数据，或者控制信道数据使用。GSM主要有两种逻辑信道：业务信道(TCH)和控制信道(CCH)。

1)业务信道

GSM业务信道用于传送话音和数据信息，可以是全速率的，也可以是半速率的。全速率传输时，用户数据包含在每个帧的一个时隙内。以半速率传输时，两个用户的数据映射到相同的时隙内，但是在交替的帧内发送。

具体而言，业务信道共分为以下几种.

(1)全速率。

全速率(full rate)业务信道支持以下的全速率语音与数据信道。

① TCH/FS：传输数字化后的用户语音传输数据速率13kbit/s，加信道编码后全速率语

音信道速率为 22.8kbit/s。

② TCH/F9.6：全速率业务数据信道传输数据速率 9.6kbit/s，加信道编码后以 22.8Kbit/s 速率传输。

③ TCH/F4.8：全速率业务数据信道传输数据速率 4.8kbit/s，加信道编码后以 22.8Kbit/s 速率传输。

④ TCH/F2.4：全速率业务数据信道传输数据速率 2.4kbit/s，加信道编码后以 22.8Kbit/s 速率传输。

(2) 半速率。

半速率(half rate)业务信道支持以下的半速率语音与数据信道。

① TCH/HS：传输数字化后的用户语音传输数据速率 6.5kbit/s，加信道编码后半速率语音信道速率为 11.4kbit/s。

② TCH/H4.8：半速率业务数据信道传输数据速率 4.8kbit/s，加信道编码后以 11.4kbit/s 速率传输。

③ TCH/H2.4：半速率业务数据信道传输数据速率 2.4kbit/s，加信道编码后以 11.4kbit/s 速率传输。

在 GSM 系统中，复帧由若干个 TDMA 帧构成。对于业务信道，26 个帧组成一个复帧，复帧长 120ms，这种复帧主要用来传输业务信息，故一般称为业务复帧。51 个业务复帧组成一个超帧，一个超帧为 1326 个 TDMA 帧，超帧的长度为 6.12s。一般 2048 个超帧组成一个超高帧，一个超高帧含有 2 715 648 个 TDMA 帧，其长度为 12 533.76s，即 3 小时 28 分 58 秒 760 毫秒。具体关系如图 8.4 所示。

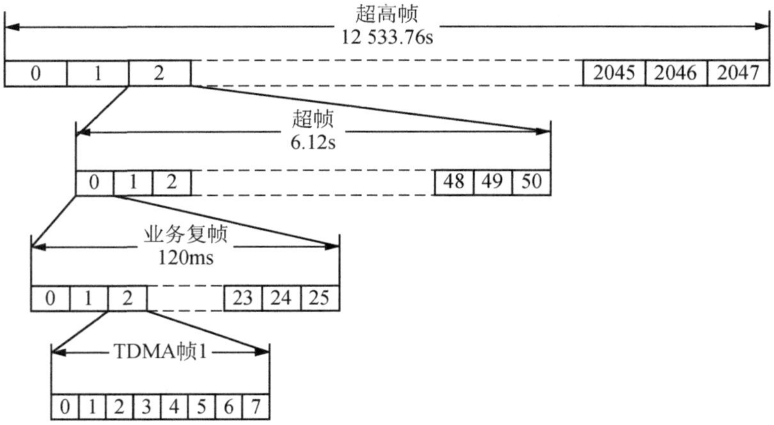

图 8.4　业务帧、超帧、超高帧对应关系

2) 控制信道

GSM 控制信道包括广播控制信道(broadcast control channel，BCH)、通用控制信道(common control channel，CCCH)、专用控制信道(dedicated common control channel，DCCH)三类。

(1) 广播控制信道类。

广播控制信道类仅包含下行信道(从基站到移动台)，其种类如下。

① 广播校正控制信道(broadcast correction control channel，BCCH)：用来发送网络相关的信息。该信道是连续发射的，供周围小区中的移动台测量其信号强度。

② 同步控制信道(synchronizing control channel，SCH)：用来发送帧同步信息。

③ 频率校正控制信道(frequency correction control channel，FCCH)：用来发射载波同步信息。

(2)通用控制信道类。

通用控制信道类是双向的，即包括上行和下行两个方向，其种类如下。

① 随机接入信道(random access channel，RACH)：上行信道，用于移动台接入系统。

② 寻呼信道(paging channel，PCH)和接入允许信道(access granted channel，AGCH)下行信道。AGCH 用于给移动台分配资源，如 SDCCH；PCH 用于系统寻呼移动台。PCH 和 AGCH 从不同时使用。

③ 小区广播信道(cell broadcast channel，CBCH)：用于向小区内所有的移动台广播信息，如话务信息等。

(3)专用控制通道类。

专用控制信道在移动台呼叫建立或用户身份验证时，是唯一分配给移动台的信道，其种类如下。

(1)独立专用控制信道(standalone dedicated control channel，SDCCH)：用于移动台在呼叫建立或进行用户身份验证时，向移动台发送或接收数据。

(2)随路控制信道(associated control channel)：包括慢速随路控制信道(slow associated control channel，SACCH)和快速随路控制信道(fast associated control channel，FACCH)。SACCH 用于无线链路功率测量及传送功率控制消息；FACCH 用于传送“事件”型消息，如切换消息。FACCH 和 SACCH 都工作在上行和下行两个方向。

同样对控制信道，GSM 系统中由 51 个 TDMA 帧构成一个复帧，复帧长 235.385ms，这种复帧专门用来传输控制信息，故一般称为控制复帧。26 个控制复帧组成一个超帧，一个超帧为 1326 个 TDMA 帧，超帧的长度为 6.12s，与业务信道帧相同。同样再由 2048 个超帧组成一个超高帧，长度与业务信道组成的超高帧相同。用于控制信道的 51 个复帧结构比用于业务信道的 26 个复帧要复杂得多。根据控制信道类型及网络提供者的要求，51 帧的控制信道复帧有几种形式，不同的结构适用于不同的场合。

3)信道组

前面讲到的各种逻辑信道总是组合在一起，成为信道组。常见的信道组有以下几种。

(1)全速率业务信道组——TCH8/FACCH＋SACCH。

(2)广播信道组——BCCH＋CCCH。

(3)专用信道组——SDCCH8＋SACCH8。

(4)组合信道组——BCCH＋CCCH＋SDCCH4＋SACCH4。

(5)半速率业务信道组——TCH16/FACCH＋SACCH。

信道组通过一个选定的时隙在空中接口发送，有的信道组可以在任意时隙发送，但有的信道必须在特定时隙发送。信道组与时隙的对应关系如表 8.2 所示。

表 8.2　信道组与时隙的对应关系

信道组	时隙
业务(traffic)	任意时隙
广播(broadcast)	0，2，4，6(必须先用 0)
专用(dedicated)	任意时隙
组合(combined)	只能用 0

如果广播信道组被分配到了时隙 2、4 或 6，那么 FCCH 和 SCH 将被填充突发脉冲序列代替，因为这些信道只能在时隙 0 出现。

8.1.4　信号处理

1. 编码

为保护逻辑信道，避免逻辑信道在无线通路上发送时出现差错，GSM 系统采用了多种编码方案。采用何种编码和交织方案取决于被编码的信道，所有的逻辑信道都需要经过某种形式的卷积编码，但由于不同的逻辑信道对信息保护的要求不同，所以编码速率也会不同。主要有以下三种编码保护方案。

1)对话音信道编码

将每 20ms 的话音信息块分到 8 个 GSM Burst(突发脉冲串)，这样当空中接口上的干扰导致 Burst 丢失时，仍然可以准确地恢复出话音信息。

经过压缩编码的信息也是成帧接收的，每帧有 260 个比特，这 260 个比特根据对差错的敏感度被分成了三组，对话音信息的可理解性越重要的比特，敏感度越高。对差错最敏感的一组 50 个比特生成 3 个校验比特；次敏感的 132 个比特为一组，该组与前一组的 53 个比特重新排序，再加上 4 个尾比特，共 189 个比特，再进行码率为 1/2、约束长度为 5 的卷积编码，产生 378 比特的数据流；78 个对差错最不敏感比特为一组，不加任何加保护措施。故 20ms 共有 456 比特的数据，语音信号的编码速率为 22.8kbit/s。

2)对通用控制信道编码

20ms 的控制信息块被分到了 4 个 Burst(如 BCCH)，使得这些突发脉冲序列可以插到一个 TDMA 复帧中。

待发送的控制信息是 184bit 的信息块，这 184bit 信息块首先经过称为 Fire Code 的循环块编码，并加上了 40bit 的校验比特，对于突发脉冲序列差错的检测与校正非常有利。卷积前另外还加上了 4 个尾比特，用于将接收仪器的寄存器置为解码状态。

每 184bit 的信令数据信息块经过编码处理后得到 456bit，与话音编码后得到的比特数相同。456bit 的信息块在空中接口发送前还要经过交织。

3)对数据信道编码

因为每比特的数据信息都是很重要的，数据信息被展开到了 22 个 Burst。这样一来在接收端恢复数据信息时，如果有一个脉冲序列丢失，20ms 的数据信息块中就只会有很小的一部分丢失，通过差错编码机制可以将这一部分丢失的信息恢复出来。

信道编码只采用卷积编码一种编码方式。9.6kbit/s 的数据在编码后要求其比特数同编码后的话音和控制信道一样，每 20ms 有 456bit。数据业务信道一般要求有比实际发送速率更高的净速率(即加入编码比特前的比特率)。例如，9.6kbit/s 的业务将需要 12kbit/s 的传输速率，因为同时还要传送一些状态信号。每 240bit 的数据业务信息块在编码后得到 456bit 的信息块，与话音和控制信息编码后得到的比特数相同。456bit 的信息块在发送到空中接口前要经过交织。例如，在 PCM 链路上，240bit 的信息在 20ms 内传送，其传输速率相当于 12kbit/s，其中 9.6kbit/s 是数据信息，另外 2.4kbit/s 是信令信息，编码后的信息有 456bit，但仍在 20ms 内发送，所以传输速率升至 22.8kbit/s。

2. 交织

逻辑信道经过编码或差错保护之后，应将比特流放入突发脉冲序列中，在 TDMA 帧中发送，交织处理正是在这一阶段进行的。交织处理是将一个业务块分成多块，放到多个 TDMA 时隙中。

交织处理对于保护空中接口无线信道环境中的数据是很重要的。由于无线通路上的干扰、噪声或物理中断，MS 和 BTS 之间发送的突发脉冲序列可能会受到破坏，只有 10%～20%的突发脉冲序列完全正常。交织的目的是使每个突发脉冲序列只包含业务块的一小部分数据，这样当某个突发脉冲序列没有正常接收时，不会影响到整体的传输质量，因为差错校正技术可以将丢失的数据恢复出来。如果系统简单地让一个突发脉冲序列对应一个业务块，难以用差错校正技术恢复出丢失的数据，传输质量将受影响。

交织处理也使得 GSM 空中接口的抗噪声性能大大提高，保证了提供给用户的服务质量。

3. 跳频

跳频允许用于载送信令信道时隙或业务信道时隙的无线信号在每帧(或每 4.615ms)使用的频率都不相同。由于跳频技术会使干扰平均化，在实际的应用中提高了抗干扰能力，有效解决了信号衰落的问题。

因为不是每个分配的信道都会有严重的干扰，当载送 TCH 时隙的 RF 信道在每帧都改变成一个新分配的频率时，会得到“无线信道干扰平均化”的效果，所以数据发送过程中只有一部分时间会受到干扰。

所有的移动台都可以在 BSS 的控制下完成跳频。为完成跳频功能，BSS 软件里必须有跳频的功能选项。有两种跳频方式可供网络运营商选择：循环方式和伪随机方式。

4. 均衡

由于多径信号造成了信号的时间离散，接收器无法准确判断突发脉冲序列的到达时间和扭曲程度。为了帮助接收器对突发脉冲序列进行识别和同步，在突发脉冲序列中间加入了训练序列。训练序列是收发方都知道的比特串。

收到一个突发脉冲序列后，均衡器搜索训练序列码，找到后，再测量和模拟信号受到的扭曲。均衡器将扭曲后的数据与接收到的数据进行比较，并选择最像是正确的一个。

共有 8 种训练序列码，编号为 0～7。邻近小区中相同 RF 载频使用不同的训练序列，使接收器能辨别正确的信号。

5. 话音激活检测

话音激活检测(voice activity detection，VAD)是指移动台发射时检测是否有话音的一种机制。

当采用 VAD 时，没有讲话时的话音编码速率是 500bit/s，而不是 13kbit/s。这样发射的信号在接收端相当于背景噪声，也称为“舒适”噪声。如果没有“舒适”噪声，用户可能会认为通话已中断。

6. 不连续发射

不连续发射(discontinuous transmission，DTX)技术通过减小可能的无线发射干扰，提高了系统的有效性。DTX 技术是通过使移动台在没有消息数据要发送时停止发射。DTX 用在为通话而建立的呼叫中，两个移动台间通话时，可以明显地觉察到这种效果。

DTX 用在移动台时可以明显地节省功率，因为在静音时移动台不需要发射，所以总的功率输出要求降低了。

DTX 的实现在很大程度上取决于网络运营商的判断，其对于不同作用的信道有不同的规范要求。

DTX 通过 SACCH 复帧实现。在每 104 帧中，可能只会发射 4 个 SACCH 帧及 8 个静音描述帧(silence descriptor，SID)。

7. 不连续接收

不连续接收(discontinuous reception，DRX)技术使移动台在没有消息接收时“关闭”接收部分。

移动台通过监视 BCCH、FCCH 及 SCH 来获知帧号及帧同步重复格式。所以当移动台锁定到 BCCH 后就可以知道后续信息的发送时间，这样移动台可在必要时处于“休眠”和监听状态，同时可以有效地节省电池。

仅当移动台不处在呼叫状态时 DRX 技术才会得到使用。当使用 DRX 时，移动台通过 BCCH 上的广播信息获知它所在的“寻呼群”，寻呼群可能会在一个控制信道复帧中出现一次，也可能被安排成多个复帧才出现一次。寻呼群的重复率由网络提供者决定，其重复率信息在 BCCH 上广播，所以移动台也就能知道它所在的寻呼群。

8.1.5　GPRS

1. GPRS 概述

GPRS(general packet radio service，通用分组无线业务)是 GSM Phase 2.1 规范实现的内容之一，能提供比 GSM 网 9.6kbit/s 更高的数据率。GPRS 采用与 GSM 相同的频段、频带宽度、突发结构、无线调制标准、跳频规则及相同的 TDMA 帧结构。所以在 GSM 系统的基础上构建 GPRS 系统时，GPRS 中的绝大部分部件不需要作改动，只需作软件升级。

构成 GPRS 系统的主要方法如下。

(1)GSM 系统中引入三个主要组件：GPRS 服务支持结点(serving GPRS supporting

node，SGSN)、GPRS 网关支持结点(gateway GPRS support node，GGSN)、分组控制单元(PCU)。

(2)对 GSM 的相关部件进行软件升级：ETSI 指定了 GSM 900MHz、GSM 1800MHz 和 GSM 1900MHz 三个工作频段用于 GSM，其中 GSM 900MHz 频段还有 G1(E-GSM)频段和 P 频段。相应地，GPRS 也工作于这三个频段，包括 GSM 900MHz 的 G1 频段和 P 频段。当然，GPRS 可以限制每个小区只工作于 P 频段。现有的 GSM 移动台不能直接在 GPRS 中使用，需要按 GPRS 标准进行改造(包括硬件和软件)才可以用于 GPRS 系统。

GPRS 被认为是 2G 向 3G 演进的重要一步，不仅被 GSM 支持，同时也被北美洲的 IS-136 等多个系统支持。GPRS 是一组新的 GSM 承载业务，是以分组模式在 PLMN 和与外部网络互通的内部网上传输。在有 GPRS 承载业务支持的标准化网络协议的基础上，GPRS 网络管理可以提供(或支持)一系列的交互式电信业务，如承载业务、用户终端业务、附加业务。GPRS 业务的具体应用如下：信息业务、交谈、网页浏览、文件共享及协同性工作、分派工作、企业 E-mail、因特网 E-mail、交通工具定位、静态图像、远程局域网接入、文件传送。

2. GPRS 与 WAP

WAP 是无线 Internet 的标准，由多家大厂商合作开发，它定义了一个分层的、可扩展的体系结构，为无线 Internet 提供了全面的解决方案。WAP 协议开发的原则之一是要独立于空中接口。所谓独立于空中接口是指 WAP 应用能够运行于各种无线承载网络之上，如 TDMA、CDMA、GSM、GPRS、SMS 等。

GPRS 对应于 GSM 中的 9.6kbit/s 数据业务，与之不同的是 GPRS 是通过分组交换来实现高速率的数据传输。换句话说，GPRS 是对 GSM 数据业务的改进，是在 GSM 中实现高速数据传输的手段。可见，WAP 是高层应用，而 GPRS 是底层传输。可以引用邮递信件的例子来说明 WAP 与 GPRS 的关系：如果说 WAP 是平信、贺卡或明信片，那么 GPRS 和 GSM 的 CSD(9.6kbit/s 电路交换的数据业务)就是运送信件的交通工具，只不过后者是汽车，前者则是飞机。

8.2 IS-95

8.2.1 IS-95 概述

FDMA、TDMA 是一种维数受限系统(dimension limited)，而 CDMA 系统是一种干扰受限系统(interference limited)，这种系统链路性能的好坏取决于接收机在干扰中检测信号的能力。

CDMA 系统前向链路和反向链路所能支持的最多移动台数是不相同的。一般来说，CDMA 系统的容量取决于反向链路的容量。前向链路的容量取决于小区的总发射功率，以及发射功率在业务信道与其他附加信道的分配情况。这些附加信道包括导频、寻呼、同步信道。如果功率放大器不能给前向业务信道提供足够的功率，系统容量就会受前向链路的限制。尽管软切换可以提高反向链路的容量，但它们也会影响前向链路的容量，前向链路的容量会因为软切换的类型和数量而降低。

本节重点介绍 IS-95 技术标准，基于 IS-95 标准的 CDMA 系统是第一种基于 CDMA 系统的 2G 蜂窝系统。该系统主要的频段范围：前向为 869～894MHz，反向为 824～849MHz，载频间隔为 1.23MHz。同时该系统也可工作于 1900MHz 频段，与 800MHz 频段相比，只是频段的划分及频带宽度有所差异。下文主要以 800MHz 频段为例进行分析。

IS-95 系统前向链路采用 QPSK 调制，反向链路采用 OQPSK 调制，前向反向链路均采用直接序列扩频。IS-95 系统每个系统带宽共有 64 个码分信道，采用 1.2288Mchip/s 的扩频码进行扩频。采用长度为 $2^{15}-1$ 的 m 序列(短码)作为前向链路的基站识别及反向链路的正交调制；采用长度为 $2^{42}-1$ 的 m 序列(长码)作为反向链路的用户识别及前向链路的扰码；采用 64 个正交的沃尔什函数作为前向链路的地址码及反向链路的正交调制。

8.2.2 物理信道

1. CDMA 中使用的地址码

地址码的选择直接影响到 CDMA 系统的容量、抗干扰能力、接入和切换锁定等性能。所选择的地址码应能够提高足够数量的相关函数特性尖锐的码系列，保证信号经过地址码解扩之后具有较高的信噪比。地址码提供的码序列应接近白噪声特性，同时编码方案简单，保证具有较快的同步建立速度。

伪随机序列(或称 PN 码)具有类似于噪声序列的性质，是一种貌似随机但实际上具有规律性的周期性二进制序列。在采用码分多址方式的通信技术中，地址码都是从伪随机序列中选取的，但是不同的用途选用不同的伪随机序列。

在所有的伪随机序列中，m 序列是最重要、最基本的伪随机序列。在定时严格的系统中，我们采用 m 序列作为地址码，利用它的不同相位来区分不同的用户，目前的 CDMA 系统就是采用这种方法。

在 CDMA 系统中，用到两个 m 序列，一个长度是 $2^{15}-1$，另一个长度是 $2^{42}-1$，用处互不相同。

在前向信道中，长度为 $2^{42}-1$ 的 m 序列被用作对业务信道进行扰码(注意不是被用作扩频，在前向信道中使用正交的 Walsh 函数进行扩频)。长度为 $2^{15}-1$ 的 m 序列被用于对前向信道进行正交调制，不同的基站采用不同相位的 m 序列进行调制，其相位差至少为 64 个码片，这样最多可有 512 个不同的相位可以利用。

在反向 CDMA 信道中，长度为 $2^{42}-1$ 的 m 序列被用作直接扩频，每个用户被分配一个 m 序列的相位，这个相位由用户的 ESN 计算得出，每个相位都随机分配且不会重复，用户的反向信道之间基本是正交的。长度为 $2^{15}-1$ 的 PN 码也被用于对反向业务信道进行正交调制，但因为在反向信道上不需要标识属于哪个基站，所以对于所有移动台而言都使用同一相位的 m 序列，其相位偏置是 0。

2. 前向信道

前向 CDMA 信道由以下码分信道组成：导频信道、同步信道、寻呼信道(最多可以有

7 个)和若干个业务信道。每个码分信道都要经过一个 Walsh 函数进行正交扩频，然后由 1.2288Mchip/s 速率的伪噪声序列扩频。在基站可按照频分多路方式使用多个前向 CDMA 信道(1.23MHz)。

前向码分信道最多为 64 个，但前向码分信道的配置并不是固定的，其中导频信道一定要有，其余的码分信道可根据情况配置。例如，可以用业务信道一对一地取代寻呼信道和同步信道，这样最多可以达到有 1 个导频信道、0 个寻呼信道、0 个同步信道和 63 个业务信道。这种情况只可能发生在基站拥有两个以上的 CDMA 信道(即带宽大于 2.5MHz)，其中一个为基站基本 CDMA 信道(1.23MHz)，所有的移动台都先集中在基本信道上工作，此时若基本 CDMA 业务信道忙，可由基站在基本 CDMA 信道的寻呼信道上发生信道支配消息或其他相应的消息，将某个移动台指配到另一个 CDMA 信道(辅助 CDMA 信道)上进行业务通信，此时这个辅助 CDMA 信道只需要一个导频信道，而不需要同步信道和寻呼信道。

1) 导频信道

导频信道用于移动台初始系统捕获，并且所有基站共享相同的 PN 序列，只是通过相位偏置区分每个基站。导频信道在 CDMA 前向信道上是不停发射的，导频信道的具体结构如图 8.5 所示。它的主要功能：移动台用它来捕获系统；提供时间与相位跟踪的参数；用于使所有在基站覆盖区中的移动台进行同步和切换；导频相位的偏置用于扇区或基站的识别。

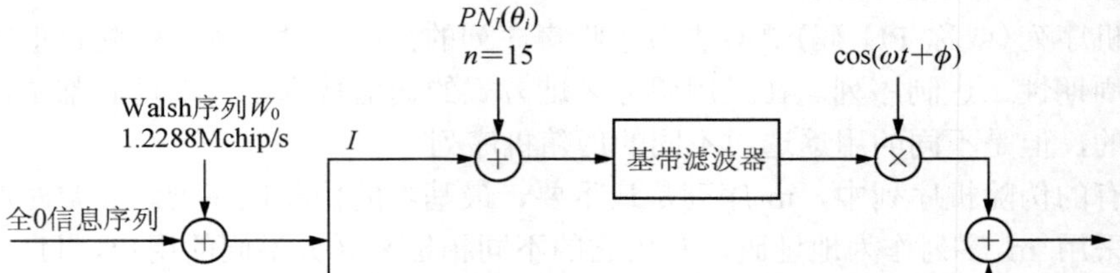

图 8.5 导频信道结构

基站利用导频 PN 序列的时间偏置来标识每个前向 CDMA 信道。由于 CDMA 系统的频率复用系数为“1”，即相邻小区可以使用相同的频率，使得频率规划变得简便，在某种程度上相当于相邻小区导频 PN 序列的时间偏置的规划。在 CDMA 蜂窝系统中，可以重复使用相同的时间偏置(只有使用相同时间偏置的基站的间隔距离足够大)。导频信道用偏置指数(0～511)来区别。偏置指数是指相当于 0 偏置导频 PN 序列的偏置值。

虽然导频 PN 序列的偏置值有 2^{15} 个，但实际取值只能是 512 个值中的一个($2^{15}\div64=512$)。一个导频 PN 序列的偏置(用比特片表示)等于其偏置指数乘以 64。例如，若导频 PN 序列偏置指数是 5，则该导频的 PN 序列偏置为 $5\times64=320$chips。一个前向 CDMA 信道的所有码分信道使用相同的导频 PN 序列。

2) 同步信道

同步信道用于提供系统基本参数，移动台在每次呼叫结束时需要重新与系统同步，此时就需要同步信道为系统的捕获提供支持。

同步信道在发射前要经过卷积编码、码符号重复、交织、扩频可调制等步骤，具体如图 8.6 所示。在基站覆盖区域中处于开机状态的移动台利用它来获得初始的时间同步。基站发送的同步信道消息包括以下几个方面的信息：该同步信道对应的导频信道的 PN 偏置、系统时间、长码状态、系统标识、网络标识、寻呼信道的比特率。

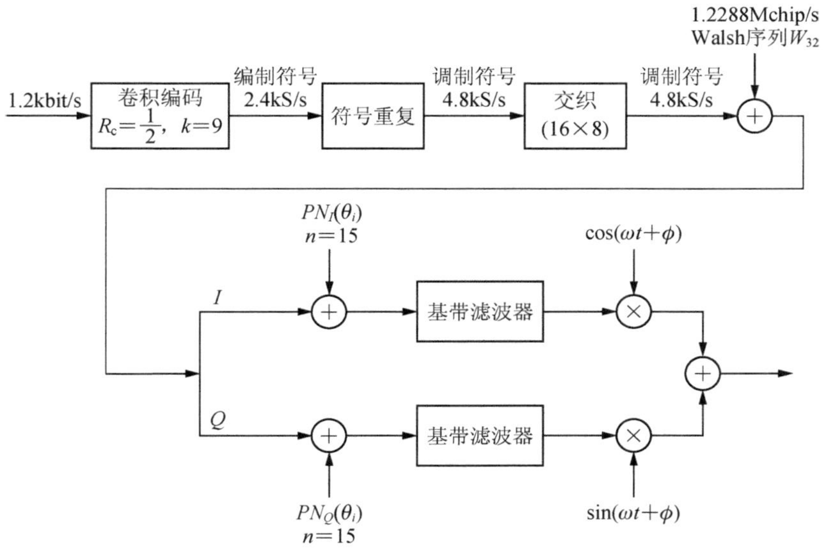

图 8.6　同步信道结构

同步信道的比特率是 1200bit/s，其帧长为 26.666ms。同步信道上使用的 PN 序列偏置与同一前向信道所使用的导频信道相同。

一旦移动台捕获到导频信道，即与导频 PN 序列同步，这时可认为移动台在这个前向信道也达到同步。这是因为同步信道和其他所有码分信道使用相同的导频 PN 序列进行扩频，并且同一前向信道上的整合交织器定时也是用导频 PN 序列进行校准的。

3) 寻呼信道

寻呼信道是经过卷积编码、码符号重复、交织、扰码、扩频和调制的扩频信号，具体结构如图 8.7 所示。基站使用寻呼信道发送系统信息和对移动台的寻呼消息。

基本寻呼信道是编号为 1 的寻呼信道。寻呼信道发送 9600bit/s 或 4800bit/s 固定数据速率的信息。在一个给定的系统中，所有寻呼信道发送数据的速率相同。寻呼信道帧长为 20ms。寻呼信道使用的导频序列偏置与同一前向 CDMA 信道上的实体相同。寻呼信道分为多个寻呼信道时隙，每个时长为 80ms。

4) 前向业务信道

前向业务信道是用于在呼叫中基站向移动台发送用户信息和信令信息。一个前向 CDMA 信道所能支持的最大前向业务信道数等于 63 减去寻呼信道和同步信道数。

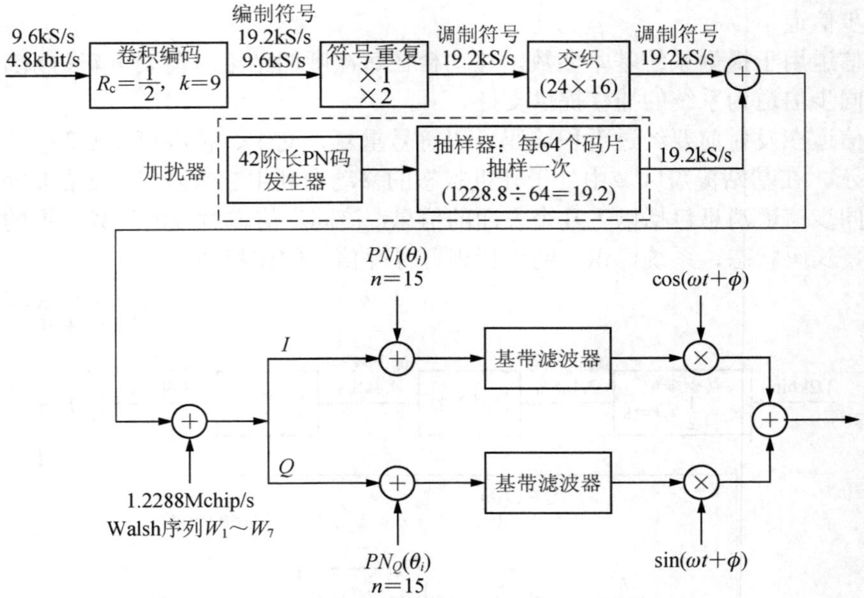

图 8.7　寻呼信道结构

基站在前向业务信道上以 9600bit/s、4800bit/s、2400bit/s、1200bit/s 可变数据速率发送信息。前向业务信道帧长是 20ms，随机速率是按帧进行选择的，具体结构如图 8.8 所示。

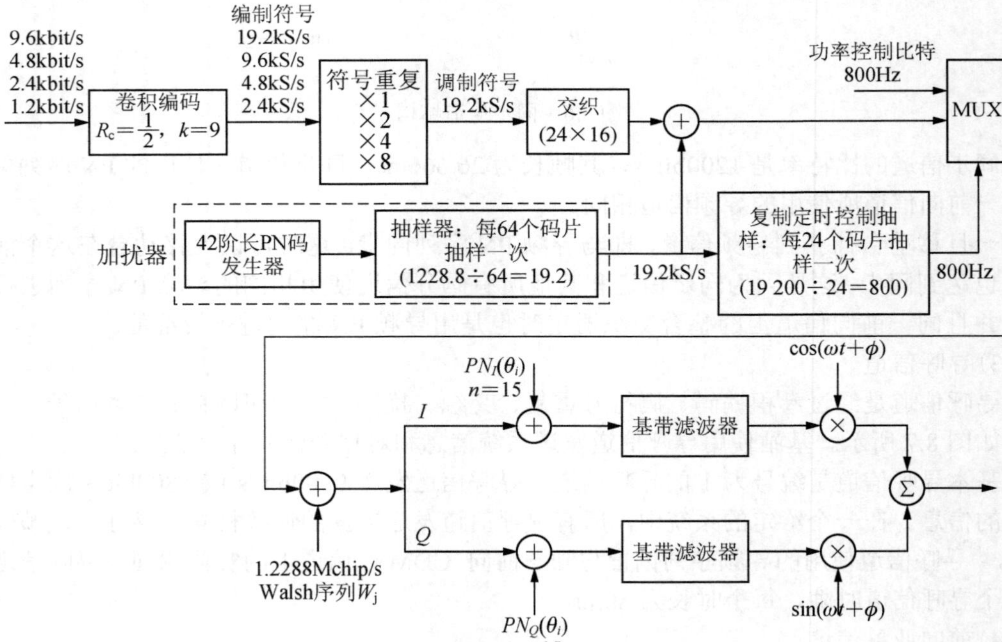

图 8.8　业务信道结构

同一 CDMA 信道不同前向业务信道所用导频偏置不同，帧偏置由 FRAME_OFFSET 参数决定。前向业务信道的帧偏置和反向业务信道的帧偏置相同。帧偏置为 0 的前向业务信道与基站发送时间(系统参考时间)的偶数秒对准。帧偏置为 FRAME_OFFSET 的前向业务信道帧比 0 偏置的业务信道帧滞后 1.25×FRAME_OFFSET ms。

3. 反向信道

反向 CDMA 信道由接入信道和反向业务信道组成。这些信道采用直接序列扩频的 CDMA 技术共用于同一 CDMA 频率。在这一反向 CDMA 信道上，基站和用户使用不同的长码掩码区分每个接入信道和反向业务信道。当长码掩码输入长码发生器时，会产生唯一的用户长码序列，其长度为 $2^{42}-1$。对于接入信道，不同基站或同一基站的不同接入信道使用不同的长码掩码，而同一基站的同一接入信道用户使用的长码掩码则是一致的。进入业务信道以后，不同的用户使用不同的长码掩码，也就是不同的用户使用不同的相位偏置。

反向 CDMA 信道的数据传输以 20ms 为一帧，所有的数据在发送之前均要经过卷积编码、块交织、64 阶正交调制、直接序列扩频及基带滤波。接入信道和业务信道调制的区别在于，接入信道调制不经过最初的“增加帧指示比特”和“数据突发随机化”这两个步骤，也就是说，反向接入信道调制中没有加 CRC 校验比特，而且接入信道的发送速率是固定的 4800bit/s，而反向业务信道选择不同的速率发送。

反向业务信道支持 9600bit/s、4800bit/s、2400bit/s、1200bit/s 的可变数据速率。但是反向业务信道只对 9600bit/s 和 4800bit/s 两种速率使用 CRC 校验。

4. 接入信道

移动台使用接入信道的功能：发起同基站的通信；响应基站发来的寻呼信道消息；进行系统注册；在没有业务时接入系统和对系统进行实时情况的回应。

接入信道传输的是一个经过编码、交织及调制的扩频信号。唯一可以识别接入信道的是其共用的长码掩码，具体结构如图 8.9 所示。

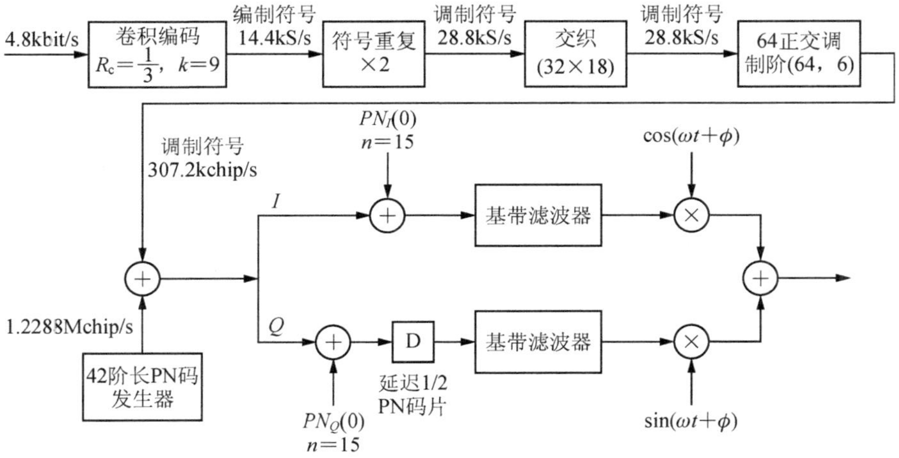

图 8.9　接入信道结构

移动台在接入信道上发送信息的速率为固定值 4800bit/s。接入信道帧长度为 20ms。仅当系统时间是 20ms 的整数倍时，信道帧的接入才可能开始。一个寻呼信道最多可对应 32

个反向 CDMA 接入信道，标号为 0～31。对于每个寻呼信道，至少应有一个反向接入信道与之对应，每个接入信道都应与一个寻呼信道相关联。

在移动台刚刚进入接入信道时，首先发送一个接入信道前缀，它的帧由 96 个全零符号组成，同样以 4800bit/s 的速率发射。发射接入信道前缀是为了帮助基站捕获移动台的接入信道消息。

5. 反向业务信道

反向业务信道用于在建立呼叫期间传输用户信息和信令信息，具体结构如图 8.10 所示。

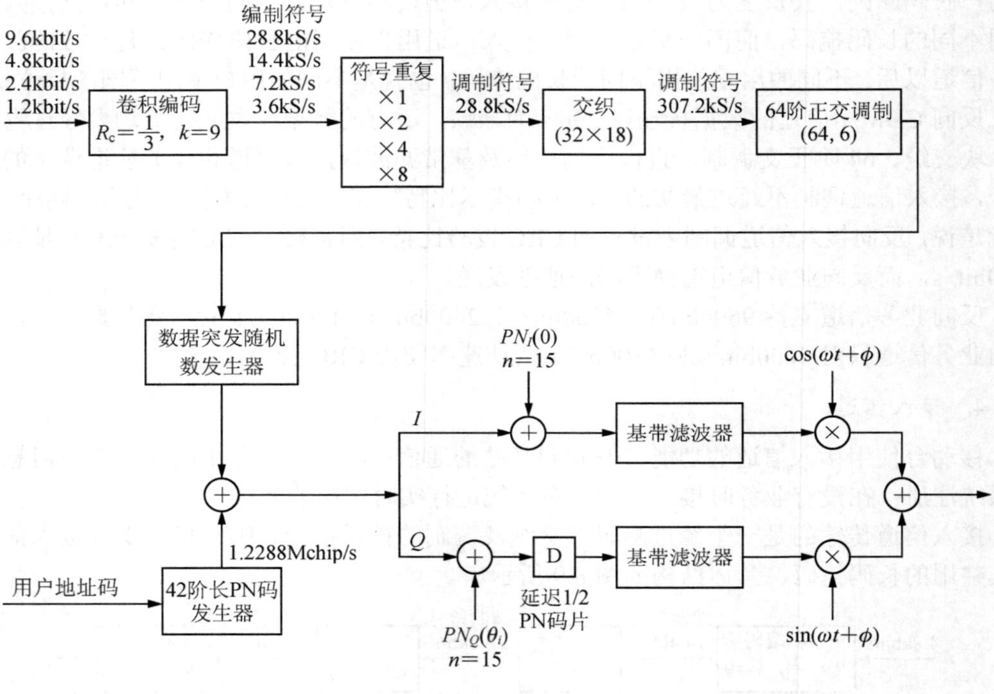

图 8.10　业务信道结构

移动台在反向业务信道上以可变速率 9600bit/s、4800bit/s、2400bit/s、1200bit/s 的数据速率发送信息。反向业务信道帧的长度为 20ms。速率的选择以一帧(即 20ms)为单位，即上一帧是 9600bit/s，下一帧就可能是 4800bit/s。

移动台业务信道初始帧的时间偏置由寻呼信道的信道支配消息中的帧偏置参数定义。反向业务信道的时间偏置与前向业务信道的时间偏置相同。仅当系统时间是 20ms 的整数倍时，零偏置的反向业务信道帧才开始，帧偏置参数被指定为 FRAME_OFFSET 的业务信道帧在比零偏置业务信道帧晚 1.25×FRAME_OFFSET ms 时开始。

8.2.3　关键技术

1. 功率控制

进行功率控制是最大化系统容量的主要方法，同时也是 CDMA 移动通信系统能够正常工作的先决条件之一。移动台的发射功率必须进行控制，使其在到达基站时有足够能量的前提下，尽量降低对其他用户的干扰，以保证系统预定的通话质量。在 CDMA 中，所有的基站共用同一个宽带信道，因此由同一小区中的其他用户和周围小区中的其他用户所造成的自干扰成为限制系统容量的主要因素。一般来说，当每个用户到达基站时的信噪比是达到系统性能要求的最小值时，系统容量达到最大。既然绝大部分噪声是由其他用户造成的，因此各个用户到达基站接收机时应该具有相同的能量。在移动传播环境中需要移动台和基站共同协调进行动态的功率控制才能够实现。在功率控制中需要考虑系统负载的变化、信道状态的快速和慢速的变化及信道的衰落。

在所有的移动通信系统中都存在远近效应。因为移动台在给定的小区中是移动的，一些移动台距离基站近，而另外一些移动台距离基站远，如果不进行功率控制，距离基站近的移动台到达基站时的信号比较强，因此在反向链路上会对其他移动台造成很大的干扰。在功率控制中，当移动台的信噪比超过给定的门限时，基站命令该移动台降低发射功率，反之则要求其提高发射功率。在前向链路，如果要使各个移动台的话音质量相同，则在小区边缘附近的移动台所需要的功率比距离基站近的移动台要高。在移动台的辅助下，基站调整分配给每个业务信道的功率以使全体移动台的信噪比基本上相同。

1) 前向功控

CDMA 的前向信道功率要分配给导频信道、同步信道、寻呼信道和各个业务信道。基站需要调整分配给每个业务信道的功率，使处于不同传播环境下的各个移动台都得到足够的信号能量。一般来说，该调整范围很小，在标称功率上下浮动范围建议是±(3～4) dB（各个设备厂家可能不同）。

基站通过移动台对前向链路误帧率的报告来决定增加或减小发射功率。移动台的报告分为定期报告和门限报告。定期报告顾名思义就是隔一段时间报告一次，门限报告就是当 FER（误帧率）达到一定门限时才报告。这个门限由运营者根据对话音质量的不同要求来设置。这两种报告可以同时存在，也可只存在一种，具体情况根据运营者的要求来设定。

2) 反向功控

反向功控涉及开环估计等技术。开环估计是指移动台仅仅根据接收到的来自基站的信号强度来估计信道的传播环境，并相应调整自己的反向发射功率。例如，当移动台检测到接收信号的前向功率比较高时，通常表明它离基站较近，传播环境较好，因此移动台可以降低其平均发射功率。当然，这样就忽略了前向信道和反向信道并不相关的事实，会导致在短时间内出现较大的误差，并且由于无线信道的快衰特性，开环功控还需要更快速、更准确的校准，这些就由闭环功控来完成。闭环校准是指在开环估计的基础上，移动台根据在前向业务信道上收到的功率控制指令快速校正自己的发射功率，其中的功率控制指令（升或降）是由基站根据它所接收的移动台信号的质量来决定的。由于功率控制指令由基站根据反向业务信道指令产生，再通过前向信道发送移动台调整反向发射功率，形成了控制环路，因此称这种方式为闭环校正。

闭环校正又分为内环和外环两部分，内环指基站接收到移动台的信号后，将其强度与门限（称为“闭环门限”）相比较，如果高于该门限，则向移动台发送“降低发射功率”的功率控制指令；否则发送“增加发射功率”的指令。外环的作用是对内环门限进行调整，这种调整是根据基站所接收到的反向业务信道的指令指标(FER)的变化来进行的。通常FER 有一定的目标值，当实际接收的 FER 高于目标值时，基站就需要提高内环门限，以增加移动台的反向发射功率；反之，当实际接收的 FER 低于目标值时，基站就适当降低内环门限，以降低移动台的反向发射功率。最后，在基站和移动台的共同作用下，使基站能够在保证一定接收质量的前提下，让移动台以尽可能低的功率发射信号，以减小对其他用户的干扰，提高容量。

2. 切换

当移动台靠近原服务小区的边缘，将要进入另一个服务小区时，原基站与移动台之间的链路将逐渐由新基站与移动台之间的链路来取代，这就是切换。通过切换保证移动用户通话的连续性，这是在一切蜂窝移动通信系统中进行移动通信的必然要求。恰当的切换算法有利于降低系统掉话率，增加网络容量。在无线信道上，90%的掉话是在切换过程中发生的。

IS 95 系统采用了软切换技术：在切换过程中，移动台开始与新基站联系时，并不中断与原基站的通信。软切换会带来更好的话音质量，实现无缝切换、减少掉话的可能性，且有利于增加反向容量。当然，软切换只适用于频率相同的 CDMA 信道之间。频率不同的CDMA 信道之间只能进行传统的硬切换，即在切换过程中，移动台先中断与原基站的通信，再与新基站建立联系。硬切换过程中有短暂的中断，容易掉话。

3G 系统还采用更软切换技术，该技术与软切换类似，但只发生在同一基站的不同扇区之间。

8.3 LTE

3G 系统已经在世界上的很多国家与地区得到广泛的应用。为应对 WiMAX 技术的挑战，3GPP(3rd generation partnership project，第三代合作伙伴计划)在 GSM 与 UMTS(universal mobile telecom system，通用移动通信系统)家族的基础上，开始了 UMTS 技术的长期演进(long term evolution，LTE)技术的研究。这项受人瞩目的技术被称为“演进型 3G”(evolved 3G，E3G)，以 OFDM 作为核心技术。由于已经具有某些“4G”特征，E3G 与 3GPP2 AIE(空中接口演进)、WiMAX 及最新出现的 IEEE 802.20 MBFDD/MBTDD 等甚至可以被看作“准4G”技术。

无线通信从 2G、3G 到 3.9G 的发展过程，是从移动语音业务发展到高速业务的过程。在 3GPP 标准的演进过程中，第二代的 GSM/GPRS/EDGE 家族是基于时分与频分多址技术；第三代的 UMTS 开始发展码分多址技术，因其载波的带宽有 5MHz，故又称宽带CDMA(WCDMA)；最后的 LTE 采用 OFDM 技术。目前，OFDM 技术已经在各种移动无线通信标准的技术演进中起到主导作用。

UMTS 在早期的版本规范中已经扩展了 HSDPA(高速下行分组接入)与 HSUPA(高速上行分组接入)，二者统称为 HSPA(高速分组接入)。HSPA 在 Release 7 中采用了高阶调制技术与 MIMO 技术，从而得到进一步的增强(称为 HSPA＋)。HSPA＋在 Release 8 中又得到了进一步的增强。

LTE 继承了 HSPA 与 HSPA＋的技术发展，同时能够采用最先进的技术，不必受到后向的兼容性及 5MHz 带宽的限制。但 LTE 的发展必须满足频谱部署的灵活性等方面的新需求。目前 LTE 由于选择了大量的新技术，至少在物理层已难以保持从 UMTS 的平滑过渡。

8.3.1　技术特征

3GPP 从系统性能要求、网络的部署场景、网络架构、业务支持能力等方面对 LTE 进行了详细的描述。与 3G 相比，LTE 具有如下的技术特征。

(1) 提高了通信速率：下行峰值速率为 100Mbit/s，上行峰值速率为 50Mbit/s。

(2) 提高了频谱效率：下行链路 5(bit/s)/Hz，是 Release 6 中 HSDPA 的 3～4 倍；上行链路 2.5(bit/s)/Hz，是 Release 6 中 HSU-PA 的 2～3 倍。

(3) 以分组域业务为主要目标：系统在整体架构上将基于分组交换。

(4) QoS 保证：通过系统设计和严格的 QoS 机制，保证实时业务(如 VoIP)的服务质量。

(5) 系统部署灵活：能够支持 1.25～20MHz 的多种系统带宽，并支持成对和非成对的频谱分配，保证了未来在系统部署上的灵活性。

(6) 降低无线网络时延：子帧长度 0.5ms 和 0.675ms，解决了向下兼容的问题并降低了网络时延，时延可达 U-plan＜5ms，C-plan＜100ms。

(7) 增加了小区边界比特速率：在保持目前基站位置不变的情况下增加小区边界比特速率。例如，MBMS(多媒体广播和组播业务)在小区边界可提供 1(bit/s)/Hz 的数据速率。

(8) 强调向下兼容：支持已有的 3G 系统和非 3GPP 规范系统的协同运作。

与 3G 相比，LTE 更具技术优势，具体体现为高数据速率、分组传送、延迟降低、广域覆盖和向下兼容。

8.3.2　LTE 演进路线

LTE 项目是 3G 的演进，它改进并增强了 3G 的空中接入技术，采用 OFDM 和 MIMO 作为其无线网络演进的唯一标准；在 20MHz 频谱带宽下能够提供下行 100Mbit/s 与上行 50Mbit/s 的峰值速率；改善了小区边缘用户的性能，提高了小区容量，降低了系统延迟。3GPP LTE 项目的主要性能目标：在 20MHz 频谱带宽能够提供下行 100Mbit/s、上行 50Mbit/s 的峰值速率；改善小区边缘用户的性能；提高小区容量；降低系统延迟，用户平面内部单向传输时延低于 5ms，控制平面从睡眠状态到激活状态迁移时间低于 50ms，从驻留状态到激活状态的迁移时间小于 100ms；支持 100km 半径的小区覆盖；能够为 350km/h 高速移动用户提供大于 100Kbit/s 的接入服务；支持成对或非成对频谱，并可灵活配置 1.25～20MHz 多种带宽。

LTE 长期演进是 GSM 阵营目前最先进的网络。演进路线为 GSM→GPRS→EDGE→WCDMA→HSPA→HSPA＋→LTE。

各网络传输速度分别如下。

(1) GSM：9.6Kbit/s。

(2) GPRS：171.2Kbit/s。

(3) EDGE：384Kbit/s。

(4) WCDMA：384Kbit/s～2Mbit/s。

(5) HSDPA：14.4Mbit/s；HSUPA：5.76Mbit/s。

(6) HSDPA＋：42Mbit/s；HSUPA＋：22Mbit/s。

(7) LTE：300Mbit/s。

8.3.3 LTE 传输方案

1. 下行传输方案

LTE 下行传输方案采用传统的带循环前缀(CP)的 OFDM，每个子载波占用 15kHz，循环前缀的持续时间为 4.7μs 或 16.7μs，分别对应短 CP 和长 CP。为了满足数据传输延迟的要求(在轻负载的情况下，用户面延迟小于 5ms)，LTE 系统必须采用很短的交织长度(TTI)和自动重传请求(ARQ)周期。因此，在 3G 中的 10ms 无线帧被分成 20 个同等大小的子帧，长度为 0.5ms。

下行数据的调制主要采用 QPSK、16QAM 和 64QAM 这三种方式。广播业务采用了一种独特的分层调制(hierarchical modulation)方式。分层调制的思想是，在应用层将一个逻辑业务分成两个数据流，一个是高优先级的基本层，另一个是低优先级的增强层；在物理层，这两个数据流分别映射到信号星座图的不同层。由于基本层数据映射后的符号距离比增强层的符号距离大，因此基本层的数据流可以被远离基站或靠近基站的用户接收，而增强层的数据流只能被靠近基站的用户接收。也就是说，同一个逻辑业务可以在网络中根据信道条件的优劣提供不同等级的服务。

在目前的研究阶段，主要还是沿用 Release 6 的 Turbo 编码作为 LTE 信道编码(如在系统性能评估中)。但是，很多公司也在研究其他的编码方式，并期望被引入到 LTE 中，如低密度奇偶校验(LDPC)码。在大数据量的情况下，LDPC 码可获得比 Turbo 码更高的编码增益，在解码复杂度上也略有减小。

MIMO 技术是 WCDMA 增强的一个重要特性。而在 LTE 中，MIMO 被认为是达到用户平均吞吐量和频谱效率要求的最佳技术。下行 MIMO 天线的基本配置是，在基站设两个发射天线，在 UE 设两个接收天线，即 2×2 的天线配置。更高的下行配置，如 4×4 的 MIMO 也可以考虑采用。开环发射分集和开环 MIMO 在无反馈的传输中可以被应用，如下行控制信道和增强的广播多播业务。

虽然宏分集技术在 3G 时代扮演了相当重要的角色，但在 HSDPA/HSUPA 中已基本被摒弃。即便是在最初讨论过的快速小区选择(FCS)的宏分集，在实际的规范中也没有定义。LTE 沿用了 HSDPA/HSUPA 的思想，即只通过链路自适应和快速重传来获得增益，同时放弃了宏分集这种需要网络架构支持的技术。在 2006 年 3 月的 RAN 总会上，确认了 E-UTRAN 中不再包含 RNC 结点。因而除广播业务外，在 LTE 中不再考虑采用需要“中心结点”(如 RNC)进行控制的宏分集技术。但是对于多小区的广播业务，需要通过无线链路的软合并获得高信噪比。在 OFDM 系统中，软合并可以通过信号到达 UE 天线的时刻都处于 CP 窗之内的 RF 合并来实现，这种合并不需要 UE 有任何操作。

LTE 采用 OFDMA 作为下行多址技术方案。与 CDMA 不同，OFDMA 无法通过扩频方式消除小区间的干扰。为了提高频谱效率，也不能简单地采用如 GSM 中复用因子为 3 或 7 的频率复用方式。因此，在 LTE 中，非常关注小区间干扰消减技术。小区间干扰消减途径有三种，即干扰随机化、干扰消除和干扰协调/避免。另外，在基站采用波束成形天线的解决方案也可以看成下行小区间干扰消减的通用方法。干扰随机化可以采用如小区专属的加扰和小区专属的交织，后者即为大家所知的交织多址(IDMA)；此外，还可采用跳频方式。干扰消除则讨论了采取如依靠 UE 多天线接收的空间抑制和基于检测/相减的消除方法。而干扰协调/避免则普遍采取一种在小区间以相互协调来限制下行资源的分配方法，如通过对相邻小区的时频域资源和发射功率分配的限制，获得在信噪比、小区边界数据速率和覆盖方面的性能提升。

2. 上行传输方案

上行传输方案采用带循环前缀的 SC-FDMA，使用 DFT 获得频域信号，然后插入零符号进行扩频，扩频信号再通过 IFFT。这个过程简写为 DFT-SOFDM。这样做的目的是上行用户能够在频域上相互正交，在接收机一侧则可以得到有效的频域均衡。

子载波映射决定了哪一部分频谱资源会被用来传输上行数据，而其他部分则被插入若干个零值。频谱资源的分配有两种方式：一种是局部式传输，即 DFT 的输出映射到连续的子载波上；另一种是分布式传输，即 DFT 的输出映射到离散的子载波上。相对于前者，分布式传输可以获得额外的频率分集。上行调制主要采用π/2 位移 BPSK、QPSK、8PSK 和 16QAM。与下行相同，上行信道编码还是沿用 Release 6 的 Turbo 编码。其他方式的前向纠错编码正在研究之中。

上行单用户 MIMO 天线的基本配置，也是在 UE 有两个发射天线，在基站有两个接收天线。在上行传输中，LTE 采用了一种虚拟(virtual)MIMO 的特殊技术。通常是 2×2 的虚拟 MIMO，两个 UE 各自有一个发射天线，并共享相同的时频域资源。这些 UE 采用相互正交的参考信号图谱，以简化基站的处理。从 UE 的角度看，2×2 虚拟 MIMO 与单天线传输的不同之处仅仅在于，参考信号图谱的使用必须与其他 UE 配对。但从基站的角度看，确实是一个 2×2 的 MIMO 系统，接收机可以对这两个 UE 发送的信号进行联合检测。

HARQ 在基本的物理层技术中，LTE 采用了链路自适应和混合 ARQ(HARQ)策略，以适应基于数据包的快速数据传输。

链路自适应即自适应调制编码，可以在共享信道上应用不同的调制编码方式以适应不同的信道变化，获得最大的传输效率。将编码和调制方式变化组合成一个列表，E-Node B 根据 UE 的反馈和其他一些参考数据，在列表中选择一个调制速率和编码方式，应用于层 2 的协议数据单元，并映射到调度分配的资源块上。上行链路自适应用于保证每个 UE 的最小传输性能，如数据速率、误包率和响应时间，从而获得最大化的系统吞吐量。上行链路自适应可以结合自适应传输带宽、功率控制和自适应调制编码的应用，分别对频率资源、干扰水平和频谱效率这三个性能指标作出最佳调整。

为了获得正确无误的数据传输，LTE 仍采用前向纠错编码(FEC)和自动重复请求(ARQ)结合的差错控制，即混合 ARQ(HARQ)。HARQ 应用增量冗余(IR)的重传策略，而 chase 合并(CC)实际上是 IR 的一种特例。为了易于实现和避免在等待反馈消息时浪费时间，LTE

仍然选择 N 进程并行的停等协议(SAW)，在接收端通过重排序功能对多个进程接收的数据进行整理。HARQ 在重传时刻上可以分为同步 HARQ 和异步 HARQ。同步 HARQ 意味着重传数据必须在 UE 确知的时间即刻发送，这样就不需要附带 HARQ 处理序列号，如子帧号。而异步 HARQ 则可以在任何时刻重传数据块。从是否改变传输特征来划分，HARQ 又可以分为自适应和非自适应两种。目前来看，LTE 倾向于采用自适应的异步 HARQ 方案。

8.3.4 TD-LTE

从技术角度讲，3GPP 长期演进技术路线仍然存在 FDD 和 TDD 之分，它们分别由 WCDMA 和 TD-SCDMA 演进而来，后者即为 TD-LTE。

TD-SCDMA 是我国提出的 3G 国际标准，具有独立的知识产权。其后续演进技术 TD-LTE 同样有着举足轻重的作用，TD-LTE 不仅可以成为 TD-SCDMA 发展和演进的保障，而且为我国成功实施“新一代宽带无线移动通信网”国家重大专项计划奠定了基础。TD-SCDMA 向 LTE 的演进路线如下：先在 TD-SCDMA 的基础上采用单载波的 HSDPA 技术，将速率提升到 2.8Mbit/s；而后采用多载波的 HSDPA，进一步将速率提升到 8.2Mbit/s；在接下来的 HSPA＋阶段，速率将超过 10Mbit/s，并继续逐步提高上行接入能力；最后从 HSPA＋演进到 TD-LTE。2007 年 11 月，3GPP 工作组会议通过 TD-LTE 融合技术提案。基于 TD-SCDMA 的帧结构模式统一了已有的两种 TDD 模式的延续标准。在国际标准中，TD-LTE 也尽量与 LTE FDD 相融合。这些都为 TD-LTE 的发展打下了良好的基础。

与 LTE-FDD 相比，TD-LTE 在帧结构、物理层技术、无线资源配置等方面都具有自己独特的技术优势。

1. 频谱配置

频段资源是无线通信中最宝贵的资源，随着移动通信的发展，多媒体业务对频谱的需求日益增加。现有的通信系统 GSM 900 和 GSM 1800 均采用 FDD 双工方式，而 FDD 双工方式占用了大量的频段资源。同时，由于 FDD 不能使用一些零散的频谱资源，造成了闲置和浪费。由于 TD-LTE 系统不需成对的频率，在 FDD-LTE 系统不易使用的零散频段上可以方便地进行配置，具有一定的频谱灵活性，能有效提高频谱利用率。

另外，中国已经为 TDD 划分了 155MHz 的频段，为 TD-LTE 的应用创造了条件。因此，在频段资源方面，TD-LTE 系统比 FDD-LTE 系统具有更大的优势。

2. 支持非对称业务

在 3G 及未来的移动通信系统中，除了提供语音业务外，数据和多媒体业务也将成为主要内容。在这其中的上网、文件传输和多媒体业务通常具有上下行不对称的特性。

TD-LTE 系统在支持不对称业务方面具有一定的灵活性。根据 TD-LTE 帧结构的特点，TD-LTE 系统可以根据业务类型灵活配置帧的上下行配比。例如，浏览网页、视频点播等业务，下行数据量明显大于上行数据量，系统可以根据对业务量进行的分析，将下行帧的配置多于上行帧，如 6DL:3UL、7DL:2UL、8DL:1UL、3DL:1UL 等。而在提供传统的语音业务时，系统可以将下行帧和上行帧配置相等，如 2DL:2UL。

在 FDD-LTE 系统中，非对称业务对上行信道的资源利用存在一定的浪费，必须采用高速分组接入(HSPA)、EVDO 和广播/组播等技术。相对于 FDD-LTE 系统，TD-LTE 系统能够更好地支持不同类型的业务，不会造成资源的浪费。

3. 智能天线的使用

智能天线技术是未来无线技术的发展方向，它能降低多址干扰，增加系统的吞吐量。在 TD-LTE 系统中，上下行链路使用相同频率，且间隔时间较短，小于信道相干时间，同时链路的无线传播环境差异较小。因此在使用赋形算法时，上下行链路可以使用相同的权值。与之不同的是，由于 FDD 系统上下行链路信号传播的无线环境受频率选择性衰落影响不同，根据上行链路计算得到的权值不能直接应用于下行链路。因而，TD-LTE 系统能有效地降低移动终端的处理复杂性。

另外，在 TD-LTE 系统中，由于上下行信道一致，基站的接收和发送可以共用部分射频单元，从而在一定程度上降低了基站的制造成本。

4. 与 TD-SCDMA 的共存

TD-LTE 系统还有一个 FDD-LTE 无法比拟的优势，就是 TD-LTE 系统能够与 TD-SCDMA 系统共存。对现有通信系统来说，目前的数据传输速率已经无法满足用户日益增长的需求，运营商必须提前规划现有通信系统向 B3G/4G 系统的平滑演进。由于 TD-LTE 帧结构是基于我国 TD-SCDMA 的帧结构，能够方便地实现 TD-LTE 系统与 TD-SCDMA 系统的共存和融合。

8.4　WiMAX 802.16e

WiMAX 即全球微波互联接入，是一项新兴的宽带无线接入技术，能提供面向互联网的高速连接，数据传输距离最远可达 50km。WiMAX 还具有 QoS 保障、传输速率高、业务丰富多样等优点。WiMAX 的技术起点较高，采用了代表未来通信技术发展方向的 OFDM/OFDMA、AAS、MIMO 等先进技术。随着技术标准的发展，WiMAX 将逐步实现宽带业务的移动化，而 3G 则实现移动业务的宽带化，两种网络的融合程度会越来越高。

WiMAX 是一项基于 IEEE 802.16 标准的技术，根据是否支持移动特性，IEEE 802.16 标准可以分为固定宽带无线接入空中接口标准和移动宽带无线接入空中接口标准，其中 802.16a、802.16d 属于固定无线接入空中接口标准，而 802.16e 属于移动宽带无线接入空中接口标准。802.16d 是 2～66GHz 固定宽带无线接入系统的标准，802.16e 是 2～6GHz 支持移动性的宽带无线接入空中接口标准。

8.4.1　WiMAX 与 3G 技术的区别

3G 是支持高速无线通信的 ITU 规范。这一遍布全球的无线连接与 GSM、TDMA 和 CDMA 相兼容。下一代 3G 蜂窝服务能够为语音和数据提供一个远程无线接入范围。全球的运营商目前都在为城镇、郊区和交通流量较大的乡村地区部署 3G 网络的基础设施。下一代 3G 蜂窝服务能够横跨多种地域，创建广泛的数据接入范围，从而为语音通信和互联网连接提供最理想的移动计算能力。IEEE 802.16e 自提出以来一直都比较引人关注，特别是其背后拥有 Intel 这样的业界巨头。在 WiMAX 组织的推动下，业界对 802.16e 展开了热烈的讨论，尤其是 802.16e 与 3G 的关系，这其中有多种观点：有的观点认为 802.16e 会取代 3G；有的则认为 802.16e 不可能取代 3G，其只是 3G 的互补技术。

1. 标准化程度

802.16e 仅定义了空中接口的物理层和 MAC 层。在 MAC 层之上采用的协议以及核心网部分不在 802.16e 所包含的范围之内。3G 技术作为一个完整的网络，空中接口规范、核心网系列规范及业务规范等都已经完成了标准化工作，具体工作涉及无线传输、移动性管理、业务应用、用户号码管理等内容。

2. 业务能力

802.16e 提供的主要是具有一定移动特性的宽带数据业务，面向的用户主要是笔记本终端和 802.16e 终端持有者。802.16e 接入 IP 核心网，也可以提供 VoIP 业务。从设计之初，3G 就是为话音业务和数据业务所共同设计的。对于话音业务，核心网络仍采用电路交换方式实现，QoS 有较高的保障。802.16e 牺牲了移动性换取了数据传输能力的提高，它的数据带宽优于 3G 系统。但是 3G 的数据能力也在不断提高，3G 增强型(如 HSDPA)已经可以实现 10Mbit/s 的接入速率。按照 ITU 的定义，3G 增强型最终目标可以达到 30Mbit/s。

尽管 WiMAX 传输速率可达到 3G 的 10 倍甚至更高，其覆盖范围用低阶调制时可与 3G 匹敌甚至更远，但这不是以无线广域网 WWAN 为基本模式、以公众语音及多媒体数据为内容、在全球范围内漫游的个人手机终端的 3G 标准的基本市场定位。本质上 WiMAX 是作为 3G 及 3G 演进的一种无线城域网、多点基站互联的重要支持手段而已，两者潜在的市场尺寸亦有巨大差异。

3. 覆盖范围

802.16e 为了获得较高的数据接入带宽(30Mbit/s)必然要牺牲覆盖和移动性，因此 802.16e 在相当长的时间内将主要解决热点覆盖，网络可以提供部分的移动性，主要应用会集中在游牧或低速移动状态下的数据接入。3G 则是无处不在的网络，覆盖是连续的，用户可以实现不间断的通信。

4. 无线频谱资源

3G 拥有全球统一的频谱资源，而 802.16e 则正在试图寻找 2～6GHz 的频率资源，各个国家目前可用的频率都不一致。因此，802.16e 最终获得足够的全球统一频率存在一定难度。

从以上各个角度的分析可以看出，虽然 802.16e 在数据能力上要优于 3G，但是从标准化、全球统一频谱、技术特性等多角度考虑，802.16e 距离真正的商用还有很长的路要走，而且在相当长的时间内需要重点解决热点覆盖和部分移动性的问题。

8.4.2 WiMAX 与 Wi-Fi 技术的区别

Wi-Fi 是无线保真(wireless fidelity)的缩写，Wi-Fi 技术标准包括已经批准的 IEEE 802.11

等系列规范。Wi-Fi 是第一项得到广泛部署的高速无线技术，在全球的热点技术中尤其引人注目。但面对 WiMAX 迅猛的发展态势，有的舆论就认为 WiMAX 将取代 Wi-Fi。当然也有人认为 WiMAX 不会取代 Wi-Fi，双方将在无线接入中互补。

1. 传输范围

WiMAX 设计可以在公用的或是私营的无线频段进行网络运作，只要系统企业拥有该无线频段的执照，则在授权频段运作时，WiMAX 便可以采用更多频宽、更多时段和更强的功率进行发送。Wi-Fi 只在公用频段中的 2.4GHz 与 5GHz 两个频段工作。美国的联邦通信委员会(FCC)规定 Wi-Fi 的传输功率为 1～100mW。而一般来说 WiMAX 的传输功率约为 100kW，所以 Wi-Fi 的功率几乎是 WiMAX 的一百万分之一，所以 WiMAX 的传输距离更远。虽然 WiMAX 明显有更远的传输范围，但在使用 WiMAX 基地台时必须注意到，要有一个授权的无线电频段才能够使用。而如果 WiMAX 和 Wi-Fi 一样都使用未授权的工作频段，就会失去在传输距离上的优势。在相同条件下，如果让 Wi-Fi 使用授权频带，Wi-Fi 同样也可以和 WiMax 一样具有较大的传输范围。

2. 传输速度

大多数人看好 WiMAX 的原因是其在传输速度上技术的优势。虽然 WiMAX 声称其最高速度为 70Mbit/s，然而最新的 Wi-Fi MIMO 在理论上的最高速度也有 108Mbit/s，在实际环境的测试中的速度也有 45Mbit/s。与其他的无线企业一样，无线 ISP 企业在组建 WiMAX 网络的时候，同样会遇到频宽竞争的难题。虽然授权频段的 WiMAX 系统涵盖范围极大，约数十千米，但里面会有极多的使用者同时竞争相同的频宽。即使无线 ISP 企业使用多个独立的频道来运作，但同一个频道中，在使用者的数量上还是会数倍于 Wi-Fi。一般来说，不论是无线微波企业、3G 行动企业，还是卫星电话企业，同样都会遇到频宽竞争与 QoS 管控的问题。如果网络的延迟在 200～2000ms，这种网络就很难使用 VoIP、视讯会议、网络游戏或任何其他的即时应用服务。理论上可以在 WiMAX 上加载 QoS 机制，以供 VoIP 使用。而 Wi-Fi 技术的 QoS 机制相对成熟。在实际的应用上，将公用频段的 WiMAX 基地台与 Wi-Fi 基地台两者的速率哪一个设置得更快，取决于商用产品的推出。由于在理论上两者的传输功率与频段大致相同，而且市场上已经有大量成熟的 Wi-Fi 产品，在非授权频段这一领域内 Wi-Fi 已经领先一大步，因此 WiMAX 更多地在往无线 ISP 企业的方向上发展。

3. 安全性

从安全性的角度来说，WiMAX 实际使用的是与 Wi-Fi 的 WPA2 标准相似的认证与加密的方法。其区别在于 WiMAX 的安全机制使用 3DES 或 AES 加密，然后再加上 EAP，这种方法称为 PKM-EAP；Wi-Fi 的 WPA2 则是采用典型的 PEAP 认证与 AES 加密。两者的安全性都可以保证。因此在实际中，网络的安全性一般取决于实际组建方式的正确性与合理性。WiMAX 技术与 802.16 标准是是无线 ISP 企业未来合理的演进方向，但它不是无线网络技术的终极解决方案。WiMAX 和其他的无线网络技术将会是互补的，同时这些无线技术也不可能取代对有线技术的需求。无线的连线方式必定更有行动力、更方便，而有线的连线方式一般传输速度更快、更可靠。

4. 移动性

从移动业务能力上看，WiMAX 的标准之一 802.16e 提供的主要是具有一定移动特性的宽带数据业务，面向的用户主要是笔记本终端和 802.16e 终端持有者。802.16e 接入 IP 核心网，也可以提供 VoIP 业务。但是从覆盖范围上来看，802.16e 为了获得较高的数据接入带宽(30Mbit/s)，必然要牺牲覆盖范围和移动性，因此 802.16e 在相当长的时间内将主要解决热点覆盖问题，其网络可以提供部分的移动性，主要应用会集中在游牧或低速移动状态下的数据接入。Wi-Fi 技术也支持一定的移动性，但是不支持两个 Wi-Fi 基地台之间的终端切换，当两个 Wi-Fi 基地台之间处于移动状态时需要重新接入。

8.4.3　WiMAX 的技术特点

1. 链路层

TCP/IP 的特点之一是对信道的传输质量有较高的要求。无线宽带接入技术面对日益增长的 IP 数据业务，必须适应 TCP/IP 对信道传输质量的要求。在 WiMAX 技术的应用条件下(室外远距离)，无线信道的衰落现象非常显著。在质量不稳定的无线信道上运用 TCP/IP，其效率可能十分低下。WiMAX 技术在链路层加入了 ARQ 机制，减少到达网络层的信息差错，可大大提高系统的业务吞吐量。同时 WiMAX 采用天线阵、天线极化方式等天线分集技术来应对无线信道的衰落。这些措施都提高了 WiMAX 无线数据传输的性能。

2. QoS 性能

WiMAX 可以向用户提供具有 QoS 性能的数据、视频、话音(VoIP)业务。WiMAX 可以提供三种等级的服务：CBR(constant bit rate，固定码率)、CIR(committed rate，约定信息速率)、BE(best effort，尽力而为)。CBR 的优先级最高，在任何情况下，网络操作者与服务提供商都会以高优先级、高速率及低延时为用户提供服务，保证用户订购的带宽；CIR 的优先级次之，网络操作者提供约定的速率，但速率超过规定的峰值时，优先级会降低，还可根据设备带宽资源的情况向用户提供更多的传输带宽；BE 则具有更低的优先级，这种服务类似于传统 IP 网络的尽力而为服务，网络不提供优先级与速率的保证，在系统满足其他用户较高优先级业务的条件下，尽力为用户提供传输带宽。

3. 工作频段

整体来说，802.16 工作的频段采用的是不需授权频段，范围在 2～66GHz。而 802.16a 则是一种采用 2～11GHz 不需授权频段的宽带无线接入系统，其频道带宽可根据需求在 1.5～20MHz 进行调整。因此，802.16 所使用的频谱可能比其他任何无线技术更加丰富，其具有以下优点：对于已知的干扰，窄的信道带宽有利于避开干扰；当信息带宽需求不大时，窄的信道带宽有利于节省频谱资源；灵活的带宽调整能力有利于运营商或用户协调频谱资源。

4. 关键技术

无线接入互联网和无线多媒体数据业务的巨大需求推动了无线通信技术的快速发展，

通信技术宽带化、IP 化、移动化成为未来的发展趋势。WiMAX 技术是以 IEEE 802.16 系列标准为基础的宽带无线接入技术，两年来发展迅速，逐渐成为城域宽带无线接入技术的发展热点。WiMAX 的关键技术主要包括以下几个方面。

1）OFDM/OFDMA

OFDM 是一种高速传输技术，是未来无线宽带接入系统或下一代蜂窝移动系统的关键技术之一，3GPP 已将 OFDM 技术作为其 LTE 研究的主要候选技术。在 WiMAX 系统中，OFDM 作为物理层技术，主要应用的方向有两个：OFDM 物理层和 OFDMA 物理层。无线城域网 OFDM 物理层采用 OFDM 调制方式，OFDM 正交载波集由单一用户产生，为单一用户并行传送数据流。支持 TDD 和 FDD 双工方式，上行链路采用 TDMA 多址方式，下行链路采用 TDM 复用方式，可以采用 STC 发射分集及 AAS（自适应天线系统）。无线城域网 OFDMA 物理层采用 OFDMA 多址接入方式，支持 TDD 和 FDD 双工方式，可以采用 STC 发射分集及 AAS。OFDMA 系统可以支持长度为 2048、1024、512 和 128 的 FFT 点数。通常向下数据流被称为逻辑数据流，这些数据流可以采用不同的调制及编码方式，能够以不同的信号功率接入不同信道特征的用户端。向上数据流子信道采用多址方式接入，通过下行发送的介质接入协议（MAP）分配子信道，传输上行数据流。虽然 OFDM 技术对相位噪声非常敏感，但是协议标准定义了可扩展 FFT，可以根据不同的无线环境选择不同的调制方式，以保证系统能够以高性能的方式工作。

2）HARQ

HARQ 技术因为提高了频谱效率，所以可以明显提高系统吞吐量，同时由于重传可以带来合并增益，所以间接扩大了系统的覆盖范围。在 802.16e 的协议中虽然规定了信道编码方式有卷积码（CC）、卷积 Turbo 码（CTC）和低密度校验码（LDPC）编码，但是根据目前的协议，在 802.16e 中只支持 CC 和 CTC 的 HARQ 方式。具体规定为，在 802.16e 协议中，混合自动重传要求（HARQ）方法在 MAC 部分是可选的。在网络接入过程或重新接入过程中，HARQ 功能和相关参数是通过消息 SBC 来确定和协商的。HARQ 是基于每个服务流连接的，它可以通过消息 DSA/DSC 来确定每个服务流是否具有 HARQ 的功能。

3）AMC

AMC 在 WiMAX 的应用中有其独特的技术要求。由于 AMC 技术需要根据信道条件来判断采用何种编码方案和调制方案，所以 AMC 技术必须根据 WiMAX 的技术特征来实现 AMC 功能。与 CDMA 技术不同的是，由于 WiMAX 物理层采用的是 OFDM 技术，所以为了调整系统编码调制方式，达到系统瞬时最优性能的目的，在 AMC 算法中，必须考虑到像时延扩展、多普勒频移、PAPR 值、小区的干扰等对于 OFDM 解调性能有重要影响的信道因素。WiMAX 标准定义了多种编码调制模式，包括卷积编码、分组 Turbo 编码（可选）、卷积 Turbo 码（可选）、零咬尾卷积码（zero tailbaiting CC）（可选）和 LDPC（可选）。AMC 对应不同的码率，主要有 1/2、3/5、5/8、2/3、3/4、4/5、5/6 等。

4）MIMO

对于未来移动通信系统而言，如何能够在非视距和恶劣信道下保证高的 QoS 是一个关键问题，也是移动通信领域的研究重点。对于 SISO 系统，如果要满足上述要求就需要较多的频谱资源和复杂的编码调制技术，而有限的频谱资源和终端的移动特性都制约着 SISO

系统的发展，所以 MIMO 是未来移动通信的关键技术。MIMO 技术主要有两种表现形式，即空间复用和空时编码。这两种形式在 WiMAX 协议中都得到了应用。协议还给出了同时使用空间复用和空时编码的形式。MIMO 技术正在被开发应用到各种高速无线通信系统中，但是到目前为止还少有成熟的产品出现。在 MIMO 技术的研发和实现上，仍然需要一段时间才能够取得突破。支持 MIMO 是协议中的一种可选方案，协议对 MIMO 的定义已经比较完备了。MIMO 技术能显著地提高系统的容量和频谱利用率，可以大大提高系统的性能，未来会被多数设备制造商支持。

5) QoS 机制

在 WiMax 标准中，MAC 层定义了较为完整的 QoS 机制。MAC 层针对每个连接可以分别设置不同的 QoS 参数，包括速率、延时等指标。WiMAX 系统所定义的四种调度类型只针对上行的业务流。对于下行的业务流，根据业务流的应用类型只有 QoS 参数的限制(即不同的应用类型有不同的 QoS 参数限制)而没有调度类型的约束，因为下行的带宽分配是由基站中缓冲器(buffer)中的数据触发的。这里定义的 QoS 参数都是针对空中接口而言的，而且是这四种业务中必要的参数。

6) 睡眠模式

WiMAX 16e 协议为了适应移动通信系统的特点，增加了终端睡眠模式：移动台 sleep 模式和 idle 模式。sleep 模式的目的在于减少移动台的能量消耗并降低对当前服务基站空中资源的使用。sleep 模式是移动台在预先协商的指定周期内暂时中止当前服务基站服务的一种状态。从当前服务基站的角度观察，在这种状态下的移动台处于不可用(unavailability)状态。idle 模式为移动台提供了一种比 sleep 模式更为省电的工作模式，在进入 idle 模式后，移动台只是在离散的间隔时间内周期性地接收下行广播数据(包括寻呼消息和 MBS 业务)，并且在穿越多个基站的移动过程中，不需要经历切换和网络重新进入的过程。idle 模式与 sleep 模式的区别在于，idle 模式下移动台没有任何连接，包括管理连接，而 sleep 模式下移动台有管理连接，也可能存在业务连接；idle 模式下移动台跨越基站时不需要进行切换，sleep 模式下移动台跨越基站需要进行切换，所以 idle 模式下移动台和基站的开销都比 sleep 模式下要小；idle 模式下移动台定期向系统登记位置，sleep 模式下移动台始终和基站保持联系，不用登记。

7) 切换技术

IEEE 802.16e 标准规定了一种必选的切换模式，在协议中简称 HO(handover)，实际上就是我们通常所说的硬切换。除此以外还提供了两种可选的切换模式：MDHO(宏分集切换)和 FBSS(快速基站切换)。WiMAX 802.16e 中规定必须支持的是硬切换，协议中称为 HO。移动台可以通过当前服务基站的广播消息，或者通过请求分配扫描间隔及睡眠间隔，对邻近的基站进行扫描和测距，以此来获得相邻小区的信息，并对其进行评估，寻找潜在的目标小区。切换既可以由移动台决策发起，也可以由基站决策发起。在进行 FBSS 时，移动台只与 Anchor 基站进行通信。所谓快速是指不用执行 HO 过程中的步骤就可以完成从一个 Anchor 基站到另一个 Anchor 基站的切换。进行 MDHO 时，移动台可以同时在多个基站之间发送和接收数据，这样可以获得分集合并增益以改善信号质量。对于移动台和基站来说，MDHO 模式和 FBSS 模式是可以选择使用的。

8.4.4 WiMAX 技术的优缺点

1. 优势

WiMAX 之所以能引发各厂商浓厚的兴趣，原因在于其自身的许多优势。

优势之一：实现更远距离的传输。WiMAX 所能实现的 50km 无线信号传输距离是无线局域网所不能比拟的，网络覆盖面积是 3G 发射塔的 10 倍，只要少数基站建设就能实现全城覆盖，这样就使得无线网络应用的范围大大扩展。

优势之二：提供更高速的宽带接入。在目前实际的产品中，WiMAX 所能提供的最高接入速度是 70Mbit/s，这个速度是 3G 所能提供的宽带速度的 30 倍。

优势之三：提供优良的最后一公里网络接入服务。作为一种无线城域网技术，它可以将 Wi-Fi 热点连接到互联网，也可作为 DSL 等有线接入方式的无线扩展，实现最后 1km 的宽带接入。WiMAX 可为 50km 线性区域内提供服务，用户不需线缆即可与基站建立宽带连接。

优势之四：提供多媒体通信服务。由于 WiMAX 较之 Wi-Fi 具有更好的可扩展性和安全性，从而能够实现电信级的多媒体通信服务。

2. 劣势

劣势之一：从标准来讲 WiMAX 技术是不能支持用户在移动过程中进行无缝切换。其所能支持的速度只有 50km/h，而如果用户在高速移动的状态下，WiMAX 达不到无缝切换的要求，与 3G 的几个主流标准相比相差甚远。

劣势之二：严格意义上讲，WiMAX 只是一个无线城域网的技术，还算不上一个移动通信系统的标准。

劣势之三：WiMAX 要到 802.16m 才能真正成为具有无缝切换功能的移动通信系统。WiMAX 阵营把解决这个问题的希望寄托于未来的 802.16m 标准上，而 802.16m 的进展情况还存在不确定的因素。

习　题

8.1 GSM 系统网络由哪几部分组成？

8.2 GPRS 与 GSM、WAP 之间是什么关系？

8.3 GSM 的物理信道与逻辑信道是什么关系？

8.4 IS-95 系统主要采用哪些不同类型的扩频码？分别具有什么作用？

8.5 IS-95 系统前向 CDMA 信道分别由哪些码分信道组成？其功能与作用分别是什么？

8.6 IS-95 系统反向 CDMA 信道的分类如何？每种信道作用是什么？

8.7 IS-95 系统是一种干扰受限系统，其链路容量的制约因素有哪些？

8.8 LTE 中采用的下行多址方案是什么？会带来什么问题？如何解决？

8.9 简述 TD-LTE 的特点。

8.10 简述 WiMAX 技术的特点。

参 考 文 献

樊昌信，曹丽娜．2007．通信原理．6 版．北京：国防工业出版社

荀彦新．2005．无线电抗干扰通信原理及应用．西安：西安电子科技大学出版社

华为技术有限公司．2005．CDMA 20001x 无线网络规划与优化．北京：人民邮电出版社

蒋同泽．1996．现代移动通信系统．北京：电子工业出版社

李建东，郭梯云，邬国扬．2006．移动通信．4 版．西安：西安电子科技大学出版社

凌聪，孙松庚．1999．用于跳频码分多址通信的混沌跳频序列．电子学报，27(1)：67-69

刘焕淋，向劲松，代少升．2008．扩展频谱通信．北京：北京邮电大学出版社

刘辉，李国庆．2008．基于 OFDM 的无线宽带网络设计与优化．任品毅，译．西安：西安交通大学出版社

梅文华，等．2005．跳频通信．北京：国防工业出版社

梅文华，杨义先，周炯槃．2003．跳频序列设计理论的研究进展．通信学报，24(2)：92-101

石峰．2011．军用突发 OFDM 系统的符号同步和信道估计技术研究．国防科学技术大学博士学位论文

汪裕民．2007．OFDM 关键技术与应用．北京：机械工业出版社

吴伟陵，牛凯．2005．移动通信原理．北京：电子工业出版社

张邦宁，魏安全，郭道省，等．2007．通信抗干扰技术．北京：机械工业出版社

张贤达，保铮．2000．通信信号处理．北京：国防工业出版社

章坚武．2007．移动通信．2 版．西安：西安电子科技大学出版社

Abou-Faycal I C，Trott M D，Shamai S．2001．The capacity of discrete-time memoryless Rayleigh fadingchannels．IEEE Trans actions on Inform ation Theory，47(4)：1290-1301

Braun W R．1997．PN acquisition and tracking performance in DS-CDMA systems with symbol-length spreading sequences．IEEE Transactions on Communication，45(12)：1595-1601

Cox D C，Leck R P．1975．Distributions of multipath delay spread and average excess delay for 910MHz urban mobile radio paths．IEEE Transactions on Antennas and Propagation，23(5)：206-213

Cox D C．1972．Delay doppler characteristics of multipath delay spread and average excess delay for 910MHz urban mobile radio paths．IEEE Transactions on Antennas and Propagation，20(5)：625-635

Devasirvatham D J，Krain M J，Rappaport D A，et al．1990．Radio propagation measurements at 850MHz，1.7GHz，and 4.0GHz inside two dissimilar office buildings．Electronics Letters，26(7)：445-447

ETS 300 401．1995．Digital audio broadcasting (DAB) to mobile，portable and fixed receivers．European Telecommunications Standards Institute

ETS 300 744．1997．Digital video broadcasting (DVB)；framing structure，channel coding and modulation for digital terrestrial television (DVB-T)．European Telecommunications Standards Institute

Forney G D．1972．Maximum-likelihood sequence estimation of digital sequences in the presence of intersymbolinterference．IEEE Transactions on Information．Theory，18(3)：363-378

Goldsmith A J, Varaiya P P. 1997．Capacity of fading channels with channel side information，IEEE Transactions on Informaction．Theory，43(6)：1986-1992．

Goldsmith A．2007．无线通信．杨鸿文，李卫东，郭文彬，等译，北京：人民邮电出版社

Hanzo L，Keller T．2006．OFDM and MC-CDMA：A Primer．Chichester：John Wiley & Sons Inc

Haykin S，Moher M．2006．现代无线通信．郑宝玉，等译．北京：电子工业出版社

IEEE Std 802.16．2004．Standard for local and metropolitan area networks. LAN/MAN Standards Committee

Jakes W C．1974．Microwave Mobile Communications．New York：Wiley

Kumar P V．1988，Frequency-hopping code sequence designs having large linear span．IEEE Transactions on Information Theory，34(1)：146-151

Lapidoth A, Moser S M．2003．Capacity bounds via duality with applications to multiple-antenna systems onflat-fading channels．IEEE Transactions on Information．Theory，49(10)：2426-2467

Lee W C Y．1985．Mobile Communications Engineering．New York：McGraw Hill Publications

Lee W C Y．1989．Mobile Cellular Telecommunications Systems．New York：McGraw Hill Publications

Lee W. 1982. Mobile Communications Engineering. New York: McGraw-Hill

Lin S，Costello D J. 2004. Error Control Coding: Fundamentals and Applications. 2nd ed. New Jersey：Pearson Education Inc

Mark J W，Zhuang W. 2004. 无线通信与网络. 李锵，郭继昌，等译. 北京：电子工业出版社

Minn H，Bhargava V K，Letaief K B. 2003. A robust timing and frequency synchronization for OFDM systems. IEEE Transactions on Wireless Communnications，2(4)：822-839

Mosier R R，Clabaugh G R，Kineplex. 1958. A Bandwidth Efficient Bianary Transmission System. AIEE Transactions，76(1)：723-728

Mouly M，Pautet M B. 1992. The GSM System for Mobile Communications. Palaiseau：Authors

Murota K，Hirade K. 1981. GMSK modulation for digital mobile radio telephony. IEEE Transactions on Communications，29(7)：1044-1050

Pollet T，Peeters M. 1999. Synchronization with DMT modulation. IEEE Communications Magazine，37(4)：80-86

Price R，Green P E. 1958. A communication technique for multipath channel. Proceedings of IRE，46(3)：555-570

Proakis J G，Manolakis D G. 2007. 数字信号处理：原理、算法与应用. 4 版. 方艳梅，刘永清，等译. 北京：电子工业出版社

Proakis J G. 1995. Digital Communications. 3rd ed. New York: McGraw-Hill

Rappaport T S，Seidal S Y，Singh R. 1990. 900MHz multipath propagation measurements for U. S. digital cellular radiotelephone. IEEE Transactions on Vehicular Technology，39(2)：132-139

Rappaport T S. 2001. Wireless Communications：Principles and Practice. 2nd ed. Englewood Cliffs：Prentice-Hall

Rappaport T S. 2006. 无线通信原理与应用. 2 版. 周文安，付秀花，王志辉，等译. 北京：电子工业出版社

Salz J. 1973. Optimum mean-square decision feedback equalization，Bell System. Technical Journal，52(6)：1341-1373

Simon M，Alouini，2000. Digital Communication over Fading Channels：A Unified Approach to Performance Analysis. New York：Wiley

Speth M，Fechtel S A，Fock G，et al. 1999. Optimum receiver design for wireless broad-band systems using OFDM-part I. IEEE Transactions on Communications，47(11)：1668-1677

Stallings W. 2005. 无线通信与网络. 何军，等译. 北京：清华大学出版社

Stüber G L. 2001. Principles of Mobile Communications. 2nd ed. Boston：Kluwer Academic Publishers

Stuber G L. 2001. Principles of Mobile Communications. 2nd ed. Dordrecht：Kluwer

Tabbane S. 2001. 无线移动通信网络. 李新付，楼才义，徐建良，译. 北京：电子工业出版社

Tsui J BY. 2000. Fundamentals of Global Positioning System Receivers: A Software Approach. New York：John Wiley & Sons Inc

Wolfowitz J. 1964. Coding Theorems of Information Theory. 2nd ed. New York：Springer-Verlag

Xiong F. 2000. Digital Modulation Techniques. Boston: Artech House

附录A　Q、erf、erfc函数

Q 函数定义为

$$Q(z)=\int_z^{\infty}\frac{1}{\sqrt{2\pi}}\mathrm{e}^{-x^2/2}\mathrm{d}x \tag{A.1}$$

误差函数 erf 定义为

$$\operatorname{erf}(z)=\frac{2}{\sqrt{\pi}}\int_0^z \mathrm{e}^{-x^2}\mathrm{d}x \tag{A.2}$$

余误差函数 erfc 定义为

$$\operatorname{erfc}(z)=\frac{2}{\sqrt{\pi}}\int_z^{\infty}\mathrm{e}^{-x^2}\mathrm{d}x \tag{A.3}$$

因而有以下关系成立

$$\operatorname{erfc}(z)=1-erf(z) \tag{A.4}$$

Q 函数与 erf、erfc 函数的关系为

$$Q(z)=\frac{1}{2}\left[1-\operatorname{erf}\left(\frac{z}{\sqrt{2}}\right)\right]=\frac{1}{2}\operatorname{erfc}\left(\frac{z}{\sqrt{2}}\right) \tag{A.5}$$

$$\operatorname{erfc}(z)=2Q(\sqrt{2}z) \tag{A.6}$$

$$\operatorname{erf}(z)=1-2Q(\sqrt{2}z) \tag{A.7}$$

表 A.1 列出了部分对于不同 z 值的 Q 函数取值。

表 A.1　Q 函数表

z	$Q(z)$	z	$Q(z)$	z	$Q(z)$	z	$Q(z)$
−4.0	0.999 968	−2.0	0.977 250	0.0	0.500 000	2.0	0.022 750
−3.9	0.999 952	−1.9	0.971 283	0.1	0.460 172	2.1	0.017 864
−3.8	0.999 928	−1.8	0.964 070	0.2	0.420 740	2.2	0.013 903
−3.7	0.999 892	−1.7	0.955 435	0.3	0.382 089	2.3	0.010 724
−3.6	0.999 841	−1.6	0.945 201	0.4	0.344 578	2.4	0.008 198
−3.5	0.999 767	−1.5	0.933 193	0.5	0.308 538	2.5	0.006 210
−3.4	0.999 663	−1.4	0.919 243	0.6	0.274 253	2.6	0.004 661
−3.3	0.999 517	−1.3	0.903 200	0.7	0.241 964	2.7	0.003 467
−3.2	0.999 313	−1.2	0.884 930	0.8	0.211 855	2.8	0.002 555
−3.1	0.999 032	−1.1	0.864 334	0.9	0.184 060	2.9	0.001 866
−3.0	0.998 650	−1.0	0.841 345	1.0	0.158 655	3.0	0.001 350
−2.9	0.998 134	−0.9	0.815 940	1.1	0.135 666	3.1	0.000 968
−2.8	0.997 445	−0.8	0.788 145	1.2	0.115 070	3.2	0.000 687
−2.7	0.996 533	−0.7	0.758 036	1.3	0.096 800	3.3	0.000 483
−2.6	0.995 339	−0.6	0.725 747	1.4	0.080 757	3.4	0.000 337
−2.5	0.993 790	−0.5	0.691 462	1.5	0.066 807	3.5	0.000 233
−2.4	0.991 802	−0.4	0.655 422	1.6	0.054 799	3.6	0.000 159
−2.3	0.989 276	−0.3	0.617 911	1.7	0.044 565	3.7	0.000 108
−2.2	0.986 097	−0.2	0.579 260	1.8	0.035 930	3.8	0.000 072
−2.1	0.982 136	−0.1	0.539 828	1.9	0.028 717	3.9	0.000 048

附录 B　Erlang-B 表

表 B.1　Erlang-B 公式中以 Erlang 为单位的话务量（信道数为 2～48）

信道数	呼叫阻塞概率							
	0.001	0.002	0.005	0.01	0.02	0.05	0.07	0.1
2	0.046	0.065	0.105	0.152	0.223	0.381	0.470	0.595
3	0.194	0.249	0.349	0.455	0.602	0.899	1.057	1.271
4	0.439	0.535	0.701	0.869	1.092	1.525	1.748	2.045
5	0.762	0.900	1.132	1.361	1.657	2.218	2.504	2.881
6	1.146	1.325	1.622	1.909	2.276	2.960	3.305	3.758
7	1.579	1.798	2.157	2.501	2.935	3.738	4.139	4.666
8	2.051	2.311	2.730	3.127	3.627	4.543	4.999	5.597
9	2.557	2.855	3.333	3.783	4.345	5.370	5.879	6.546
10	3.092	3.426	3.961	4.461	5.084	6.216	6.776	7.511
11	3.651	4.021	4.610	5.160	5.841	7.076	7.687	8.487
12	4.231	4.637	5.279	5.876	6.615	7.950	8.610	9.474
13	4.830	5.270	5.964	6.607	7.401	8.835	9.543	10.470
14	5.446	5.919	6.663	7.352	8.200	9.729	10.485	11.473
15	6.077	6.582	7.375	8.108	9.010	10.633	11.434	12.484
16	6.722	7.258	8.100	8.875	9.828	11.543	12.390	13.500
17	7.378	7.946	8.834	9.652	10.656	12.461	13.353	14.522
18	8.046	8.644	9.578	10.437	11.491	13.385	14.321	15.548
19	8.724	9.351	10.331	11.230	12.333	14.315	15.294	16.579
20	9.411	10.068	11.092	12.031	13.182	15.249	16.271	17.613
21	10.108	10.793	11.860	12.838	14.036	16.189	17.253	18.651
22	10.812	11.525	12.635	13.651	14.896	17.132	18.238	19.692
23	11.524	12.265	13.416	14.470	15.761	18.080	19.227	20.737
24	12.243	13.011	14.204	15.295	16.631	19.031	20.219	21.784
25	12.969	13.763	14.997	16.124	17.505	19.985	21.214	22.833
26	13.701	14.522	15.795	16.959	18.383	20.943	22.212	23.885
27	14.439	15.285	16.598	17.797	19.265	21.904	23.213	24.939
28	15.182	16.054	17.406	18.640	20.150	22.867	24.216	25.995
29	15.930	16.828	18.215	19.487	21.039	23.833	25.221	27.053
30	16.684	17.606	19.034	20.337	21.932	24.802	26.228	28.113
31	17.442	18.389	19.854	21.191	22.827	25.773	27.238	29.174
32	18.205	19.175	20.678	22.048	23.725	26.746	28.249	30.237
33	18.972	19.966	21.505	22.909	24.626	27.721	29.262	31.301
34	19.742	20.761	22.336	23.772	25.529	28.698	30.277	32.367
35	20.517	21.559	23.169	24.638	26.435	29.677	31.293	33.434
36	21.296	22.361	24.006	25.507	27.343	30.657	32.311	34.503
37	22.078	23.166	24.846	26.378	28.253	31.640	33.330	35.572
38	22.864	23.974	25.689	27.252	29.166	32.623	34.351	36.643
39	23.652	24.785	26.534	28.129	30.081	33.609	35.373	37.715

续表

信道数	呼叫阻塞概率							
	0.001	0.002	0.005	0.01	0.02	0.05	0.07	0.1
40	24.444	25.599	27.382	29.007	30.997	34.596	36.396	38.787
41	25.239	26.416	28.232	29.888	31.916	35.584	37.421	39.861
42	26.037	27.235	29.085	30.771	32.836	36.574	38.446	40.936
43	26.837	28.057	29.940	31.656	33.758	37.565	39.473	42.011
44	27.641	28.881	30.797	32.543	34.682	38.557	40.501	43.088
45	28.447	29.708	31.656	33.432	35.607	39.550	41.529	44.165
46	29.255	30.538	32.517	34.322	36.534	40.545	42.559	45.243
47	30.066	31.369	33.381	35.215	37.462	41.540	43.590	46.322
48	30.879	32.203	34.246	36.108	38.392	42.537	44.621	47.401

表 B.2　Erlang-B 公式中以 Erlang 为单位的话务量（信道数为 49～99）

信道数	呼叫阻塞概率							
	0.001	0.002	0.005	0.01	0.02	0.05	0.07	0.1
49	31.694	33.039	35.113	37.004	39.323	43.534	45.653	48.481
50	32.512	33.876	35.982	37.901	40.255	44.533	46.687	49.562
51	33.331	34.716	36.852	38.800	41.189	45.532	47.721	50.643
52	34.153	35.558	37.724	39.700	42.124	46.533	48.755	51.726
53	34.977	36.401	38.598	40.602	43.060	47.534	49.791	52.808
54	35.803	37.247	39.474	41.505	43.997	48.536	50.827	53.891
55	36.630	38.094	40.351	42.409	44.936	49.539	51.864	54.975
56	37.460	38.942	41.229	43.315	45.875	50.543	52.901	56.059
57	38.291	39.793	42.109	44.222	46.816	51.548	53.940	57.144
58	39.124	40.645	42.990	45.130	47.758	52.553	54.978	58.229
59	39.959	41.498	43.873	46.039	48.700	53.559	56.018	59.315
60	40.795	42.353	44.757	46.950	49.644	54.566	57.058	60.401
61	41.633	43.210	45.642	37.861	50.589	55.573	58.098	61.488
62	42.472	44.068	46.528	48.774	51.534	56.581	59.139	62.575
63	43.313	44.927	47.416	49.688	52.481	57.590	60.181	63.663
64	44.156	45.788	48.305	50.603	53.428	58.599	61.223	64.750
65	44.999	46.650	49.195	51.518	54.376	59.609	62.266	65.839
66	45.845	47.513	50.086	52.435	55.325	60.619	63.309	66.927
67	46.691	48.378	50.978	53.353	56.275	61.630	64.353	68.016
68	47.540	49.243	51.872	54.272	57.226	62.642	65.397	69.106
69	48.389	50.110	52.766	55.191	58.177	63.654	66.442	70.196
70	49.239	50.979	53.662	56.112	59.129	64.667	67.486	71.286
71	50.091	51.848	54.558	57.033	60.082	65.680	68.532	72.376
72	50.944	52.718	55.455	57.956	61.035	66.694	69.578	73.467
73	51.799	53.590	56.354	58.879	61.990	67.708	70.624	74.558
74	52.654	54.436	57.235	59.803	62.945	68.722	71.671	75.649
75	53.511	55.337	58.153	60.727	63.900	69.738	72.718	76.741
76	54.368	56.211	59.054	61.653	64.857	70.753	73.765	77.833
77	55.227	57.087	59.956	62.579	65.814	71.769	74.813	78.925

续表

信道数	呼叫阻塞概率							
	0.001	0.002	0.005	0.01	0.02	0.05	0.07	0.1
78	56.087	57.964	60.859	63.506	66.771	72.786	75.861	80.018
79	56.948	58.842	61.763	64.434	67.729	73.803	76.909	81.110
80	57.810	59.720	62.667	65.363	68.688	74.820	77.958	82.203
81	58.673	60.600	63.573	66.292	69.647	75.838	79.007	83.297
82	60.403	62.362	65.386	68.152	71.568	77.874	81.106	85.484
83	61.268	63.244	66.294	69.084	72.529	78.839	82.156	86.578
84	61.268	63.244	66.294	69.084	72.529	78.893	82.156	86.578
85	62.135	64.127	67.202	70.016	73.490	79.912	83.207	87.672
86	63.003	65.011	68.111	70.948	74.452	80.932	84.258	88.766
87	63.872	65.896	69.021	71.881	75.415	81.952	85.309	89.816
88	64.742	66.782	69.932	72.815	76.378	82.972	86.360	90.956
89	65.612	67.668	70.843	73.749	77.342	83.993	87.411	92.051
90	66.484	68.556	71.755	74.684	78.306	85.014	88.463	93.146
91	67.356	69.444	72.668	75.620	79.270	86.035	89.515	94.242
92	68.229	70.333	73.581	76.556	80.236	87.057	90.568	95.338
93	69.103	71.222	74.495	77.493	81.201	88.079	91.620	96.434
94	69.978	72.113	75.410	78.430	82.167	89.101	92.673	97.530
95	70.853	73.004	76.325	79.367	83.133	90.123	93.726	98.626
96	71.729	73.895	77.241	80.306	84.100	91.146	94.779	99.722
97	72.606	74.788	78.157	81.245	85.068	92.169	95.833	100.819
98	73.484	75.681	79.074	82.184	86.035	93.193	96.887	101.916
99	74.363	76.575	79.992	83.124	87.003	94.216	97.941	103.013

表 B.3　Erlang-B 公式中以 Erlang 为单位的话务量（信道数为 100～150）

信道数	呼叫阻塞概率							
	0.001	0.002	0.005	0.01	0.02	0.05	0.07	0.1
100	75.242	77.469	80.910	84.064	87.972	95.240	98.995	104.110
101	76.122	78.364	81.829	85.005	88.941	96.265	100.050	105.207
102	77.003	79.260	82.748	85.946	89.910	97.289	101.104	106.305
103	77.884	80.157	83.668	86.888	90.880	98.314	102.159	107.402
104	78.766	81.054	84.588	87.830	91.850	99.339	103.214	108.500
105	79.649	81.951	85.509	88.773	92.821	100.364	104.269	109.598
106	80.532	82.850	86.430	89.716	93.791	101.390	105.325	110.696
107	81.416	83.748	87.353	90.660	94.763	102.415	106.380	111.794
108	82.301	84.648	88.275	91.604	95.734	103.441	107.436	112.892
109	83.186	85.548	89.198	92.548	96.706	104.468	108.492	113.991
110	84.072	86.448	90.121	93.493	97.678	105.494	109.549	115.089
111	84.959	87.350	91.045	94.438	98.651	105.459	110.605	116.188
112	85.846	88.251	91.970	95.384	99.624	106.521	111.662	117.287
113	86.734	89.154	92.895	96.330	100.597	107.248	112.718	118.386
114	87.622	90.056	93.820	97.277	101.571	109.602	113.775	119.485
115	88.511	90.960	94.746	98.223	102.544	110.630	114.832	120.584

续表

信道数	呼叫阻塞概率							
	0.001	0.002	0.005	0.01	0.02	0.05	0.07	0.1
116	89.401	91.864	95.672	99.171	103.519	111.658	115.890	121.684
117	90.291	92.768	96.599	100.118	104.493	112.685	116.947	122.783
118	91.181	93.673	97.526	101.066	105.468	113.714	118.005	123.883
119	92.073	94.578	98.454	102.015	106443	114.742	119.063	124.983
120	92.964	95.484	99.382	102.964	107.419	115.770	120.120	126.082
121	93.857	96.391	100.310	103.913	108.395	116.799	121.179	127.182
122	94.750	97.297	101.239	104.862	109.371	117.828	122.237	128.282
123	95.643	98.205	102.168	105.812	110.347	118.857	123.295	129.383
124	96.537	99.113	103.098	106.762	111.323	119.887	124.354	130.483
125	97.431	100.021	104.028	107.713	112.300	120.916	125.412	131.583
126	98.326	100.930	104.958	108.664	113.278	121.946	126.471	132.684
127	99.221	101.839	105.889	109.615	114.255	122.976	127.530	133.784
128	100.117	102.749	106.820	110.566	115.233	124.006	128.589	134.885
129	101.014	103.659	107.852	111.518	116.211	125.036	129.648	135.986
130	101.911	104.569	108.684	112.470	117.189	126.066	130.708	137.087
131	102.808	105.480	109.616	113.423	118.167	127.097	131.767	138.188
132	103.706	106.392	110.549	114.376	119.146	128.128	132.827	139.289
133	104.604	107.303	111.482	115.329	120.125	129.159	133.887	140.390
134	105.503	108.216	112.415	116.282	121.104	130.190	134.946	141.491
135	106.402	109.128	113.349	117.236	122.084	131.221	136.006	142.592
136	107.302	110.041	114.283	118.190	123.063	132.252	137.067	143.694
137	108.202	110.955	115.218	119.144	124.043	133.284	138.127	144.795
138	109.102	111.869	116.153	120.099	125.023	134.315	139.187	145.897
139	110.003	112.783	117.088	121.054	126.004	135.347	140.248	146.999
140	110.904	113.697	118.023	122.009	126.984	136.379	141.308	148.100
141	111.806	114.612	118.960	122.965	127.965	137.411	142.369	149.202
142	112.708	115.528	119.895	123.920	128.946	138.443	143.430	150.304
143	113.611	116.444	120.832	124.876	129.928	139.476	144.491	151.406
144	114.514	117.360	121.769	125.833	130.909	140.508	145.552	152.508
145	115.417	118.276	122.706	126.789	131.891	141.541	146.613	153.610
146	116.321	119.193	123.643	127.746	132.873	142.574	147.674	154.713
147	117.226	120.110	124.581	128.703	133.855	143.606	148.735	155.815
148	118.130	121.028	125.519	129.660	134.838	144.640	149.797	156.917
149	119.035	121.946	126.457	130.618	135.820	145.673	150.858	158.020
150	119.940	122.864	127.396	131.575	136.803	146.706	151.920	159.122

附录 C　Erlang-C 表

表 C.1　Erlang-C 公式中以 Erlang 为单位的话务量（信道数为 2～48）

信道数	非零延迟概率							
	0.01	0.02	0.05	0.07	0.1	0.2	0.5	1.0
2	0.147	0.210	0.342	0.411	0.500	0.740	1.281	2.000
3	0.429	0.554	0.787	0.900	1.040	1.393	2.116	3.000
4	0.810	0.994	1.319	1.469	1.653	2.102	2.977	4.000
5	1.259	1.497	1.905	2.090	2.313	2.847	3.856	5.000
6	1.758	2.047	2.532	2.748	3.007	3.617	4.747	6.000
7	2.296	2.633	3.188	3.434	3.725	4.406	5.646	7.000
8	2.866	3.246	3.869	4.141	4.463	5.210	6.553	8.000
9	3.460	3.883	4.569	4.867	5.218	6.027	7.466	9.000
10	4.077	4.540	5.285	5.607	5.986	6.853	8.383	10.000
11	4.712	5.213	6.015	6.361	6.765	7.688	9.304	11.000
12	5.362	5.901	6.758	7.125	7.554	8.530	10.229	12.000
13	6.027	6.601	7.511	7.899	8.352	9.379	11.157	13.000
14	6.705	7.131	8.273	8.682	9.158	10.233	12.088	14.000
15	7.394	8.035	9.044	9.473	9.970	11.093	13.021	15.000
16	8.093	8.766	9.822	10.270	10.789	11.958	13.957	16.000
17	8.801	9.505	10.607	11.074	11.613	12.826	14.894	17.000
18	9.517	10.252	11.399	11.883	12.443	13.699	15.834	18.000
19	10.242	11.006	12.196	12.698	13.277	14.575	16.774	19.000
20	10.973	11.766	12.998	13.571	14.116	15.454	17.717	20.000
21	11.711	12.532	13.806	14.341	14.958	16.336	18.661	21.000
22	12.455	13.304	14.618	15.169	15.805	17.221	19.606	22.000
23	13.205	14.081	15.434	16.001	16.654	18.109	20.553	23.000
24	13.960	14.862	16.254	16.837	17.508	18.999	21.500	24.000
25	14.721	15.648	17.078	17.676	18.364	19.892	22.449	25.000
26	15.486	16.438	17.905	18.518	19.223	20.786	23.399	26.000
27	16.255	17.233	18.736	19.364	20.084	21.683	24.350	27.000
28	17.029	18.031	19.569	20.212	20.948	22.581	25.301	28.000
29	17.806	18.832	20.406	21.062	21.815	23.481	26.254	29.000
30	18.588	19.637	21.246	21.916	22.684	24.383	27.207	30.000
31	19.373	20.446	22.088	22.772	23.555	25.287	28.161	31.000
32	20.162	21.257	22.932	23.630	24.428	26.192	29.116	32.000
33	20.953	22.071	23.780	24.490	25.303	27.099	30.071	33.000
34	21.748	22.888	24.629	25.353	26.180	28.916	31.984	34.000
35	22.546	23.708	25.481	26.217	27.059	28.916	31.984	35.000

续表

信道数	非零延迟概率							
	0.01	0.02	0.05	0.07	0.1	0.2	0.5	1.0
36	23.347	24.530	26.335	27.084	27.940	29.827	32.942	36.000
37	24.151	25.355	27.190	27.952	28.822	30.739	33.900	37.000
38	24.957	26.182	18.048	28.822	29.706	31.652	34.859	38.000
39	25.765	27.011	28.908	29.694	30.591	32.566	35.818	39.000
40	26.577	27.843	29.769	30.567	31.478	33.482	36.777	40.000
41	27.390	28.676	30.632	31.442	32.366	34.398	37.738	41.000
42	28.206	29.512	31.497	32.318	33.256	35.316	38.698	42.000
43	29.024	30.350	32.363	33.196	34.147	36.234	36.659	43.000
44	29.844	31.189	33.231	34.076	35.039	37.153	40.621	44.000
45	30.666	32.030	34.101	34.956	35.932	38.074	41.583	45.000
46	31.490	32.873	34.972	35.838	36.827	38.995	42.545	46.000
47	32.316	33.718	35.844	36.722	37.722	39.917	43.508	47.000
48	33.143	34.564	36.717	37.606	38.619	40.840	44.471	48.000

表 C.2　Erlang-C 公式中以 Erlang 为单位的话务量（信道数为 49～99）

信道数	非零延迟概率							
	0.01	0.02	0.05	0.07	0.1	0.2	0.5	1.0
49	33.397	35.412	37.592	38.492	39.517	41.763	45.435	49.000
50	34.804	34.262	38.469	39.379	40.416	42.688	46.399	50.000
51	35.637	37.113	39.346	40.267	41.316	43.613	47.363	51.000
52	36.471	37.965	40.255	41.156	42.217	44.539	48.328	52.000
53	37.308	38.819	41.104	42.046	43.119	45.466	49.293	53.000
54	38.145	39.674	41.985	42.938	44.021	46.393	50.258	54.000
55	38.985	40.531	42.867	43.830	44.925	47.321	51.224	55.000
56	39.825	41.389	43.750	44.723	45.830	48.250	52.190	56.000
57	40.667	42.248	44.635	45.617	46.735	49.179	53.156	57.000
58	41.511	43.108	45.520	46.512	47.641	50.109	54.123	58.000
59	42.355	43.970	46.406	47.408	48.548	51.039	55.090	59.000
60	43.202	44.833	47.293	48.305	49.456	51.970	56.057	60.000
61	44.049	45.696	48.181	49.203	50.365	52.902	57.024	61.000
62	44.897	46.561	49.070	50.102	51.274	53.834	57.992	62.000
63	45.747	47.427	49.960	51.001	52.184	54.767	58.960	63.000
64	46.598	48.295	50.851	51.901	53.095	55.700	59.928	64.000
65	47.450	49.163	51.742	52.802	54.006	56.634	60.897	65.000
66	48.304	50.032	52.635	53.704	54.918	57.568	61.865	66.000
67	49.158	50.902	53.528	54.606	55.831	58.503	62.834	67.000
68	50.014	51.773	54.422	55.510	56.745	59.439	63.804	68.000

续表

信道数	非零延迟概率							
	0.01	0.02	0.05	0.07	0.1	0.2	0.5	1.0
69	50.870	52.645	55.317	56.413	57.659	60.374	64.773	69.000
70	51.728	53.518	56.212	57.318	58.574	61.311	65.743	70.000
71	52.586	54.392	57.108	58.223	59.489	62.247	66.712	71.000
72	53.446	55.267	58.006	59.129	60.405	63.184	67.683	72.000
73	54.306	56.143	58.903	60.036	61.321	64.122	68.653	73.000
74	55.168	57.019	59.802	60.943	62.238	65.060	69.623	74.000
75	56.030	57.897	60.701	61.851	63.156	65.998	70.594	75.000
76	56.894	58.775	61.601	62.759	64.074	66.937	71.565	76.000
77	57.758	59.654	62.501	63.668	64.993	67.876	72.536	77.000
78	58.623	60.533	63.402	64.578	65.912	68.816	73.507	78.000
79	59.489	61.414	64.304	65.488	66.832	69.756	74.478	79.000
80	60.356	62.295	65.206	66.399	67.752	70.697	75.450	80.000
81	61.224	63.177	66.109	67.311	68.673	71.637	76.422	81.000
82	62.092	64.060	67.013	68.223	69.594	72.579	77.394	82.000
83	62.961	64.943	67.917	69.135	70.516	73.520	78.366	83.000
84	63.831	65.827	68.822	70.048	71.438	74.462	79.338	84.000
85	64.702	66.712	69.727	70.961	72.361	75.404	80.311	85.000
86	65.574	67.598	70.633	71.876	73.284	76.347	81.283	86.000
87	66.446	68.484	71.539	72.790	74.208	77.290	82.256	87.000
88	67.319	69.731	72.446	73.705	75.132	78.233	83.299	88.000
89	68.193	70.258	73.354	74.621	76.056	79.176	84.202	89.000
90	69.067	71.146	74.262	75.536	76.981	80.120	85.175	90.000
91	59.943	72.035	75.170	76.453	77.906	81.064	86.149	91.000
92	70.818	72.924	76.079	77.370	78.832	82.009	87.122	92.000
93	71.695	73.814	76.989	78.827	79.758	82.954	88.096	93.000
94	75.572	74.705	77.899	79.205	80.685	83.898	89.070	94.000
95	73.450	75.596	78.809	80.123	81.612	84.844	90.044	95.000
96	74.329	76.488	79.720	81.042	82.539	85.790	91.018	96.000
97	75.208	77.380	80.631	81.961	83.466	86.735	91.992	97.000
98	76.087	78.273	81.543	82.880	84.394	87.682	92.966	98.000
99	76.968	76.166	82.455	83.800	85.323	88.628	93.941	99.000

表 C.3　Erlang-C 公式中以 Erlang 为单位的话务量（信道数为 100～140）

信道数	非零延迟概率							
	0.01	0.02	0.05	0.07	0.1	0.2	0.5	1.0
100	77.849	80.060	83.368	84.720	86.252	89.575	94.915	100.000
101	78.730	80.954	84.282	85.641	87.181	90.522	95.890	101.000

续表

信道数	非零延迟概率							
	0.01	0.02	0.05	0.07	0.1	0.2	0.5	1.0
102	79.613	81.849	85.195	86.562	88.110	91.469	96.865	102.000
103	80.495	82.744	86.109	87.484	89.040	92.417	97.840	103.000
104	81.378	83.640	87.024	88.406	89.970	93.365	98.815	104.000
105	82.262	84.537	87.938	89.328	90.901	94.313	99.790	105.000
106	83.147	85.433	88.854	90.250	91.832	95.261	100.766	106.000
107	84.032	86.331	89.769	91.173	92.763	6.209	101.741	107.000
108	84.917	87.229	90.685	92.097	93.694	97.158	102.717	108.000
109	85.803	88.128	91.602	93.020	94.626	98.107	103.692	109.000
110	86.690	89.026	92.519	93.944	95.558	99.056	104.668	110.000
111	87.577	89.926	93.436	94.869	96.490	100.006	105.644	111.000
112	88.464	90.825	94.353	95.794	97.423	100.956	106.620	112.000
113	89.352	91.726	95.271	96.719	98.356	101.905	107.596	113.000
114	90.241	92.626	96.190	97.644	99.289	102.856	108.573	114.000
115	91.130	93.527	97.108	98.570	100.223	103.806	109.549	115.000
116	92.019	94.429	98.027	99.496	101.157	104.757	110.525	116.000
117	92.909	95.331	98.947	100.422	102.091	105.707	111.502	117.000
118	93.800	96.233	99.866	101.349	103.025	106.658	112.479	118.000
119	94.691	97.136	100.786	102.276	103.960	107.610	113.455	119.000
120	95.582	98.039	101.707	103.203	104.895	108.561	114.432	120.000
121	96.474	98.942	102.628	104.131	105.830	109.513	115.409	121.000
122	97.366	99.846	103.549	105.058	106.766	110.464	116.386	122.000
123	98.259	100.751	104.470	105.987	107.702	111.416	117.363	123.000
124	99.152	101.656	105.392	106.915	108.638	112.369	118.340	124.000
125	100.046	102.561	106.314	107.844	109.574	113.321	119.318	125.000
126	100.940	103.466	107.236	108.773	110.511	114.274	120.295	126.000
127	101.834	104.372	108.159	109.702	111.447	115.226	121.273	127.000
128	102.729	105.278	109.081	110.632	112.385	116.179	122.250	128.000
129	103.624	106.185	110.005	111.562	113.322	117.132	123.228	129.000
130	104.520	107.092	110.928	112.492	114.259	118.086	124.206	130.000
131	105.416	107.999	111.852	113.422	115.197	119.039	125.183	131.000
132	106.313	108.907	112.776	114.353	116.135	119.993	126.161	132.000
133	107.209	109.815	113.701	115.284	117.074	120.947	127.139	133.000
134	108.106	110.723	114.625	116.215	118.012	121.901	128.117	134.000
135	109.004	111.632	115.550	117.146	118.951	122.855	129.096	135.000
136	109.902	112.541	116.475	118.078	119.890	123.809	130.074	136.000
137	110.800	113.450	117.401	119.010	120.829	124.764	131.052	137.000
138	111.699	114.360	118.327	119.942	121.768	125.719	132.031	138.000
139	112.598	115.270	119.253	120.875	122.708	126.674	133.009	139.000
140	113.498	116.181	120.179	121.808	123.648	127.629	133.988	140.000